高等学校教材

物理化学实验（第二版）

南京大学化学化工学院

淳远　邱金恒　王喜章　编

中国教育出版传媒集团

高等教育出版社·北京

内容简介

本书着眼化学学科的发展和实验技术的进步,合理兼顾经典实验与现代实验内容,注重与生产实际、社会实际和相关领域科研成果的联系,旨在培养学生的创新思维和创新能力,实现其知识学习、知识运用和知识创新等能力的全面发展。

本书由绪论、实验、基础知识与技术和附录四大部分组成。其中,实验部分共 37 个实验,涵盖了热力学、动力学、电化学、表面性质与胶体化学、结构化学、理论化学等物理化学分支的内容;基础知识与技术部分主要介绍了本书实验涉及的实验方法和技术,以及仪器的使用方法。

本书可作为高等学校化学化工类专业及其他相关专业的物理化学实验和化学原理与测量实验教材,也可供从事相关工作的科技人员参考。

图书在版编目(CIP)数据

物理化学实验/淳远,邱金恒,王喜章编. --2 版
. --北京:高等教育出版社,2023.6(2024.5重印)
ISBN 978 - 7 - 04 - 060262 - 3

Ⅰ.①物… Ⅱ.①淳… ②邱… ③王… Ⅲ.①物理化
学-化学实验-高等学校-教材 Ⅳ.①O64-33

中国国家版本馆 CIP 数据核字(2023)第 052359 号

Wuli Huaxue Shiyan

策划编辑	李 颖	责任编辑 李 颖	封面设计 王凌波 易斯翔	版式设计 杨 树	
责任绘图	黄云燕	责任校对 吕红颖	责任印制 存 怡		

出版发行	高等教育出版社	网 址	http://www.hep.edu.cn
社 址	北京市西城区德外大街 4 号		http://www.hep.com.cn
邮政编码	100120	网上订购	http://www.hepmall.com.cn
印 刷	北京市密东印刷有限公司		http://www.hepmall.com
开 本	787mm×1092mm 1/16		http://www.hepmall.cn
印 张	22	版 次	2010 年 9 月第 1 版
字 数	540 千字		2023 年 6 月第 2 版
购书热线	010-58581118	印 次	2024 年 5 月第 2 次印刷
咨询电话	400-810-0598	定 价	46.00 元

第二版前言

"物理化学实验"是高等学校化学化工类专业本科生培养的必修核心课程,是化学实验教学的重要环节。本书主要为此门课程编写,适用于高等学校化学化工类专业及其相关专业的"物理化学实验"课程教学。

南京大学化学化工学院历来非常重视化学实验教学。本书是我校物理化学学科从事物理化学实验教学的几代教育工作者长期积累和不断改进的成果。为培养适应学科发展和社会需要的创新人才,南京大学化学化工学院近年来在构建与之匹配的化学实验课程新体系,已在我校"拔尖计划"和"强基计划"人才培养中实施。本书也是该课程体系中"化学原理与测量"课程的教学用书。早在 1986 年,顾良证、武传昌、岳瑛、孙尔康、徐维清就曾编写出版《物理化学实验》一书。1997 年,孙尔康、徐维清、邱金恒在原书的基础上重新出版了《物理化学实验》一书。2010 年,邱金恒、孙尔康、吴强在前两书的基础上,再次整理、修改和编写了新版《物理化学实验》,并在高等教育出版社出版。

十余年过去,随着时代的进步和科技的发展,人才培养的要求和质量不断提升,物理化学实验的教学内容和方法也在不断更新;同时由于新老交替,教师队伍也发生了变化,因此教材的进一步修订十分有必要。本书在保留原版基本特色的基础上,在教学内容、实验方法和仪器设备上有较大的变化,在保留经典物理化学实验中常用的方法和仪器基础上,增加了一些当前科研前沿中涉及的先进仪器和技术;同时编者团队研发了部分重点实验项目的操作演示视频,学生可以通过扫描二维码观看这些视频,极大方便了学生提前熟悉并学习实验操作过程。

本书由邱金恒和淳远拟定编写大纲,淳远、邱金恒、王喜章分工整理和修订,杨立军参与了部分修订工作,最后由邱金恒和淳远定稿。

本书是在南京大学物理化学实验教学团队的共同努力下完成的,在出版过程中得到了高等教育出版社的大力支持和帮助,在此表示衷心的感谢!

由于我们的水平有限,书中的错误在所难免,敬请专家、同行和广大读者予以指正。

编者
2022 年 10 月

第一版前言

　　"物理化学实验"是高等学校化学化工类专业本科生的必修课程,也是化学实验教学的重要组成部分。

　　南京大学化学系(化学化工学院)历来十分重视实验教学。由邱金恒、孙尔康、吴强重新整理、修改和编写的《物理化学实验》就是我校化学系(化学化工学院)物理化学教研室从事物理化学实验教学的几代同仁们长期积累的成果。徐维清、武传昌、顾良证、岳瑛等老师曾为物理化学的教学和教材建设作出了很大的贡献。早在1986年,顾良证、武传昌、岳瑛、孙尔康、徐维清就曾编写并出版了《物理化学实验》一书。随着实验教学改革的深入,1997年,孙尔康、徐维清、邱金恒在原书的基础上重新出版了《物理化学实验》一书。又过去十余年,科学技术的发展日新月异,实验教学的改革继续深入,尽管经典实验内容变化不大,但实验方法和实验教学仪器都有了较大的发展和变化,由科研成果转化的新的实验教学内容也有了补充;又由于新老交替,实验教学的教师队伍也发生了变化,促使了本书的诞生。本书除保持了前两书的基本特色和风貌外,在教学内容、实验方法和仪器设备上有较大的变化,修改、删减了部分原实验并增加了部分新实验,同时按照经典实验与学科前沿相结合、基本实验方法与现代实验方法相结合、常规仪器实验与智能化仪器实验相结合进行编写。本书还加强了实验的讨论部分,尽可能对一个实验内容的几种不同实验方法进行讨论,以扩大学生的知识面并为对进一步实验感兴趣的学生提供拓展空间。在讨论部分还增加了物理化学实验在生产、生活实际和科学研究方面的应用实例,以激发学生自主实验的兴趣。

　　本书由孙尔康、邱金恒拟定编写大纲。除实验十六由许波连编写,实验三十四和实验三十五由陈兆旭编写外,其余实验由邱金恒、吴强二人分工整理编写。全书最后由孙尔康、邱金恒统稿定稿。

　　南京大学化学化工学院丁维平教授对实验教材建设和本书的编写给予了大力的支持,张剑荣教授和侯文华教授提出了很好的建议并给予支持。本书在编写过程中还得到了高卫工程师、易敏工程师和徐铮工程师,以及参与物理化学实验教学的老师们的许多帮助。在出版过程中得到了高等教育出版社的大力支持和帮助。在此一并对他们表示衷心的感谢。

　　由于我们的水平有限,书中的错误在所难免,敬请专家、同行和广大读者予以指正。

编者

2010年2月于南京大学

目　录

Ⅰ 绪 论

（一）物理化学实验的目的、要求和注意事项

1.1 物理化学实验的目的

通过本课程的学习,学生应达到:

（1）能够正确阐述相关物理化学参数的概念,说明其测量原理和方法;

（2）能够灵活运用现代科研技术与方法设计和评价测量方案;

（3）能够合理搭建装置、规范完成实验操作;

（4）能够通过多媒体技术进行总结和交流;

（5）具备良好的自主性学习、分析和解决问题的能力;

（6）富于创新意识、勇于探索;

（7）具备实事求是的科学态度和分工协作的团队精神;

（8）具备正确的世界观、人生观和价值观。

1.2 实验前的准备

（1）准备一本预习报告本。

（2）仔细阅读实验内容及有关的参考资料,认真写好实验预习报告。预习要求做到明确实验目的,理解实验原理,清楚实验步骤和相关注意事项,同时可设计要测定的实验数据的记录表格等。

（3）正式实验前,由指导教师检查学生对实验的预习是否达到要求,准备工作是否完成。须经指导教师许可后方可开始进行实验。

1.3 实验注意事项

（1）首先核对仪器和药品试剂,了解安全相关信息,对不熟悉的仪器及设备,应仔细阅读说明书,请教指导教师。仪器安装完毕,须经指导教师检查,方可开始进行实验。

（2）特殊仪器须向教师领取,完成实验后归还。

（3）实验内容、实验条件和仪器操作应按教材进行,如要更改,须与指导教师进行讨论,经指导教师同意后方可实行。

（4）公用仪器及试剂瓶不要随意变更原有位置,用毕要随即放回原处。

（5）实验时要集中注意力，认真操作，仔细观察，积极思考。实验数据要及时、如实、详细地记录在报告本上，不得涂改和伪造。如有记错可在原数据上画一杠后，在旁边记下正确值，要养成良好的记录习惯。

（6）实验过程中如果遇到问题要多思考，可以和指导教师及同学进行讨论交流。

（7）实验完毕后，将实验数据交给指导教师检查。

1.4 实验报告

（1）须在规定时间内独立完成实验报告，交给指导教师。

（2）实验报告内容包括实验目的、实验原理、实验步骤、原始数据、数据处理及图解、结果与结论，以及问题讨论。

（3）问题讨论是实验报告中很重要的一项，要有针对性地对实验中所观察到的重要现象、实验原理、实验方法、仪器的设计和使用、误差来源等进行讨论，不要求面面俱到，也可以对实验提出改进建议。

（4）实验报告经指导教师批阅后，如认为有必要重做者，应在指定的时间内补做。不经指导教师许可不得任意补做实验。

1.5 实验室规则

（1）实验前必须通过安全准入考试，实验时应遵守操作规程，遵守安全守则，保证实验安全进行。

（2）遵守纪律，不迟到，不早退，实验过程保持室内安静，不做与实验无关的事情。

（3）使用水、电、煤气、药品试剂等都应本着安全与节约的原则。

（4）未经指导教师允许不得乱动精密仪器，使用时要爱护仪器，如发现仪器损坏，立即报告指导教师并查明原因。

（5）实验过程应随时保持实验室整洁干净，注意实验垃圾和普通垃圾分类收集，不能随地乱丢，更不能丢入水槽，以免堵塞下水管道。化学废液和固体化学废物应倒入指定收集容器中。

（6）个人实验完毕应将玻璃仪器洗净，把实验桌打扫干净，把公用仪器、药品试剂整理好，最后做好仪器使用记录。集体实验结束后，由值日生负责打扫整理实验室，检查水、煤气、门窗是否关好，电闸是否关掉，以保证实验室的安全。最后经指导教师同意后，才能离开实验室。

实验室规则是人们长期从事化学实验工作的总结，它是保持良好的实验环境和工作秩序、防止意外事故发生、顺利做好科学实验的保证。遵守实验室规则是每一位实验工作者必须具备的专业素质。

（二）物理化学实验室安全知识

化学是一门以实验为基础的科学。认识实验安全的重要性，树立实验安全的意识，掌握实验安全的基本知识,是每一位化学工作者必须具备的素质,是化学实验顺利进行和成功的保证,也是人身财产安全及环境安全的保证。

每一类化学实验室都有其特点。这里仅就基础物理化学实验的相关内容,介绍物理化学实验室的安全知识。

2.1 实验室安全用电

若 50 Hz 的交流电通过人体,1 mA 时,人就有感觉,10 mA 以上会产生肌肉收缩,25 mA 以上会感觉呼吸困难,甚至停止呼吸,100 mA 以上则人的心脏心室会产生颤动,以致死亡。因此,使用电器设备时须注意防止触电。实验室安全用电有以下注意事项。

(1)操作电器时,手必须干燥,因为手潮湿时电阻显著变小,易于引起触电。

(2)一切电源裸露部分都应配备绝缘装置,电源开关应有绝缘盒,电线接头必须包以绝缘胶布或套胶管。所有电器设备的金属外壳应接地线。

(3)已损坏的接头或绝缘不好的电线应及时更换,不能直接用手触摸绝缘不好的通电电器。

(4)修理或安装电器设备时,必须先切断电源。

(5)不能用试电笔试高压电。

(6)每个实验室都有规定允许使用的最大用电负荷,每路电线也有规定的限定用电负荷,超过时会使导线发热着火。导线不慎短路也容易引起事故。防止负荷超载的简便方法是按限定电流使用熔断片(保险丝)。

(7)电线接头间要接触良好、紧固,避免在振动时产生电火花。电火花可能会引起实验室内物品的燃烧与爆炸。

(8)禁止高温热源靠近电线。

(9)电动机械设备使用前应检查开关、线路、安全地线等设备零件是否完整妥当,运转情况是否良好。

(10)严禁使用湿布擦拭正在通电的设备、电门、插座、电线等,电器设备上和电线线路上严禁潮湿。

(11)不得私自拆卸及任意修理实验室的电器设备和电路,也不能自行加接电器设备和电路,必须由专门的技术人员进行操作。

(12)每个实验室都有电源总闸。停止工作时,必须关掉电源总闸。

(13)多台大功率的电器设备要分开电路安装,每台电器设备有各自的熔断片。有人受到电伤害时,要立即用不导电的物体把电线从触电者身上挪开,切断电源,把触电者转移到空气新鲜的地方施救,并迅速与医院联系。

(14)使用动力电时,应先检查电源开关、电动机和设备各部分是否良好。如有故障,应先排除,方可接通电源。

(15)启动或关闭电器设备时,必须将开关扣严或拉妥,防止似接非接状况。使用电器设备时,应先了解其性能,按操作规程操作,若电器设备发生过热现象或出现糊焦味时,应立即切断电源并查明原因。

(16)电源或电器设备的熔断片烧断时,应先查明烧断原因,排除故障,再按原限定电流选用合适的熔断片进行更换,不得随意加大熔断片的限定电流或用其他金属线代替。

（17）实验室内不应有裸露的电线头；电源开关箱内，严禁堆放物品，以免触电或燃烧。

（18）要警惕实验室内发生电火花或静电，尤其在使用可能构成爆炸混合物的可燃性气体时，更需注意。如遇电线走火，切勿用水或导电的酸碱泡沫灭火器灭火，应切断电源，用砂子或二氧化碳灭火器灭火。

（19）养成实验结束及时关闭仪器电源，最后离开实验室时关闭实验总电源和照明电源的习惯。

2.2 实验室高压气瓶常识及其安全使用

1. 高压气瓶与减压阀

高压气瓶是高压容器，瓶内装有高压气体，要承受搬运、滚动等外界作用力。其质量要求严格，材料要求高，常为无缝合金或锰钢管制成的圆柱形容器。高压气瓶壁厚 5～8 mm，容量 12～55 m^3。底部呈半球形，通常还装有钢质底座，便于竖放。高压气瓶顶部有启闭气门（即开关阀），气门侧面接头（支管）上有连接螺纹，用于连接减压阀。用于可燃性气体的应为左旋螺纹，非可燃性气体的为右旋螺纹。这是为杜绝把可燃性气体压缩到盛有空气或氧气的气瓶中的可能性，以及防止误把可燃性气体的气瓶连接到有爆炸危险的装置上去。

各类气瓶必须符合国家市场监督管理总局《气瓶安全技术规程》（TSG 23—2021）的规定。气瓶上须有制造标志、定期检验标志及其他标志。气瓶制造标志分为钢印标志、标签标志、印刷标志、电子识读标志和气瓶颜色标志。实验室用气瓶通常用钢印标志呈现制造单位标识、许可证号、执行标准、充装介质，以及气瓶制造年份、出厂编号等信息，鼓励（部分气瓶要求）设置可追溯的永久性电子识读标志，可通过手机扫描方式链接到制造单位建立的气瓶产品公示平台，直接获取每只气瓶的产品信息数据。气瓶定期检验机构应当在检验合格的气瓶上逐只做出永久性的检验合格标志，涂敷检验机构名称和下次检验日期（无法涂敷的气瓶可用检验标志环代替），并在电子识读标志对应的数据库录入检验信息。

高压气瓶内的压力一般很高，而使用中所需压力往往较低，单靠启闭气门不能准确、稳定地调节气体的放出量。为了降低压力并保持稳定压力，就需要装上减压阀。不同的气体有不同的减压阀。不同的减压阀，外表涂以不同颜色加以标识，与各种气体的气瓶颜色标识一致。必须注意的是，用于氧气瓶的减压阀可用于氮或空气气瓶上，而用于氮气瓶的减压阀只有在充分洗除油脂之后，才可用于氧气瓶上。

在装卸减压阀时，必须注意防止气瓶支管接头的丝扣滑牙，以免减压阀装旋不牢而漏气或被高压气体射出。对于卸下的减压阀，要注意轻放，妥善保存，避免撞击、震动，不要放在有腐蚀性物质的地方，并防止灰尘落入表内以致阻塞失灵。

每次用毕，先关闭气瓶气门，然后放尽减压阀内的气体，最后将调压螺杆旋松，否则弹簧长期受压，将使减压阀压力表失灵。

2. 高压气瓶内装气体的分类

（1）压缩气体。在-50 ℃时加压后完全呈现气态的气体，包括临界温度不高于-50 ℃的气体，称为压缩气体，也称为永久气体，如氧、氮、氢、空气、氩、氦等。这类气瓶公称工作压力在 15 MPa 及以上。

（2）高（低）压液化气体。指温度高于-50 ℃加压部分呈现液态的气体，包括临界温度在

−50~65 ℃的高压液化气体（如二氧化碳、乙烷、乙烯、氙、一氧化二氮等）和临界温度高于65 ℃的低压液化气体（如硫化氢、溴化氢、氨、氯、二氧化硫、二氧化氮、正丁烷、1-丁烯等）。

（3）低温液化气体。指经过低温深冷处理部分呈现液态的气体，其临界温度一般不高于−50 ℃，也可称为深冷液化气体或者冷冻液化气体，如液化空气、液氩、液氮、液氧等。

（4）溶解气体。指在一定压力、温度下，溶解于溶剂中的气体。

（5）吸附气体。指在一定压力、温度下，吸附于吸附剂中的气体。

（6）混合气体。指含有两种或者两种以上有效物理组分，或者虽属非有效组分但是其含量超过规定限量的气体。

3. 高压气瓶的颜色和标志

高压气瓶的颜色和标志见表Ⅰ-2-1。

表Ⅰ-2-1　高压气瓶的颜色和标志（GB/T 7144—2016）

充装气体		化学式（或符号）	体色	字样	字色	色环
氧		O_2	淡（酞）蓝	氧	黑	$P=20$,白色单环
氮		N_2	黑	氮	白	$P \geqslant 30$,白色双环
氢		H_2	淡绿	氢	大红	$P=20$,大红单环 $P \geqslant 30$,大红双环
氩		Ar	银灰	氩	深绿	$P=20$,白色单环
空气		Air	黑	空气	白	$P \geqslant 30$,白色双环
硫化氢		H_2S	白	液化硫化氢	大红	—
二氧化硫		SO_2	银灰	液化二氧化硫	黑	—
二氧化碳		CO_2	铝白	液化二氧化碳	黑	$P=20$,黑色单环
碳酰二氯		$COCl_2$	白	液化光气	黑	—
氨		NH_3	淡黄	液氨	黑	—
氯		Cl_2	深绿	液氯	白	—
氦		He	银灰	氦	深绿	$P=20$,白色单环
氖		Ne	银灰	氖	深绿	$P \geqslant 30$,白色双环
1-丁烯		C_4H_8	棕	液化丁烯	淡黄	—
环丙烷		C_3H_6	棕	液化环丙烷	白	—
乙烯		C_2H_4	棕	液化乙烯	白	—
乙炔		C_2H_2	白	乙炔　不可近火	大红	—
一氧化二氮		N_2O	银灰	液化笑气	黑	$P=15$,黑色单环
氟氯烷类		—	铝白	—	可燃性:R03 大红 不燃性:黑	R03 大红
液化石油气	工业用	—	棕	液化石油气	白	—
	民用	—	银灰	液化石油气	大红	—

4. 几种压缩可燃性气体和助燃性气体的性质及其安全使用

（1）乙炔。乙炔气瓶是将颗粒活性炭、木炭、石棉或硅藻土等多孔性固体填充物填充在气瓶内，再将丙酮掺入，通入乙炔气使之溶解于丙酮中，直至 15 ℃时压力达 1.52 MPa。

乙炔是极易燃烧、爆炸的气体。含有 7%～13% 乙炔的乙炔-空气混合物和含有约 30% 乙炔的乙炔-氧气混合物最易爆炸。在未经净化的乙炔内可能含有少量的磷化氢（PH_3）。磷化氢的自燃点很低，气态磷化氢在 100 ℃时就会自燃，而液态磷化氢甚至不到 100 ℃就会自燃。因此，当乙炔中含有空气时，有磷化氢存在就可能引起乙炔-空气混合物起火爆炸。乙炔和铜、银、汞等金属或其盐接触，会生成乙炔铜（Cu_2C_2）和乙炔银（Ag_2C_2）等易爆炸物质。因此，凡供乙炔用的器材（管路和零件）都不能使用银和铜的合金制造。乙炔和氯、次氯酸盐等相遇会发生燃烧和爆炸。因此，乙炔燃烧着火时，绝对禁止使用四氯化碳灭火器。

乙炔气瓶应放在通风良好处，不能存放于实验室大楼内，应存放于大楼外另建的储瓶室内，室温要低于 35 ℃。原子吸收法使用乙炔时，要注意预防回火，管路上应装阻止回火器（阀）。在开启乙炔气瓶之前，要先向燃烧器供给足够的空气，再供乙炔气。关气门时，要先关乙炔气，后关空气。当乙炔气瓶内压力降至 0.3 MPa 时，须停止使用，另换一瓶。

（2）氢气。氢气为易燃气体，其密度小，易从微孔漏出，而且它的扩散速度快，易与其他气体混合。氢气-空气混合物的爆炸极限为 4.1%～7.5%（氢的体积分数）。氢气燃烧速率比烃类化合物气体的快，常温、常压下燃烧速率约为 2.7 m·s^{-1}。检查氢气导管、阀门是否漏气时，必须采用肥皂水检查法，绝对不能用明火检查。存放氢气气瓶处要严禁烟火。

（3）氧化亚氮。氧化亚氮也称笑气，具有麻醉兴奋作用，因此使用时要特别注意通风。液态氧化亚氮在 20 ℃时的蒸气压约为 5 MPa。氧化亚氮受热分解为氧和氮的混合物，是助燃性气体。

原子吸收法进行高熔点化合物或难熔盐化合物的元素测定时，需用氧化亚氮-乙炔火焰以获得较高的温度，其化学反应为

$$5N_2O(g) \longrightarrow 5N_2(g) + \frac{5}{2}O_2(g)$$

$$C_2H_2(g) + \frac{5}{2}O_2(g) \longrightarrow 2CO_2(g) + H_2O(g)$$

在上述过程中，氧化亚氮分解为含氧 33.3% 和含氮 66.7% 的混合物，乙炔即借其中的氧燃烧。

在氧化亚氮-乙炔火焰中发生的反应比在一般火焰中的要复杂。燃烧时，千万要注意防止从原子吸收分光光度计喷雾室的排水阀吸入空气，否则会引起爆炸。

（4）氧气。氧气是强烈的助燃气体，纯氧在高温下尤其活泼。当温度不变而压力增加时，氧气可与油类物质发生剧烈的化学反应而引起发热自燃，产生爆炸。例如，工业矿物油与 3 MPa 以上气压的氧气接触就能发生自燃。因此，氧气气瓶一定要严防同油脂接触，减压阀及阀门绝对禁止使用油脂润滑。氧气气瓶内绝对不能混入其他可燃性气体，或误用其他可燃性气体气瓶来充灌氧气。氧气气瓶一般在 20 ℃、15 MPa 条件下充气。氧气气瓶的压力会随温度的升高而增高，因此要禁止气瓶在强烈阳光下暴晒，以免瓶内压力过高而发生爆炸。

5. 高压气瓶安全使用常识

（1）气瓶必须存放于通风、阴凉、干燥、隔绝明火、远离热源、防暴晒的房间内，要有专人管理。气瓶上要有醒目的标志，如"乙炔危险，严禁烟火"等字样。可燃性气体气瓶一律不得进入实验室内。严禁将乙炔气瓶、氢气气瓶和氧气气瓶、氯气气瓶储放在一起或同车运送。

（2）使用时气瓶要直立固定放置，防止倾倒。

（3）气瓶搬运前一定要事先戴上气瓶安全帽，以防不慎摔断瓶嘴发生爆炸事故。气瓶身上必须装有两个橡胶防震圈。乙炔气瓶严禁横卧滚动。搬运气瓶要用专用气瓶车，要轻拿轻放，防止摔掷、敲击、滚滑或剧烈震动。

（4）气瓶首次使用前要经耐压试验，此后应定期进行检验。

（5）气瓶的减压阀要专用，安装时螺扣要上紧，至少旋进 7 圈螺纹，不得漏气。开启气瓶时，操作者应站在气瓶口的侧面，动作要慢，以减少气流摩擦，防止产生静电。

（6）乙炔等可燃性气体气瓶不得放置在橡胶等绝缘体上，以利于静电释放。

（7）氧气气瓶及其专用工具严禁与油脂类物质接触，操作人员也不能穿戴沾有各种油脂或油污的工作服和工作手套等。

（8）氢气等可燃性气体气瓶与明火的距离不应小于 10 m。

（9）气瓶内气体不得全部用尽，一般应保持 0.2~1 MPa 的余压。

2.3 实验室灭火常识

（1）扑灭火源。一旦发生火情，应临危不惧、冷静沉着，及时采取灭火措施，防止火势蔓延。当立即切断现场电源并关闭一切易燃、易爆气体阀门，移开可燃性物体，用湿布或石棉布覆盖火源灭火。如火势较猛，应根据具体火情使用合适的灭火器灭火，并立即与有关部门联系请求救援。

（2）电线或电器设备起火时，应先切断电源总开关，再用四氯化碳灭火器灭火，严禁用水或泡沫灭火器对燃烧的电线灭火。

（3）如衣服着火，应立即用湿布、石棉布或毯子之类物品蒙盖在着火者身上灭火；如着火面积较大，可躺在地上打滚。切忌慌张乱跑，避免气流流向着火的衣服，而使火焰增大。

（4）加热样品起火或实验过程中小范围起火时，应立即拔去电插头，关闭总电闸和煤气，用湿布或石棉布扑灭明火。液体和固体化学品着火时，千万不可用水灭火，应用消防砂、泡沫灭火器或干粉灭火器灭火。精密仪器着火，应用四氯化碳灭火器灭火。实验室着火不宜用水灭火。

（5）火灾的分类及可使用的灭火器如表 I-2-2 所示。实验室常用灭火剂的种类及特点如下：

① 四氯化碳、1211 灭火剂均属卤代烷灭火剂，遇高温时可形成剧毒的光气，使用时要注意防毒。但它们有绝缘性能好，灭火后在燃烧物上不留痕迹，不损坏仪器设备等特点，适用于扑灭精密仪器、贵重图书资料和电线等的火情。

② 7150 灭火剂的主要成分三甲氧基硼氧六环受热分解，吸收大量热，并在可燃物表面形成氧化硼保护膜，隔绝空气，使火熄灭。

表 I-2-2　火灾的分类及可使用的灭火器

分类	燃烧物质	可使用的灭火器	注意事项
A 类	木材、纸张、棉花	水、酸碱灭火器和泡沫灭火器	
B 类	可燃性液体,如石油化工产品、食品油脂	泡沫灭火器、二氧化碳灭火器、干粉灭火器、1211 灭火器	
C 类	可燃性气体,如煤气、石油液化气	1211 灭火器、干粉灭火器	水、酸碱灭火器、泡沫灭火器均无效
D 类	可燃性金属,如钾、钠、钙、镁等	干砂土 7150 灭火器	禁止用水及酸碱灭火器、泡沫灭火器。二氧化碳灭火器、干粉灭火器、1211 灭火器均无效

2.4　实验室化学烧伤及玻璃割伤的预防

(1)对于腐蚀性刺激药品,如强酸、强碱、浓氨水、氯化氧磷、浓过氧化氢溶液、氢氟酸、冰醋酸和溴水等,取用时尽可能佩戴橡胶手套和防护眼镜等。如药品瓶较大,搬运时必须一手托住瓶底,一手拿住瓶颈。

(2)开启大瓶液体药品时,必须用锯子将封口石膏锯开,禁止用其他物体敲打,以免药品瓶被打破。要用手推车搬运装酸或其他腐蚀性液体的坛子、大瓶时,严禁采用背、扛的方法搬运。要用特制的虹吸管移出危险性液体,并佩戴防护眼镜、橡胶手套,穿上围裙操作。

(3)稀释浓硫酸时,必须在耐热容器内进行,并且在不断搅拌下,慢慢地将浓硫酸加入水中。绝对不能将水加注到浓硫酸中,这种做法会使产生的热大量集中,使酸液溅射,非常危险。在溶解氢氧化钠、氢氧化钾等发热物质时,也必须在耐热容器中进行。

(4)取下正在沸腾的水或溶液时,须用烧杯夹夹住容器,摇动后取下,以防溶液突然剧烈沸腾,溅出伤人。

(5)切割玻璃管(棒)及给瓶塞打孔时,易造成割伤。往玻璃管上套橡胶管或将玻璃管插进橡胶塞孔内时,必须正确选择合适的匹配直径,先将玻璃管端面烧圆滑,冷却后用水或甘油湿润管壁及塞孔,并用布裹住手,以防玻璃管破碎而导致割伤。把玻璃管插入橡胶塞孔内时,必须握住橡胶塞的侧面,不能把它撑在手掌上。

(6)装配或拆卸玻璃仪器装置及仪器设备时,要小心进行,最好佩戴纱手套,防备玻璃仪器破损割手或锋利硬质物件伤手。

(7)为了预防化学实验过程中实验人员受到化学污染、化学烧伤和化学气体中毒等危害,实验过程中必须做到:穿实验服,不穿拖鞋和露脚趾的鞋;特殊实验必须佩戴手套、防护眼镜、口罩或防毒面具;不在实验室内抽烟、饮食;离开实验室前必须洗手,不把实验用品带到生活区。

2.5　X 射线的安全防护

物理化学实验要用到 X 射线。X 射线被人体组织吸收后,对人体健康是有害的。长期反复接受 X 射线照射,会导致疲倦、记忆力减退、头痛、白细胞降低等症状。一般晶体 X 射线衍射分析用的软 X 射线(波长较长、穿透能力较弱)比医院透视用的硬 X 射线(波长较短、穿透能力较强)对人体组织伤害更大。轻者造成局部组织灼伤,如果长时期接触,重者可造成白细胞降低、毛发脱落,导致严重的射线病。但若采取适当的防护措施,上述危害是可以避免的。最基本的一条是防止身体各部分(特别是头部)受到 X 射线照射,尤其是受到 X 射线的直接照射。目前 X 射线衍射仪均配备安全防护外罩,使用时一定要按照操作规程进行,尤其注意启动 X 射线光源前一定要关紧防护罩舱门,减少 X 射线泄漏带来的隐患。此外,操作人员站的位置应避免直接照射,非必要时,操作人员应尽量离开 X 射线衍射实验室。室内应保持良好通风,以降低由于高电压和 X 射线电离作用产生的有害气体对人体的影响。

2.6　汞中毒的预防

目前物理化学实验室还会接触使用汞的仪器,有时也会做使用汞的实验。汞是在 $-39\,^{\circ}\mathrm{C}$ 以上唯一能保持液态的金属。它具有一定的挥发性,其蒸气极毒。经常与汞蒸气接触会引起慢性中毒。室温下,在空气中汞的饱和蒸气含量达 $1.5 \times 10^{-2}\ \mathrm{mg \cdot L^{-1}}$。若实验人员经常在汞含量达到 $1 \times 10^{-2}\ \mathrm{mg \cdot L^{-1}}$ 的空气中活动,就会发生慢性汞中毒。汞能聚积于体内,其毒性是积累性的。如果每日吸入 $0.05 \sim 0.1\ \mathrm{mg}$ 汞蒸气,数月之后就有可能发生汞中毒。

使用汞的实验室应有通风设备,保持室内空气流通,其排风口不设在房间的上部,而设在房间的下部。因为汞蒸气重,多沉积于空间的下部。汞应储存于厚壁带塞的瓷瓶或玻璃瓶中,每瓶不宜放得太多,以免过重使瓶破碎。汞的操作最好在瓷盘中进行,以减少散落机会。为了减少汞的蒸发,降低空气中汞蒸气的含量,通常在汞液面上覆盖一层水或甘油。

对于溅落于台面或地面上的汞,应尽可能地拣拾起来。颗粒直径大于 1 mm 的汞可用滴管吸取,或用拾汞片(铜汞齐片)收取(拾汞片制备法:将约 0.2 mm 厚的条形铜片浸入用硝酸酸化过的硝酸汞溶液中,这时汞即镀于铜片上成拾汞片)。把散落的汞全部收拾之后,再撒上多硫化钙、硫黄或漂白粉等粉末,或喷洒 20% 三氯化铁溶液,使汞转化成不挥发的难溶盐,干后扫除干净。对于吸附在墙壁上、地板上及设备表面上的汞,可采用加热熏蒸碘的方法除去。离开实验室前关闭门窗,按每平方米 0.5 g 碘的量,加热熏蒸碘,碘蒸气即可固定吸附的汞。

三氯化铁及碘对金属有腐蚀作用,用其处理汞时要注意对精密仪器的保护。

2.7　实验室环境污染控制

化学实验会产生"三废"(废气、废液、废渣),科学和合理地解决"三废"的收集、处理和排放问题,是保障生命健康安全的需要,也是环境保护和可持续发展的需要。

不同化学反应涉及的反应物和产物不同,产生的"三废"中所含的化学物质及其毒性也不同,数量也有较大差别。化学实验室产生的"三废"的排放必须遵守我国环境保护的有关规定。

1. 废气

在实验室进行可能产生有害废气的操作时,都应在有通风装置的条件下进行,如加热酸、碱溶液和有机化合物的硝化、分解等都应于通风装置中进行。原子光谱分析仪的原子化器部分会产生金属的原子蒸气,必须有专用的通风装置把原子蒸气排至室外。汞的操作室必须有良好的全室通风装置,其通风口通常在墙的下部。实验室排出的废气量较少时,一般可由通风装置直接排至室外,但排气口必须至少高于附近屋顶 3 m。少数实验室若排放毒性大且量较多的气体,可参考工业废气处理办法,在排放废气之前,采用吸附、吸收、氧化、分解等方法进行预处理。

2. 废液

化学实验室产生的废液绝不能直接排入下水道。必须分类接收,集中存放,定期送至国家认可的化学废液废物处理部门作安全处理。

3. 废渣

化学实验室产生的有害固体废渣的量通常是不多的,但也不能将为数不多的废渣作为生活垃圾处理。必须分类收集,定期送至国家认可的化学废液废物处理部门作安全处理。

2.8　化学实验室的一般急救规则

(1)普通轻度烧伤时,可用清凉乳剂擦于创伤处,并包扎好;略重的烧伤可视烧伤情况立即送医院处理;遇有休克的伤员应立即通知医院前来抢救、处理。

(2)化学烧伤时,应迅速解脱衣服,首先清除残存在皮肤上的化学药品,然后在紧急喷淋装置下用水多次冲洗,同时视烧伤情况立即送医院救治或通知医院前来救治。

(3)眼睛受到任何伤害时,应立即请眼科医生诊断。但化学灼伤时,应分秒必争,在医生到来前即抓紧时间,立即用洗眼器冲洗眼睛。

(4)对于小的创伤,可用消毒镊子或消毒纱布把伤口清洗干净,并用 3.5% 碘酒涂在伤口周围,包扎好。若出血较多,可用压迫法止血,同时处理好伤口,扑上止血消炎药等,较紧地包扎好即可。较大的创伤或者动、静脉出血,甚至骨折时,应立即用急救绷带在伤口出血部上方扎紧止血,用消毒纱布盖住伤口,立即送医院救治。但止血时间长时,应每隔 1~2 h 放松一次,以免肢体缺血坏死。

(5)对中毒者的急救主要在于把中毒者送往医院或医生到达之前,尽快将中毒者从中毒物质区域中移出,并尽量弄清致毒物质,以便协助医生排除中毒者体内毒物。如遇中毒者呼吸停止、心脏停搏,应立即施行人工呼吸、心肺复苏术,直至送到医院或医生到达为止。

(6)有人触电时,应立即切断电源或设法使触电人脱离电源;若触电者呼吸停止或心脏停搏,应立即施行人工呼吸、心肺复苏术。特别注意出现假死现象时,千万不能放弃抢救,要尽快送往医院救治。

常见化合物烧伤的急救或治疗方式见表 I-2-3。

2.9　化学实验室安全设施

(1)楼层有消火栓和安全撤离通道。

(2)实验室备有医药箱,箱内必备药品有纱布、棉签、胶布、创口贴、医用酒精棉球、云南白药、碘酒、红药水、红花油、烫伤膏等。

(3)实验室备有灭火器(如酸碱灭火器、泡沫灭火器、四氯化碳灭火器等)、砂箱、石棉布等。

(4)实验室装备有紧急洗眼器和紧急喷淋装置。

表 1-2-3　常见化合物烧伤的急救或治疗方式

化合物种类	急救或治疗方式
碱类：氢氧化钠（钾）、氨、氧化钙、碳酸钾	立即用大量水冲洗，然后用2%乙酸溶液冲洗，或撒敷硼酸粉，或用2%硼酸水溶液冲洗。如为氧化钙灼伤，可用植物油涂敷伤处
碱金属氰化物、氢氰酸	先用高锰酸钾溶液冲洗，再用硫化铵溶液冲洗
溴	用1体积25%氨水 + 1体积松节油 + 10体积95%乙醇的混合液处理
氢氟酸	先用大量冷水冲洗直至伤口表面发红，然后用5%碳酸氢钠溶液冲洗，再以甘油与氧化镁（2∶1）悬浮液涂抹，再用消毒纱布包扎或用冰镇乙醇溶液浸泡
铬酸	先用大量水冲洗，再用硫化铵稀溶液漂洗
黄磷	立即用1%硫酸铜溶液洗净残余的磷，再用0.01%高锰酸钾溶液湿敷，外涂保护剂，用绷带包扎
苯酚	先用大量水冲洗，再用(4 + 1)70%乙醇-氯化铁(1 mol·L^{-1})混合液冲洗
硝酸银	先用大量水冲洗，再用5%碳酸氢钠溶液漂洗，涂油膏及磺胺粉
酸类：硫酸、盐酸、硝酸、乙酸、甲酸、草酸、苦味酸	先用大量水冲洗，再用5%碳酸钠溶液冲洗
硫酸二甲酯	不能涂油，不能包扎，应暴露伤处让其挥发

（三）物理化学实验中的误差及数据的表达

在测量时，由于所用仪器、实验方法、条件控制和实验者观察局限等因素的限制，任何实验都不可能测得一个绝对准确的数值，测量值和真值之间必然存在着一个差值，称为"测量误差"。只有知道结果的误差，才能了解结果的可靠性，决定这个结果对科学研究和生产是否有价值，进而研究如何改进实验方法、技术以及考虑仪器的正确选用和搭配等问题。如在实验前能清楚该测量允许的误差大小，则可以正确地选择适当精度的仪器、实验方法和条件控制，不致过分提高或降低实验的要求，造成浪费和损失。此外，数据列表、作图、建立数学关系等处理方法，对于实验结果的获得也是必不可少和非常重要的。

3.1　误差的分类

物理量的测量可分为直接测量和间接测量两种。直接表示所求结果的测量称为直接测量，如用天平称量物质的质量，用电位计测定电池的电动势等。若所求的结果由数个测量值以某种公式计算而得,则这种测量称为间接测量。例如,用电导法测定乙酸乙酯皂化反应的速率常数时,先在不同时间测定溶液的电导率,再通过图解或由公式计算得出。物理化学实验中的测量大多属于间接测量。

根据性质的不同可将误差分为三类,即系统误差、过失误差、偶然误差。

1. 系统误差

系统误差是有关测量方法中某些经常的原因而致的。如:

(1)实验方法本身的限制,如反应没有完全进行到底,指示剂选择不当,计算公式有某些假定及近似等。

(2)使用的仪器不够精确,如滴定管的刻度不准,仪器不稳或失灵,药品不纯等。

(3)实验者个人习惯所引入的主观误差,使测量数据有习惯性的偏高或偏低等。

系统误差总是以同一符号出现,在相同条件下重复实验无法消除,但可以通过测量前对仪器进行校正或更换,选择合适的实验方法,修正计算公式和用标准样品校正实验者本身所引进的系统误差来减少。只有不同实验者用不同的校正方法、不同的仪器所得数据相符合,才可认为系统误差基本消除。

2. 过失误差

过失误差主要是由于实验者粗心大意、操作不正确等所引起的。此类误差无规则可循,只要正确、细心操作就可避免。

3. 偶然误差

偶然误差是实验时许多不能预料的其他因素造成的,如实验者视觉、听觉不灵敏,对仪器最小分度值以下的估计难以完全相同或操作技巧不熟练等。在测量过程中外界条件改变也会导致偶然误差,如温度、压力不恒定、机械震动、电磁场干涉等。仪器中常包含的某些活动部件,如水银温度计或压力计中的水银柱、电流计中的游丝与指针,在对同一物理量进行重复测量时,这些部件所达到的位置难以完全相同(尤其是使用年久或质量较差的仪器更为明显),造成偶然误差。偶然误差的特点是其数值时大时小,时正时负。在相同条件下对同一物理量重复多次测量时,偶然误差的大小和正负完全由概率决定,如图 I-3-1 所示。误差分布具有对称性,即正、负误差出现的概率相等。因此多次重复测量的算术平均值是其最佳的代表值。

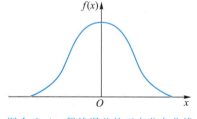

图 I-3-1 偶然误差的正态分布曲线

3.2 偶然误差的表达

1. 误差和相对误差

在物理量的测量中,偶然误差总是存在的。所以测量值 a 和真值 $a_{真}$ 之间总有着一定的偏差 Δa,这个偏差称为误差。

$$\Delta a = a - a_{真} \tag{I.3.1}$$

误差和真值之比,称为相对误差,即

$$相对误差 = \frac{误差}{真值} \times 100\% = \frac{\Delta a}{a_{真}} \times 100\% \tag{I.3.2}$$

误差的单位与被测量的单位相同,而相对误差量纲为1,因此不同物理量的相对误差可以互相比较。误差的大小与被测量的大小无关,而相对误差的大小则与被测量的大小及误差的值都有关,因此以相对误差评定测定结果的精密度更为合理。

例如,测量 0.5 m 的长度时所用的尺可以引入±0.0001 m 的误差,平均相对误差为 $\frac{0.0001}{0.5} \times 100\% = 0.02\%$,但用同样的尺测量 0.01 m 的长度时相对误差为 $\frac{0.0001}{0.01} \times 100\% = 1\%$,是前者的 50 倍。显然用这一尺子来测量 0.01 m 的长度是不够精密的。

由误差理论可知,在消除了系统误差和过失误差的情况下,由于偶然误差分布的对称性,进行无限次测量所得值的算术平均值即为真值:

$$a_{真} = \lim_{n \to \infty} \frac{\sum\limits_{i=1}^{n} a_i}{n} \tag{I.3.3}$$

然而在大多数情况下,只进行有限次的测量,故只能把有限次测量的算术平均值作为可靠值:

$$\bar{a}_i = \frac{\sum\limits_{i=1}^{n} a_i}{n} \tag{I.3.4}$$

并把各次测量值与其算术平均值的差作为各次测量的误差:

$$\Delta a_i = a_i - \bar{a}_i \tag{I.3.5}$$

又因各次测量误差的数值可正可负,对于整个测量来说不能由它来表达其特点,为此引入平均误差:

$$\overline{\Delta a} = \frac{|\Delta a_1| + |\Delta a_2| + |\Delta a_3| + \cdots + |\Delta a_n|}{n} = \frac{\sum\limits_{i=1}^{n} |a_i - \bar{a}_i|}{n} \tag{I.3.6}$$

而平均相对误差为

$$\frac{\overline{\Delta a}}{\bar{a}_i} \times 100\% = \frac{|\Delta a_1| + |\Delta a_2| + \cdots + |\Delta a_n|}{n\bar{a}_i} \times 100\% \tag{I.3.7}$$

2. 准确度与精密度

准确度是指测量结果的正确性,即偏离真值的程度,准确的数据只有很小的系统误差。精密度是指测量结果的可复性与所得数据的有效数字,精密度高指的是所得结果具有很小的偶然误差。

准确度的定义为

$$\frac{1}{n} \sum_{i=1}^{n} |a_i - a_{真}| \tag{I.3.8}$$

由于大多数物理化学实验中 $a_{真}$ 是要求测定的结果,一般可近似地用 a 的标准值 $a_{标}$ 来代替 $a_{真}$。所谓标准值是指用其他更为可靠的方法测出的值或载之文献的公认值。因此,测量的准确度可近似地表示为

$$\frac{1}{n}\sum_{i=1}^{n}\mid a_i - a_{标}\mid \tag{I.3.9}$$

精密度是指各次测量值 a_i 与可靠值 $\bar{a}_i\left(=\dfrac{\sum\limits_{i=1}^{n}a_i}{n}\right)$ 的偏差程度,也就是指在 n 次测量中测量

值之间相互偏差的程度。它可判断所做的实验是否精密(注意不是准确度),常用三种不同方式
来表示:

(1) 平均误差 $\overline{\Delta a}$ 　　　　 $\overline{\Delta a} = \dfrac{\sum\limits_{i=1}^{n}\mid a_i - \bar{a}_i\mid}{n}$

(2) 标准误差 σ 　　　　 $\sigma = \sqrt{\dfrac{\sum\limits_{i=1}^{n}(a_i - \bar{a}_i)^2}{n-1}}$

(3) 或然误差 P 　　　　 $P = 0.6745\sigma$

以上三种均可用来表示测量的精密度,但数值上略有不同,它们的关系是

$$P : \overline{\Delta a} : \sigma = 0.675 : 0.794 : 1.00$$

在物理化学实验中通常用平均误差或标准误差来表示测量精密度。平均误差的优点是计算方
便,但有把质量不高的测量掩盖的缺点。标准误差是平方和的开方,能更明显地反映误差,在精密
计算实验误差时最为常用。如甲、乙两人进行某实验,甲的两次测量误差为 +1、−3,而乙的为 +2、
−2。显然乙的实验精密度比甲高,但甲、乙的平均误差均为 2,而其标准误差甲和乙分别为 $\sqrt{1^2+3^2}=$
$\sqrt{10}$、$\sqrt{2^2+2^2}=\sqrt{8}$,由此可见,用后者来反映误差比前者优越。

由于不能肯定 a_i 与 $\bar{a}_i$ 相比,是偏高还是偏低,所以测量结果常用 $\bar{a}_i \pm \sigma$(或 $\bar{a}_i \pm \overline{\Delta a}$)来表
示。σ(或 $\overline{\Delta a}$)越小则表示测量的精密度越高。有时也用相对精密度 $\sigma_{相对}$ 来表示精密度:

$$\sigma_{相对} = \frac{\sigma}{a_i} \times 100\% \tag{I.3.10}$$

测量压力的五次数据列于表 I-3-1。

表 I-3-1　测量压力的五次数据

i	p/Pa	$\Delta p_i/\mathrm{Pa}$	$\mid \Delta p_i \mid /\mathrm{Pa}$	$\mid \Delta p_i \mid^2/\mathrm{Pa}^2$
1	98294	−4	4	16
2	98306	+8	8	64
3	98298	0	0	0
4	98301	+3	3	9
5	98291	−7	7	49
Σ	491490	0	22	138

其算术平均值 $$\overline{p}_i = \frac{1}{5}\sum_{i=1}^{5} p_i = 98298 \text{ Pa}$$

平均误差 $$\overline{\Delta p_i} = \pm\frac{1}{5}\sum_{i=1}^{5}|\Delta p_i| = \pm 4 \text{ Pa}$$

平均相对误差 $$\frac{\overline{\Delta p_i}}{\overline{p}_i} = \pm\frac{4 \text{ Pa}}{98298 \text{ Pa}}\times 100\% = \pm 0.004\%$$

标准误差 $$\sigma = \pm\sqrt{\frac{138 \text{ Pa}^2}{5-1}} = \pm 6 \text{ Pa}$$

相对误差 $$\frac{\sigma}{\overline{p}_i} = \frac{\pm 6 \text{ Pa}}{98298 \text{ Pa}}\times 100\% = \pm 0.006\%$$

故上述压力测量值的精密度为（98298±6）Pa 或（98298±4）Pa。

从概率论可知大于 3σ 的误差出现的概率只有 0.3%，故通常把这一数值称为极限误差，即

$$\delta_{极限} = 3\sigma \tag{I.3.11}$$

如果个别测量的误差超过 3σ，则可认为由过失误差引起而将其舍弃。由于实际测量是为数不多的几次测量，概率论不适用，而个别失常测量对算术平均值影响很大，为避免这一失常的影响，有人提出一种简单判断法，即

$$a - a_i \geqslant 4\left(\frac{1}{n}\sum_{i=1}^{n}|a_i - \overline{a}_i|\right) \tag{I.3.12}$$

若 a_i 值为可疑值，则弃去。因为这种观察值存在的概率大约只有 0.1%。

3. 怎样使测量结果达到足够的精密度

（1）首先按实验要求选用适当规格的仪器和药品（指不低于或优于实验要求的精密度），并加以校正或纯化，以避免因仪器或药品引入系统误差。

（2）测量某物理量 a 时需在相同实验条件下连续重复测量多次，舍去过失误差造成的可疑值后，求出其算术平均值 $\overline{a}_i = \dfrac{\sum\limits_{i=1}^{n} a_i}{n}$ 和精密度 $\left(\text{即平均误差}\ \overline{\Delta a} = \dfrac{\sum\limits_{i=1}^{n}|a_i - \overline{a}_i|}{n}\right)$。

（3）将 $\overline{a}_i$ 与 $a_标$ 作比较，若两者差值 $|\overline{a}_i - a_标| < \overline{\Delta a}$（$\overline{a}_i$ 是重复测量 15 次或更多时的平均值）或 $|\overline{a}_i - a_标| < \sqrt{3}\cdot\overline{\Delta a}$（$\overline{a}_i$ 是重复测量 5 次的平均值），测量结果就是对的。若 $|\overline{a}_i - a_标| > \overline{\Delta a}$（或 $>\sqrt{3}\cdot\overline{\Delta a}$），则说明在实验中有因实验条件、实验方法或计算公式不当等引入的系统误差。于是需进一步探索，寻找原因，直至使 $|\overline{a}_i - a_标| \leqslant \overline{\Delta a}$ 或 $\leqslant \sqrt{3}\cdot\overline{\Delta a}$。如不能达到，同时又能用其他方法证明不存在实验条件、实验方法或计算公式等方面的系统误差，则可能是标准值本身存在着误差，需重找新的标准值。

（4）仪器的读数精密度。在计算测量误差时，仪器的精密度不能劣于实验要求的精密度，但也不必过分优于实验要求的精密度，可根据仪器的规格来估算测量误差值。例如，$\frac{1}{10}$ 的水银温度计 $\overline{\Delta a} = \pm 0.02$ ℃；贝克曼温度计 $\overline{\Delta a} = \pm 0.002$ ℃；100 mL 容量瓶 $\overline{\Delta a} = \pm 0.1$ mL。

3.3 间接测量结果的误差计算

大多数实验的最后结果都是间接的数值,因此个别测量的误差,都反映在最后的结果里。在间接测量误差的计算中,可以看出直接测量的误差对最后的结果产生多大的影响,并可了解哪一方面的直接测量是误差的主要来源。如果事先预定最后结果的误差限度,即各直接测量值可允许的最大误差是多少,则由此可决定如何选择适当精密度的测量工具。仪器的精密程度会影响最后结果,但如果盲目地使用精密仪器,不考虑相对误差,不考虑仪器的相互配合,非但丝毫不能提高结果的准确度,反而会造成仪器、药品的浪费。

1. 间接测量结果的平均误差和相对平均误差

(1)首先来看一下普遍情况。若要求的数值 u 是两个变数 α 和 β 的函数,即 $u = f(\alpha, \beta)$。直接测量 α、β 时其误差为 $\Delta\alpha$、$\Delta\beta$,它所引起数值 u 的误差为 Δu,当误差 Δu、$\Delta\alpha$、$\Delta\beta$ 和 u、α、β 相比很小时,可以把它们看作微分 $\mathrm{d}u$、$\mathrm{d}\alpha$、$\mathrm{d}\beta$。应用微分公式可写成

$$\mathrm{d}u = f'_\alpha(\alpha, \beta)\mathrm{d}\alpha + f'_\beta(\alpha, \beta)\mathrm{d}\beta \qquad (\text{I}.3.13)$$

式中 $f'_\alpha(\alpha, \beta)$ 为函数 $f(\alpha, \beta)$ 对 α 的偏导数;$f'_\beta(\alpha, \beta)$ 为函数 $f(\alpha, \beta)$ 对 β 的偏导数。按照定义其相对误差为

$$\frac{\mathrm{d}u}{u} = \frac{f'_\alpha(\alpha, \beta)}{f(\alpha, \beta)}\mathrm{d}\alpha + \frac{f'_\beta(\alpha, \beta)}{f(\alpha, \beta)}\mathrm{d}\beta \qquad (\text{I}.3.14)$$

或者是

$$\mathrm{d}\ln u = \mathrm{d}\ln f(\alpha, \beta) \qquad (\text{I}.3.15)$$

故计算测量数值 u 的相对误差 $\left(\dfrac{\mathrm{d}u}{u}\right)$ 可先对 u 表示式取自然对数,然后直接按照测量的数值对此对数求微分(这里把这些测量数值当作变数)。示例如下:

单项式中的相对误差。设

$$u = k\frac{a^p b^q}{c^r e^s} \qquad (\text{I}.3.16)$$

式中 p、q、r、s 是已知数值;k 是常数;a、b、c、e 是实验直接测量的数值。对式(3.16)取自然对数:

$$\ln u = \ln k + p\ln a + q\ln b - r\ln c - s\ln e \qquad (\text{I}.3.17)$$

对式(I.3.17)取微分:

$$\frac{\mathrm{d}u}{u} = p\frac{\mathrm{d}a}{a} + q\frac{\mathrm{d}b}{b} - r\frac{\mathrm{d}c}{c} - s\frac{\mathrm{d}e}{e}$$

我们并不知道这些误差的符号是正还是负,但考虑到最不利的情况下,直接测量的正、负误差不能对消而引起误差的积累,故取相同符号。最后

$$\left|\frac{\mathrm{d}u}{u}\right| = p\left|\frac{\mathrm{d}a}{a}\right| + q\left|\frac{\mathrm{d}b}{b}\right| + r\left|\frac{\mathrm{d}c}{c}\right| + s\left|\frac{\mathrm{d}e}{e}\right| \qquad (\text{I}.3.18)$$

这样所得的相对误差是最大的,称为误差的上限。从式(I.3.18)可见,若 n 个数值相乘或相除,最后结果的相对误差比其中任意一个数值的相对误差都大。

(2)其他不同运算过程中相对误差的计算列于表 I-3-2。

表 Ⅰ-3-2　其他不同运算过程中相对误差的计算

函数关系	绝对误差	相对误差
$u = x + y$	$\pm(\|dx\| + \|dy\|)$	$\pm\left(\dfrac{d\|x\| + d\|y\|}{x + y}\right)$
$u = x - y$	$\pm(\|dx\| + \|dy\|)$	$\pm\left(\dfrac{d\|x\| + d\|y\|}{x - y}\right)$
$u = xy$	$\pm(x\|dy\| + y\|dx\|)$	$\pm\left(\dfrac{d\|x\|}{x} + \dfrac{d\|y\|}{y}\right)$
$u = \dfrac{x}{y}$	$\pm\left(\dfrac{y\|dx\| + x\|dy\|}{y^2}\right)$	$\pm\left(\dfrac{d\|x\|}{x} + \dfrac{d\|y\|}{y}\right)$
$u = x^n$	$\pm(nx^{n-1}dx)$	$\pm\left(n\dfrac{dx}{x}\right)$
$u = \ln x$	$\pm\left(\dfrac{dx}{x}\right)$	$\pm\left(\dfrac{dx}{x \cdot \ln x}\right)$
$u = \sin x$	$\pm(\cos x\, dx)$	$\pm(\cot x\, dx)$

（3）误差举例。

例 1　误差的计算。

液体的摩尔折射度公式为 $[R] = \dfrac{n^2 - 1}{n^2 + 2} \cdot \dfrac{M}{\rho}$，苯的折射率 $n = 1.4979 \pm 0.0003$，密度 $\rho = (0.8737 \pm 0.0002)\ \text{g} \cdot \text{cm}^{-3}$，摩尔质量 $M = 78.08\ \text{g} \cdot \text{mol}^{-1}$。则间接测量 $[R]$ 的误差是

$$[R] = \frac{1.4979^2 - 1}{1.4979^2 + 2} \times \frac{78.08}{0.8737} = 26.19$$

把摩尔折射度公式两边取自然对数并微分：

$$d\ln[R] = d\ln(n^2 - 1) - d\ln(n^2 + 2) - d\ln\rho$$

考虑最大误差，整理得

$$\frac{d[R]}{[R]} = \left(\frac{2n}{n^2 - 1} - \frac{2n}{n^2 + 2}\right)dn + \frac{d\rho}{\rho}$$

代入有关数据得

$$d[R] = 0.019$$

则其相对误差为

$$\frac{\Delta[R]}{[R]} = \frac{0.019}{26.19} = 7.3 \times 10^{-4}$$

例 2　仪器的选择。

用电热补偿法测定在 12 mol 水中分次加入 KNO_3（固体）的溶解热，求 KNO_3 在水中的积分溶解热 $\Delta_{sol}H(\text{J} \cdot \text{mol}^{-1})$，$\Delta_{sol}H = \dfrac{101.1IVt}{m_{KNO_3}}$。如果把相对误差控制在 3% 以内，应选择什么规格的仪器？

在直接测量中各物理量的数值分别为:电流 $I = 0.5$ A,电压 $V = 4.5$ V,最短的电热补偿时间 $t = 400$ s,最少的样品质量 $m_{KNO_3} = 3$ g。

误差计算:

$$\ln \Delta_{sol} H = \ln I + \ln V + \ln t - \ln m$$

$$\left| \frac{d\Delta_{sol} H}{\Delta_{sol} H} \right| = \left| \frac{dI}{I} \right| + \left| \frac{dV}{V} \right| + \left| \frac{dt}{t} \right| + \left| \frac{dm}{m} \right|$$

$$= \frac{dI}{0.5 \text{ A}} + \frac{dV}{4.5 \text{ V}} + \frac{dt}{400 \text{ s}} + \frac{dm}{3 \text{ g}}$$

由上式可知最大的误差来源于测定 I 和 V 所用的电流表和电压表。因为在时间的测定中用停表误差不会超过 1 s,相对误差为 $\frac{1}{400} = 0.25\%$。如用分析天平称量 KNO_3 只要读至小数点后第三位即 $dm = 0.002$ g,相对误差仅为 0.07%。电流表和电压表的选择以及在实验中对 I、V 的控制是本实验的关键。为把 $\Delta_{sol} H$ 的相对误差控制在 3% 以内,$\frac{dI}{I}$ 和 $\frac{dV}{V}$ 都应控制在 1% 以内。故应选用 0.5 级的电流表和 1.0 级的电压表(准确度为最大量程值的 1%),且电流表的全量程为 1.0 A,电压表的全量程为 5.0 V($\frac{dI}{I} = \frac{1.0 \times 0.005}{0.5} = 1\%$,$\frac{dV}{V} = \frac{5 \times 0.01}{4.5} = 1.1\%$)。

例 3 测量过程中最有利条件的确定。

在利用惠斯登电桥(见图 I-3-2)测定电阻时,电阻 R_x 可由下式计算:

$$R_x = R \frac{l_1}{l_2} = R \frac{L - l_2}{l_2}$$

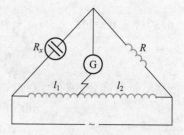

图 I-3-2 惠斯登电桥

式中 R 是已知电阻;L 是电阻丝全长($l_1 + l_2 = L$)。因此,间接测量 R_x 的误差取决于直接测量 l_2 的误差:

$$dR_x = \pm \left(\frac{\partial R_x}{\partial l_2} \right) dl_2 = \pm \left[\frac{\partial \left(R \frac{L - l_2}{l_2} \right)}{\partial l_2} \right] dl_2 = \pm \left(\frac{RL}{l_2^2} \right) dl_2$$

相对误差为

$$\frac{dR_x}{R_x} = \pm \left(\frac{\frac{RL}{l_2^2} dl_2}{R \frac{L - l_2}{l_2}} \right) = \pm \frac{L}{(L - l_2) l_2} dl_2$$

因为 L 是常量,所以当 $(L - l_2) l_2$ 最大时,其相对误差最小,即

$$\frac{d}{dl_2}\left[(L - l_2)l_2\right] = 0$$

故
$$l_2 = \frac{L}{2}$$

所以用惠斯登电桥测定电阻时,电桥上的接触点最好放在电桥中心。由测定电阻可以求得电导,而测定电导是物理化学实验中常用的物理方法之一。

2. 间接测量结果的标准误差估计

设函数为 $u = f(\alpha, \beta, \cdots)$,式中 $\alpha, \beta, \cdots$ 的标准误差分别为 $\sigma_\alpha, \sigma_\beta, \cdots$,则 u 的标准误差经推演为

$$\sigma_u = \left[\left(\frac{\partial u}{\partial \alpha}\right)^2 \sigma_\alpha^2 + \left(\frac{\partial u}{\partial \beta}\right)^2 \sigma_\beta^2 + \cdots\right]^{\frac{1}{2}} \tag{I.3.19}$$

例如,用测定气体的压力(p)和体积(V)及理想气体定律确定温度(T)。已知 $\sigma_p = \pm 13.33\ \text{Pa}$,$\sigma_V = \pm 0.1\ \text{cm}^3$,$\sigma_n = \pm 0.001\ \text{mol}$,$p = 6665\ \text{Pa}$,$V = 1000\ \text{cm}^3$,$n = 0.05\ \text{mol}$,$R = 8.314 \times 10^6\ \text{cm}^3 \cdot \text{Pa} \cdot \text{mol}^{-1} \cdot \text{K}^{-1}$。

因为
$$T = \frac{pV}{nR}$$

所以
$$\sigma_T = \left[\left(\frac{\partial T}{\partial p}\right)_{n,V}^2 \sigma_p^2 + \left(\frac{\partial T}{\partial n}\right)_{V,p}^2 \sigma_n^2 + \left(\frac{\partial T}{\partial V}\right)_{p,n}^2 \sigma_V^2\right]^{\frac{1}{2}}$$

$$= \left[\left(\frac{V}{nR}\right)^2 \sigma_p^2 + \left(-\frac{pV}{n^2 R}\right)^2 \sigma_n^2 + \left(\frac{p}{nR}\right)^2 \sigma_V^2\right]^{\frac{1}{2}}$$

$$= 16.0 \times \left[4 \times 10^{-6} + 4 \times 10^{-4} + 1 \times 10^{-8}\right]^{\frac{1}{2}}\ \text{K}$$

$$= 0.3\ \text{K}$$

最终结果为 $(16.0 \pm 0.3)\ \text{K}$。

部分函数的标准误差列于表 I-3-3。

表 I-3-3　部分函数的标准误差

函数关系	绝对误差	相对误差
$u = x \pm y$	$\pm\sqrt{\sigma_x^2 + \sigma_y^2}$	$\pm\frac{1}{\|x + y\|}\sqrt{\sigma_x^2 + \sigma_y^2}$
$u = x \cdot y$	$\pm\sqrt{y^2 \sigma_x^2 + x^2 \sigma_y^2}$	$\pm\sqrt{\frac{\sigma_x^2}{x^2} + \frac{\sigma_y^2}{y^2}}$
$u = \dfrac{x}{y}$	$\pm\frac{1}{y}\sqrt{\sigma_x^2 + \frac{x^2}{y^2}\sigma_y^2}$	$\pm\sqrt{\frac{\sigma_x^2}{x^2} + \frac{\sigma_y^2}{y^2}}$
$u = x^n$	$\pm n x^{n-1} \sigma_x$	$\pm\frac{n}{x}\sigma_x$
$u = \ln x$	$\pm\frac{\sigma_x}{x}$	$\pm\frac{\sigma_x}{x \ln x}$

3.4 有效数字

根据误差理论,实验中测定的物理量 a 值的结果应表示为 $\overline{a}_i \pm \sqrt{\Delta a}$,$\overline{a}_i$ 有一个不确定范围 $\Delta \overline{a}$。因此在具体记录数据时,没有必要将 $\overline{a}_i$ 的位数记得超过 $\Delta \overline{a}$ 所限定的范围。如压力的测量值为 (1863.5 ± 0.4) Pa,其中 1863 是完全确定的,最后位数 5 不确定,它只告诉一个范围(1 到 9)。通常称所有确定的数字(不包括表示小数点位置的"0")和最后不确定的数字一起为有效数字。记录和计算时,只要记有效数字,多余的数字不必记。严格地说,一个数据若未记明不确定范围(即精密度范围),则该数据的含义是不清楚的,一般认为最后一位数字的不确定范围为 ± 3。

由于间接测量的效果需通过公式运算后显示,运算过程中要考虑有效数字的位数确定,下面扼要介绍有效数字表示方法。

(1)误差一般只有一位有效数字。

(2)任何一物理量的数据,其有效数字的最后一位,在位数上应与误差的最后一位一致,如 1.35 ± 0.01 是正确的,若写成 1.351 ± 0.01 或 1.3 ± 0.01,则意义不明确。

(3)为了明确地表明有效数字,凡用"0"表明小数点的位置,通常用乘 10 的指数幂来表示,例如,0.00312 应写作 3.12×10^{-3},而对于 15800 cm,如实际测量只能取三位有效数字(第三位由估计而得),则应写成 1.58×10^4 cm,如实际测量可取至第四位有效数字,则应写成 1.580×10^4 cm。

(4)在修约数值时,应用四舍六入五成双原则。如可修约的数为 5,其前一位若为奇数则进 1,若前一位为偶数就舍去,如 12.03365 取四位为 12.03,取五位为 12.034,取六位为 12.0336。

在加减运算时,各数值小数点后所取的位数与其中最小者相同。例如,13.65 + 0.0321 + 1.672 应为 13.65 + 0.03 + 1.67 = 15.35。

在乘除运算中,各数值所取位数由有效数字位数最少的数值的相对误差决定。运算结果的有效数字位数亦取决于最终结果的相对误差,如 $\dfrac{2.0168 \times 0.0191}{96}$,在此例中并没指明各数值的误差,据前所述,一般最后一位数字的不确定范围为 ± 3。上式中数值 96 的有效数字位数最少,其相对误差为 3.1% $\left(\text{即} \dfrac{3}{96} \times 100\%\right)$。数值 2.0168 的 3.1% 相对误差为 0.063,已影响 2.0168 的末三位有效数字,故将 2.0168 改写为 2.02。数值 0.0191 的 3.1% 相对误差为 0.00059,仍写为 0.0191。故可将上式改写为

$$\frac{2.02 \times 0.0191}{96}$$

其值为 0.0004018,它的相对误差是

$$\frac{0.0003}{2.0168} + \frac{0.0003}{0.0191} + \frac{3}{96} = 4.7\%$$

数值 0.0004018 的 4.7% 为 0.000019,故结果的有效数字应只有两位:

$$\frac{2.02 \times 0.0191}{96} = 4.0 \times 10^{-4}$$

(5)若第一次运算结果需代入其他公式进行第二次或第三次运算时,则各中间数值可多保留一位有效数字,以免误差叠加,但在最后的结果中仍要用四舍六入五成双原则以保持原有的有效数字的位数。

3.5 实验数据的表示法

物理化学实验数据的表示主要有如下三种方法:列表法、图解法和数学方程式法。

1. 列表法

利用列表法表达实验数据时,通常采用三线表的格式,列出自变量 x 和应变量 y 间的相应数值。每一表格都应有简明完备的名称,放在表的上面。三线表只有三条贯穿的横线,在第一和第二条横线之间(即表中的第一行)应详细写上每一列所表示的物理量名称和量纲,在第二和第三条横线之间填写对应的具体数值。在排列时,数字最好依次递增或递减,在每一行(或列)中,数字的排列要整齐,位数和小数点要对齐,有效数字的位数要合理。

2. 图解法

把实验和计算所得数据作图,更易比较数值,发现实验结果的特点,如极大点、极小点、转折点、线性关系或其他周期性等重要性质,还可利用图形求面积、作切线、进行内插和外推等。(外推法不可随意应用。第一,外推范围距实际测量的范围不能太远,且其测量数据间的函数关系是线性的或可以认为是线性的。第二,外推所得的结果与已有的正确经验不能有抵触。)在两个变量的情况下,图解法主要是在直角坐标系中作出相当于变量 x 和 y 值的各点,此处

$$y = f(x)$$

然后将点连成平滑曲线。根据函数的图形来找出函数中各中间值的方法,称为图形的内插法。当曲线为线性关系时,亦可外推求得与实验数据范围以外的 x 值相应的 y 值。图解法还可帮助解方程式。

在画图时应注意以下几点:

(1)在两个变量中选定主变量与应变量,以横坐标为主变量,纵坐标为应变量,并确定标绘在 x、y 轴上的最大值和最小值。

(2)制图时选择比例尺是极为重要的,因为比例尺的改变,将会引起曲线外形的变化,特别对于曲线的一些特殊性质如极大点、极小点、转折点等,比例尺选择不当会使图形显示不清楚,见图 Ⅰ-3-3 和图 Ⅰ-3-4。为准确起见,比例尺的选择应该使得由图解法测出诸量的准确度与实际测量的准确度相适应。为此,通常每小格应能表示测量值的最末一位可靠数字或可疑数字,以使

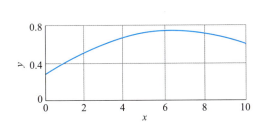

图 Ⅰ-3-3 y 轴与 x 轴比例不当的
$y = f(x)$ 曲线图

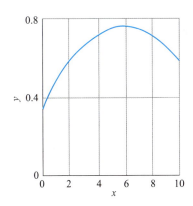

图 Ⅰ-3-4 y 轴与 x 轴比例适当的
$y = f(x)$ 曲线图

图上各点坐标能表示全部有效数字并将测量误差较小的量取较大的比例尺。同时在方格纸上每格所代表的数值最好等于1、2、5个单位的变量或这些数的$10^{\pm n}$值(n为整数),以便于查看和内插。要尽可能地利用方格纸的全部,坐标不一定需从零开始,如果是直线,则其斜率尽可能与横坐标的交角接近45°。

当需要由图来决定导数或曲线方程式的系数,或需要外推时,必须将较复杂的函数转换成线性函数,使得到的曲线转化为直线。如指数函数$y = ae^{\pm bx}$,见图Ⅰ-3-5。这种形式的函数在物理化学中是经常遇到的,可以用对数的方法使之转化为直线方程式:

$$\lg y = \lg a \pm 0.4342bx$$

以$\lg y$和x作图就是一直线。对于抛物线形状的曲线($y = a + bx^2$),如图Ⅰ-3-6所示,可以用y对x^2作图而得一直线。

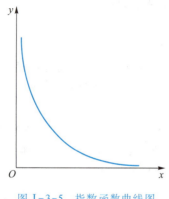

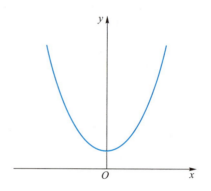

图Ⅰ-3-5　指数函数曲线图　　　　图Ⅰ-3-6　抛物线曲线图

（3）作曲线时,先在图上将各实验点以×、□、○、△等符号标出(×、□、○、△的大小表示误差的范围)。如使用origin等画图软件作图,借助合适的拟合公式进行曲线(或者直线)拟合;如使用手工画图,则使用曲线尺和直尺把各点相连成线(不必通过每一点)。在曲线不能完全通过所有实验点时,实验点应该平均地分布在曲线的两边,或使所有的实验点离开曲线距离的平方和为最小,此即"最小二乘法原理"。通常曲线不应当有不能解释的间隙、自身交叉或其他不正常特性。

在处理物理化学实验数据时,通常是先列成表格然后绘成图,再求曲线方程式,进而加以分析,并作一定的推论。

在曲线上手动作切线通常有如下两种方法:

① 镜像法。如要作曲线上某一指定点的切线,可取一块平面镜,垂直放在图纸上,使平面镜的边缘与线相交于该指定点。以此点为轴旋转平面镜,直至图上曲线与镜中曲线的映像连成光滑的曲线时,沿镜面作直线即为该点的法线,再作此法线的垂直线,即为该点的切线。如果将一块薄的平面镜和一直尺垂直组合,使用时更方便,见图Ⅰ-3-7。

② 平行线法。在选择的曲线段上作两条平行线AB及CD,作两线段中点的连线交曲线于O点,作与AB及CD平行的直线EOF,即为O点的切线,见图Ⅰ-3-8。

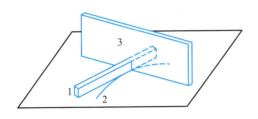

1—直尺；2—曲线；3—平面镜

图 I-3-7　镜像法作切线的示意图

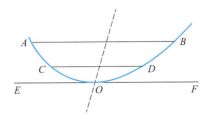

图 I-3-8　平行线法作切线的示意图

3. 数学方程式法

该法是将实验中各变量间关系用函数的形式如 $y = f(x)$ 或 $y = f(x, z)$ 等表达出来。

对比较简单的 $y = f(x)$ 来说，寻找数学方程式中的各常数项最方便的方法是将它直线化，即将函数 $y = f(x)$ 转换成线性函数，求出直线方程式 $y = a + bx$ 中 a、b 两常数（如不能通过改换变量使原曲线直线化，可将原函数表达成 $y = a + bx + cx^2 + dx^3 + \cdots$ 的多项式）。

通常用图解法、平均值法和最小二乘法三种方法求 a 和 b。现将不同温度下丙酮蒸气压的实验数据列于表 I-3-4 中作具体说明。

表 I-3-4　不同温度下丙酮蒸气压的实验数据

i	$\dfrac{1}{T} \times 10^3 / \mathrm{K}^{-1}(=x)$	$\lg[p/\mathrm{Pa}](=y)$	$(bx_i + a - y_i) \times 10^3$		
			图解法	平均值法	最小二乘法
1	3.614	3.045	+6	+4	+2
2	3.493	3.246	+6	+3	+2
3	3.434	3.346	+4	+1	0
4	3.405	3.396	+2	−1	−2
5	3.288	3.588	+4	+1	0
6	3.255	3.647	0	−3	−4
7	3.226	3.696	−1	−4	−5
8	3.194	3.748	+1	−3	−4
9	3.160	3.804	+1	−3	−4
10	3.140	3.836	+2	−2	−2
11	3.117	3.874	+3	−2	−2
12	3.095	3.908	+5	+1	0
13	3.076	3.939	+6	+1	+1
14	3.060	3.963	+8	+4	+3
15	3.044	3.989	+9	+4	+4
Σ	48.601	55.025	$\lvert\Delta\rvert = 58$	$\lvert\Delta\rvert = 37$	$\lvert\Delta\rvert = 35$

（1）图解法。此方法是把实验数据以合适的变量作为坐标绘出直线,从直线的拟合方程或从直线上取两点的坐标值(x_1,y_1)、(x_2,y_2),计算斜率b,并作图求截距a。

$$b = \frac{y_2 - y_1}{x_2 - x_1}$$

按表 I-3-4 所列数据以 $\lg(p/\mathrm{Pa})$ 为 y 轴,$\frac{1}{T} \times 10^3$ 为 x 轴作图后得:$b = -1.662$,$a = 9.057$。

（2）平均值法。平均值法较麻烦,但在有 6 个以上比较精密的数据时,结果比图解法好。

设线性方程为 $y = a + bx$,原则上只要有两对变量(x_1,y_1)和(x_2,y_2)就可以把 a、b 确定下来,但由于测定中有误差存在,所以这样处理偏差较大,故采用平均值法。它的原理是基于 a、b 值应能使$(a + bx_i)$减去 y_i 之差的总和为零,即 $\sum_{i=1}^{n} (a + bx_i - y_i) = \sum_{i=1}^{n} u_i = 0$。具体的做法是,把数据代入条件方程式,再将它分为两组(两组方程式数目几乎相等),然后将两组方程式相加得到下列两个方程:

$$\sum_{i=1}^{k} u_i = ka + b \sum_{i=1}^{k} x_i - \sum_{i=1}^{k} y_i = 0$$

$$\sum_{i=k+1}^{n} u_i = (n-k)a + b \sum_{i=k+1}^{n} x_i - \sum_{i=k+1}^{n} y_i = 0$$

联解这两个方程,即可得 a、b 值。由表 I-3-4 所列数据 $\left(x = \frac{1}{T} \times 1000\right)$ 可得

① $a + 3.614b - 3.045 = 0$ ⑧ $a + 3.194b - 3.748 = 0$

② $a + 3.493b - 3.246 = 0$ ⑨ $a + 3.160b - 3.804 = 0$

③ $a + 3.434b - 3.346 = 0$ ⑩ $a + 3.140b - 3.836 = 0$

④ $a + 3.405b - 3.396 = 0$ ⑪ $a + 3.117b - 3.874 = 0$

⑤ $a + 3.288b - 3.588 = 0$ ⑫ $a + 3.095b - 3.908 = 0$

⑥ $a + 3.255b - 3.647 = 0$ ⑬ $a + 3.076b - 3.939 = 0$

⑦ $a + 3.226b - 3.696 = 0$ ⑭ $a + 3.060b - 3.963 = 0$

　　$7a + 23.715b - 23.964 = 0$ ⑮ $a + 3.044b - 3.989 = 0$

　　　　　　　　　　　　　　　　　　　　$8a + 24.886b - 31.061 = 0$

解此联立方程

$$\begin{cases} 7a + 23.715b - 23.964 = 0 \\ 8a + 24.886b - 31.061 = 0 \end{cases}$$

得

$$b = -1.657, \quad a = 9.037$$

（3）最小二乘法。这种方法处理较烦琐,但结果较可靠,它需要 7 个以上的数据。它的基本原理是在有限次数的测量中,其 $\sum_{i=1}^{n} u_i = \sum_{i=1}^{n} [(bx_i + a) - y_i]$ 并不一定为零,因此用平均值法处理数据时还有一定的偏差。但可以设想它的最佳结果应能使其标准误差为最小,即

$\sum\limits_{i=1}^{n}\left[(bx_i+a)-y_i\right]^2$ 为最小。例如：

$$\sigma = \sum_{i=1}^{n}\left[(bx_i+a)-y_i\right]^2 = b^2\sum_{i=1}^{n}x_i^2+2ab\sum_{i=1}^{n}x_i-2b\sum_{i=1}^{n}x_iy_i+na^2-2a\sum_{i=1}^{n}y_i+\sum_{i=1}^{n}y_i^2$$

则

$$\frac{\partial\sigma}{\partial b}=0=2b\sum_{i=1}^{n}x_i^2+2a\sum_{i=1}^{n}x_i-2\sum_{i=1}^{n}y_ix_i$$

$$\frac{\partial\sigma}{\partial a}=0=2b\sum_{i=1}^{n}x_i+2an-2\sum_{i=1}^{n}y_i$$

由上式联立可解出 a、b 分别为

$$b=\frac{\sum\limits_{i=1}^{n}x_i\sum\limits_{i=1}^{n}y_i-n\sum\limits_{i=1}^{n}x_iy_i}{\left(\sum\limits_{i=1}^{n}x_i\right)^2-n\sum\limits_{i=1}^{n}x_i^2}$$

$$a=\frac{\sum\limits_{i=1}^{n}x_iy_i\sum\limits_{i=1}^{n}x_i-\sum\limits_{i=1}^{n}y_i\sum\limits_{i=1}^{n}x_i^2}{\left(\sum\limits_{i=1}^{n}x_i\right)^2-n\sum\limits_{i=1}^{n}x_i^2}$$

将表 I-3-4 所列数据代入,得

$$b=-1.660,\quad a=9.046$$

比较以上三种处理方法的 $\left[(bx_i+a-y_i)\times10^3\right]$(见表 I-3-4),可知最小二乘法的标准误差最小。

习　题

1. 某一液体的密度多次测定的结果分别为 ① 1.082 g·cm^{-3}, ② 1.079 g·cm^{-3}, ③ 1.080 g·cm^{-3}, ④ 1.076 g·cm^{-3}, 求其平均误差、平均相对误差、标准误差和精密度。

2. 以苯为溶剂,用沸点升高法测定萘的摩尔质量。按下式计算:

$$M=2.53\times\frac{1000\,m_B}{m_A\Delta T_b}$$

已知纯苯的沸点在贝克曼温度计上的读数为 (2.975 ± 0.002)℃。溶液含苯 (87.0 ± 0.1) g (m_A),含萘 (1.054 ± 0.001) g (m_B),其沸点读数为 (3.210 ± 0.002)℃。试计算萘的摩尔质量,估计其平均误差和标准误差,并讨论影响该实验的主要误差是什么。

3. 试用误差分析的方法解释为什么用 X 射线粉末衍射法求晶胞常数时,为准确起见,常选取 θ 比较大的衍射线来计算(试以立方晶系为例说明)。这种晶系的晶胞常数 a 是利用如下两公式计算的: $2d\sin\theta=n\lambda$ 和 $a=d\sqrt{h^{*2}+k^{*2}+l^{*2}}$,式中 d 是晶面符号为 (h^*,k^*,l^*) 的面间距。

4. 氨基甲酸铵的分解反应为

$$NH_2COONH_4(s)\Longrightarrow 2NH_3(g)+CO_2(g)$$

平衡常数 K、温度 T 及反应热效应 Δ_rH_m 的关系为

$$\lg K=-\frac{\Delta_rH_m}{2.303RT}+A$$

不同温度下的实验数据如下：

T/K	293	298	303	308	313	318	323	328
$\lg K$	−4.108	−3.618	−3.150	−2.717	−2.294	−1.877	−1.463	−1.052

试用最小二乘法求出上述关系式中的 A 及平均热效应 $\Delta_r H_m$（设 $\Delta_r H_m$ 在此测定温度范围内为一常数）。

Ⅱ 实 验

热力学部分

实验一　液体饱和蒸气压的测定——静态法

1.1　实验目的

（1）能够阐述纯液体饱和蒸气压与温度的关系——克劳修斯-克拉佩龙方程式。
（2）能够利用静态法（也称等位法）测定异丙醇在不同温度下蒸气压。
（3）能够合理搭建和使用真空系统、常温控温系统及气压计。
（4）能够通过图解法求纯液体在所测温度范围内的平均摩尔汽化热及正常沸点。

1.2　实验原理

一定温度下,在一真空的密闭容器中,液体很快和它的蒸气建立动态平衡,即蒸气中分子向液面凝结和液体中分子从液面逃逸到蒸气的速度相等,此时液面上的蒸气压就是液体在此温度时的饱和蒸气压。液体的蒸气压与温度有一定关系,温度升高时,分子运动加剧,因而单位时间内从液面逸出的分子数增多,蒸气压增大。反之,温度降低时,则蒸气压减小。当蒸气压与外界压力相等时,液体便沸腾,外压不同时,液体的沸点也不同。人们把外压为 101325 Pa 时液体的沸腾温度定为其正常沸点。液体的饱和蒸气压与温度的关系可用克劳修斯-克拉佩龙方程式来表示:

$$\frac{\mathrm{d}\ln p}{\mathrm{d}T} = \frac{\Delta_{\mathrm{vap}}H_{\mathrm{m}}}{RT^2} \qquad\qquad (\text{Ⅱ.1.1})$$

式中 p 为液体在温度 T 时的饱和蒸气压(Pa); T 为热力学温度(K); $\Delta_{\mathrm{vap}}H_{\mathrm{m}}$ 为液体摩尔汽化热; R 为摩尔气体常数。在温度变化较小的范围内,则可把 $\Delta_{\mathrm{vap}}H_{\mathrm{m}}$ 视为常数,当作平均摩尔汽化热。将式(Ⅱ.1.1)积分得

$$\ln(p/\mathrm{Pa}) = -\frac{\Delta_{\mathrm{vap}}H_{\mathrm{m}}}{RT} + A \qquad\qquad (\text{Ⅱ.1.2})$$

式中 A 为积分常数。由式(Ⅱ.1.2)可知,在一定温度范围内,测定不同温度下的饱和蒸气压,以 $\ln(p/\mathrm{Pa})$ 对 $1/T$ 作图,可得一直线,而由直线的斜率可以求出实验温度范围的液体平均摩

尔汽化热 $\Delta_{vap}H_m$。

静态法测定液体饱和蒸气压的原理是调节外压以平衡液体的蒸气压 p,测出压差仪上的压差值 Δp,并测定实验时的大气压 p_0。大气压与压差仪读数(绝对值)之差即为该温度下液体的饱和蒸气压。实验装置示意图见图 II-1-1。实验中装置的所有接口必须严密封闭。

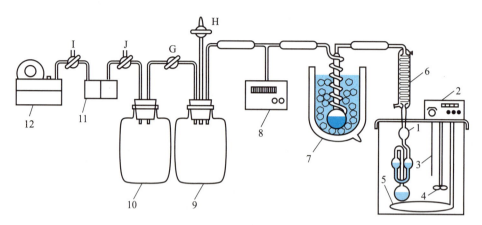

1—等位计;2—搅拌、温度控制装置;3—温度传感器;4—搅拌器;5—加热器;6—回流冷凝管;7—冷凝器;8—低真空压差仪;
9—增压缓冲瓶;10—减压缓冲瓶;11—净化系统;12—真空泵;I—三通旋塞;J,G,H—两通旋塞

图 II-1-1　静态法测定液体饱和蒸气压实验装置示意图

1.3　仪器与药品

恒温装置 1 套;真空泵及真空系统组件 1 套;气压计 1 台;等位计 1 个;数显式低真空压差仪 1 台。$CH_3CHOHCH_3$(异丙醇,AR)。

1.4　实验步骤

实验一　操作演示视频

(1)装样。如图 II-1-2 所示,从等位计口注入适量的异丙醇,加塞后手拿等位计,通过不断改变其位置,使异丙醇流入样品球 A。调节使样品球 A 内装有约 2/3 的液体,调节并估计两个等位球 B 内的液体等位后约处于一半的位置。

(2)检漏。将装好液体的等位计按图 II-1-1 所示接好。将适量冰水加到冷凝器的冷阱中,打开冷却水,开启低真空压差仪,按清零钮使其数显值为零。关闭旋塞 I、J、G、H。打开真空泵抽气系统,接通旋塞 I,缓慢打开旋塞 J、G,使低真空压差仪上显示压差(绝对值)为 40~53 kPa(300~400 mmHg),关闭旋塞 J。注意观察压差仪显示的数字是否变化。如果系统漏气,则压差仪显示的绝对数值逐渐变小。这时仔细分段检查,寻找出漏气部位,设法消除。

（3）排空气及测定。调节恒温槽温度略高于室温作为第一个实验温度,开启真空泵,接通旋塞 I,缓慢打开旋塞 J、G,缓缓抽气,以排除样品球 A 中液体溶解的空气和 a、b_1 液面间的空气。当抽至等位球 B 内液体沸腾后,调小旋塞 G 开度使液体保持微沸状态,待压差仪显示数值基本不变时,即关闭旋塞 J、G,小心调节旋塞 H,使空气缓慢进入测量系统,以使沸腾停止并至等位球中 b_1、b_2 两液面等高(如旋塞 H 过调导致 b_2 液面低于 b_1 液面,则可关闭旋塞 H 后小心调节旋塞 G 解决),从压差仪上读出压力差。同法再略抽气,调节使等位球中 b_1、b_2 两液面等高,再次读出压力差。比较连续两次测定的读数,如两次压力差读数相差无几,则表示样品球 A 液面上的空间已全被异丙醇蒸气充满,记下低真空压差仪上的读数。

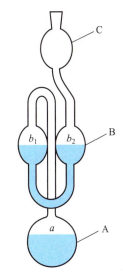

A—样品球;B—等位球;C—缓冲球

图 Ⅱ-1-2 等位计

（4）用上述方法再分别测定另外 7 个不同温度时(温度间隔为 5 K)异丙醇的蒸气压实验数据。正常情况下第 2 个温度以后的测定不再需要排空气。在实验开始时,从气压计读取当天的大气压 p_0。

1.5 实验注意事项

（1）整个实验过程中,应保持等位计中样品球 A 液面上蒸气相中不存在空气。

（2）抽空气的速度要合适。必须防止等位计内液体沸腾过剧,避免等位球 B 内液体被抽尽。如果出现液体暴沸,可以小心调节旋塞 H,放入一部分空气,以减小系统真空度。

（3）蒸气压与温度有关,故测定过程中恒温槽的温度波动需控制在±0.1 K 以内。

（4）实验过程中调节液面等位时需防止等位球 B 内液体及空气倒灌。一旦倒灌带入空气,必须补足等位球 B 内液体并从排空气步骤重新做起。

1.6 数据处理

（1）自行设计实验数据记录表,既能正确记录全套原始数据,又可填入演算结果。

（2）计算蒸气压 p,$p = p_0 - \Delta p$,式中 p_0 为室内大气压(由气压计读出后,加以校正),Δp 为压差仪上读数(绝对值)。

（3）绘制 $\ln(p/\text{Pa}) - (1/T)$ 图。

（4）从直线 $\ln(p/\text{Pa}) - (1/T)$ 的斜率求出实验温度范围的平均摩尔汽化热 $\Delta_{\text{vap}}H_{\text{m}}$,并外推求出正常沸点 T_{0b},与文献值比较。

1.7 思考题

（1）本实验是否能用于测定溶液的饱和蒸气压,为什么?

（2）温度越高测出的饱和蒸气压误差越大,为什么?

（3）克劳修斯-克拉佩龙方程式的推导作了哪些近似?

1.8 知识拓展

（1）测定蒸气压的方法除本实验介绍的静态法外，还有动态法、气体饱和法等。但以静态法的准确性较高。

（2）动态法是指利用测定液体沸点求出蒸气压与温度的关系，即通过逐点改变外压测得不同压力下液体的沸腾温度，从而得到不同温度下的蒸气压。对于沸点较低的液体，用此法测定蒸气压与温度的关系是比较好的，其实验装置示意图如图Ⅱ-1-3所示。

实验步骤如下：

① 读出室内大气压并作相关校正得 p_0。测定时将待测液体加入蒸馏瓶中，并加入少许沸石。接通冷却水，接通系统用真空泵抽气，使系统压力 p 减到大约为 5.33×10^4 Pa，关闭旋塞，停止抽气。加热液体至沸腾，观察温度恒定不变时记录沸点，同时记录低真空压差仪上的读数（绝对值）Δp。该温度下液体蒸气压为

$$p = p_0 - \Delta p$$

② 停止加热，慢慢打开旋塞 H，增加系统压力约 4.0×10^3 Pa 后即关闭旋塞 H，再用上述方法测定沸点和 Δp。此后系统每增加 4.0×10^3 Pa 的压力，就测定一次沸点和 Δp，直至获得足够的实验数据为止。

（3）气体饱和法是指利用一定体积的空气（或惰性气体）以缓慢的速率通过一个易挥发的待测液体，空气被该液体的蒸气饱和。分析混合气体中各组分的量以及总压，再按道尔顿分压定律求算混合气体中蒸气的分压，即是该液体的蒸气压。此法亦可测定固态易挥发物质（如碘）的蒸气压。它的缺点是通常不易达到真正的饱和状态，因此实测值偏低。故这种方法通常只用来求溶液蒸气压的相对降低。

（4）吸收瓶内所用吸附剂根据实验样品而定。例如本实验样品是有机液体，吸收瓶用两个，一个内装石蜡，吸收未被冷凝的残余有机蒸气，另一个内装硅胶或分子筛，吸收空气中的水汽。

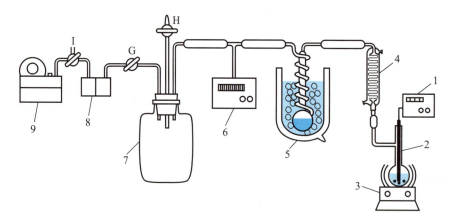

1—数显式温度测定仪；2—蒸馏瓶；3—可控搅拌、加热器；4—回流冷凝管；

5—冷凝器；6—低真空压差仪；7—缓冲瓶；8—净化系统；

9—真空泵；I—三通旋塞；G、H—两通旋塞

图Ⅱ-1-3　动态法测定液体饱和蒸气压实验装置示意图

实验二 凝固点降低法测相对分子质量

2.1 实验目的

（1）能够阐述稀溶液依数性和溶液凝固点测量的原理。

（2）能够利用凝固点降低法测定萘的相对分子质量。

2.2 实验原理

稀溶液具有依数性，凝固点降低是稀溶液依数性的一种表现。固体溶剂与溶液成平衡时的温度称为溶液的凝固点。在溶液浓度很稀时，确定了溶剂的种类和数量后，溶剂凝固点降低值仅仅取决于所含溶质分子的数目。

稀溶液的凝固点降低（对析出物为纯固相溶剂的系统）与溶液成分的关系式为

$$\Delta T_f = \frac{R(T_f^*)^2}{\Delta_{fus}H_m} \cdot \frac{n_2}{n_1 + n_2} \tag{II.2.1}$$

式中 ΔT_f 为凝固点降低值；T_f^* 为以热力学温度表示的纯溶剂的凝固点；$\Delta_{fus}H_m$ 为摩尔凝固热；n_1、n_2 分别为溶液中溶剂和溶质的物质的量。

当溶液很稀时，$n_1 \gg n_2$，则

$$\Delta T_f = \frac{R(T_f^*)^2}{\Delta_{fus}H_m} \cdot \frac{n_2}{n_1} = \frac{R(T_f^*)^2}{\Delta_{fus}H_m} \cdot \frac{M_1}{1000} \cdot m_2 = K_f m_2 \tag{II.2.2}$$

式中 M_1 为溶剂的相对分子质量；m_2 为溶质的质量摩尔浓度；K_f 称为溶剂的凝固点降低常数。

如果已知溶剂的凝固点降低常数 K_f，并测得该溶液的凝固点降低值 ΔT_f，已知溶剂和溶质的质量 $m(1)$、$m(2)$，就可以通过下式计算溶质的相对分子质量 M_2。

$$M_2 = K_f \cdot \frac{1000 m(2)}{\Delta T_f m(1)} \tag{II.2.3}$$

凝固点降低值的大小，直接反映了溶液中溶质的质点数目。溶质在溶液中有解离、缔合、溶剂化和络合物生成等情况存在，这些都会影响溶质在溶剂中的表观相对分子质量。因此，溶液的凝固点降低法可用于研究溶液的电解质解离度、溶质的缔合度、溶剂的渗透系数和活度系数等。

凝固点测定方法是将已知浓度的溶液逐渐冷却成过冷溶液，然后促使溶剂析出；当晶体生成时，放出的凝固热使系统温度回升，当放热与散热达成平衡时，温度不再改变，此固液两相达成平衡的温度，即为溶液的凝固点。本实验测定纯溶剂和溶液的凝固点之差。

纯溶剂在凝固前温度随时间均匀下降，当达到凝固点时，固体析出，放出热量，补偿了对环境的热散失，因而温度保持恒定，直到全部凝固后，温度再均匀下降，其步冷曲线见图II-2-1(a)。实际上纯液体凝固时，由于开始结晶出的微小晶粒的饱和蒸气压大于同温度下的液体饱和蒸气压，所以往往产生过冷现象，即液体的温度要降到凝固点以下才析出固体，随后温度再上升到凝固点，如图II-2-1(b)所示步冷曲线。

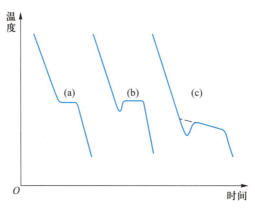

图Ⅱ-2-1 溶剂、溶液步冷曲线

溶液的冷却情况与此不同,当溶液冷却到凝固点时,开始析出固态纯溶剂。随着溶剂的析出,溶液浓度相应增大。所以溶液的凝固点随着溶剂的析出而不断下降,在冷却曲线上得不到温度不变的水平线段。当有过冷情况发生时,溶液的凝固点应从步冷曲线上待温度回升后外推而得,如图Ⅱ-2-1(c)所示步冷曲线。

2.3 仪器与药品

水银温度计1支;移液管(25 mL)1支;压片机一台;数显式温度测定仪1台;凝固点测定仪1套。C_6H_{12}(环己烷,AR);$C_{10}H_8$(萘,AR);适量碎冰。

2.4 实验步骤

(1)按图Ⅱ-2-2所示安装凝固点测定仪。注意测定管、搅拌棒都须清洁、干燥,温度测定仪的探头及水银温度计都须与搅拌棒有一定空隙,防止搅拌时发生摩擦。

(2)用碎冰调节冰浴温度,使其低于环己烷凝固点2~3 ℃,并应经常搅拌,不断加入碎冰,使冰浴温度保持基本不变。

(3)调节温度测定仪,使探头在测定管中时,数字显示为"0"。

(4)用移液管准确吸取25 mL环己烷,小心放入测定管中,塞紧软木塞,防止环己烷挥发,温度测定仪探头置于环己烷液面下合适位置,记下环己烷的温度值。将测定管直接放入冰浴中,不断移动搅拌棒,使环己烷逐步冷却。当刚有固体析出时,迅速取出测定管,擦干管外冰水,插入空气套管中,缓慢均匀搅拌,观察温度测定仪的数显值,直至温度稳定,即为环己烷的凝固点参考温度。

取出测定管,用手温热,同时搅拌,使管中固体完全熔化,再将测定管直接插入冰浴中,缓慢搅拌,使环己烷迅速冷却,当

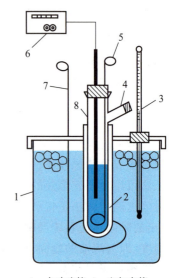

1—大玻璃筒;2—空气套管;
3—水银温度计;4—加样口;5,7—搅拌棒;
6—数显式温度测定仪;8—测定管

图Ⅱ-2-2 凝固点降低法实验
装置示意图

温度降至高于凝固点参考温度 0.5 ℃时,迅速取出测定管,擦干,放入空气套管中,每秒搅拌一次,使环己烷温度均匀下降,当温度低于凝固点参考温度时,应急速搅拌(防止过冷超过 0.5 ℃),促使固体析出。当固体析出时,温度开始上升,即减慢搅拌速度,注意观察并连续记录温度测定仪的数字变化,直至稳定,此即为环己烷的凝固点。重复测定三次,要求环己烷凝固点的平均误差小于±0.003 ℃。

（5）溶液凝固点的测定。取出测定管,使管中的环己烷熔化,从测定管的支管加入事先压成片状的 0.2~0.3 g 萘,待溶解后,用"（4）"中方法测定溶液的凝固点。先测定凝固点的参考温度,再精确测定溶液步冷过程的温度−时间数据。溶液凝固点是由步冷曲线上温度回升后外推而得的。重复测定三次,要求平均误差小于±0.003 ℃。

2.5　实验注意事项

（1）冰浴温度不低于溶液凝固点 3 ℃为宜。

（2）测定凝固点时,注意防止过冷超过 0.5 ℃。可以加入少量溶剂的微小晶体作为晶种,以促使晶体生成。

（3）要保证溶剂、溶质的纯度,否则,纯度不足会直接影响实验的结果。

2.6　数据处理

（1）用 $\rho/(\mathrm{kg \cdot m^{-3}}) = 0.7971 \times 10^3 - 0.8879 t/℃$ 计算室温时环己烷的密度,然后算出所取环己烷的质量 $m(1)$。

（2）利用由测定的纯溶剂、溶液的凝固点求得的 ΔT_f 和 K_f 计算萘的摩尔质量。

已知环己烷的凝固点 $T_f^* = 279.7$ K; $K_f = 20.1$ kg·K·mol^{-1}。

2.7　思考题

（1）为什么会产生过冷现象?实验中深度过冷对实验结果有什么影响?如何控制过冷程度?

（2）溶剂在冷却过程中,达凝固点后步冷曲线会出现一段水平线;而溶液在冷却过程中达凝固点后步冷曲线却是一段逐渐下降的斜线。为什么?

（3）根据什么原则考虑加入溶质的量?太多或太少有何影响?如要获得更准确的相对分子质量,如何安排实验?

实验三　燃烧热的测定

3.1　实验目的

（1）能够阐述燃烧热的概念及其测量技术的基本原理。

（2）能够使用氧弹式热量计测量物质的燃烧热。

（3）能够通过雷诺图解法对热化学测量中的温差进行校正。

3.2　实验原理

在标准压力下,反应温度 T 时,1 mol 物质完全氧化时的反应热称为燃烧热。所谓完全氧化

是指物质中 $C \rightarrow CO_2(g)$、$H_2 \rightarrow H_2O(l)$、$S \rightarrow SO_2(g)$，$N \rightarrow N_2(g)$、$Cl \rightarrow HCl(aq)$，金属如银等都变为游离态。如在 25 ℃ 时苯甲酸的燃烧热为 -3226.8 kJ·mol^{-1}。

燃烧热可在等容或等压情况下测定。由热力学第一定律可知：在不做非膨胀功的情况下，等容热效应 $Q_V = \Delta U$，等压热效应 $Q_p = \Delta H$。在氧弹式热量计中测得热效应为 Q_V，而一般热化学计算用的值为 Q_p，Q_p 可由 Q_V 换算：

$$Q_p = \Delta H = \Delta U + p\Delta V$$

忽略凝聚相体积变化，气体当作理想气体处理，则上式可改写为

$$Q_p = Q_V + \Delta nRT \tag{II.3.1}$$

式中 Δn 为反应前、后气态物质的物质的量的变化(mol)；R 为摩尔气体常数；T 为反应温度(K)。

在盛有定量水的容器中，放入内装有一定量的样品和氧气的密闭氧弹，然后点火使样品完全燃烧，放出的热量引起系统温度上升。若已知水的质量为 m_0，比热容为 C，仪器的水当量为 W'(热量计每升高 1 ℃ 所需的热量)，而燃烧前、后系统的温度分别为 t_0 和 t_n。则质量为 m 的物质等容燃烧时，其热效应 Q_V 可表示为

$$-Q_V = (Cm_0 + W')(t_n - t_0) \tag{II.3.2}$$

摩尔质量为 M 的物质，其摩尔热效应 $Q_{V,m}$ 为

$$-Q_{V,m} = \frac{M}{m}(Cm_0 + W')(t_n - t_0) \tag{II.3.3}$$

水当量 W' 的求法：用已知燃烧热的物质(如本实验中用苯甲酸)放在热量计中燃烧，测定其始、末温度，按式(II.3.3)求 W'。一般因每次实验水的质量相同，$(Cm_0 + W')$ 可作为一个定值 $\overline{W}$ 来处理。再根据式(II.3.1)，可知燃烧热 $\Delta_c H_m$ 为

$$\Delta_c H_m = -\frac{M}{m}\overline{W}(t_n - t_0) + \Delta nRT \tag{II.3.4}$$

在较精确的实验中，辐射热、铁丝的燃烧热、温度计的校正等都应予以考虑。

3.3 仪器与药品

恒温式氧弹热量计(SHR-15A 燃烧热实验仪)一套；O_2 钢瓶一个；万用表一只；数显式精密温差测定仪一台。

C_6H_5COOH(苯甲酸，AR)；$C_{10}H_8$(萘，AR)；$C_{12}H_{22}O_{11}$(蔗糖，AR)。

3.4 实验步骤

实验三　操作演示视频

（1）将热量计及其全部附件加以整理并洗净、擦干。

（2）压片。取约 16 cm 长的燃烧丝绕成小线圈，放在洁净的燃烧杯中称量。另用天平称取 0.8~0.9 g 苯甲酸（事先研磨），在压片机中压成片状（压片松紧要合适）。将样品放在燃烧杯中称量，从而可得到样品的质量 m。

（3）充氧气。把氧弹的弹头放在弹头架上，将装有样品的燃烧杯放入燃烧杯架上，调节燃烧丝线圈部分紧靠样品，如图Ⅱ-3-1所示。并将燃烧丝的两端分别紧绕在弹头中的两根点火电极上。用万用表测定两点火电极间的电阻（燃烧丝与燃烧杯不能相碰，以防短路）。把弹头放入弹杯中，用手将其拧紧。再用万用表检查两电极之间的电阻，若变化不大，则充氧气。

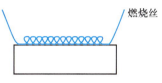

图Ⅱ-3-1　压好的样品与燃烧丝位置示意图

将充氧器铜管的自由端接在氧气减压阀上，开始先调节氧气减压阀使压力约为 0.5 MPa。氧弹立放于立式充氧器底板上，将氧弹进气口对准充氧器的出气口，手持操纵手柄，轻轻往下压，30 s 即可充满氧气，然后用放气顶针开启出口，借以赶出氧弹中空气。接着调节氧气减压阀使压力约为 1.8 MPa，如前法再次充氧气。氧弹结构示意图见图Ⅱ-3-2。充好氧气后，再用万用表检查两电极间电阻，变化不大时，将氧弹放入热量计内筒。（热量计结构参看图Ⅲ-1-13。）

（4）调节水温。将精密温差测定仪温度探头放入热量计外筒中，测定并记录环境温度，并采零。用一塑料桶取略多于 3000 mL 的自来水，将精密温差测定仪探头从外筒中取出放入水中，调节水温，使其低于环境温度 1 K 左右。用容量瓶取 3000 mL 已调温的水加入内筒（如有气泡逸出，说明氧弹漏气，须取出作检查排除），盖上热量计盖子。最后将精密温差测定仪探头擦干后插入内筒水中（探头不可碰到氧弹）。

（5）打开点火装置的总电源开关，打开搅拌开关，待电动机运转 2~3 min 后，每 30 s 读取水温一次（精确至 ±0.002 ℃），直至连续 8 次显示的水温呈有规律的微小变化（或基本不变），按下点火按钮。当数字显示温度升高很快时，表示样品已燃烧。杯内样品一经燃烧，水温很快上升，每 30 s 记录温度一次，当温度升至最高点后，再记录 10 次，停止实验。

实验停止后，取出精密温差测定仪温度探头。打开热量计盖子并取出氧弹，用放气顶针将氧弹中余气放出，最后旋下氧弹弹盖，检查样品燃烧结果。若氧弹中没有燃烧残渣，表示燃烧完全，若留有许多黑色残渣则表示燃烧不完全，实验失败。

用水冲洗氧弹及燃烧杯，倒去内筒中的水，用纱布将各部件擦干，待用。

（6）萘燃烧热的测定。称取 0.5~0.6 g 萘，代替苯甲酸，重复上述实验。

（7）蔗糖燃烧热的测定。称取 1.4~1.5 g 蔗糖，代替苯甲酸，重复上述实验。

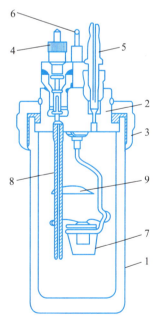

1—厚壁圆筒；2—弹盖；3—螺帽；4—进气口；5—排气口；6—电极；7—燃烧杯；8—点火电极（同时也是进气管）；9—火焰遮板

图Ⅱ-3-2　氧弹结构示意图

3.5 实验注意事项

(1) 待测样品须干燥,受潮样品不易燃烧且会引入质量误差。

(2) 注意压片的紧实程度,太紧样品不易燃烧,太松样品则会散落。燃烧丝与点火电极连接要牢固,以免点火失败。

(3) 在燃烧第二个样品时,内筒水须再次调节水温,定量量取。

3.6 数据处理

(1) 用雷诺图解法分别求出苯甲酸、萘、蔗糖燃烧前、后的温度差 ΔT。

(2) 计算热量计的水当量 $\overline{W}$。已知苯甲酸在 25 ℃时的燃烧热 $\Delta_c H_m^{\ominus} = -3226.8 \ \text{kJ} \cdot \text{mol}^{-1}$。

(3) 分别求出萘和蔗糖的燃烧热。

3.7 思考题

(1) 在本实验装置中哪些是系统,哪些是环境?二者可能通过哪些途径进行热交换?这些热交换对实验结果有什么影响?如何校正?

(2) 加入内筒中水的水温为什么要选择比外筒水的水温低?低多少为宜?为什么?

(3) 实验中哪些因素容易造成误差?如要提高实验的准确度应从哪几方面考虑?

3.8 知识拓展

(1) 在精确测定中,燃烧丝的燃烧热及氧气中含氮杂质的氧化所产生的热效应等都应从总热量中扣除。前者可将燃烧丝在实验前称量,燃烧后将剩下的燃烧丝小心取下,用稀盐酸浸洗,再用水洗,吹干后称量,从燃烧丝的质量损失求其燃烧热(燃烧丝的热值为 $-6695 \ \text{J} \cdot \text{g}^{-1}$)。后者可用 $0.1 \ \text{mol} \cdot \text{L}^{-1} \text{NaOH}$ 溶液滴定洗涤氧弹内壁的蒸馏水(可在燃烧前先在氧弹中加入 $0.5 \ \text{mL}$ 水)。耗用 $1 \ \text{mL} \ 0.1 \ \text{mol} \cdot \text{L}^{-1} \text{NaOH}$ 溶液相当于 $-5.983 \ \text{J}$ 的热量(放热)。

(2) 用雷诺校正图(温度–时间曲线,如图Ⅱ–3–3所示),确定实验中的 ΔT。

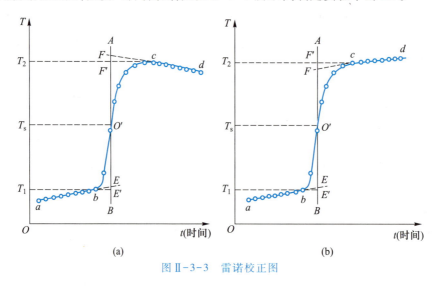

(a) (b)

图Ⅱ–3–3 雷诺校正图

如图Ⅱ-3-3(a)所示,图中 b 点相当于开始燃烧的点,c 点为观察到的最高点的温度读数,作相当于环境温度的平行线 $T_s O'$,相交于 T-t 线的 O' 点,过 O' 点作垂直线 AB,此线与 ab 延长线和 cd 延长线交于 E、F 两点,则 F 点和 E 点所表示的温度差即为欲求温度的升高值 ΔT。图中 EE' 为开始燃烧到温度升至环境温度这一段时间内,因环境辐射和搅拌引起的能量造成热量计温度的升高,必须扣除。FF' 为温度由环境温度升到最高温度 c 这一段时间内,热量计向环境辐射出能量而造成的温度降低,故需加上。由此可见,F、E 两点的温度差较客观地表示了样品燃烧后使热量计温度升高的值。

有时热量计绝热情况良好,热漏小,但由于搅拌不断引进少量能量,使燃烧后最高点不出现,如图Ⅱ-3-3(b)所示,这时 ΔT 仍可按相同原理校正。

(3) 对其他热效应的测定(如溶解热、中和热、化学反应热等)可用普通杜瓦瓶作为热量计。同样地,用已知热效应的反应物先求出热量计的水当量,然后对未知热效应的反应进行测定。对于吸热反应可用电热补偿法直接求出反应热。

(4) 氧弹式热量计是重要的热化学测定仪器,有着广泛的应用。它常用于对固体燃料如煤、焦炭以及其他可燃性固体物的测定,实验方法与前述苯甲酸的测定方法相同。氧弹式热量计也可用于对液体燃料如汽油、柴油、酒精的测定,与前述的固体测定方法的唯一不同是不需压片,而将适量液体封装于药用胶囊中(挥发性小的液样也可放于燃烧杯中),然后用棉绳将胶囊绑在燃烧丝上。胶囊及棉绳的燃烧热通过空白试验或查表以作校正。许多化学反应的热效应因反应太快或反应不完全,往往不能直接测定或测不准,而依据化学热力学中的赫斯定律,就可通过测定与反应相关的物质的燃烧热数据求反应的热效应。

(5) 燃烧热实验须反复充氧气,如直接使用减压阀手柄,由于反复摩擦手柄螺杆极易滑丝而导致减压阀损坏。可在减压阀出气口与氧弹充气管管口之间加接一个开关阀,既使得充氧气易于操作,又保护了减压阀不致损坏。如选用厂家的充氧器必须用金属导气管,其他材质导气管极易爆裂而发生危险。

实验四　溶解热的测定

4.1　实验目的

(1) 能够阐述积分溶解热、微分溶解热、积分稀释热和微分稀释热的概念。
(2) 能够利用电热补偿法测定 KNO_3 的积分溶解热,并说明其测量原理。
(3) 能够通过作图法求出 KNO_3 在水中的微分溶解热、微分稀释热和积分稀释热。

4.2　实验原理

(1) 物质溶解于溶剂过程的热效应称为溶解热。包括积分溶解热和微分溶解热。前者指在定温定压下把 1 mol 溶质溶解在物质的量为 n_0 的溶剂中时所产生的热效应,由于过程中溶液的浓度逐渐改变,因此也称为变浓溶解热,以 $\Delta_{sol}H$ 表示。后者指在定温定压下把 1 mol 溶质溶解在无限量某一定浓度的溶液中所产生的热效应。由于在溶解过程中溶液浓度可视为不变，因此也称为定浓溶解热，以 $\left[\dfrac{\partial(\Delta_{sol}H)}{\partial n_B}\right]_{T,p,n_A}$ 表示。

把溶剂加到溶液中使之稀释，其热效应称为稀释热，包括积分（或变浓）稀释热和微分（或定浓）稀释热。前者是指在定温定压下把原含 1 mol 溶质和物质的量为 n_{01} 溶剂的溶液稀释到含溶剂物质的量为 n_{02} 时的热效应，亦即为某两浓度的积分溶解热之差，以 $\Delta_{dil}H$ 表示。后者是指将 1 mol 溶剂加到无限量某一浓度的溶液中所产生的热效应，以 $\left[\dfrac{\partial(\Delta_{sol}H)}{\partial n_A}\right]_{T,p,n_B}$ 表示。

（2）积分溶解热由实验直接测定，其他三种热效应则可通过 $\Delta_{sol}H - n_0$ 曲线图解求得（如图Ⅱ-4-1所示）。

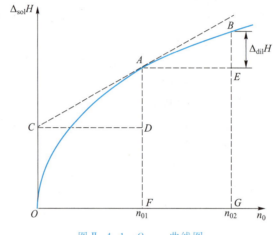

图Ⅱ-4-1　Q_s-n_0 曲线图

设纯溶剂、纯溶质的摩尔焓分别为 $H_{m,A}^*$ 和 $H_{m,B}^*$，溶液中溶剂和溶质的偏摩尔焓分别为 H_A 和 H_B，对物质的量为 n_A 的溶剂和物质的量为 n_B 的溶质所组成的系统而言，在溶质溶解前：

$$H = n_A H_{m,A}^* + n_B H_{m,B}^* \qquad (Ⅱ.4.1)$$

当溶质溶解后：

$$H' = n_A H_A + n_B H_B \qquad (Ⅱ.4.2)$$

因此，溶解过程的热效应为

$$\Delta H = H' - H = n_A(H_A - H_{m,A}^*) + n_B(H_B - H_{m,B}^*)$$
$$= n_A \Delta H_A + n_B \Delta H_B \qquad (Ⅱ.4.3)$$

式中 ΔH_A 为在指定浓度的溶液中溶剂与纯溶剂摩尔焓的差，即为微分稀释热；ΔH_B 为在指定浓度溶液中溶质与纯溶质摩尔焓的差，即为微分溶解热。根据积分溶解热的定义：

$$\Delta_{sol}H = \Delta H/n_B = \dfrac{n_A}{n_B}\Delta H_A + \Delta H_B = n_0 \Delta H_A + \Delta H_B \qquad (Ⅱ.4.4)$$

所以在 $\Delta_{sol}H - n_0$ 曲线图上，不同 $\Delta_{sol}H$ 点的切线的斜率为对应于该浓度溶液的微分稀释热，即 $\left[\dfrac{\partial(\Delta_{sol}H)}{\partial n_A}\right]_{T,p,n_B} = \dfrac{AD}{CD}$。该切线在纵坐标上的截距 OC，即为相应于该浓度溶液的微分溶解热。而在含有 1 mol 溶质的溶液中加入溶剂使溶剂量由 F 点增至 G 点过程的积分稀释热 $\Delta_{dil}H = (\Delta_{sol}H)_{n_{02}} - (\Delta_{sol}H)_{n_{01}} = BG - EG$。

（3）本实验测定硝酸钾溶解在水中的溶解热，这是一个吸热反应，故可采用电热补偿法测定。

先测定系统的起始温度 T。之后，当样品加入并开始溶解致温度不断降低时，由电热补偿法使系统复原至起始温度，根据所耗电能求出其热效应 Q：

$$Q = I^2 Rt = IVt \qquad (\text{II}.4.5)$$

式中 I 为通过电阻为 R 的电阻丝加热器的电流；V 为电阻丝两端所加的电压；t 为通电时间。

ZR-2J 溶解热测定系统如图 II-4-2 所示。

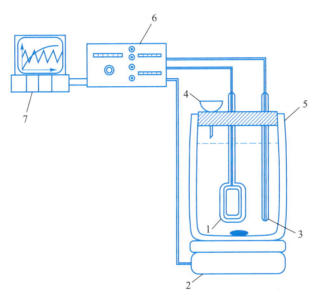

1—加热器；2—磁力搅拌器；3—温度传感器；4—漏斗；5—杜瓦瓶；6—测温、搅拌控制及电热补偿控制系统；
7—计算机控制及数据处理系统

图 II-4-2　ZR-2J 溶解热测定系统示意图

4.3　仪器与药品

ZR-2J 溶解热测定系统 1 套；干燥器 1 个；称量瓶(ϕ20 mm × 40 mm) 8 个；称量瓶(ϕ35 mm × 70 mm)1 个；毛笔 1 支。

KNO_3(硝酸钾，AR)。

4.4　实验步骤

（1）将 KNO_3 试剂研磨，80~100 目筛子过筛，取约 26 g 置于蒸发皿中，在 120 ℃下干燥 2 h

后转入 $\phi 35\ mm \times 70\ mm$ 称量瓶,放入干燥器中冷却待用。

(2)将 8 个称量瓶编号。用天平依次分别称取约 2.5 g,1.5 g,2.5 g,3.0 g,3.5 g,4.0 g,4.0 g 和 4.5 g KNO₃。然后用电子天平准确称出称量瓶与样品的质量(准确至 0.1 mg),把称好的样品放入干燥器中待用。

(3)擦干净杜瓦瓶,直接在天平上称取 216.2 g 蒸馏水。

(4)按 ZR-2J 溶解热测定系统使用说明书连接线路,打开电源,预热计算机及测定系统约 10 min(先不加补偿电流、电压)。

(5)点击"溶解热测定"图标。

(6)擦干温度传感器置于环境中,测定环境温度(即室温)。

(7)输入环境温度,溶剂、溶质摩尔质量及溶剂质量数据。

(8)将杜瓦瓶置于测定系统的磁力搅拌位置,调节合适搅拌速度(不能过快或过慢)。

(9)盖好杜瓦瓶,接好线路,插入温度传感器。

(10)调节加热功率在 2.5 W 左右,输入电流、电压值。

(11)点击"开始记录"图标,按提示逐次加入样品(加样要及时,加入速度要合适)。

(12)当显示加入"8 + 1"份样品时,点击"停止记录"图标。用电子天平称出每个称量瓶质量,求出所加每份硝酸钾准确的质量并输入计算机中。

(13)点击"保存数据"图标进行数据保存。

(14)点击"实验数据处理"图标,再点击"载入文件"图标,选中要处理的数据。

(15)点击"曲线拟合"图标(可选择合适的拟合阶数,一般为三阶,也可以选择分段分阶拟合),即可显示 $\Delta_{sol}H - n_0$ 曲线。

(16)拖动光标,选择 $n_0 = 80$ 的点(可点击 n_0 箭头进行微调);点击"导出数据",选中 $n_0 = 80$。再分别进行 $n_0 = 100,200,300,400$ 的相同操作。这样就可逐一将 $n_0 = 80,100,200,300,400$ 对应的 $\Delta_{sol}H,\left[\dfrac{\partial(\Delta_{sol}H)}{\partial n_B}\right]_{T,p,n_A},\left[\dfrac{\partial(\Delta_{sol}H)}{\partial n_A}\right]_{T,p,n_B}$ 及 $\Delta_{dil}H$ 导入实验数据表中。

(17)点击"实验数据表",打印图表。

4.5 实验注意事项

(1)在实验过程中要求 $I、V$ 保持稳定,如有不稳需随时调准。

(2)本实验应确保样品及时充分溶解,因此实验前样品需加以研磨,实验时需有合适的搅拌速度,加入样品时速度要加以控制,防止样品进入杜瓦瓶过快,以致磁搅拌子不能正常搅拌;但样品加得太慢也会因样品溶解跟不上电热补偿而导致实验点数据缺失或实验失败。搅拌速度不适宜时,还会因水的传热性差而导致 $\Delta_{sol}H$ 值偏低,甚至会使 $\Delta_{sol}H - n_0$ 曲线变形。

(3)实验结束后,杜瓦瓶中不应存在 KNO₃ 固体,否则需重做实验。

4.6 思考题

(1)本实验装置是否适用于放热反应热效应的测定?

(2)设计由测定溶解热的方法求:

$$CaCl_2(s) + 6H_2O(l) \Longrightarrow CaCl_2 \cdot 6H_2O(s)$$

的反应热 $\Delta_r H_m$。

（3）参考图 Ⅱ-4-1，讨论当 n_0 逐渐变大时各种热效应的变化趋势。

4.7 知识拓展

（1）实验开始时系统会自动设定补偿计时温度比环境温度高 0.5 ℃，这是为了使实验过程中系统和环境的热交换尽量抵消，能更接近绝热条件的效果。

（2）本实验装置除用于测定溶解热外，还可用于测定液体的比热容、水化热、生成热及液态有机化合物的混合热等热效应。

（3）本实验用电热补偿法测定溶解热，整个实验过程要注意电热功率的检测准确和稳定。

（4）溶解热测量的计算机控制原理见图 Ⅱ-4-3。

计算机控制溶解热测量装置由计算机、ATL89C52 单片机控制系统、放大器部分、传感器部分和 HSO 控制部分组成。

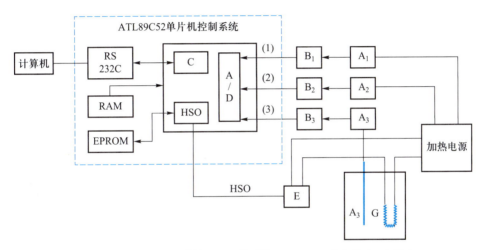

A_1—电压采样；A_2—电流采样；A_3—温度采样；B_1，B_2，B_3—放大器；C—串行口；
E—控制继电器；G—加热电阻丝；A/D—MC14433A/D 采集转换

图 Ⅱ-4-3 溶解热测量的计算机控制原理

加热电源的电压和电流通过放大器被 MC14433A/D 采集，反应系统的温度变化由温度传感器经放大器被 MC14433A/D 采集，通过串行口通信到计算机。

实验五 挥发性二组分系统 $T-x$ 图的绘制

5.1 实验目的

（1）能够阐述相律、挥发性二组分系统相图相关的理论知识。

（2）能够利用回流冷凝法测定环己烷-异丙醇系统在沸点时气相与液相的组成，绘制该系

统的 $T-x$ 图,并找出恒沸混合物的组成及恒沸点的温度。

（3）能够使用阿贝折射仪测量液体的折射率,并说明其工作原理。

5.2 实验原理

单组分液体在一定的外压下沸点为一定值,把两种完全互溶的挥发性液体(组分 A 和 B)混合后,在一定的温度下,平衡共存的气、液两相组成通常并不相同。因此,在恒压下将溶液加热使气、液两相达到平衡,记录平衡温度,并分别测定气相冷凝物和液相的组成,就能依据实验数据绘出 $T-x$ 图。

实际中完全互溶的二组分系统 $T-x$ 图可分为三类:① 与拉乌尔定律的偏差不大的二组分系统,在 $T-x$ 图上溶液的沸点介于 A、B 两纯物质沸点之间,如图Ⅱ-5-1(a)所示;② 与拉乌尔定律有较大负偏差的二组分系统,在 $T-x$ 图上出现最高点,如图Ⅱ-5-1(b)所示;③ 与拉乌尔定律有较大正偏差的二组分系统,在 $T-x$ 图上出现最低点,如图Ⅱ-5-1(c)所示。②、③类溶液在最高点或最低点时气、液两相组成相同,这些点称为恒沸点,其相应的溶液称为恒沸混合物。蒸馏不能改变恒沸混合物的组成。

由于溶液的折射率与组成有关,平衡时气、液两相的组成可使用折射仪进行测定。

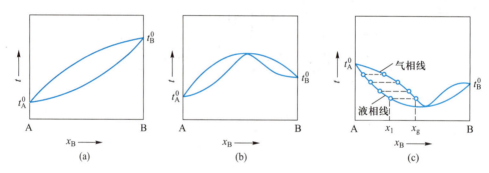

图Ⅱ-5-1　完全互溶的二组分系统 $T-x$ 图

5.3 仪器与药品

沸点仪 1 台;阿贝折射仪 1 台;NTY-98 型数字温度计 1 台;稳流电源（2 A）1 台;吸液管 20 支;小玻璃漏斗 1 只。

C_6H_{12}（环己烷,AR）;$CH_3CHOHCH_3$（异丙醇,AR）。

5.4 实验步骤

实验五　操作演示视频

（1）分别配制质量分数约为 2.5%、5%、10%、25%、35%、50%、75%、85%、90%、95%的异丙醇的环己烷溶液。

（2）温度测定仪校正。将沸点仪（见图Ⅱ-5-2）洗净，用丙酮荡洗，再用热吹风吹干后（以后每次测定是否都需要先把沸点仪吹干？），用漏斗从加料口加入约 25 mL 环己烷，使温度传感器测温探头浸入溶液中约 2 cm，并注意使其离开加热丝一段距离（至少 2 cm），加热丝应在液面以下。打开冷却水，通电（电流不超过 2 A）加热使溶液沸腾，待温度恒定后，记录所得温度和室内大气压。停止通电，从加料口倾出环己烷到原瓶中。

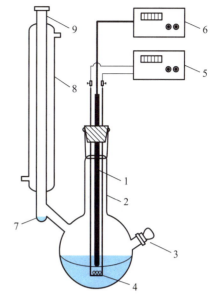

（3）在沸点仪中加入 25 mL 含异丙醇约 2.5%的环己烷溶液，同法加热使溶液沸腾。最初在冷凝管下端袋状部的液体不能代表平衡时气相的组成（为什么？），为加速达到平衡可将袋状部内最初冷凝的液体倾回沸点仪球部液相中，并反复 2~3 次，待温度读数稳定后记下沸点数据并停止加热。随即在冷凝管上口插入一支长的吸液管吸取袋状部的气相冷凝液，迅速测其折射率。再用另一支短的吸液管从沸点仪的加料口吸取液体，迅速测其折射

1—温度传感器；2—沸点仪；3—加料口；4—加热丝；
5—稳流稳压电源；6—数显式温度测定仪；7—袋状部；
8—直形冷凝管；9—取样口

图Ⅱ-5-2　$T-x$ 图绘制实验装置示意图

率。每份样品需读数三次，取其平均值。实验完毕，将沸点仪中溶液倒回原瓶中。

同法用含异丙醇约 5%、10%、25%、35%、50%、75%、85%、90%、95%的环己烷溶液进行实验，各次实验后的溶液均倒回原瓶中。实验过程中应注意室内大气压的读数。

5.5　实验注意事项

（1）加热丝不能露出液面，一定要被待测液体浸没，否则通电加热会引起有机液体燃烧。通过电流不能太大，只要能使待测液体沸腾即可，过大电流会引起待测液体（有机化合物）的燃烧或加热丝烧断。

（2）要等系统达到气、液平衡，即温度读数近似不变才能读取数据。但由于实验中有机蒸气不断逸出，沸点会缓慢发生变化，故加热时间不可过长。

（3）必须在停止通电加热后才能取样分析。

（4）使用阿贝折射仪时，棱镜不能触及硬物（如滴管），擦棱镜时需用擦镜纸。

（5）实验过程中必须在冷凝管中通入冷却水，以便使气相全部冷凝。

5.6　数据处理

（1）溶液的沸点与大气压有关。应用楚顿规则及克劳修斯-克拉佩龙方程式可得溶液沸点随大气压变化而变化的近似式：

$$T_b = T_{0b} + \frac{T_{0b}(p - p^\ominus)}{10 \times 101325 \text{ Pa}}$$

式中 T_{0b} 为在标准大气压($p^{\ominus}$ = 101325 Pa)下的正常沸点;T_b 为在实验大气压 p 下的沸点,单位是 K。异丙醇的正常沸点为 355.5 K,环己烷的正常沸点为 353.4 K。

计算纯环己烷在实验大气压下的沸点,与实验时温度计上读得的沸点相比较,求出温度计本身误差的校正值,并逐一校正各不同浓度溶液的沸点。

(2)已知 20 ℃时环己烷与异丙醇混合液中异丙醇的含量与折射率 n_D^{20} 的数据如表 II-5-1 所示。

表 II-5-1　混合液中异丙醇的含量与折射率的数据

异丙醇的摩尔分数/%	n_D^{20}	异丙醇的质量分数/%	异丙醇的摩尔分数/%	n_D^{20}	异丙醇的质量分数/%
0	1.4263	0	40.40	1.4077	32.61
10.66	1.4210	7.85	46.04	1.4050	37.85
17.04	1.4181	12.79	50.00	1.4029	41.65
20.00	1.4168	15.54	60.00	1.3983	51.72
28.34	1.4130	22.02	80.00	1.3882	74.05
32.03	1.4113	25.17	100.00	1.3773	100.00
37.14	1.4090	29.67			

注:摘自 Jean Timmermans. The Physicico-Chemical Constants of Binary System. New York:Wiley-Interscience,1959—1960.

绘出 n_D^{20} 与异丙醇的质量分数的关系曲线,根据实验测定的结果,从工作曲线图上查出平衡时气相和液相的组成(如在实验测定折射率时的温度不是 20 ℃,则近似地以温度每升高 1 ℃有机化合物折射率降低 4×10^{-4},将折射率校正到 20 ℃时的数值后再在图上找出相应组成),列于表 II-5-2 中。

表 II-5-2　实验数据记录表

室温_____;大气压_____

序号	$T_{沸点}$/K	液相		气相	
		n_D	$w_{异丙醇}$/%	n_D	$w_{异丙醇}$/%

(3)用以上所得数据绘制其 $T - x$ 图,从图求出环己烷-异丙醇系统的最低恒沸点组成及其温度。

5.7 思考题

（1）沸点仪中收集气相冷凝物的袋状部体积过大或过小，对测量有何影响？

（2）实验中如仪器保温条件欠佳，在气相到达袋状部前，组分会发生部分冷凝，$T-x$ 图将怎样变化？

（3）为什么工业上常生产 95% 的乙醇？只对含水乙醇进行精馏能否获得无水乙醇？

5.8 知识拓展

（1）本实验所用沸点仪是较简单的一种，它利用加热丝在溶液内部加热，这样受热比较均匀，可减少暴沸。

（2）气相中的蒸气到达冷凝管前，常会发生部分冷凝，因而所测得气相组成并不能代表平衡温度下真正的气相组成，为减小由此引入的误差，蒸馏器中的支管位置不宜太高，沸腾液体的液面与支管上袋状部间的距离不应过远，最好在仪器外再加棉套之类的保温层，以减少蒸气先行冷凝。

（3）如果已知溶液的密度与组成的关系曲线，也可以由测定密度来定出其组成。但这种方法往往需溶液量较多，而且费时。采用测定折射率法简便且溶液用量少，但它要求组成系统的两个组分的折射率有一定差异。

（4）工业上常需对二组分系统进行组分分离。对于完全互溶的与拉乌尔定律偏差不是很大的二组分系统，在一定压力下达平衡时，其气相组成和液相组成并不相同，可以通过反复蒸馏（或精馏）使二组分系统中的组分互相分离，获得两种液态纯物质。对于与拉乌尔定律产生较大正偏差的二组分系统，其 $T-x$ 图上具有最低恒沸点，即它是可以形成最低恒沸混合物的二组分系统，通过蒸馏（或精馏）分离，最后只能得一种纯物质和最低恒沸混合物，如 $H_2O-C_2H_5OH$、$CH_3OH-C_6H_6$、$C_2H_5OH-C_6H_6$ 等均属此类系统。其中 $H_2O-C_2H_5OH$ 系统在标准压力时，其最低恒沸点为 351.28 K，最低恒沸混合物中含乙醇 95.57%。所以开始时，如用乙醇含量小于 95.57% 的混合物进行分馏，则得不到纯乙醇，最终所得分离物只含 95.57% 的乙醇。如要获得纯的乙醇，则可以先通过精馏获得 95.57% 的乙醇，最后通过其他手段，如分子筛脱水，获得无水乙醇。对于与拉乌尔定律产生较大负偏差的二组分系统，其 $T-x$ 图上具有最高恒沸点，即它是可以形成最高恒沸混合物的二组分系统，通过蒸馏（或精馏）分离，最后只能得一种纯物质和最高恒沸混合物，如 H_2O-HNO_3、$HCl-(CH_3)_2O$、H_2O-HCl 等均属此类系统。其中 H_2O-HCl 系统在标准压力时，其最高恒沸点为 381.65 K，最高恒沸混合物中含 20.24% 的 HCl。

实验六　二组分简单共熔系统相图的绘制

6.1 实验目的

（1）能够利用步冷曲线法测量并绘制 Cd-Bi 二组分系统的相图。

（2）能够使用热电偶温度计测量温度，并说明其工作原理。

6.2 实验原理

表示多相平衡系统的状态如何随浓度、温度、压力等变量的变化而变化的几何图形,称为相图。

绘制相图的方法很多,其中之一叫热分析法。在定压下把系统从高温逐渐冷却,作温度对时间变化曲线,即步冷曲线。系统若有相变,必然伴随有热效应,即在其步冷曲线中会出现转折点。从步冷曲线有无转折点就可以知道有无相变。测定一系列组成不同的样品的步冷曲线,分别从步冷曲线上找出发生相变的温度,就可绘制出被测系统的相图,如图Ⅱ-6-1所示。

纯物质的步冷曲线如图Ⅱ-6-1(a)中1和5所示。以1为例,从高温冷却,开始降温很快,ab线的斜率取决于系统的散热速率。冷到A的熔点时,固体A开始析出,系统出现两相平衡(溶液和固体A),此时温度维持不变,步冷曲线出现bc水平段,直到其中液相全部消失,温度再度下降。

混合物的步冷曲线如图Ⅱ-6-1(a)中2和4所示。以2为例,起始温度下降很快(如$a'b'$段),冷却到b'点的温度时,开始有固体A析出,这时系统呈两相,与纯物质的步冷曲线不同的是,因为液相的组成不断改变,其平衡温度也不断改变,所以没有水平段出现。由于凝固热的不断释放,其温度下降较慢,曲线的斜率较小($b'c'$段)。到了低共熔点温度,B也开始与A一起析出,二者同时放出凝固热,步冷曲线又出现$c'd'$水平段,系统出现A、B和溶液三相,直到液相完全凝固后,温度再度迅速下降。

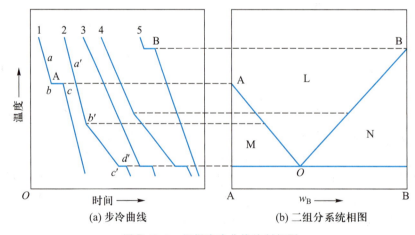

图Ⅱ-6-1 根据步冷曲线绘制相图

步冷曲线3表示其组成恰为低共熔混合物的步冷曲线,其图形与纯物质的相似,但它冷至低共熔点时A、B同时析出,水平段对应的是三相平衡。

用步冷曲线绘制相图是以横轴表示混合物的组成,在对应的纵轴找出开始出现相变(即步冷曲线上的转折点)的温度并将其与组成对应在图面标出点,把这些点连接起来即得相图。

图Ⅱ-6-1(b)是一种形成简单低共熔混合物的二组分系统的相图。图中L为液相区;N为纯B和液相共存的二相区;M为纯A和液相共存的二相区;水平段表示A、B和液相共存的三相共存线;水平线段以下表示纯A和纯B共存的二相区;O为低共熔点。

6.3 仪器与药品

陶质坩埚 1 只;500 W 电烙铁芯(作加热电炉用)1 只;热电偶(铜-康铜)1 根;杜瓦瓶 1 个;毫伏电位计 1 台;硬质试管 8 支;变压器 1 台。

Cd(AR);Bi(AR);石蜡油。

6.4 实验步骤

(1) 配制不同质量分数的铋、镉混合物各 100 g(镉的质量分数分别为 0%、15%、25%、40%、55%、75%、90%、100%),分别放在 8 支硬质试管中,再各加入少许石蜡油(约 3 g),以防止金属在加热过程中接触空气而氧化。

(2) 按图Ⅲ-1-12 装置,依次测纯铋、纯镉和含镉质量分数为 90%,75%,55%,40%,25%,15% 样品的步冷曲线。将样品管放在加热电炉中(电压控制在 160 V 左右),使样品熔化,同时将热电偶的热端(带玻璃套管)插入样品管中,待样品熔化后,停止加热。用热电偶玻璃套管轻轻搅拌样品,使各处温度均匀一致,避免过冷现象发生。

(3) 样品冷却过程中,冷却速率保持在 6~8 K·min^{-1}(当环境温度较低时,可加一定的低电压于电炉中以控制合适的冷却速率),热电偶的热端应放在样品中央,离样品管管底不小于 1 cm,否则将受外界的影响,而不能真实反映被测系统的温度。当样品均匀冷却时,每 1 min 测定温度一次,直到步冷曲线的水平部分以下为止。

6.5 实验注意事项

(1) 加热电炉加热时注意温度不宜升得过高,以防止石蜡油炭化和待测金属样品氧化,故所加电压不宜过大,且待金属熔化后即须切断加热电流。

(2) 热电偶热端应插在玻璃套管底部,在搅拌时需注意勿使热端离开套管底部而致测温点变动。在套管内注入少量石蜡油浸没热端,以改善其导热情况。

6.6 数据处理

(1) 用纯镉或纯铋的熔点与测定值比较来校正热电偶,已知纯镉和纯铋的熔点分别为 505.2 K 和 600.7 K,然后根据校正后实验数据作出步冷曲线。

(2) 利用所得步冷曲线,绘制铋镉二组分系统的相图,并标注相图中各区域的相平衡。

(3) 从相图中求出低共熔点的温度及低共熔混合物的组成。

6.7 思考题

(1) 根据相律分析相图各区有哪些相? 自由度分别是多少?

(2) 步冷曲线各段的斜率及水平段的长短与哪些因素有关?

(3) 绘制金属相图还有哪些实验方法?

6.8 知识拓展

(1) 步冷曲线的斜率即温度变化速率,取决于系统与环境间的温差、系统的热容和热导率等因素。当固体析出时,放出凝固热,因而使步冷曲线发生折变,折变是否明显取决于放出的凝固热能抵消多少散失热量,若放出的凝固热能抵消散失热量的大部分,折变就明显,否则就不明显。故在室温较低的冬天,有时在降温过程中需给加热电炉加以一定的电压(20 V 左右),来减缓冷却速率,以使转折明显。

(2)一般情况下,通过测定一系列组成不同的样品的步冷曲线就可绘制相图。但在很多情况下,随物相变化而产生的热效应很小,步冷曲线上转折点不明显,则需采用较灵敏的方法进行。

(3)目前实验所用的简单系统为 Cd-Bi、Bi-Sn、Pb-Zn、Pb-Sn 等,其中有些组分的蒸气对人体健康有危害性,而且样品用量较大,危害性更大,时间久了这些混合物也难以处理。考虑上述因素,可选择危害性相对较小的系统,也可将实验方法改为差热分析(DTA)法或差示扫描量热(DSC)法。

(4)二组分金属相图可以应用于冶炼和合金的制备。例如,不同品种钢铁的性能取决于其碳含量的高低,在钢铁生产中可根据铁-碳系统相图选择条件以获得所需性能的钢铁产品。此外第二组分(杂质)在金属固-液两相中的分凝相图是区域熔炼(又称区域提纯)技术的依据。区域熔炼技术是提纯金属、半导体材料、无机和有机结晶材料,以及超导材料的优良方法。

实验七　三液系(三氯甲烷-醋酸-水)相图的绘制

7.1　实验目的

(1)能够阐述三组分系统相图相关的理论知识,使用等边三角形坐标表示三组分系统相图。
(2)能够利用溶解度法测量并绘制具有一对共轭溶液的三组分系统相图。

7.2　实验原理

相图是把不同温度、压力下平衡系统的各个相、相组成及相之间的相互关系反映出来的一种图形,由点、线、面、体等几何要素构成。

相图服从相律,因此可以根据相律认识相图。相图具有清晰、形象、直观、完整的特点,可以具体地应用于实际系统,解决实际问题。

1876 年,Gibbs 导出了相律。相律是物理化学中的普遍定律之一,是研究热力学系统相平衡的理论基础。相律的最普遍的形式是

$$f + \Phi = C + 2$$

式中 f、Φ 和 C 分别代表独立参变量数(即自由度)、平衡共存的相的数目和独立组分数,2 则代表温度和压力两个变量。对于三组分系统,$C = 3$,$f + \Phi = 5$,系统自由度 f 最多等于 4(即温度、压力和两个浓度),用三度空间的立体模型不能表示这种相图。若维持压力不变,$f^* + \Phi = 4$,f^* 最多等于 3,其相图可用立体模型表示,如图 Ⅱ-7-1 所示。若压力、温度同时确定,则 $f^{**} + \Phi = 3$,f^{**} 最多为 2,可用平面图来表示。

本实验研究的是在一定的温度和压力下由水、三氯甲烷和醋酸构成的三组分系统相图,它具有一对共轭溶液。在萃取时,具有一对共轭溶液的三组分系统相图对确定合理的萃取条件十分重要。该三组分系统的状态和组成之间的关系通常可用等边三角形坐标表示,如图Ⅱ-7-2所示。等边三角形三顶点分别表示三种纯物质 A、B、C。AB、BC、CA 三边分别表示 A 和 B、B 和 C、C 和 A 所组成的二组分系统的组成。三角形内任一点则表示三组分系统的组成。如 O 点的组成为 $w_A = Cc'$,$w_B = Aa'$,$w_C = Bb'$。

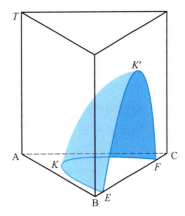

图Ⅱ-7-1　含温度轴 T 的三组分系统相图

具有一对共轭溶液的三组分系统相图,如图Ⅱ-7-3所示。在该三液系中,A 和 B、A 和 C 完全互溶,而 B 和 C 只能有限度互溶,B 和 C 的组成在 Ba 之间和 Cb 之间可以完全互溶,而介于 ab 之间不互溶,系统中的液体分为两层,一层是 B 在 C 中的饱和溶液(b 点),另一层是 C 在 B 中的饱和溶液(a 点),这对溶液称为共轭溶液。图中曲线为溶解度曲线,曲线外是单相区,曲线内是两相区。物系点落在两相区内即分成两相,如 O 点分成组成为 E 和 F 的两相,EF 线称为连结线。

绘制溶解度曲线的方法较多。本实验是先在完全互溶的两个组分(如 A 和 C)以一定的比例混合所成的均相溶液(如图Ⅱ-7-3上的 N 点)中滴加入组分 B,物系点则沿 NB 线移动,直至溶液变浑达 L 点,然后加入 A,物系点沿 LA 虚线移动,液体会变清,物系点可继续上升至 N' 点。再滴加 B,则物系点又沿 $N'B$ 移动,当移至 L' 点时溶液再次变浑。继续滴加 A 使之变清至 N'' 点,再滴加 B 至浑浊达 L'' 点……如此重复,最后连接 $b,L,L',L'',\cdots,a$ 各点,即可得到溶解度曲线。

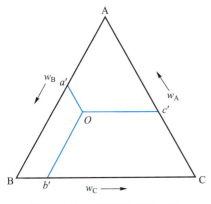

图Ⅱ-7-2　三角形坐标表示法

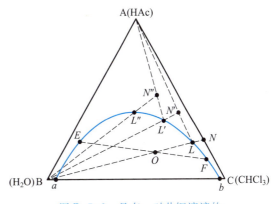

图Ⅱ-7-3　具有一对共轭溶液的
三组分系统相图

7.3　仪器与药品

酸式滴定管(50 mL)1 支;碱式滴定管(50 mL)1 支;磨口锥形瓶(100 mL)2 个;磨口锥形瓶(25 mL)4 个;锥形瓶(100 mL)2 个;胖肚移液管(2 mL)4 支;刻度移液管(5 mL)2 支;刻度移液

管(10 mL)1 支;分液漏斗(60 mL)2 只;漏斗架 1 个。

CHCl$_3$(三氯甲烷,AR);CH$_3$COOH(醋酸,AR);NaOH 标准溶液(0.5 mol·L^{-1})。

7.4　实验步骤

(1) 在洁净的酸式滴定管内装蒸馏水,在碱式滴定管内装 0.5 mol·L^{-1} NaOH 标准溶液。

移取 6 mL 三氯甲烷及 1 mL 醋酸于干燥洁净的 100 mL 磨口锥形瓶中,然后慢慢滴入水,且不停地轻摇,至溶液刚由清变浑,即为终点,记下水的体积。再向此瓶中加入 2 mL 醋酸,系统又成均相,继续用水滴定至终点。同法再依次加入 3.5 mL、6.5 mL 醋酸,分别再用水滴定至终点,记录各次各组分用量。最后加入 40 mL 水,加塞每 5 min 振摇一次,0.5 h 后将此溶液用于测量连结线(溶液 I)。

另取一干燥洁净的 100 mL 磨口锥形瓶,用移液管移入 1 mL 三氯甲烷和 3 mL 醋酸。用水滴定至终点。此后依次再添加 2 mL、5 mL、6 mL 醋酸,分别用水滴定至终点,记录各次各组分用量。最后加入 9 mL 三氯甲烷和 5 mL 醋酸,加塞每 5 min 振摇一次,0.5 h 后将此溶液用于测量另一根连结线(溶液 II)。

(2) 分别将溶液 I 和 II 迅速转移到干燥洁净的分液漏斗中,待 0.5 h 后两层液体分清,把溶液 I 上下两层液体分离,分别用移液管吸取上层液体约 2 mL,下层液体约 2 mL,分别放于已经称量的 25 mL 磨口锥形瓶中,称量后分别转移到干燥洁净的 100 mL 锥形瓶中,以酚酞作指示剂,用 0.5 mol·L^{-1} NaOH 标准溶液滴定。同法对溶液 II 进行分液、取液、称量并滴定。

7.5　实验注意事项

(1) 因为水是所测定系统的组分之一,故所用玻璃器皿均须干燥。

(2) 在滴加水的过程中须一滴滴地加入,且适当地振摇观察,较长时间振摇观察时,必加塞子,以免易挥发组分损失而影响结果。观察到出现浑浊并在 1 min 内不消失即为终点。稍长时间静置,浑浊消失,但此时也会浮现两相状态,也说明已达终点。特别是在接近终点时要多加振摇,这时溶液接近饱和,溶解平衡需较长的时间。

7.6　数据处理

1. 溶解度曲线的绘制

由实验数据算出各组分的质量和质量分数,根据各点的质量分数在三角形坐标中标出相点,同时利用下文中提供的实验温度下水在三氯甲烷中的溶解度和三氯甲烷在水中的溶解度标出 BC 边上的相点,将所有相点连成线即为溶解度曲线。

2. 连结线的绘制

计算所得两份溶液的上、下层醋酸的质量分数,然后根据醋酸的质量分数在溶解度曲线上分别找出溶液 I 和溶液 II 共轭相的相点,相应共轭相的相点的连线即为连结线,它应通过两相平衡系统的物系点。

7.7　思考题

(1) 在用水滴定溶液 II 的最后,溶液由清到浑的终点不明显,这是为什么?

（2）如连结线不通过物系点，其原因可能是什么？

（3）为什么说具有一对共轭溶液的三组分系统的相图对确定各区的萃取条件极为重要？

7.8 知识拓展

（1）用水滴定如超过终点，可以再滴加几滴醋酸，至刚由浑变清作为终点，记下实际溶液用量。

（2）在温度 T 时密度可按下式计算：

$$\rho_T = \rho_S + \alpha(T - T_S) \times 10^{-3} + \beta(T - T_S)^2 \times 10^{-6} + \gamma(T - T_S)^3 \times 10^{-9}$$

式中 $T_S = 273.2$ K。三氯甲烷和冰醋酸的 ρ_S、α、β、γ 值如表 II-7-1 所示。

表 II-7-1　三氯甲烷和冰醋酸的 ρ_S、α、β、γ 值

试剂	ρ_S	α	β	γ
$CHCl_3$	1.5264	-1.856	-0.531	-8.8
CH_3COOH	1.072	-1.1229	0.0058	-2.0

三氯甲烷在水中的溶解度和水在三氯甲烷中的溶解度如表 II-7-2 所示。

表 II-7-2　三氯甲烷在水中的溶解度和水在三氯甲烷中的溶解度

温度/K	273.2	283.2	293.2	303.2
w_{CHCl_3}/%	1.052	0.888	0.815	0.770
温度/K	276.2	284.2	290.2	295.2	304.2
w_{H_2O}/%	0.019	0.043	0.061	0.065	0.109

（3）该相图的另一种测绘方法是：在两相区内以任一比例将此三种液体混合置于一定的温度下，使之平衡，然后分析互成平衡的二共轭相的组成，在三角坐标纸上标出这些点，且连成线，此法较为繁杂。

（4）含有两固体（盐）和一液体（水）的三组分系统相图的绘制常用湿渣法。其原理是，平衡的固、液分离后，其滤渣总带有部分液体（饱和溶液），即湿渣，但它的总组成必定是在饱和溶液和纯固相组成的连接线上。因此，在定温下加入过量盐配制一系列不同相对比例的饱和溶液，然后过滤，分别分析溶液和滤渣的组成，并把它们一一连成直线，这些直线的交点即为纯固相的成分，由此亦可知该固体是纯物质还是复盐。

（5）具有一对共轭溶液的三组分相图对指导萃取分离很重要，工业上可依据三组分相图进行连续多级萃取过程。例如，图 II-7-4 是在标准压力和 397 K 时苯（A）-正庚烷（B）-二乙二醇醚（S）的相图。由图可见，A 与 B、A 与 S 在给定的温度下都能完全互溶，B 与 S 则部分互溶。可选用二乙二醇醚作萃取剂实现苯与正庚烷的分离。

设 A 与 B 组分的原始组成在 F 点，加入溶剂 S 后，系统沿 FS 线向 S 方向变化，当总组成为 O 点时，原料液与所用溶剂（S）的质量比可按杠杆规则计算。此时系统分为两相，FS 的连线与共

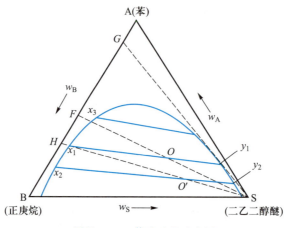

图 Ⅱ-7-4　萃取过程示意图

轭线相交于 O 点,此时两相的组成分别为 x_1 和 y_1。如果把这两层溶液分开,分别蒸去溶剂,则得到由 G、H 点所代表的两个溶液(G 点在 Sy_1 的延长线上,H 在 Sx_1 的延长线上)。这就是说,经过一次萃取并除去溶剂后,就能把 F 点的原溶液分成 H 和 G 两个溶液,G 中含苯比 F 中多,H 中含正庚烷比 F 中多。如果对浓度为 x_1 的一层溶液再加入溶剂进行第二次萃取,此时的物系点将沿 x_1S 向 S 方向变化,设到达 O' 点,此时系统呈两相,其组成分别为 x_2 和 y_2 点,此时 x_2 点所代表的系统其中所含正庚烷又较 x_1 中的含量多。如此反复多次,最后可得基本上不含苯的正庚烷,从而实现分离。工业上,上述过程在萃取塔中进行(如图 Ⅱ-7-5 所示,在塔中有多层筛板),萃取剂二乙二醇醚从塔上部进料,混合原料液从塔下部进料,依靠密度的不同,在塔内上升和下降的液相充分混合,反复萃取,最后芳烃就不断地溶解在二乙二醇醚中,作为萃取相在塔底排出,脱除芳烃的烷烃则作为萃余相从塔顶送出。

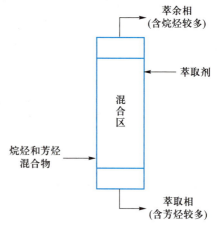

图 Ⅱ-7-5　芳烃和烷烃的萃取分离示意图

实验八　热分析技术(TG/DSC)研究 $CuSO_4 \cdot 5H_2O$ 的脱水过程

8.1　实验目的

(1) 能够说明热分析技术的工作原理。

(2) 能够使用热分析仪测量样品的 TG/DSC 曲线。

(3) 能够对 TG/DSC 谱图进行定性和定量分析。

8.2 实验原理

热分析技术是指在程序控温下,测量物质的物理性质随温度变化的函数关系的一类技术。根据测定的物理量不同,热分析技术可以分为几大类:(1) 测定质量随温度变化,包括热重法、导数热重法、逸出气检测法、逸出气分析法等;(2) 测定温度差,即差热分析法;(3) 测定热效应,即差示扫描量热法;(4) 测量尺度,如热膨胀法。

热重(TG)法研究样品受热产生的质量变化。在程序控温的情况下,以质量 m 对时间 t 或温度 T 作图,得到 TG 曲线,从中可以获得样品发生物理或化学变化时对应的质量变化、变化的温度区间等信息。

差热分析(DTA)法研究样品受热过程与参比物之间的温差变化。在程序控温的情况下,以待测样品和参比物温差 ΔT 对时间 t 或温度 T 作图,得到 DTA 曲线,从中可以获得样品发生物理或化学变化时对应的热效应方向、相对大小以及温度区间等信息。

差示扫描量热(DSC)法研究样品受热过程的热效应。在程序控温的情况下,以待测样品的焓变率(或热流)对时间 t 或温度 T 作图,得到 DSC 曲线,从中可以获得样品发生物理或化学变化时对应的热效应方向、具体数值以及温度区间等信息。差示扫描量热仪包括两类,即功率补偿性 DSC 仪和热流型 DSC 仪,其构造和原理有所不同。功率补偿性 DSC 仪利用动态零位平衡原理,通过实时改变样品的加热功率平衡样品和参比物热量,使样品和参比物的温度始终保持相等,从功率差计算热效应;热流型 DSC 仪则通过热流检测器(一种热阻)测出参比物和待测样品之间的温差,再根据热阻与温差的关系可以转换为热流差,进而计算热效应。由于 DSC 技术可以定量地获得变化过程中热效应的数值,在当前科学研究中已全面取代了 DTA 技术。

结合 TG 和 DSC 技术,可以对受热过程进行原位监控,获得多种重要信息,从而对材料的热分解过程有更为深入的认识。

8.3 仪器与药品

METTLER TOLEDO 热分析系统 TGA/DSC1 仪 1 台。
$CuSO_4 \cdot 5H_2O$(AR);α-Al_2O_3(AR)。

8.4 实验步骤

实验八 操作演示视频

(1) 仪器准备。打开低温恒温槽和仪器总电源开关,打开氮气钢瓶总阀,调节保护气流速为 20 mL·min^{-1}。在仪器控制面板上设置载气为氮气,并调节其流速为 20 mL·min^{-1}。按"Furnace"打开炉体,在样品托盘(右)和参比托盘处各放一个空白坩埚(标准铝坩埚,40 μL),按"Furnace"

关闭炉体。

（2）建立实验方法。在计算机中打开软件"STARe Software"，在"Routine Editor"中建立新方法。先添加恒温段，25 ℃下保持 2 min；再添加升温段，从 25 ℃升至 300 ℃，升温速率为 10 ℃ · min^{-1}；同时在"Segment Gas"中输入载气名称和流速，在"Pan"中选中所用坩埚。设置完成，勾选"Subtract Blank Curve"，然后点击"Save"保存。

（3）空白测试。勾选"Run Blank Curve"，点击"Send Experiment"，将该实验方法传输到"Experiment-on module"中。再根据屏幕下方提示，点击"OK"，进行空白测试。

（4）样品测试。待炉体温度降至 30 ℃以下，打开炉体，取出样品托盘上的空白坩埚，装上 6 mg 左右待测样品，并精确称量，再将装上样品的坩埚放回右边样品托盘上，关闭炉体。在"Routine Editor"界面上去掉勾选的"Run Blank Curve"，输入样品名称和质量。点击"Send Experiment"，按照与空白测试同样的方法进行样品测试。

8.5　实验注意事项

（1）由于 $CuSO_4 \cdot 5H_2O$ 的脱水温度较低，放入样品前炉体温度尽量降至室温。

（2）炉体打开状态下，应防止有重物掉入砸坏传感器。关闭炉体前一定要注意圆形隔热片是否都在传感器槽上固定位置，并且不晃动，防止炉体关闭时弄断传感器。

（3）通电加热电炉前应先打开冷却水。实验结束，待炉体温度低于 100 ℃才能关闭冷却水。

（4）样品需要适当研细，用量不能太多，尽量在坩埚中铺平。

（5）为了减少热容不同带来的影响，可以在参比坩埚中加入与样品同样质量的参比物 $\alpha - Al_2O_3$。

8.6　数据处理

（1）软件处理。从主窗口"Session"中"Evaluation Window"进入数据处理窗口，打开待分析曲线，通过拆分谱图快捷键，可将 TG 曲线和 DSC 曲线分开。

处理 TG 曲线。按住鼠标左键，在 TG 曲线上框出待处理的阶梯位置，再点中 TG 曲线，然后从"TA"中选中"Step Horiz"进行处理，通过小旗状标志调节质量变化区间的起点和终点位置，可得到该区间质量变化、起始温度和终止温度等信息。依次处理得到每个反应区间的相关信息，并将信息框移至合适的位置。

处理 DSC 曲线。按住鼠标左键，在 DSC 曲线中框出待处理的峰，再点中相应 DSC 线，从"TA"中选中"Integration"进行积分，通过小旗状标志调节基线位置和该峰的起点和终点位置，即可得到相关热效应信息。从"Setting"（或者在信息框上点鼠标右键）选择"Optional Results"，再勾选"Norm. Value"和"Peak"，显示的信息中会增加单位质量的热效应和峰温数值。同样方法处理其他 DSC 峰。

打印谱图。数据处理完毕，点击"Plot"图标打印当前 TG/DSC 谱图。

（2）谱图分析。将 TG 和 DSC 谱图中失重率、焓变值、起始温度和峰温等信息列表，并据此对 $CuSO_4 \cdot 5H_2O$ 脱水过程进行分析。

8.7　思考题

（1）差热分析、差示扫描量热与简单热分析（步冷曲线法）有何异同？

（2）在实验中为什么要选择适当的样品用量和适当的升温速率？

（3）DSC仪测温热电偶插在样品中和插在参比物中，其升温曲线是否相同？

8.8 知识拓展

（1）热分析技术是一种动态分析方法，因此实验条件对结果有很大的影响，一般要求：样品用量尽可能少，这样可得到比较尖锐的峰，并能分辨出靠得很近的峰。样品过多往往会使峰形成"大包"，并使相邻的峰相互重叠而无法分辨。此外要选择适宜的升温速率。升温速率较低时基线漂移小，所得峰形显得矮而宽，可分辨出靠得很近的变化过程，但测定时间长。升温速率高时峰形比较尖锐，测定时间短，但基线漂移明显，与平衡条件相距较远，出峰温度误差大，分辨率下降。

（2）作为参比物的材料，要求在整个测定温度范围内保持良好的热稳定性，不应有任何热效应产生，常用的参比物有煅烧过的 α-Al_2O_3、MgO、石英砂等。测定时应尽可能选取比热容、导热系数与样品相近的物质作参比物。有时为使样品与参比物热性质相近，可在样品中掺入参比物（其质量为样品质量的 1~2 倍）。

（3）在本实验的测试条件下，$CuSO_4 \cdot 5H_2O$ 失水过程为

$$CuSO_4 \cdot 5H_2O \xrightarrow{-2H_2O} CuSO_4 \cdot 3H_2O \xrightarrow{-2H_2O} CuSO_4 \cdot H_2O \xrightarrow{-H_2O} CuSO_4$$

从失水过程看，由于 $CuSO_4 \cdot 5H_2O$ 中各水分子的结合力不完全一样，其失去最后一个水分子显得比较困难。如果与 X 射线衍射仪配合测定，就可测出其结构为 $[Cu(H_2O)_4]SO_4 \cdot H_2O$。最后失去的一个水分子是以氢键连在 SO_4^{2-} 上的，所以失去较困难。

（4）热分析技术用途非常广泛，可用于物质鉴别、纯度、相变、高聚物的玻璃化过程、熔融与结晶、陶瓷烧结、热稳定性、热传导、刚性和阻尼行为、涂料/树脂固化、化学反应动力学等方面，是当前科学研究中最常用的表征手段之一。

实验九　TG/DSC-MS 联用技术测定 $CaC_2O_4 \cdot H_2O$ 热分解过程动力学

9.1 实验目的

（1）能够利用 TG/DSC-MS 联用热分析技术研究样品的热分解过程，并说明其工作原理。

（2）能够对谱图和实验数据进行分析和处理，求出相关动力学结果并确定热分解反应机理。

9.2 实验原理

热重（TG）法是测定样品在一定的气氛和程序温度加热条件下其质量随温度（或时间）变化的一种热分析技术。差示扫描量热（DSC）法是通过差动热量补偿原理测定样品在一定的气氛和加热条件下变化时的热效应的一种热分析技术。TG、DSC 和其他常见的单纯的热化学分析技术如差热分析（DTA）等一样，都只能反映样品在热化学变化中某个物理量性质（如质量、温差、焓变等）随温度改变而产生的变化，并不能直接准确说明过程中具体发生了什么化学变化。质谱

（MS）法是将气态样品经离子源作用，产生分子正离子或碎片正离子，再被电场加速，最后在质量分析器中按质荷比大小进行分离、记录并获得质谱图的一种分析技术。质谱法可对反应产物进行原位实时的分析。若将 TG/DSC 法与 MS 技术结合起来，即仪器联用，则可同时发挥多种实验技术的用途，从而客观准确地认识反应过程并可对反应机理进行解释和研究。

利用 TG/DSC-MS 联合分析所得的谱图和数据，不但可以分析反应过程，还可以利用仪器所带软件便捷求出反应的动力学结果，如反应级数 n、活化能 E、指前因子 A 和速率常数 k 等参数。德国 Netzsch 公司 Netzsch STA 449 C 综合热分析仪提供的 NETZSCH Thermokinetics 2 分析软件，可对 TG 或 DSC 数据进行处理分析，并求出热反应过程的动力学结果。

9.3　仪器与药品

Netzsch STA 449 C 综合热分析仪 1 台；QMS 403 C 质谱仪 1 台；动力学分析软件 NETZSCH Thermokinetics 2；微量电子天平 1 台。

$CaC_2O_4 \cdot H_2O$（AR）；$\alpha\text{-}Al_2O_3$（AR）；高纯氩气钢瓶 1 个。

9.4　实验步骤

（1）打开热分析仪。打开总电源，开冷却水、循环水阀门，然后打开 TG/DSC 仪。

（2）打开质谱仪。开气泵，打开质谱仪电源，开传送带加热装置，连接计算机。在计算机上启动 Netzsch 热分析实时程序，检查氩气气压正常后，在"诊断"栏"气体开关"选项中选中气路 2、3，调节保护气流量为 15 mL·min^{-1}，吹扫气流量为 30 mL·min^{-1}。等待质谱仪内及采样口温度和气路加热温度都稳定到 200 ℃ 且质量读数稳定后，将质量清零。

（3）热分析步骤。提起加热炉体，在瓷坩埚中称取 10 mg 左右的样品，放在支架上，放下加热罩。关闭吹扫和保护气与大气的连通旋钮，打开抽气阀门抽至压力到 105 Pa 以下，停止抽气；回填氩气使气压略正后停止充气。如此抽气填气三次后，打开保护气、吹扫气与大气的连通旋钮，等待质量稳定。等待过程中，设定质谱仪参数。待质量稳定后（10 s 内最后一位没有变化），将质量记入，开始设定加热上限，分别选择四个不同的升温速率进行测定。利用质谱界面监测热过程不同温度时的气态产物并获得 MS 谱图；通过 TG/DSC 界面测定热过程的 TG/DSC 谱图。升温速率分别为 5 ℃·min^{-1}、10 ℃·min^{-1}、15 ℃·min^{-1}、20 ℃·min^{-1}。

（4）实验完成后，导出数据，关闭仪器。

9.5　实验数据处理和谱图分析

（1）解析 TG/DSC 和 MS 谱图，定性定量表达 $CaC_2O_4 \cdot H_2O$ 热分解过程，写出每一步变化的温度、失重、焓变化和反应方程式。

（2）对 DSC 测定结果（也可选择 TG 测定结果）进行处理，求出 $CaC_2O_4 \cdot H_2O$ 热分解过程中其中一步或多步变化的反应级数 n、活化能 E、指前因子 A 和速率常数 k。

手工拟合方法参见本实验知识拓展（1）。利用仪器自带软件拟合尝试 n 级反应机理线性拟合。

9.6　实验注意事项

（1）打开综合热分析仪后，须待仪器稳定后方可进行操作。

（2）测试过程中，炉体温度在 200 ℃ 以下才能提升炉体。

（3）测试完成后，要待炉体冷却到室温后才能关闭冷却系统。

9.7 思考题

（1）如果分别在惰性气氛和空气气氛下测定 $CaC_2O_4 \cdot H_2O$ 的热分解过程的 TG/DSC 谱图及 MS 谱图，不同条件下的结果有何不同？

（2）如何由 DSC 测定结果求反应：

$$CO(g) + \frac{1}{2}O_2(g) \longrightarrow CO_2(g)$$

的 $\Delta_r H_m$？

9.8 知识拓展

（1）利用热分析曲线计算反应的动力学参数的经典方法有 Coats 法和 Freeman-Carroll 法等。

① Coats 法。以 TG 数据和谱图处理为例。设某一化合物在加热过程中发生变化，其速率方程为

$$d\alpha/dt = k \cdot f(\alpha) = A \cdot \exp[-E_a/(RT)] \cdot f(\alpha) \tag{II.9.1}$$

式中 α 为化合物的转化率；$f(\alpha)$ 取决于变化的性质与机理。Sestak 等人提出，对于简单 n 级反应：

$$f(\alpha) = (1 - \alpha)^n \tag{II.9.2}$$

则有

$$d\alpha/dt = A \cdot \exp[-E_a/(RT)](1 - \alpha)^n \tag{II.9.3}$$

考虑程序升温速率：

$$\beta = dT/dt \tag{II.9.4}$$

可用转化率对温度的关系来表示速率方程：

$$d\alpha/dT = A/\beta \cdot \exp[-E_a/(RT)] \cdot (1 - \alpha)^n \tag{II.9.5}$$

这就是求得动力学参数的基本公式，如进一步作微分或积分，则可导出各种不同形式的动力学方程。Coats 等人对式（II.9.5）积分并作一些近似处理，假设 $20 \leqslant E_a/(RT) \leqslant 60$，得到如下结果：

当 $n = 1$ 时：

$$\lg\left[-\frac{\ln(1 - \alpha)}{T^2}\right] = \lg\left[\frac{AR}{E_a\beta} \cdot \left(1 - \frac{2RT}{E_a}\right)\right] - \frac{E_a}{2.303RT} \tag{II.9.6}$$

当 $n \neq 1$ 时：

$$\lg\left[\frac{1 - (1 - \alpha)^{1-n}}{(1 - n)T^2}\right] = \lg\left[\frac{AR}{E_a\beta} \cdot \left(1 - \frac{2RT}{E_a}\right)\right] - \frac{E_a}{2.303RT} \tag{II.9.7}$$

由 TG 实验数据求得每个变化过程一系列 T 所对应的 α 值，尝试用不同的 n 值，用上述线性关系作图，由最佳线性关系确定反应级数 n，由该直线的斜率得到活化能 E_a；由式（II.9.7）和式（II.9.1）分别计算得到指前因子 A 和速率常数 k。

② Freeman-Carroll 法。对于某一固体热分解反应，假定产物之一是挥发性物质，则有

$$A(s) \longrightarrow B(s) + C(g)$$

反应物 A 的反应速率为

$$- \mathrm{d}x/\mathrm{d}t = kx^n \tag{II.9.8}$$

式中 x 为 t 时 A 的浓度($\mathrm{mol \cdot L^{-1}}$);$k$ 为速率常数;n 为反应级数。

将 Arrhenius 方程 $k = Ae^{-E_a/(RT)}$ 代入式(II.9.8),得

$$Ae^{-E_a/(RT)} = -(\mathrm{d}x/\mathrm{d}t)/x^n \tag{II.9.9}$$

式中 A 为指前因子;E_a 为活化能;T 为热力学温度;R 为摩尔气体常数。

对上式的对数形式微分,然后积分,得

$$-E_a[\mathrm{d}T/(RT^2)] = \mathrm{dln}(-\mathrm{d}x/\mathrm{d}t) - n\mathrm{dln}x$$

$$-E_a/[R \cdot \Delta(1/T)] = \Delta\mathrm{ln}(-\mathrm{d}x/\mathrm{d}t) - n\Delta\mathrm{ln}x$$

将上式两边除以 $\Delta\mathrm{ln}x$,得

$$\frac{-\dfrac{E_a}{R} \cdot \Delta\left(\dfrac{1}{T}\right)}{\Delta\mathrm{ln}x} = \frac{\Delta\mathrm{ln}\left(-\dfrac{\mathrm{d}x}{\mathrm{d}t}\right)}{\Delta\mathrm{ln}x} - n \tag{II.9.10}$$

假定以 n_0 表示热重分析前物质 A 的物质的量,n_a 是时间 t 时 A 的物质的量,m_c 是热重分析反应终了时总的质量变化,m 是时间 t 时的质量变化,根据物质的量和质量的关系:

$$-\mathrm{d}n_a/\mathrm{d}t = (-n_0/m_c) \cdot (\mathrm{d}m/\mathrm{d}t) \tag{II.9.11}$$

$$m_r = m_c - m \tag{II.9.12}$$

将式(II.9.11)、式(II.9.12)代入式(II.9.10),得

$$\frac{\dfrac{-E_a}{2.303R}\Delta\left(\dfrac{1}{T}\right)}{\Delta\mathrm{lg}m_r} = \frac{\Delta\mathrm{lg}\dfrac{\mathrm{d}m}{\mathrm{d}t}}{\Delta\mathrm{lg}m_r} - n \tag{II.9.13}$$

式中 $\Delta(1/T)$ 为 TG 曲线上所取点之间温度倒数 $1/T$ 之差;m_r 为 TG 曲线上所取点之间失重差值;$\mathrm{d}m/\mathrm{d}t$ 为 TG 曲线上所取各点的切线斜率。

如果以 $\Delta\mathrm{lg}(\mathrm{d}m/\mathrm{d}t)/\Delta\mathrm{lg}m_r - \Delta(1/T)/\Delta\mathrm{lg}m_r$ 作图,由直线斜率可得活化能 E_a,由截距可得反应级数 n。但由于选取的实验点不同及温度间隔不同,作出的一系列 $\Delta\mathrm{lg}(\mathrm{d}m/\mathrm{d}t)/\Delta\mathrm{lg}m_r - \Delta(1/T)/\Delta\mathrm{lg}m_r$ 直线会出现较大偏差,得不到准确的活化能及反应级数。而 Coats 采用尝试法避免了上述的问题,线性也较好。

(2)经典方法计算反应的动力学结果涉及大量的作图和运算,处理数据极为烦琐,误差比较大。现代热分析仪一般都提供谱图和数据处理软件,具有精确和便捷的优点。在 Netzsch 公司仪器上使用的数据处理软件采用的是 Friedman 法和 Flynn-Wall-Ozawa 法。现以 Friedman 法为例,该法与 Freeman-Carroll 法基本类似。根据式(II.9.4)和式(II.9.9)可得

$$Ae^{-E_a/(RT)} = -\beta(\mathrm{d}x/\mathrm{d}T)/x^n \tag{II.9.14}$$

速率方程更一般性的写法为

$$\mathrm{d}\alpha/\mathrm{d}t = -\mathrm{d}x/\mathrm{d}t = kf(\alpha) \tag{II.9.15}$$

即对于任何一种反应机理,总有相应的一个速率方程 $f(\alpha)$ 表示,其中 α 表示反应进度。令 $f(\alpha)$ 代替 x^n,合并上两式得

$$Ae^{-E_a/(RT)} = \beta(\mathrm{d}\alpha/\mathrm{d}T)/f(\alpha)$$

整理可得

$$\mathrm{ln}[(\mathrm{d}\alpha/\mathrm{d}T)\beta] = \mathrm{ln}[Af(\alpha)] - E/(RT) \tag{II.9.16}$$

对于实验而言，$d\alpha/dT$、α、T 都是可以测定的，β 是一个给定的数值，因此只要尝试不同的反应机理，就可以得出相应的活化能和指前因子，然后根据拟合的相关系数，就能判断到底是哪一种机理。这对于经典处理方法而言，工作量很大，但是其容易程序化，做成数据处理软件后就可化难为易，可以进行较为复杂的机理的拟合，这是该法的最大优点。前述的 Coats 法在推导数据处理公式时要解速率微分方程，倘若速率方程不是一个简单的 n 次函数，那么该步处理的复杂程度和工作量是十分巨大的，目前无论对于经典处理方法或程序化都很难实现。所以 Coats 法比较适宜用于处理简单级数过程。

（3）热分析技术在化学化工、物理、石油、冶金、生物化学、地球化学、能源、医药食品、材料等领域有着许多应用，其中 TG/DSC 技术应用最为广泛，如应用于物质的玻璃化温度和居里点测定、材料使用寿命预测、晶体的相变测定、功能材料及药物的分析鉴定和热稳定性研究、进出口商品检验、各种材料或产品的成分和纯度分析、固相化学过程的热力学和动力学研究，等等。

实验十　用分光光度法测定弱电解质的解离常数

10.1　实验目的

（1）能够利用分光光度法测定弱电解质解离常数。
（2）能够使用分光光度计测量液体的吸光度，并说明其工作原理。

10.2　实验原理

根据朗伯–比尔定律，溶液对于单色光的吸收，遵守下列关系式：

$$A = \lg \frac{I_0}{I} = \kappa lc \tag{II.10.1}$$

式中 A 为吸光度；I/I_0 为透射比；κ 为摩尔吸收系数，它是溶液的特性常数；l 为被测溶液的厚度；c 为溶液浓度。

在分光光度分析中，将不同波长的单色光分别通过某一溶液，测定溶液对每一种光波的吸光度，以吸光度 A 对波长 λ 作图，就可以得到该物质的分光光度曲线（或吸收光谱曲线），如图 II-10-1 所示。由图可以看出，对应于某一波长有一个最大的吸收峰，用这一波长的入射光通过该溶液就有着最佳的灵敏度。

从式（II.10.1）可以看出，对于固定长度吸收槽，在对应最大吸收峰的波长（λ）下测定不同浓度 c 的吸光度，就可作出线性的 $A-c$ 曲线，这就是分光光度法的定量分析的基础。

以上讨论的是单组分溶液的情况，对于含有两种及两种以上组分的溶液，情况就要复杂一些。

（1）若两种被测定组分的吸收曲线彼此不相重合，这种

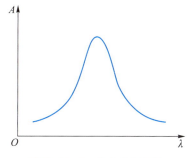

图 II-10-1　分光光度曲线

情况很简单,相当于分别测定两种单组分溶液。

（2）若两种被测定组分的吸收曲线相重合,且遵守朗伯-比尔定律,则可在两波长 λ_1 及 λ_2 时（λ_1、λ_2 是两种组分单独存在时吸收曲线最大吸收峰波长）测定其总吸光度,然后换算成被测定物质的浓度。

根据朗伯-比尔定律,假定吸收槽的长度一定,则有

对于单组分 A：

$$A_{\lambda}^{A} = K_{\lambda}^{A} c^{A} \left.\vphantom{\begin{aligned} & \\ & \end{aligned}}\right\}$$

对于单组分 B：

$$A_{\lambda}^{B} = K_{\lambda}^{B} c^{B} \qquad (\text{II}.10.2)$$

设 $A_{\lambda_1}^{A+B}$、$A_{\lambda_2}^{A+B}$ 分别代表在 λ_1 及 λ_2 时混合溶液的总吸光度,则有

$$A_{\lambda_1}^{A+B} = A_{\lambda_1}^{A} + A_{\lambda_1}^{B} = K_{\lambda_1}^{A} c^{A} + K_{\lambda_1}^{B} c^{B} \qquad (\text{II}.10.3)$$

$$A_{\lambda_2}^{A+B} = A_{\lambda_2}^{A} + A_{\lambda_2}^{B} = K_{\lambda_2}^{A} c^{A} + K_{\lambda_2}^{B} c^{B} \qquad (\text{II}.10.4)$$

此处 $A_{\lambda_1}^{A}$、$A_{\lambda_1}^{B}$、$A_{\lambda_2}^{A}$、$A_{\lambda_2}^{B}$ 分别代表在 λ_1 及 λ_2 时组分 A 和 B 的吸光度。由式（II.10.3）可得

$$c^{B} = \frac{A_{\lambda_1}^{A+B} - K_{\lambda_1}^{A} c^{A}}{K_{\lambda_1}^{B}} \qquad (\text{II}.10.5)$$

将式（II.10.5）代入式（II.10.4）,得

$$c^{A} = \frac{K_{\lambda_1}^{B} A_{\lambda_2}^{A+B} - K_{\lambda_2}^{B} A_{\lambda_1}^{A+B}}{K_{\lambda_2}^{A} K_{\lambda_1}^{B} - K_{\lambda_2}^{B} K_{\lambda_1}^{A}} \qquad (\text{II}.10.6)$$

这些不同的 K 值均可由纯物质求得,也就是说,在纯物质的最大吸收峰的波长 λ 时,测定吸光度 A 和浓度 c 的关系。如果在该波长处符合朗伯-比尔定律,那么 A-c 为直线,直线的斜率为 K 值,$A_{\lambda_1}^{A+B}$、$A_{\lambda_2}^{A+B}$ 是混合溶液在 λ_1、λ_2 时测得的总吸光度,因此根据式（II.10.5）、式（II.10.6）即可计算混合溶液中组分 A 和组分 B 的浓度。

（3）若两种被测组分的吸收曲线相互重合,但不遵守朗伯-比尔定律。

（4）混合溶液中含有未知组分的吸收曲线。

（3）与（4）两种情况,由于计算及处理比较复杂,本实验不作讨论。

本实验用分光光度法测定弱电解质（甲基红）的解离常数。由于甲基红本身带有颜色而且在有机溶剂中解离度很小,所以用一般的化学分析法或其他物理化学方法进行测定都有困难,但用分光光度法则可在不将其分离的情况下,同时测定两组分的浓度。甲基红在有机溶剂中形成下列平衡：

可简写为

$$HMR \rightleftharpoons H^+ + MR^-$$

甲基红的解离常数为

$$K = \frac{[H^+][c^B]}{[c^A]}$$

或
$$pK = pH - \lg \frac{[c^B]}{[c^A]} \qquad (\text{II}.10.7)$$

由式（II.10.7）可知，只要测定溶液中浓度项$[c^B]$与$[c^A]$及溶液的 pH 即可求得甲基红的解离常数。由于甲基红溶液的吸收曲线属于上述讨论中的第二种类型，因此可用分光光度法通过式（II.10.5）、式（II.10.6）求出浓度项$[c^B]$与$[c^A]$。

10.3　仪器与药品

752 型分光光度计 1 台；pHs–3D 型酸度计 1 台；容量瓶（100 mL）7 只；量筒（100 mL）1 个；烧杯（100 mL）4 只；胖肚移液管（25 mL）2 支；刻度移液管（10 mL）2 支；洗耳球 1 只。

CH_3CH_2OH（95%，AR）；HCl 溶液（0.10 mol·L^{-1}）；HCl 溶液（0.01 mol·L^{-1}）；CH_3COONa 溶液（0.01 mol·L^{-1}）；CH_3COONa 溶液（0.04 mol·L^{-1}）；CH_3COOH 溶液（0.02 mol·L^{-1}）；$C_{15}H_{15}N_3O_2$（甲基红，AR）。

10.4　实验步骤

1. 溶液制备

（1）甲基红溶液。将 1 g 甲基红晶体溶解于 300 mL 95% 乙醇中，用蒸馏水稀释到 500 mL。

（2）标准溶液。取 10 mL 上述配好的甲基红溶液，加入 50 mL 95% 乙醇中，用蒸馏水稀释到 100 mL。

（3）溶液 A。向 10 mL 标准溶液中加入 10 mL 0.1 mol·L^{-1} HCl 溶液，用蒸馏水稀释至 100 mL。

（4）溶液 B。向 10 mL 标准溶液中加入 25 mL 0.04 mol·L^{-1} NaAc 溶液，用蒸馏水稀释至 100 mL。

溶液 A 的 pH 约为 2，甲基红以酸式存在。溶液 B 的 pH 约为 8，甲基红以碱式存在。把溶液 A、溶液 B 和空白溶液（蒸馏水）分别放入三个洁净的比色槽内，测定吸收光谱曲线。

2. 测定吸收光谱曲线

（1）用 752 型分光光度计测定溶液 A 和溶液 B 的吸收光谱曲线，并求出最大吸收峰的波长。波长从 360 nm 开始，每 20 nm 测定一次（每改变一次波长都要先用空白溶液校正），直至 620 nm 为止。由所得的吸光度 A 与 λ 绘制 A–λ 曲线，从而求得溶液 A 和溶液 B 的最大吸收峰波长 λ_1 和 λ_2。

（2）求 $K_{\lambda_1}^A$、$K_{\lambda_2}^A$、$K_{\lambda_1}^B$、$K_{\lambda_2}^B$。将 A 溶液用 0.01 mol·L^{-1} HCl 溶液稀释至开始浓度的 3/4、1/2、1/4。将 B 溶液用 0.01 mol·L^{-1} NaAc 溶液稀释至开始浓度的 3/4、1/2、1/4。分别在溶液 A 和溶液 B 的最大吸收峰波长 λ_1 和 λ_2 处测定上述各溶液的吸光度。如果在 λ_1、λ_2 处上述溶液符合朗伯–比尔定律，则可得到四条 A–λ 直线，由此可求出 $K_{\lambda_1}^A$、$K_{\lambda_2}^A$、$K_{\lambda_1}^B$、$K_{\lambda_2}^B$。

3. 测定混合溶液的总吸光度及 pH

（1）配制四种混合溶液。① 10 mL 标准溶液 + 25 mL 0.04 mol·L^{-1} NaAc 溶液 + 50 mL

0.02 mol·L^{-1} HAc 溶液,加蒸馏水稀释至 100 mL。② 10 mL 标准溶液 + 25 mL 0.04 mol·L^{-1} NaAc 溶液 + 25 mL 0.02 mol·L^{-1} HAc 溶液,加蒸馏水稀释至 100 mL。③ 10 mL 标准溶液 + 25 mL 0.04 mol·L^{-1} NaAc 溶液 + 10 mL 0.02 mol·L^{-1} HAc 溶液,加蒸馏水稀释至 100 mL。④ 10 mL 标准溶液 + 25 mL 0.04 mol·L^{-1} NaAc 溶液 + 5 mL 0.02 mol·L^{-1} HAc 溶液,加蒸馏水稀释至 100 mL。

(2) 用 λ_1、λ_2 的波长测定上述四种混合溶液的总吸光度。

(3) 测定上述四种混合溶液的 pH。

10.5 实验注意事项

(1) 使用 752 型分光光度计时,为了延长光电管的寿命,在不进行测定时,应将暗室盖子打开。仪器连续使用时间不应超过 2 h,如使用时间长,则中途需间歇 0.5 h 再使用。

(2) 比色皿经过校正后,不能随意与另一套比色皿个别交换,需经过校正后才能更换,否则将引入误差。

(3) 酸度计应在接通电源 20~30 min 后进行测定。

(4) 本实验中酸度计使用的复合电极需在使用前在 3 mol·L^{-1} KCl 溶液中浸泡 24 h 左右。复合电极的玻璃电极玻璃很薄,容易破碎,切不可与任何硬物相碰。

10.6 数据处理

(1) 画出溶液 A、溶液 B 的吸收光谱曲线,并由曲线上求出最大吸收峰的波长 λ_1 和 λ_2。

(2) 将溶液 A、溶液 B 分别在 λ_1、λ_2 处测得的吸光度值对浓度作图,得四条 $A-c$ 直线,求出 $K_{\lambda_1}^{A}$,$K_{\lambda_1}^{B}$,$K_{\lambda_2}^{A}$ 和 $K_{\lambda_2}^{B}$。

(3) 根据式(Ⅱ.10.5)、式(Ⅱ.10.6),由混合溶液的总吸光度求出混合溶液中浓度项 c^B 与 c^A。

(4) 求出各混合溶液中甲基红的解离常数。

10.7 思考题

(1) 制备溶液时,所用的 HCl 溶液、HAc 溶液、NaAc 溶液各起什么作用?

(2) 用分光光度法进行测定时,为什么要用空白溶液校正零点?理论上应该用什么溶液校正?在本实验中采用的是什么溶液?为什么?

10.8 知识拓展

(1) 分光光度法和分析化学中的比色法相比较有一系列优点,首先它的应用不局限于可见光区,可以扩大到紫外光区和红外光区,所以对于一系列没有颜色的物质也可以应用。此外,也可以在同一样品中对两种及两种以上的物质(不需要预先进行分离)同时进行测定。

(2) 吸收光谱的方法在化学中得到广泛的应用和迅速发展,也是物理化学研究中的重要方法之一,例如用于测定平衡常数以及研究化学动力学中的反应速率和机理等。由于吸收光谱实际上取决于物质内部结构和相互作用,因此对它的研究有助于了解溶液中分子的结构及溶液中发生的各种相互作用(如络合、解离、氢键等)。

实验十一　气相反应平衡常数的测定

11.1　实验目的

（1）能够使用固定床反应装置测定气相反应平衡常数。

（2）能够使用管式电炉控制高温,使用球胆和量气管进行气体的取样和分析。

11.2　实验原理

$$C(s) + CO_2(g) \rightleftharpoons 2CO(g)$$

这是煤气发生炉中 CO_2 上升到还原区与炭作用发生的还原反应。煤气中 CO 主要就是由这个反应产生的。在一般冶金工业中,这一反应也是高炉中还原金属氧化物时 CO 的来源。

由气体的分压定律和分体积定律,可得该反应的平衡常数如下:

$$K_p = \frac{p_{CO}^2}{p_{CO_2}} = \frac{(x_{CO} \cdot p)^2}{x_{CO_2} \cdot p} = \frac{\left(\dfrac{V_{CO}}{V} \cdot p\right)^2}{\dfrac{V_{CO_2}}{V} \cdot p} = \frac{V_{CO}^2}{V \cdot V_{CO_2}} \cdot p \tag{Ⅱ.11.1}$$

式中 K_p 为一定温度时的平衡常数;p_{CO}、p_{CO_2} 分别为平衡时 CO 和 CO_2 的分压;x_{CO}、x_{CO_2} 分别为平衡时 CO 和 CO_2 的摩尔分数;V_{CO}、V_{CO_2} 分别为平衡时 CO、CO_2 的分体积;p 为总压;V 为平衡气相的总体积。

由式（Ⅱ.11.1）可知,在一定温度下,若知道平衡时气相总体积 $V(V = V_{CO} + V_{CO_2})$,利用 CO_2 能与 KOH 溶液反应的特性,总体积已知的气体经 KOH 溶液吸收,则所剩余的体积就是 V_{CO},而 $V_{CO_2} = V - V_{CO}$。如果在总压等于外压的条件下进行实验,那么总压 p 就是大气压,这样,就可以求得一定温度下的平衡常数 K_p。

当温度变化不大,反应的焓变值 $\Delta_r H_m$ 可以看作与温度无关的常数,它与 K_p 有如下关系:

$$\ln \frac{K_{p,T_2}}{K_{p,T_1}} = \frac{\Delta_r H_m}{R} \left(\frac{1}{T_1} - \frac{1}{T_2}\right) \tag{Ⅱ.11.2}$$

11.3　仪器与药品

启普发生器（其内以盐酸与 $CaCO_3$ 发生反应生成 CO_2）1 台;水准瓶（有下口的细口瓶）（800～1000 mL）1 只,（500～700 mL）4 只;干燥塔（250 mL）1 个;瓷反应管（$\phi25\ mm \times 3\ mm \times 600\ mm$）1 支;三通旋塞 3 个;二通旋塞 2 个;管式电炉（1000 W）1 台;数显式温度控制及测定仪 1 台;橡胶球胆 1 只。

无水 $CaCl_2$（工业纯）;KOH（工业纯）;质量分数为 50% 的 KOH 溶液;炭粒（直径 1～2 mm,载有质量分数为 50% 的 KOH）;HCl（工业纯）;大理石碎块。

11.4 实验步骤

实验装置如图 Ⅱ-11-1 所示,按作用可把装置划分成三部分:① CO_2 气体的发生和净化部分。② 反应部分。CO_2 来回往复通过一定温度的灼热炭粒层使反应 $C(s) + CO_2(g) \rightleftharpoons 2CO(g)$ 达到平衡。③ 气体的取样和分析部分。把平衡气体放一部分到量气管中,然后用 50% KOH 溶液吸收,以求得 V_{CO} 和 V_{CO_2}。

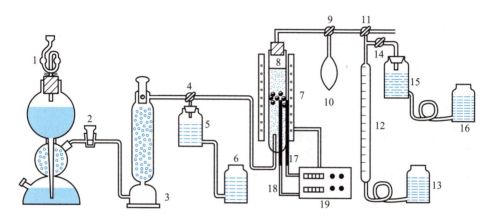

1—启普发生器;2,14—两通旋塞;3—$CaCl_2$ 干燥塔;4,9,11—三通旋塞;5,13,15,16—500~700 mL 水准瓶;

6—800~1000 mL 水准瓶;7—管式电炉;8—瓷反应管;10—橡胶球胆;12—量气管;

17—控温热电偶;18—测温热电偶;19—数显式温度控制及测定仪

图 Ⅱ-11-1 测定气体平衡常数的实验装置示意图

（1）装样。在瓷反应管中部(即电炉等温区范围)装入约 10 cm 厚的炭粒,两端用填料(瓷圈)填紧,以防炭粒松散,塞紧橡胶塞,并把控温热电偶紧贴在瓷反应管中部的外壁,测温热电偶的热端则从位于瓷反应管下端的套管中插入,使其位于炭粒层的中部。

（2）检漏。在量气管与贮水瓶有液面差的情况下,使贮气瓶(水准瓶5)、反应管、球胆和量气管连通,待稳定后,若量气管与其贮水瓶仍有一定的液面差并保持不变(2~3 min),则表示不漏,否则要逐段检漏排除,直至不漏(注意:切勿使贮气瓶内石蜡油抽入反应器内)。

（3）通电加热。开启并调节数显式温度控制及测定仪至所需测试温度 1073 K。

（4）排除空气。在贮气瓶灌满石蜡油的情况下,使启普发生器产生的 CO_2 气体只通过干燥塔、反应器、球胆,并由量气管上端的三通旋塞排向大气。通气约 10 min 以除去系统中的空气(且用少量 CO_2 气体洗涤球胆 2~3 次以排除其中的空气)。

（5）贮气。使启普发生器只与贮气瓶相通,下降水准瓶 6 以收集实验所需 CO_2 气体约 150 mL。

（6）C 和 CO_2 发生反应并使之达平衡。待炉温稳定在 1073 K 后,使贮气瓶只与反应器、球胆相通,用升降水准瓶 6 的方法使 CO_2 气体在其间往复来回与反应管内灼热炭粒充分接触,以便达到平衡(如何判定?)。

（7）取样分析。使球胆与量气管相通,自球胆中抽取一定量的平衡气体于量气管中(约 70~

100 mL),读出其体积 V,然后使量气管与 CO_2 水准瓶 15(内装有 50% KOH 溶液)相通,使气体在其间来回往复 4~5 次(注意:勿使 KOH 溶液灌入量气管中),以充分吸收,再由量气管读出未被吸收的剩余气体,即 V_{CO},$V_{CO_2} = V - V_{CO}$。同法再取样重复分析一次。

(8)升高炉温至 1123 K,重复贮气、反应、取样分析的步骤进行实验。

(9)实验结束后,应切断电源,待炉温下降后才能使系统与大气相通(为什么?)。

11.5 实验注意事项

(1)由于本实验装置中旋塞较多,故在实验前应熟悉各旋塞及气路。

(2)系统必须不存在空气且密闭而无泄漏。

(3)达到实验温度后,一定要在此温度下加热一段时间,否则所抽出气体不是此温度下的平衡气相组成。使用数显式温度控制及测定仪时,严格按照使用说明书要求操作,防止温度波动。

(4)在 $C(s) + CO_2(g) \rightleftharpoons 2CO(g)$ 反应过程中,气体体积是增加的,故反应起始取气不宜太多,否则会使达到平衡的时间过长。

(5)当贮气瓶中气体压入球胆时,要注意流速,切勿使石蜡油压入反应管,否则石蜡油将高温裂解产生大量低碳烃气体而影响结果。

(6)用 KOH 溶液吸收 CO_2 时切勿使 KOH 溶液灌入量气管中。

(7)实验结束后不能马上使反应管与大气相通,以免灼热的炭粒在空气中燃烧。同时反应管亦不能与贮气瓶相通,否则在电炉冷却过程中贮气瓶中的石蜡油会被吸入反应管内。

11.6 数据处理

(1)按表 Ⅱ-11-1 记录实验数据并由式(Ⅱ.11.1)计算 1073 K 和 1123 K 时反应的 $K_{p,T}$。

(2)对同一温度下的 $K_{p,T}$ 取平均值,代入式(Ⅱ.11.2)计算该反应的焓变值 $\Delta_r H_m$。

表 Ⅱ-11-1 实验数据记录表

温度/K	V/mL	V_{CO}/mL	V_{CO_2}/mL	$K_{p,T}$

11.7 思考题

(1)反应气体在炭粒层中来回往复的流速大小对本实验的结果有什么影响?

(2)如果系统发生漏气,对结果会产生什么影响?为什么?

(3)影响本实验的结果的因素有哪些?

11.8 知识拓展

(1)本实验中的反应是一吸热反应,温度对平衡常数的影响很大,所以温度的控制极为重要,现在实验室中常用的高温控制仪在 1073 K 左右的灵敏度为±2 K,而在有气体来回往复流动时炭粒层的温度偏差会更大些,故由测定两不同温度下的 K_p 后通过公式计算焓变值 $\Delta_r H_m$ 时,选择的两温度间隔不能太近。

（2）炭粒在装入瓷反应管前先在 393～413 K 烘箱中烘干,否则在实验加热过程中水汽过多,会冷凝在管道中而堵塞通道。为加速反应速率,缩短平衡时间,可负载上碱金属或碱土金属氧化物,本实验中所用炭粒预先用浸渍法载上质量分数为 50% 的 KOH 溶液。

（3）吸收 CO_2 气体亦可用 NaOH 溶液,但因 $NaHCO_3$ 在水中的溶解度只有 $KHCO_3$ 的 1/3,容易析出 $NaHCO_3$ 沉淀而堵塞通道,故一般都采用 KOH 溶液吸收 CO_2。由于 KOH 溶液非常容易吸收 CO_2,所以每次实验完毕后需把装有 KOH 溶液的容器与外界隔绝,以免它不断吸收空气中的 CO_2 而失效。

（4）$C(s) + CO_2(g) \rightleftharpoons 2CO(g)$ 反应的动力学机理较复杂,过程不同或所用炭粒不同,实验所测得的反应的焓变值 $\Delta_r H_m$ 不同。

实验十二　气相色谱法测定无限稀释溶液的活度系数

12.1　实验目的

（1）能够利用气相色谱法测定在无限稀释的邻苯二甲酸二壬酯溶液中二氯甲烷、三氯甲烷和四氯化碳的活度系数,并求出各物质的摩尔超额焓、摩尔超额熵及溶解热。

（2）能够说明气相色谱仪的工作原理,并对色谱图进行分析和处理。

12.2　实验原理

所有色谱都涉及两个相:固定相和流动相。在本实验中色谱的固定相为邻苯二甲酸二壬酯（色谱柱中的固定液）,流动相为 H_2。

当载气（H_2）将某一汽化后的组分（溶质）带过色谱柱时,该组分与固定液相互作用,经过一段时间后流出色谱柱。相对浓度与时间之间的关系如图 Ⅱ-12-1 所示。

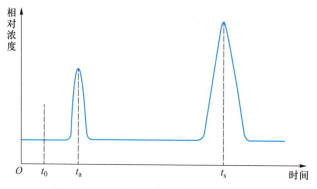

图 Ⅱ-12-1　相对浓度与时间之间的关系

设 t_i 为保留时间, t_i' 为调整保留时间,则有

$$t_i = t_s - t_0 \tag{II.12.1}$$

$$t_i' = t_s - t_a \tag{II.12.2}$$

上两式中 t_0、t_a 和 t_s 分别为组分 i 的进样时间、随组分 i 带入的空气出峰时间和组分 i 的出峰时间。

气相组分 i 的调整保留体积 V_i' 为

$$V_i' = t_i' \bar{F} \tag{II.12.3}$$

式中 $\bar{F}$ 为校正到柱温、柱压下的载气平均流量。

调整保留体积和液相体积的关系是

$$V_i' = K_i V_1 \tag{II.12.4}$$

而

$$K_i = \frac{c_i^l}{c_i^g} \tag{II.12.5}$$

式中 V_1 为液相体积; K_i 为分配系数; c_i^l 为溶质在液相中的浓度; c_i^g 为溶质在气相中的浓度。由式(II.12.4)、式(II.12.5)可以得到

$$\frac{c_i^l}{c_i^g} = \frac{V_i'}{V_1} \tag{II.12.6}$$

若将气相视为理想气体,则有

$$c_i^g = \frac{p_i}{RT_c} \tag{II.12.7}$$

$$c_i^l = \frac{\rho_1 x_i}{M_1} \tag{II.12.8}$$

式中 ρ_1 为液相密度; M_1 为液相摩尔质量; x_i 为组分 i 的摩尔分数; p_i 为组分 i 的分压; T_c 为柱温。

当气、液两相达平衡时,则有

$$p_i = p_i^* \gamma_i^\infty x_i \tag{II.12.9}$$

式中 p_i^* 为纯组分 i 在柱温下的饱和蒸气压; γ_i^∞ 为无限稀释溶液中组分 i 的活度系数。将式(II.12.7)、式(II.12.8)、式(II.12.9)代入式(II.12.6),得

$$V_i' = \frac{m_1 \cdot R \cdot T_c}{M_1 \cdot p_i^* \cdot \gamma_i^\infty} \tag{II.12.10}$$

式中 m_1 为色谱柱中液相质量。

将式(II.12.3)代入式(II.12.10),得

$$\gamma_i^\infty = \frac{m_1 \cdot R \cdot T_c}{M_1 \cdot p_i^* \cdot \bar{F} \cdot t_i'} \tag{II.12.11}$$

$$\bar{F} = \frac{3}{2}\left[\frac{(p_b/p_0)^2 - 1}{(p_b/p_0)^3 - 1}\right]\left(\frac{p_0 - p_w}{p_0} \cdot \frac{T_c}{T_a} \cdot F\right) \tag{II.12.12}$$

由式(II.12.11)、式(II.12.12)可以看出,为了要求得 γ_i^∞ ,需测定下列参数:

载气柱后平均流量(F);调整保留时间(t_i');柱后压力(p_0),通常为大气压;柱前压力(p_b);

柱温(T_c)；环境温度(T_a)，通常为室温；在室温(T_a)时水的饱和蒸气压(p_w)。

比保留体积V_i^0是 0 ℃时相对于每克固定液的调整保留体积，它与V_i'的关系为

$$V_i^0 = \frac{273 V_i'}{T_c \cdot m_1} \quad\quad (\text{II}.12.13)$$

将式(II.12.10)代入式(II.12.13)，得

$$V_i^0 = \frac{273R}{M_1 \cdot p_i^* \cdot \gamma_i^\infty} \quad\quad (\text{II}.12.14)$$

式(II.12.14)取对数后对$1/T_c$微分，得

$$\frac{\mathrm{d}\ln V_i^0}{\mathrm{d}\dfrac{1}{T_c}} = -\frac{\mathrm{d}\ln p_i^*}{\mathrm{d}\dfrac{1}{T_c}} - \frac{\mathrm{d}\ln \gamma_i^\infty}{\mathrm{d}\dfrac{1}{T_c}}$$

根据p_i^*、γ_i^∞与热力学函数的关系，上式可写成

$$\frac{\mathrm{d}\ln V_i^0}{\mathrm{d}\dfrac{1}{T_c}} = \frac{\Delta_{\mathrm{vap}} H_m}{R} - \frac{\Delta_{\mathrm{mix}} H_m}{R}$$

积分得

$$\ln V_i^0 = \frac{1}{T_c} \cdot \left(\frac{\Delta_{\mathrm{vap}} H_m}{R} - \frac{\Delta_{\mathrm{mix}} H_m}{R} \right) + C \quad\quad (\text{II}.12.15)$$

式中$\Delta_{\mathrm{vap}} H_m$和$\Delta_{\mathrm{mix}} H_m$分别为组分$i$的摩尔汽化热和摩尔混合热。如为理想液态混合物，上式括号内第二项为零，以$\ln V_i^0$对$1/T_c$作图可由斜率与R之积求得$\Delta_{\mathrm{vap}} H_m$。如为非理想溶液，且$\Delta_{\mathrm{vap}} H_m$和$\Delta_{\mathrm{mix}} H_m$随温度变化很小，则以$\ln V_i^0$对$1/T_c$作图，可由斜率与$R$之积求得$\Delta_{\mathrm{vap}} H_m$与$\Delta_{\mathrm{mix}} H_m$之差，即为气态组分$i$在液态溶剂中的摩尔溶解热$\Delta_{\mathrm{sol}} H_m$的负值。

根据二组分溶液的活度系数与热力学函数间的关系，在无限稀释状态下，可得到下式：

$$\ln \gamma_i^\infty = \frac{H_m^E}{R \cdot T_c} - \frac{S_m^E}{R} \quad\quad (\text{II}.12.16)$$

式中H_m^E和S_m^E分别为混合过程的摩尔超额焓和摩尔超额熵。

以$\ln \gamma_i^\infty$对$1/T_c$作图，所得直线的斜率与R之积为H_m^E，截距与R之积为S_m^E的负值。

12.3　仪器与药品

气相色谱仪(改装带精密压力表)1 台；计算机及色谱工作站 1 套；氢气气体发生器 1 台；皂膜流量计 1 只；计时器 1 个；微量注射器(10 μL)3 只。

CH_2Cl_2(AR)；$CHCl_3$(AR)；CCl_4(AR)；$C_{26}H_{42}O_4$(邻苯二甲酸二壬酯，GC)；101 白色担体(80~100 目)。

12.4　实验步骤

（1）色谱柱的制备。根据色谱柱的容量，在分析天平上分别准确称量 80~100 目的 101 白色担体和占担体及固定液总质量 20%的固定液(邻苯二甲酸二壬酯)，将固定液溶于适量的乙醚中，然后倒入 101 担体，置于薄膜蒸发器中使溶剂蒸发，倒出后再于 380 K 干燥 2 h。在将固定液

涂载于担体的过程中应防止固定液及担体的损失。将已涂载好固定液的担体均匀紧密地装入干净的不锈钢色谱柱管内,准确计算出装入柱内的固定液质量。制备好的色谱柱连接在气相色谱仪中,柱尾端先不与热导检测器连接,在 323 K 通载气老化 8 h。老化结束并冷至室温后将柱尾端与热导检测器连接。

（2）开启氢气气体发生器,稳定 1 min,确认气相色谱仪外接的两个出口有气体流出。

（3）在保持一定的流量下,打开色谱仪电源开关;打开色谱工作站及计算机,等待基线平稳。

（4）在色谱工作站界面上,选定一个通道,选择合适信号和时间显示范围,调整合适的基线位置。

（5）设置气相色谱仪工作条件。进样器:120 ℃;检测器:120 ℃;柱炉:50 ℃;热导池:120 ℃;桥流:140 mA;调节检测柱压力使载气流量在 $60 \sim 80$ mL·min^{-1},即调节气体通过 25 mL 皂膜流量计的时间为 21 s 左右;同时调节参比柱载气流量与检测柱载气流量大致相同。

（6）基线稳定后用皂膜流量计准确测出载气流量 F,并记下柱前压力 p_b;同时记录室温 T_a 及大气压 p_0。

（7）用微量注射器先吸取 1 μL 二氯甲烷,然后吸入 5 μL 空气,注射进样,测出空气和样品的保留时间;同法测定三氯甲烷和四氯甲烷。

（8）依次改变柱温为 55 ℃、60 ℃、65 ℃、70 ℃ 和 75 ℃,并进行测定。每改变一个温度,均须待基线稳定后测定柱前压力 p_b 并用皂膜流量计测定流速 F,然后分别对二氯甲烷、三氯甲烷和四氯化碳进行测定。

（9）读取室温和大气压。

（10）实验结束后,先关闭控温和桥流,待热导检测器温度下降到 80 ℃ 以下后关闭气相色谱仪电源,然后关闭氢气气体发生器。色谱工作站和计算机在数据记录完毕并保存后即可关闭。

12.5　实验注意事项

（1）实验气体氢气为危险气体,尾气应通至室外,室内保持通风良好且不允许有明火。

（2）在确保氢气气体发生器工作正常,检查确认有气体通过气相色谱仪且系统不漏气后,再打开气相色谱仪电源;实验结束后应待热导检测器温度下降到 80 ℃ 以下才可关闭气相色谱仪电源,最后关氢气气体发生器电源。

（3）每次测定都要在气相色谱仪各条件达到稳定后再进样。

（4）微量注射器是一种精密仪器,易变形,易损坏,应正确使用,切忌将微量注射器的针芯拉出筒外。取样前应用样品洗 $2 \sim 3$ 次;取样并推至合适进样刻度后应用滤纸从侧面轻轻吸去针头外的余样。进样时注射动作应连续、迅速。

（5）受时长限制,色谱柱的制备一步可由实验技术人员事先完成。

12.6　数据处理

（1）将实验条件及有关实验数据列表。

（2）由式(Ⅱ.12.11)、式(Ⅱ.12.12)计算各温度下二氯甲烷、三氯甲烷和四氯化碳在邻苯二甲酸二壬酯无限稀释溶液中的活度系数。

（3）由式(Ⅱ.12.13)计算 V_i^0,根据式(Ⅱ.12.15)关系作图求出二氯甲烷、三氯甲烷、四氯化碳在邻苯二甲酸二壬酯中的溶解热。根据式(Ⅱ.12.16)关系作图求出二氯甲烷、三氯甲烷、四氯化碳与邻苯二甲酸二壬酯混合过程的摩尔超额焓和摩尔超额熵。

12.7　思考题

(1) 二氯甲烷、三氯甲烷、四氯化碳在邻苯二甲酸二壬酯中的溶液对拉乌尔定律呈正偏差还是负偏差？它们中哪一个活度系数最小？为什么？

(2) 本实验对柱温、柱压和载气流量以及进样量和固定液量有何要求？为什么？

12.8　知识拓展

(1) 气相色谱法测定无限稀释溶液的活度系数基于以下有根据的假设：

① 因样品进样量相对于溶剂量(固定液量)非常小，一般只有零点几微升，可假定组分在固定液中是无限稀释的，并服从亨利定律，分配系数 K 为常数。

② 因气相色谱仪控温精度较高(一般为±0.1 ℃，甚至可达±0.05 ℃)，而且色谱柱内温差较小，可认为色谱柱处于等温条件下。

③ 因组分在气、液两相中的量极微，而且在两相中的扩散十分迅速，处于瞬间平衡状态，气相色谱仪中的动态平衡与真正的静态平衡十分接近，可以假定色谱柱内任何点均达到气-液平衡。

④ 因采用的柱压较低，可将气相作理想气体处理。如在柱压较高或要求精确的情况下，可作气相的非理想校正。

⑤ 因所用担体经过酸或碱处理，或是采用硅烷化担体，而固定液与担体之比在 15% ~ 25%，可认为固定液将担体表面全部覆盖，担体对组分不显示吸附效应。

(2) 用经典方法测定非电解质溶液的活度系数不仅费时，而且结果误差大。利用气相色谱法测定活度系数具有简便、快速、所耗样品少且结果较准确的优点。

(3) 气相色谱法测定活度系数限于那些由一高沸点组分和一低沸点组分组成的二元系统，要保证在色谱条件下固定液(高沸点组分)不会引起流失。该方法只能测定无限稀释溶液的活度系数而不能测定有限浓度下的溶液的活度系数。此外，该方法只能测定以高沸点组分为溶剂，低沸点组分液相浓度趋近于零时低沸点组分的无限稀释溶液的活度系数，反之则不能。

动力学部分

实验十三　蔗糖水解速率常数的测定

13.1　实验目的

（1）能够阐述准一级反应相关的动力学理论知识。
（2）能够利用旋光法测定蔗糖水解反应的速率常数及活化能。
（3）能够使用旋光仪测定旋光物质的旋光度,并说明其工作原理。

13.2　实验原理

在动力学研究中,某反应 $A + B \longrightarrow C$ 的反应速率表示为

$$\frac{\mathrm{d}x}{\mathrm{d}t} = k'(c_A - x)(c_B - x) \tag{II.13.1}$$

式中 c_A、c_B 分别为反应物 A、B 的起始浓度;x 为反应时间 t 时,生成物的浓度;k' 为速率常数。

　　这是一个二级反应。但若起始时两物质的浓度相差很大,$c_B \gg c_A$,在反应过程中 B 的浓度减少很小,可视为常数,则式(II.13.1)可写成

$$\frac{\mathrm{d}x}{\mathrm{d}t} = k(c_A - x) \tag{II.13.2}$$

此式为一级反应速率表达式。把式(II.13.2)移项积分:

$$\int_0^x \frac{\mathrm{d}x}{c_A - x} = \int_0^t k\mathrm{d}t$$

得

$$k = \frac{2.303}{t} \lg \frac{c_A}{c_A - x} \tag{II.13.3}$$

或

$$\int_{x_1}^{x_2} \frac{\mathrm{d}x}{c_A - x} = \int_{t_1}^{t_2} k\mathrm{d}t$$

得

$$k = \frac{2.303}{t_2 - t_1} \lg \frac{c_A - x_1}{c_A - x_2} \tag{II.13.4}$$

蔗糖水解反应就是属于此类反应:

$$\underset{\text{蔗糖}}{C_{12}H_{22}O_{11}} + H_2O \xrightarrow{H^+} \underset{\text{果糖}}{C_6H_{12}O_6} + \underset{\text{葡萄糖}}{C_6H_{12}O_6}$$

其反应速率和蔗糖、水及作为催化剂的氢离子浓度有关。水在这里作为溶剂,其量远大于蔗

糖,可看作常数,此反应看作一级反应。当温度及氢离子浓度为定值时,反应速率常数为定值。蔗糖及其水解后的产物都具有旋光性,且它们的旋光能力不同,故可用系统反应过程中旋光度的变化来度量反应的进程。

在实验中,把一定浓度的蔗糖溶液与一定浓度的盐酸等体积混合,用旋光仪测定旋光度随时间的变化关系,然后推算蔗糖的水解程度。蔗糖具有右旋光性,比旋光度 $[\alpha]_D^{20} = 66.37°$,而水解产生的葡萄糖为右旋光性物质,其比旋光度为 $[\alpha]_D^{20} = 52.7°$,果糖为左旋光性物质,其比旋度为 $[\alpha]_D^{20} = -92°$。由于果糖的左旋光性比较大,故反应进行时,反应系统右旋光度数值逐渐减小,最后变成左旋光性,因此蔗糖水解作用又称为转化作用。溶液旋光度的大小与溶液中所含旋光性物质的旋光性能、溶剂性质、光源所经过的溶液厚度及温度等因素有关,当其他条件固定时,旋光度 α 与被测溶液的浓度呈直线关系,所以有

$$\alpha_0 = A_{反} c_A \quad (t = 0,蔗糖未转化时的旋光度) \tag{II.13.5}$$

$$\alpha_\infty = A_{生} c_A \quad (t = \infty,蔗糖全部转化时的旋光度) \tag{II.13.6}$$

$$\alpha_t = A_{反}(c_A - x) + A_{生} x \quad [t = t,蔗糖浓度为 (c_A - x) 时的旋光度] \tag{II.13.7}$$

式中 $A_{反}$、$A_{生}$ 分别为反应物和生成物的比例常数;c_A 为反应物起始浓度也是水解结束生成物的浓度;x 为 t 时生成物的浓度。

由式(II.13.5)、式(II.13.6)、式(II.13.7),得

$$\frac{c_A}{c_A - x} = \frac{\alpha_0 - \alpha_\infty}{\alpha_t - \alpha_\infty} \tag{II.13.8}$$

将式(II.13.8)代入式(II.13.3),则得

$$k = \frac{2.303}{t} \lg \frac{\alpha_0 - \alpha_\infty}{\alpha_t - \alpha_\infty} \tag{II.13.9}$$

整理得

$$\lg(\alpha_t - \alpha_\infty) = -\frac{k}{2.303} t + \lg(\alpha_0 - \alpha_\infty) \tag{II.13.10}$$

以 $\lg(\alpha_t - \alpha_\infty)$ 对 t 作图,由直线斜率求出速率常数 k。这样只要测出蔗糖水解过程中不同时间的旋光度 α_t,以及全部水解后的旋光度 α_∞,速率常数 k 就可求得。

如果测出两个不同温度下的速率常数 k_{T_1} 和 k_{T_2} 值,就可利用 Arrhenius 公式求出反应在该温度范围内的平均活化能。

$$E_a = \ln \frac{k_{T_2}}{k_{T_1}} \cdot R \cdot \frac{T_1 T_2}{T_2 - T_1}$$

13.3　仪器与药品

旋光仪及其附件 1 套;双管式反应器 2 只;恒温槽及其附件 1 套;计时器 1 个;容量瓶(100 mL)1 只,(25 mL)3 只;胖肚移液管(25 mL)1 支;刻度移液管(25 mL)1 支;烧杯(50 mL)1 只;洗瓶 1 只;洗耳球 1 只。

$C_{12}H_{22}O_{11}$(蔗糖,AR);HCl 溶液(1.8 mol·L^{-1})。

13.4　实验步骤

(1) 将叉形反应管置于 298.2 K 的恒温槽中恒温,用移液管吸取 25 mL 0.20 kg·L^{-1}蔗糖

溶液放入双管式反应器一侧,再用另一支移液管吸取 25 mL 1.8 mol·L⁻¹ HCl 溶液放入双管式反应器的另一侧。恒温大约 10 min 后,用洗耳球将 HCl 溶液吸(或压)入蔗糖溶液中并同时开始计时。继续吸、压多次使溶液混合均匀,用此溶液荡洗旋光管 2~3 次后,装满旋光管。将旋光管快速置于恒温槽中恒温约 15 min,快速将旋光管取出擦干,放入旋光仪中,测定旋光度,并记录旋光度和反应时间(因为旋光度随时间而改变,温度在观察过程中亦在变化,所以测定时要力求动作迅速、熟练)。然后将旋光管重新置于恒温槽中恒温,再按上述方法测定不同反应时间的旋光度。在开始测定的第一小时内每 15 min 测定一次,此后每 20 min 测定一次,如此测定直至旋光度由右旋变到左旋为止。

(2)另取 25 mL 0.20 kg·L⁻¹ 蔗糖溶液和 25 mL 1.8 mol·L⁻¹ HCl 溶液在 308.2 K 下进行反应,测定不同反应时间的旋光度(每 5 min 读一次直至 α 为负值)。

(3)要使蔗糖完全水解,常温下需 48 h 左右,为了加速实验进度,可把双管式反应器中剩余的混合液放在 323.2 K 左右的水浴中加热(温度过高会引起其他副反应)2 h 左右,使反应接近完成,然后取出叉形反应管使其冷却至测定温度,测定其旋光度即 α_∞ 的数值。

13.5　实验注意事项

(1)在进行蔗糖水解速率常数测定以前,要熟练掌握旋光仪的使用,能正确地读出旋光度读数。反应速率与温度相关,因而测定要迅速,旋光管离开恒温槽时间尽可能短。

(2)旋光管管盖只要旋至不漏水即可,过紧会造成旋钮损坏,或因玻璃片受力产生应力而导致一定的假旋光。装溶液时尽量使旋光管内无气泡,如有小气泡,在测定前要将气泡赶至旋光管粗径处。

(3)旋光仪中的钠光灯不宜长时间开启,测定间隔较长时,应将灯熄灭,以免损坏。

(4)反应速率与温度有关,故双管式反应器两侧的溶液需待其在实验温度下恒温后才能混合。

(5)实验结束时,应将旋光管洗净干燥,防止酸腐蚀旋光管。

13.6　数据处理

(1)将两个温度条件下的时间 t、旋光度($\alpha_t - \alpha_\infty$)、$\lg(\alpha_t - \alpha_\infty)$ 数据列表。

(2)以 $\lg(\alpha_t - \alpha_\infty)$ 为纵坐标,时间 t 为横坐标作图,从斜率分别求出两温度时的 k_{T_1} 和 k_{T_2},并求出两温度下的反应半衰期 $t_{1/2}$,以及由图分别外推求出 $t = 0$ 时两个温度下的旋光度,即 α_0。

(3)将 k_{T_1}、k_{T_2} 和对应温度代入 Arrhenius 公式求反应的平均活化能 E_a。

13.7　思考题

(1)蔗糖的水解速率与哪些因素有关?蔗糖水解的速率常数 k 又与哪些因素有关?

(2)根据葡萄糖和果糖的比旋光度 $[\alpha]_D^{20}$ 数据计算 α_∞。

(3)在测定蔗糖水解速率常数时,选用长的旋光管好,还是短的旋光管好?

13.8　知识拓展

(1)测定旋光度主要有以下几种用途:

① 检定物质的纯度;

② 测定物质在溶液中的浓度或含量；

③ 测定溶液的密度；

④ 光学异构体的鉴别。

（2）蔗糖溶液与盐酸混合时，由于开始时蔗糖水解较快，若立即测定容易引入误差，所以第一次读数需待旋光管放入恒温槽约 15 min 后进行，以减少测定误差。

（3）蔗糖水解作用通常进行得很慢，但加入酸后反应会加速，其速率的大小与 H^+ 浓度有关，因为酸对速率常数 k 有影响。（当 H^+ 浓度较低时，水解速率常数 k 正比于 H^+ 浓度，但在 H^+ 浓度较高时，k 和 H^+ 浓度不成比例。）同一浓度的不同酸液（如 HCl、HNO_3、H_2SO_4、HAc、$ClCH_2COOH$ 等）因 H^+ 活度不同，导致水解速率不同，故由水解速率比可求出两酸液中 H^+ 活度比，如果知道其中一个活度，则可以求得另一个活度。

（4）Guggenheim 曾经推出了不需测定反应终了浓度（本实验中即为 α_∞）就能够算一级反应速率常数 k 的方法，其出发点是，一级反应在时间 t 与 $t + \Delta t$ 时反应的浓度 c 及 c' 可分别表示为

$$c = c_0 e^{-kt}$$
$$c' = c_0 e^{-k(t + \Delta t)} \qquad (c_0 \text{ 为起始浓度})$$

由此得 $\lg(c - c') = -\dfrac{kt}{2.303} + \lg[c_0(1 - e^{-k\Delta t})]$，因此如能在一定的时间间隔 Δt 测得一系列数据，则因为 Δt 为定值，所以 $\lg(c - c')$ 对 t 作图，即可由直线的斜率求出 k。

这个方法的困难是必须使 Δt 为一定值，这通常不易直接求得，而需从 $t - c$ 图上求出，因而又多了一步计算步骤。

实验十四　　乙酸乙酯皂化反应速率常数的测定

14.1　实验目的

（1）能够阐述二级反应相关的动力学理论知识。

（2）能够利用电导法测定化学反应速率常数。

（3）能够使用电导率仪测量液体的电导率，并说明其工作原理。

14.2　实验原理

（1）对于二级反应：$A + B \longrightarrow$ 产物，如果反应物 A 与反应物 B 起始浓度相同，均为 c_a，则反应速率的表示式为

$$\frac{\mathrm{d}x}{\mathrm{d}t} = k(c_a - x)^2 \qquad (\mathrm{II}.14.1)$$

式中 x 为时间 t 时反应物浓度的减小值，式（$\mathrm{II}.14.1$）定积分得

$$k = \frac{1}{tc_a} \cdot \frac{x}{(c_a - x)} \qquad (\text{II}.14.2)$$

以 $\frac{x}{c_a - x} - t$ 作图,若所得为直线,证明此反应是二级反应,并可以从直线的斜率求出速率常数 k。

所以在反应进行过程中,只要能够测出反应物或产物的浓度,即可求得该反应的速率常数 k。

如果知道两个不同温度下的速率常数 k_{T_1} 和 k_{T_2},则可按 Arrhenius 公式计算出反应在该温度范围内的平均活化能 E_a:

$$E_a = \ln \frac{k_{T_2}}{k_{T_1}} \cdot R \cdot \frac{T_1 T_2}{T_2 - T_1} \qquad (\text{II}.14.3)$$

(2)乙酸乙酯皂化反应是二级反应,其反应式为

$$CH_3COOC_2H_5 + OH^- \longrightarrow CH_3COO^- + C_2H_5OH$$

OH^- 的电导率大,CH_3COO^- 的电导率小。因此,在反应进行过程中,电导率大的 OH^- 逐渐为电导率小的 CH_3COO^- 所取代,溶液电导率有显著降低。对稀溶液而言,强电解质的电导率 κ 与其浓度成正比,而且溶液的总电导率就等于组成该溶液的电解质电导率之和。因而乙酸乙酯皂化在稀溶液下反应存在如下关系式:

$$\kappa_0 = A_1 c_a \qquad (\text{II}.14.4)$$

$$\kappa_\infty = A_2 c_a \qquad (\text{II}.14.5)$$

$$\kappa_t = A_1(c_a - x) + A_2 x \qquad (\text{II}.14.6)$$

式中 A_1、A_2 分别是与温度、电解质性质、溶剂等因素有关的比例常数;κ_0、κ_∞ 分别为反应时间 $t = 0$ 时和 $t = \infty$ 时溶液的总电导率;κ_t 为反应时间 $t = t$ 时溶液的总电导率。由式(II.14.4)、式(II.14.5)、式(II.14.6)可得

$$x = \frac{\kappa_0 - \kappa_t}{\kappa_0 - \kappa_\infty} \cdot c_a$$

代入式(II.14.2)得

$$k = \frac{1}{t \cdot c_a} \cdot \frac{\kappa_0 - \kappa_t}{\kappa_t - \kappa_\infty} \qquad (\text{II}.14.7)$$

重新排列即得

$$\kappa_t = \frac{1}{c_a k} \frac{\kappa_0 - \kappa_t}{t} + \kappa_\infty \qquad (\text{II}.14.8)$$

因此,以 $\kappa_t - \dfrac{\kappa_0 - \kappa_t}{t}$ 作图为一直线即为二级反应,由直线的斜率即可求出 k,由两个不同温度下测得的速率常数 k_{T_1}、k_{T_2},可求出该反应的活化能 E_a。

14.3 仪器与药品

FE30 型或 DDS - 11A(T)型电导率仪(附 DIS 型铂黑电导电极)1 台;计时器 1 个;低温恒温

槽 1 套;双管式电导池 3 只;胖肚移液管(10 mL)3 支;烧杯(50 mL)1 只;容量瓶(100 mL)1 只;称量瓶(ϕ 25 mm × 23 mm)1 只,洗耳球 1 只。

$CH_3COOC_2H_5$(AR);NaOH 溶液(0.0200 mol · L^{-1});电导水。

14.4 实验步骤

实验十四　操作演示视频

(1) 低温恒温槽调节及溶液的配制。调节低温恒温槽温度为 298.2 K。用电导水配制 100 mL 0.0200 mol · L^{-1} 的 $CH_3COOC_2H_5$ 溶液。

(2) κ_0 的测定。取 10 mL 电导水和 10 mL 0.0200 mol · L^{-1} NaOH 溶液,分别加到干燥洁净的双管式电导池(如图Ⅱ-14-1 所示)的 A 管和 B 管中,恒温 5 min。用洗耳球吸、压多次使溶液充分混合均匀,然后将溶液压到双管式电导池的 B 管中,将经电导水淋洗并吸干其外侧表面的电导电极插入溶液中,用电导率仪测定上述已恒温的 NaOH 溶液,所得电导率即为 κ_0。

(3) κ_t 的测定。分别在另一双管式电导池的 A 管和 B 管中加入 10 mL 0.0200 mol · L^{-1} $CH_3COOC_2H_5$ 溶液和 10 mL 0.0200 mol · L^{-1} NaOH 溶液,恒温 5 min。采用前述方法混合反应溶液并测定其电导率。必须在两反应液一接触时即启动计时器记录反应时间(注意计时器一经打开切勿按停,直至全部实验结束)。

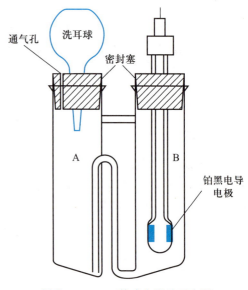

图Ⅱ-14-1　双管式电导池示意图

当反应进行 6 min 时测电导率一次,并在 9 min、12 min、15 min、20 min、25 min、30 min、35 min、40 min、50 min、60 min 时各测电导率 κ_t 一次,记录电导率 κ_t 及时间 t 数据。

(4) 调节低温恒温槽温度为 308.2 K,重复上述步骤测定其 κ_0 和 κ_t,混合前恒温时间可增加到 10 min。κ_t 在反应进行至 4 min、6 min、8 min、10 min、12 min、15 min、18 min、21 min、24 min、27 min、30 min 时测定。

14.5 实验注意事项

(1) 本实验必须用电导水、超纯水或将蒸馏水事先煮沸,待冷却后使用,以免溶有 CO_2 致使 NaOH 溶液浓度发生变化。

（2）配好待用的 NaOH 溶液需装配碱石灰吸收管,以防空气中的 CO_2 进入瓶中改变溶液浓度。

（3）测定 298.2 K、308.2 K 的 κ_t 时,反应溶液均需临时配制。

（4）所用 NaOH 溶液和 $CH_3COOC_2H_5$ 溶液的浓度必须相等。

（5）$CH_3COOC_2H_5$ 溶液使用时须临时配制,因该稀溶液会缓慢水解影响 $CH_3COOC_2H_5$ 溶液的浓度,且水解产物(CH_3COOH)又会部分消耗 NaOH。在配制溶液时,因 $CH_3COOC_2H_5$ 易挥发,所以称量要加盖,开盖后先略稀释再转移定容,且动作要迅速。

（6）为使 NaOH 溶液与 $CH_3COOC_2H_5$ 溶液混合均匀,需使两溶液在双管式电导池中多次往复混合。

（7）应正确掌握铂黑电导电极的使用方法。

14.6　数据处理

（1）将 κ_t、t、$\dfrac{\kappa_0 - \kappa_t}{t}$ 数据列表。

（2）以 κ_t 对 $\dfrac{\kappa_0 - \kappa_t}{t}$ 作图。

（3）由直线斜率计算反应速率常数 k。

（4）由所求得的 298.2 K、308.2 K 时的 k_{T_1}、k_{T_2},利用 Arrhenius 公式计算该反应的活化能 E_a。

14.7　思考题

（1）如果 NaOH 溶液和 $CH_3COOC_2H_5$ 溶液的起始浓度不相等,如何计算 k 值?

（2）如果 NaOH 溶液与 $CH_3COOC_2H_5$ 溶液均为浓溶液,能否用此法求 k 值? 为什么?

14.8　知识拓展

（1）乙酸乙酯皂化反应系吸热反应,刚开始混合后系统温度降低,所以在混合后的起始几分钟内所测溶液的电导率偏低,因此最好在反应 4~6 min 后开始测定,否则,由 $\kappa_t - \dfrac{\kappa_0 - \kappa_t}{t}$ 作图得到的是一抛物线,而不是直线。

（2）求反应速率的方法很多,归纳起来有化学分析法及物理化学分析法两类。化学分析法是在一定时间使用骤冷或取去催化剂等方法使反应停止,取出一部分样品进行分析,直接求出浓度。这种方法虽设备简单,但是时间长,比较麻烦。物理化学分析法分为旋光、折射、电导、分光光度等方法,根据不同情况可用不同仪器。这些方法的优点是实验时间短、速度快、可不中断反应,而且还可采用自动化的装置。但是需一定的仪器设备,并只能得出间接的数据,有时往往会因某些不确定因素而产生较大的误差。

实验十五　流动法测定 $\gamma - Al_2O_3$ 小球对乙醇脱水反应的催化性能

15.1　实验目的

（1）能够利用流动法测定乙醇脱水反应速率常数和活化能，并说明其原理。

（2）能够对色谱图和实验数据进行分析和处理。

（3）能够阐述评价催化剂性能几个主要指标和参数的含义。

15.2　实验原理

流动法是使流态反应物不断稳定地经过反应器，在反应器中发生反应，离开反应器后反应停止，然后设法分析产物种类及数量的一种实验方法。由于与工业连续生产相类似，流动法在探讨反应速率，研究反应机理的动力学实验及催化剂活性测定的实验中，有着极为广泛的应用。稳定流动系统反应的动力学公式与静止系统的动力学公式有所不同。当稳定流动系统反应达到稳定状态之后，反应物的浓度就不随时间变化，根据反应区域体积的大小、流入和流出反应器的流体的流速和化学组成就可以算出反应速率。改变流体的流速或组分的浓度，就可以测定反应的级数和速率常数。

如果反应在圆柱形反应管内进行，催化剂层的总长度是 l，反应管的横截面积是 S，只有在催化剂层中才能进行反应。假设反应 A $\longrightarrow$ B 是一级反应，反应速率常数为 k。在反应物接触催化剂之前反应物 A 的浓度为 c_{A0}，反应物接触到催化剂之后开始发生反应，随着反应物在催化剂层中通过，反应物 A 的浓度逐渐变小，设在某一小薄层催化剂 dl 前反应物 A 的浓度为 c_A，当反应物通过 dl 之后，浓度变为 $c_A - dc_A$，如图Ⅱ-15-1 所示。

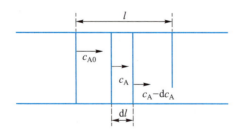

图Ⅱ-15-1　浓度变化图

如果是在静止系统，则一级反应的动力学公式如下：

$$r = -\frac{dc_A}{dt} = kc_A \qquad\qquad (Ⅱ.15.1)$$

在流动系统中反应物是按稳定的流量流过催化剂层的，流量（单位时间内流过的体积）为 q_V，在一小层催化剂内，反应物与催化剂接触的时间为 dt，则有

$$dt = \frac{dV}{q_V} \tag{II.15.2}$$

式中 dV 为一个 dl 薄层催化剂的体积。而

$$dV = Sdl \tag{II.15.3}$$

将式(II.15.2)及式(II.15.3)代入式(II.15.1),则得

$$-\frac{dc_A}{c_A} = k\frac{S}{q_V}dl \tag{II.15.4}$$

将式(II.15.4)积分,c_A 的积分区间由 c_0 到 c,l 的积分区间由 0 到 l,将结果整理,得

$$k = \frac{q_V}{Sl}\ln\frac{c_0}{c} \tag{II.15.5}$$

这就是稳定流动系统中一级反应的速率公式。

在 473~573 K 温度区间,乙醇在 Al_2O_3 催化剂上可通过分子内或分子间脱水生成乙烯或乙醚,这两个反应可以近似当作平行一级反应处理。通过气相色谱法对反应后流出的气流进行测定,可由式(II.15.5)计算反应总速率常数 k。为了计算方便起见,可以将式(II.15.5)稍加变换。设 n_A 为单位时间加入乙醇的物质的量 n_B 与载气 N_2 的物质的量 n_D 之和,n 为单位时间生成乙烯的物质的量,V_0 为催化剂的体积(dm^3)。可得

$$q_V = \frac{n_A RT}{p} \tag{II.15.6}$$

式中 q_V 为反应温度 T 和反应压力 p 下的流量。

$$\frac{c_0}{c} = \frac{n_B}{n_B - n} \tag{II.15.7}$$

$$Sl = V_0 \tag{II.15.8}$$

将式(II.15.6)~式(II.15.8)代入式(II.15.5),合并常数,则得

$$k = \frac{RT}{p} \cdot \frac{n_A}{V_0} \cdot \ln\frac{n_B}{n_B - n} \tag{II.15.9}$$

对于同级平行反应而言,总反应速率常数等于各个平行反应速率常数之和,并且当各产物的起始浓度为零时,在任一瞬间,各产物浓度之比等于速率常数之比。可得

$$k = k_1 + k_2 \tag{II.15.10}$$

$$\frac{k_1}{k_2} = \frac{Y_1}{Y_2} \tag{II.15.11}$$

式中 k_1 和 k_2 分别为生成乙烯和乙醚反应的速率常数;Y_1 和 Y_2 分别为乙烯和乙醚收率,可从反应后气相色谱图中数据求出。联合式(II.15.10)和式(II.15.11)即可求出不同温度下生成乙烯和乙醚两个反应的速率常数。再通过 Arrhenius 公式,即

$$\ln k = -\frac{E_a}{RT} + \ln A \tag{II.15.12}$$

分别以 $\ln k_1$ 和 $\ln k_2$ 对 $1/T$ 作图,从拟合直线的斜率即可求算各自反应的活化能。

15.3 仪器与药品

多相催化反应评价装置 1 套(见图 Ⅱ-15-2);气相色谱仪 1 台(配备 SE-54 毛细管柱、FID 检测器);氢气发生器 1 台;空气发生器 1 台;微量注射泵 1 台;微量注射器(100 μL)1 只。

无水 $CH_3CH_2OH(AR)$;$\gamma-Al_2O_3$ 小球催化剂;氮气钢瓶 1 个。

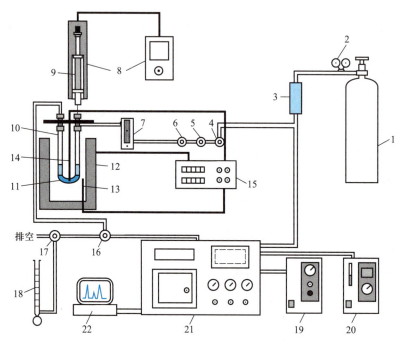

1—氮气钢瓶;2—减压阀;3—净化管;4—开关阀;5—稳压阀;6—调流阀;7—转子流量计;8—微量注射泵;9—微量注射器;
10—催化反应管;11—催化剂床;12—加热炉;13—控温热电偶;14—测温热电偶;15—数显式温度控制及测定系统;
16,17—三通切换阀;18—皂膜流量计;19—空气发生器;20—氢气发生器;21—气相色谱仪;22—色谱工作站

图 Ⅱ-15-2　流动法实验装置示意图

15.4 实验步骤

实验十五　操作演示视频

1. 实验准备

接好实验装置,此时反应管为空管;检查电路是否连接正确;打开氮气钢瓶,调节分表压力 0.3 MPa,打开开关阀 4,调节稳压阀 5,使压力表显示为 0.1 MPa;调节调流阀 6,使转子流量计显示约为

$50 \text{ mL} \cdot \text{min}^{-1}$,用肥皂水涂抹在各连接处检查气路是否漏气,若有漏气进行处理。

2. 转子流量计的校正

调节三通切换阀 17 使反应炉后接至皂膜流量计,调节转子流量计读数分别为 $10 \text{ mL} \cdot \text{min}^{-1}$、$20 \text{ mL} \cdot \text{min}^{-1}$、$40 \text{ mL} \cdot \text{min}^{-1}$、$60 \text{ mL} \cdot \text{min}^{-1}$、$80 \text{ mL} \cdot \text{min}^{-1}$、$100 \text{ mL} \cdot \text{min}^{-1}$,用计时器和皂膜流量计测定流量,并以此流量数据($\text{mL} \cdot \text{min}^{-1}$)对转子流量计读数作图。此图即为转子流量计的工作曲线。

3. 催化剂的活化

准确称取约 50.0 mg $\gamma\text{-Al}_2\text{O}_3$ 小球催化剂,通过专用漏斗装入干净的玻璃 U 形反应管底部,两端各填约 0.4 g 石英砂($10\sim20$ 目),接入反应装置中。调节载气流量为 $50 \text{ mL} \cdot \text{min}^{-1}$,调节催化剂床温度为(673 ± 2) K,活化 60 min(催化剂活化时不输入乙醇)。

4. 催化反应的测定

催化剂活化结束后,控制温度为 473 K,待温度稳定后,用 100 μL 微量注射器取适量无水乙醇,接入微量注射泵中,启动微量注射泵,以 $2 \text{ μL} \cdot \text{min}^{-1}$ 的流量输进乙醇,通过自动气动进样阀,每 5 min 采集一次并通过在线气相色谱仪分析数据,共计 15 min。

分别在 483 K、493 K、503 K、513 K、523 K 下重复本节所述的催化反应测定。

15.5 实验注意事项

(1)系统必须不漏气。

(2)在实验过程中控温热电偶的位置必须固定不变。

(3)氮气的流量及液态反应物的进样流量在实验过程中必须保持稳定。

(4)反应实验结束后,先关注射泵电源,移出乙醇进样管,在反应温度下载气吹扫 15 min 后关加热电源和气源。

15.6 数据处理

(1)根据 $n_B = q_{V,\text{C}_2\text{H}_5\text{OH}} \cdot \rho/M$ 求出单位时间通入反应物乙醇的物质的量 n_B。式中 $q_{V,\text{C}_2\text{H}_5\text{OH}}$、$\rho$、$M$ 分别为乙醇进样流量($\text{mL} \cdot \text{min}^{-1}$)、乙醇在进样温度时的密度($\text{g} \cdot \text{mL}^{-1}$)和乙醇的摩尔质量($\text{g} \cdot \text{mol}^{-1}$)。单位时间通入载气 N_2 的物质的量 n_D 由载气氮气的流量 q_{V,N_2} 代入 $q_{V,\text{N}_2}p = n_D RT$ 求出。

(2)从各组分色谱峰面积,根据相关定义求出在选择的反应条件下乙醇脱水的转化率(C)、选择性(S)和产物收率(Y)以及接触时间、空速、时空收率,并绘制转化率,收率随温度变化关系图。

其中从色谱峰面积计算转化率 C、收率 Y 和选择性 S 的公式为

$$C_{\text{C}_2\text{H}_5\text{OH}} = 1 - \frac{f_{\text{C}_2\text{H}_5\text{OH}} A_{\text{C}_2\text{H}_5\text{OH}}}{f_{\text{C}_2\text{H}_4} A_{\text{C}_2\text{H}_4} + f_{\text{C}_2\text{H}_4\text{O}} A_{\text{C}_2\text{H}_4\text{O}} + f_{\text{C}_2\text{H}_5\text{OH}} A_{\text{C}_2\text{H}_5\text{OH}} + 2 f_{\text{C}_4\text{H}_{10}\text{O}} A_{\text{C}_4\text{H}_{10}\text{O}}}$$

$$Y_{\text{C}_2\text{H}_4} = \frac{f_{\text{C}_2\text{H}_4} A_{\text{C}_2\text{H}_4}}{f_{\text{C}_2\text{H}_4} A_{\text{C}_2\text{H}_4} + f_{\text{C}_2\text{H}_4\text{O}} A_{\text{C}_2\text{H}_4\text{O}} + f_{\text{C}_2\text{H}_5\text{OH}} A_{\text{C}_2\text{H}_5\text{OH}} + 2 f_{\text{C}_4\text{H}_{10}\text{O}} A_{\text{C}_4\text{H}_{10}\text{O}}}$$

$$Y_{C_4H_{10}O} = \frac{2 f_{C_4H_{10}O} A_{C_4H_{10}O}}{f_{C_2H_4} A_{C_2H_4} + f_{C_2H_4O} A_{C_2H_4O} + f_{C_2H_5OH} A_{C_2H_5OH} + 2 f_{C_4H_{10}O} A_{C_4H_{10}O}}$$

$$S_{C_2H_4} = \frac{f_{C_2H_4} A_{C_2H_4}}{f_{C_2H_4} A_{C_2H_4} + f_{C_2H_4O} A_{C_2H_4O} + 2 f_{C_4H_{10}O} A_{C_4H_{10}O}}$$

$$S_{C_4H_{10}O} = \frac{2 f_{C_4H_{10}O} A_{C_4H_{10}O}}{f_{C_2H_4} A_{C_2H_4} + f_{C_2H_4O} A_{C_2H_4O} + 2 f_{C_4H_{10}O} A_{C_4H_{10}O}}$$

式中 A 为峰面积;f 为相对摩尔校正因子。以乙醇为 1 计,各组分的相对摩尔校正因子分别为:乙烯 0.74,乙醛 1.40,乙醇 1.00,乙醚 0.47。

(3) 根据式(Ⅱ.15.9)计算各温度下的催化反应总速率常数 k,再根据平行反应特点 $k = k_1 + k_2$,$k_1/k_2 = Y_1/Y_2$ 求出对应生成乙烯和乙醚的速率常数 k_1 和 k_2。

(4) 以 $\ln k_1$ 和 $\ln k_2$ 分别对 $1/T$ 作图,从斜率求出乙醇脱水生成乙烯和乙醚两个反应的活化能 E_{a1} 和 E_{a2}。

15.7 思考题

(1) 转子流量计和皂膜流量计两者有何异同?

(2) 流动法测定催化剂活性的特点是什么?有哪些注意事项?

15.8 知识拓展

(1) 能够改变化学反应速率而本身不进入最终产物分子组成中的一类物质称为催化剂。催化剂不能改变热力学平衡却能影响反应进程达到平衡的时间。据统计,在现代炼油和化学工业中,90% 以上的化学反应过程都是通过催化剂实现的。1746 年,铅室法制硫酸中用 NO 作气相催化剂使 SO_2 氧化得到 SO_3,人类第一次实现了工业催化过程。但直到进入 20 世纪后,工业催化剂才有了真正的发展。例如,用于氢与氮合成氨的铁系催化剂和用于水煤气变换的铁铬催化剂;用于炼油工业的分子筛类催化剂;用于制备低密度聚乙烯的 $Cr_2O_3/SiO_2 \cdot Al_2O_3$ 催化剂和用于制备高密度聚乙烯的 $TiCl_4 \cdot Al(C_2H_5)_2$ 催化剂等,是众多工业催化剂的重要例子。科学工作者一直致力于高效、低成本、绿色工业催化剂的研究和应用。进入 21 世纪,催化剂在环保领域也发挥了重要作用。例如,负载型的以贵金属为主要活性组分的汽车尾气净化催化剂已得到了应用,各种有针对性的金属或金属氧化物催化剂也广泛用于污水处理过程。

我们的祖先在几千年前就懂得利用发酵的方法即酶催化法酿酒和制醋。在现代,我国在催化剂研发和应用领域里也取得了许多世人瞩目的成就。例如,20 世纪 60 年代至 80 年代先后成功研制开发出的磷酸硅藻土叠合催化剂、铂重整催化剂、小球及微球硅铝裂化催化剂、钼镍磷加氢催化剂、半合成沸石裂化催化剂,以及 90 年代后研究开发出的非晶态合金、负载杂多酸、纳米分子筛等新催化材料和己内酰胺磁稳定流化床加氢、悬浮催化蒸馏烷基化等催化新工艺,都在工业上应用并取得重大的经济和社会效益。又如,20 世纪 60 年代研制和开发的加氢异构裂化催化剂及工艺,解决了当时国内航空煤油短缺的问题;70 年代研制成功的多金属重整催化剂及 80 年代研制成功的长链烷烃脱氢催化剂,均在工业上得到应用,并取得重大的经济和社会效益。

（2）评价催化剂的性能主要有以下几方面指标和参数。

转化率：

$$转化率 = \frac{已经转化的反应物的物质的量}{进入反应器的反应物的物质的量} \times 100\%$$

选择性：

$$选择性 = \frac{转化为目标产物的反应物的物质的量}{已经转化的反应物的物质的量} \times 100\%$$

收率：

$$收率 = \frac{转化为目标产物的反应物的物质的量}{进入反应器的反应物的物质的量} \times 100\%$$

时空收率：单位时间内，单位体积（或质量）催化剂上得到的目标产物的量。

空速：反应条件下单位时间内流过单位体积（或质量）催化剂的反应物的体积（或质量）。

接触时间：反应物与催化剂接触的平均时间，是空速的倒数。

（3）评价催化剂活性的方法很多，大体上可以分为两大类，即静态法和流动法。静态法的反应系统是封闭的，反应物一次性加入催化反应器，进行连续反应。流动法的反应系统是开放的，反应物连续或者半连续进入催化反应器，离开催化反应器即停止反应。半连续法为某些气-液-固三相反应所用，原料气体连续进出，而原料液体和催化剂固体则相对封闭。流动法中，用于固定床催化剂测定的有一般流动法、流动循环法（无梯度法）、催化色谱法等。催化剂评价方法本质是对工业催化反应的模拟。而由于工业生产中的催化反应多为连续流动系统，所以一般流动法应用最广。流动循环法、催化色谱法和静态法主要用于研究反应动力学和反应机理。

（4）本实验也可采用量气法进行测定，此时可用湿式流量计取代气相色谱仪，并且需在湿式流量计前接入冷凝器以保障未反应的乙醇和液态产物冷凝。但是，采用量气法只能测出乙醇脱水生成乙烯反应的速率常数和活化能，无法获得同时进行的生成乙醚反应的相关参数，也不能对产物的选择性进行分析。相比量气法，气相色谱法具有明显的优势，是当前评价催化剂性能的主要手段。

（5）在流动法测定中，对于挥发性的反应物还可以采用气体饱和法进样，其中用到饱和器，如图Ⅱ-15-3所示。其原理是当流量为 $q_{V,1}$ 的载气（如 N_2）流经挥发性液体（如甲醇），就被该挥发性的蒸气所饱和。由于液体的挥发，使流量由 $q_{V,1}$ 增加到 $q_{V,2}$（此即挥发器出口的流量），那这一流量的增值（$\Delta q_V = q_{V,2} - q_{V,1}$）和 $q_{V,2}$ 之比在数值上等于挥发性液体蒸气在载气中所占的分数，即

$$\frac{\Delta q_V}{q_{V,2}} = \frac{p_s}{p_a}$$

式中 p_a 为大气压；p_s 为实验温度下挥发性液体的蒸气压。因此，只要控制适宜的温度和载气流量就可以得到稳定的加料速度。

通过三通切换阀 15、16 可将反应后混合气导入冷凝器 19 和湿式流量计 20 进行量气分析，或导入气相色谱仪 17 进行在线分析。

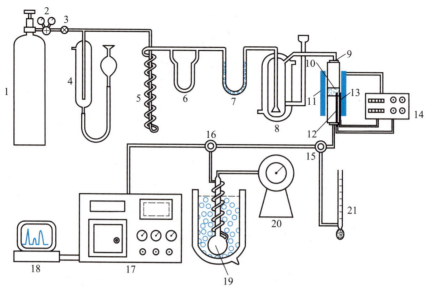

1—氮气钢瓶；2—减压阀；3—调流阀；4—稳压管；5—缓冲管；6—毛细管流量计；7—干燥管；8—饱和器；9—反应管；10—催化剂层；11—加热炉；12—测温热电偶；13—控温热电偶；14—数显式温度测定及控制系统；15、16—三通切换阀；17—气相色谱仪；18—色谱工作站；19—冷凝器；20—湿式流量计；21—皂膜流量计

图 Ⅱ-15-3 饱和法进样实验装置示意图

实验十六 纳米 TiO₂ 光催化降解甲基橙

16.1 实验目的

（1）能够说明纳米 TiO_2 光催化降解甲基橙原理。

（2）能够使用光化学反应器评价 TiO_2 光催化降解甲基橙性能。

（3）能够利用分光光度法分析甲基橙溶液的浓度，并说明其工作原理。

16.2 实验原理

半导体上引发的光催化反应，由于可充分利用光能，所以在新物质合成及环境治理、新能源领域具有巨大的应用前景。TiO_2 作为一种最重要的光催化剂，具有无毒、稳定、可重复使用、无光腐蚀、无二次污染等优点，其作为光催化材料对于有机化合物的降解作用使得其在有机废水的净化处理过程中得到了应用。TiO_2 常见形式有锐钛矿（anatase）和金红石（rutile）两种，其中，锐钛矿 TiO_2 具有较高的光催化活性，研究和应用中多采用锐钛矿 TiO_2。

在光照的作用下，TiO_2 价带（valence band，VB）电子跃迁至导带（conduction band，CB），产生一定的激发态电子 e^- 和电子空穴 h^+，它们中的一部分在催化剂内部复合回到基态，另一部分则转移至催化剂的表面。激发态电子 e^- 和电子空穴 h^+ 在催化剂的表面也可能会复合，剩余的一部分则通过与系统中处于催化剂周围的分子或离子发生电子交换而回到基态,即发生化学反应,整个过程就是光催化反应,如图Ⅱ-16-1所示。在水溶液的情况下,光催化剂在光激发下产生了电子 e⁻ 和空穴 h⁺,电子 e⁻ 传递到 TiO_2 表面时被与之配位的 O_2 获得,产生过氧物种 O_2^{2-},最终产生自由基·OH。而对于光激发产生的空穴 h⁺,当传递到 TiO_2 表面时,一个 H_2O 分子被俘获,它被氧化生成 H⁺ 和自由基·OH。上述过程所产生的自由基·OH 都参与有机化合物的分解反应。

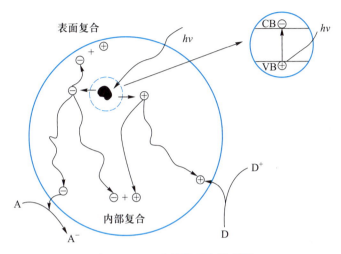

图Ⅱ-16-1　光催化反应原理图

　　光催化反应是光化学反应的一种。区别于光化学反应,平常的那些化学反应可称为热化学反应。光化学反应与热化学反应有许多不同的地方。例如在恒温恒压下,热化学反应总是向系统的 Gibbs 自由能减少的方向进行。但很多光化学反应(并不是所有光化学反应)却能使系统的 Gibbs 自由能增加,例如光合作用、光解水制氢等,都是 Gibbs 自由能增加的例子。但如果把辐射的光源切断,则该反应仍旧向 Gibbs 自由能减少的方向进行,而力图恢复原来的状态。热化学反应的活化能来源于分子碰撞,而光化学反应的活化能来源于光子的能量(光化学反应的活化能通常为 30 kJ·mol⁻¹ 左右,小于一般热化学反应的活化能)。热化学反应的反应速率受温度影响大,而光化学反应的温度系数较小。这些都是热化学反应与光化学反应的主要区别。但初始光化学过程的速率常数也随温度而变化,也遵从 Arrhenius 方程。

　　对多相催化而言,反应物在催化剂表面反应要经过扩散、吸附、表面反应及脱附等步骤,以二氧化钛为催化剂的光催化反应也不例外。对采用二氧化钛为固相催化剂的有机化合物光催化降解反应,扩散过程可能成为速率控制步骤。在剧烈搅拌情况下,可以认为消除了扩散的影响,如果反应物的吸附和产物的解吸都进行得非常快,则多相光催化的总反应速率只由表面反应所决定。假定反应速率 r 为

$$r = k\theta_A C^* \qquad\qquad (\text{Ⅱ}.16.1)$$

式中 k 为表面反应速率常数;θ_A 是有机化合物分子 A 在 TiO_2 表面的覆盖度;C^* 是 TiO_2 表面催化活性中心的数目。

　　在一个恒定的系统中,可以认为 C^* 不变,假定产物吸附很弱,则 θ_A 可由 Langmuir 公式求得,式(Ⅱ.16.1)最终变为

$$\frac{1}{r} = \frac{1}{kK_A c_A} + \frac{1}{k} \qquad (\text{II}.16.2)$$

式中 K_A 为 A 在 TiO_2 表面的吸附平衡常数；c_A 是 A 的浓度。该式即为 Langmuir-Hinshelwood 动力学方程，表明 $1/r$ 与 $1/c_A$ 之间服从直线关系。

分析式(II.16.2)可知：

① 当 A 的浓度很低时，$K_A c_A \ll 1$，此时 $-\dfrac{dc_A}{dt} = r = k'c_A$，经积分得

$$\ln(c_{A0}/c_{At}) = k't \qquad (\text{II}.16.3)$$

$\ln(c_{A0}/c_{At})$-t 为直线关系，表现为一级反应。

② 当 A 的浓度很高时，A 在催化剂表面的吸附达饱和状态，此时 $-\dfrac{dc_A}{dt} = r = k$，$c_{At} = c_{A0} - kt$，$c_{At}$-$t$ 为直线关系，表现为零级反应动力学。

③ 如果浓度适中，反应级数介于 0~1。

所以，L-H 方程意味着随反应物浓度增加，光催化降解反应的级数将由一级经过分数级而下降为零级。

本实验以甲基橙降解为探针反应，研究 TiO_2 催化剂的光催化性能。

16.3　仪器与药品

光催化反应器 1 台；岛津 UV1780 型紫外分光光度计(或 722 型可见分光光度计)1 台；TG16-WS 台式高速离心机 1 台；移液枪(5 mL)1 支；容量瓶(25 mL)4 只，(500 mL)1 只；离心管(10 mL)30 只；量筒(100 mL)1 只；固体漏斗 1 只；烧杯(25 mL)2 只；计时器 1 个。

$C_{14}H_{14}N_3NaO_3S$(甲基橙，AR)；纳米 TiO_2(锐钛矿)。

16.4　实验步骤

实验十六　操作演示视频

(1) 准确配制质量浓度为 20 mg·L^{-1} 的甲基橙溶液 500 mL，再进一步稀释配制质量浓度为 4 mg·L^{-1}、8 mg·L^{-1}、12 mg·L^{-1}、16 mg·L^{-1} 的甲基橙溶液各 25 mL，在甲基橙最大吸收波长(466 nm)处测定其吸光度。

(2) 洗净光催化反应器(见图 II-16-2)中两个石英反应釜，向其中一个反应釜中加入 5.0 mg 纳米 TiO_2 催化剂，再往两个反应釜中分别加入 20 mg·L^{-1} 甲基橙溶液 100 mL。设置光催化反应器和光源低温恒温槽温度均为 25 ℃，启动磁力搅拌器，待温度稳定后，打开光催化反应器中紫外灯管的电源开关，调节输出功率为 1000 W，开始计时。每 5 min 取出约 8 mL 溶液置于

离心管中,避光保存,30 min 后关闭光源开关,停止实验。

（3）洗净石英反应釜,向其中一个反应釜中加入 5.0 mg 纳米 TiO_2 催化剂及 100 mL 质量浓度为 20 mg·L^{-1} 的甲基橙溶液。打开恒温冷却水,启动磁力搅拌器,开始计时。每 5 min 取出约 8 mL 溶液置于离心管中,避光保存,30 min 后停止实验。

（4）在甲基橙最大吸收波长（466 nm）处测定上述所有溶液的吸光度,其中含催化剂的溶液需先经离心分离,再取上层清液进行分析。

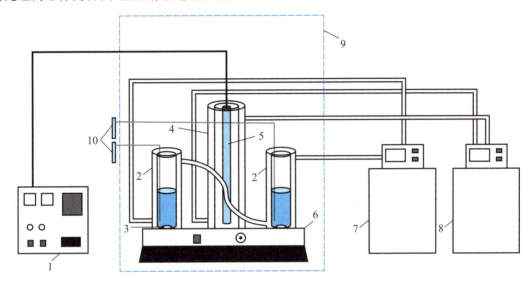

1—电源控制器;2—夹套式石英反应釜;3—磁力搅拌子;4—石英冷阱;5— 紫外灯管;
6— 多位磁力搅拌器;7— 低温恒温槽;8— 大功率低温恒温槽;9—反应器箱体;10—取样器

图Ⅱ-16-2　光催化反应器示意图

16.5　实验注意事项

（1）在打开紫外灯管外接电源前,一定要打开循环冷却水,避免光催化反应器温度过高。

（2）在样品离心后,吸取溶液测定吸光度时,注意避免将沉淀物吸出,否则影响吸光度的测定结果。

16.6　数据处理

（1）作出甲基橙溶液的吸光度-质量浓度工作曲线。

（2）根据各反应溶液的吸光度数据,从工作曲线获得其质量浓度。

（3）计算三种实验条件下,反应 30 min 后甲基橙的降解率。

（4）根据相关公式作图,由斜率计算光降解反应和光催化降解反应的表观速率常数,并进行比较。同时根据图解结果判断在选定实验条件下光催化反应的级数。

16.7　思考题

（1）光催化反应与照射的光源有没有关系？为什么？

（2）加入催化剂,但不打开紫外灯管的实验,其目的是什么？

16.8　知识拓展

（1）纳米 TiO_2 的制备方法之一：将 16 mL $TiCl_4$ 缓慢滴入置于冰–水浴中的 200 mL 去离子水中，然后将浓度为 2 mol·L^{-1} 的氨水滴加到上述 $TiCl_4$ 溶液中，至溶液 pH>9，所得沉淀经过滤、洗涤，120 ℃干燥 24 h 和 500 ℃焙烧 3 h，得锐钛矿纳米 TiO_2。

（2）光催化应用于能源化学领域：1972 年日本东京大学的 Fujishima 和 Honda 首次发现 TiO_2 单晶电极在光的作用下可分解水生成 H_2 和 O_2，从此光催化分解水的研究成为能源化学研究的热点。目前，研究主要方向是开发在可见光下具有高效光催化活性的催化材料，这将是光催化进一步走向实用化的必然趋势。由于 TiO_2 作为光催化材料具有很大的优越性，以 TiO_2 为基础物质的复合半导体材料对可见光响应的研究是当前可见光光催化剂研究的主要内容，如纯 TiO_2、Pt 掺杂、N 掺杂的 TiO_2 等。近来，新型可见光光催化剂特别是光催化分解水催化剂的研究也成为热点，包括 ZnO 光催化剂、层间复合材料，如 $CdS/K_4Nb_6O_{17}$、Bi_2MnNbO_7、$GaZnO_4$、$BaCr_2O_4$、$InMnO_4$、$BiTiO_{20}$、Bi_2InTaO_7 等。

（3）光催化应用于环境污染治理领域：由于 TiO_2 光催化剂能够在光照条件下生成氧化性很强的 ·OH 自由基等物种，因此很快被应用到治理环境污染领域中。表面有纳米 TiO_2 涂层的玻璃、陶瓷等建筑材料具有三种功能：① 自清洁；② 清洁空气；③ 杀灭细菌和病毒。将纳米 TiO_2 涂覆在玻璃上，如建筑玻璃门窗、厨卫设施、汽车挡风玻璃、汽车反光镜玻璃、玻璃幕墙和灯罩等，来自太阳光的紫外光或室内荧光灯光足以维持玻璃表面纳米 TiO_2 涂层的两亲性和催化活性，使得玻璃表面上的亲油和亲水的污染物很容易被冲刷或分解掉，从而使纳米 TiO_2 涂层玻璃具有自清洁、杀菌、清除空气污染的特性。如果将纳米 TiO_2 涂层材料用在公路和隧道上，还可以分解汽车尾气中的 NO_x，消除空气中的有毒烟雾。

实验十七　BZ 振荡反应

17.1　实验目的

（1）能够阐述 Belousov-Zhabotinski 振荡反应（简称 BZ 振荡反应）的基本原理，以及自然界中普遍存在的非平衡非线性现象。

（2）能够利用电动势法测量 BZ 振荡反应的诱导期和活化能。

17.2　实验原理

大量实验研究表明，在开放和远离平衡的条件下，由于反应系统内部的非线性动力学机制的作用，系统可以形成和维持宏观时空有序的结构，即耗散结构。BZ 振荡系统具有耗散结构的特征，是一种典型的耗散结构，它是由苏联科学家别诺索夫和柴伯廷斯基发现和发展的，并因此得名。BZ 振荡系统是指在酸性介质中，有机化合物在有（或无）金属离子催化的条件下，被溴酸盐氧化构成的系统。在反应过程中此系统的某些中间组分的浓度发生周期性变化，外观表现为反应溶液颜色的交替变化,即发生化学振荡现象。

1972 年,R. J. Field,E. Koros 和 R. M. Noyes 等通过实验对 BZ 振荡反应作了解释。其主要思想是:系统中存在着两个受溴离子浓度控制的过程 A 和 B,当[Br$^-$]高于临界浓度[Br$^-$]$_{crit}$时发生 A 过程,当[Br$^-$]低于[Br$^-$]$_{crit}$时发生 B 过程。也就是说,[Br$^-$]起着开关作用,它控制着从 A 到 B 过程,再由 B 到 A 过程的转变。A 过程中发生的化学反应消耗 Br$^-$,但同时进行的 Br$^-$再生反应可以补充 Br$^-$,维持[Br$^-$]处于较高数值。A 过程进行到后期,[Br$^-$]降低,低于[Br$^-$]$_{crit}$时,B 过程发生。在 B 过程中,通过自催化将 Ce^{3+}氧化为 Ce^{4+},进而带动 Br$^-$再生反应。B 过程进行到后期,[Br$^-$]高于[Br$^-$]$_{crit}$,A 过程再次发生。这样系统就在 A 过程与 B 过程间往复振荡。下面用 BrO$_3^-$–Ce^{3+}– MA – H$_2$SO$_4$系统为例加以说明。

当[Br$^-$]足够高时,发生下列 A 过程:

$$BrO_3^- + Br^- + 2H^+ \xrightarrow{k_1} HBrO_2 + HOBr \tag{II.17.1}$$

$$HBrO_2 + Br^- + H^+ \xrightarrow{k_2} 2HOBr \tag{II.17.2}$$

$$HOBr + Br^- + H^+ \xrightarrow{k_3} Br_2 + H_2O \tag{II.17.3}$$

$$Br_2 + CH_2(COOH)_2 \xrightarrow{k_4} BrCH(COOH)_2 + H^+ + Br^- \tag{II.17.4}$$

其中第一步是速率控制步,当达到准定态时,有

$$[HBrO_2] = \frac{k_1}{k_2}[BrO_3^-][H^+]$$

当[Br$^-$]较低时,Ce^{3+}被氧化发生下列 B 过程:

$$BrO_3^- + HBrO_2 + H^+ \xrightarrow{k_5} 2BrO_2 + H_2O \tag{II.17.5}$$

$$BrO_2 + Ce^{3+} + H^+ \xrightarrow{k_6} HBrO_2 + Ce^{4+} \tag{II.17.6}$$

$$2HBrO_2 \xrightarrow{k_7} BrO_3^- + HOBr + H^+ \tag{II.17.7}$$

反应(II.17.5)是速率控制步,经反应(II.17.5)、反应(II.17.6)将自催化产生 HBrO$_2$,达到准定态时,有

$$[HBrO_2] \approx \frac{k_5}{2k_7}[BrO_3^-][H^+]$$

由反应(II.17.2)和反应(II.17.5)可以看出:Br$^-$和 BrO$_3^-$是竞争 HBrO$_2$的。当 $k_2[Br^-] > k_5[BrO_3^-]$时,自催化过程不能发生。自催化是 BZ 振荡反应中必不可少的步骤,否则该振荡反应不能发生。Br$^-$的临界浓度为

$$[Br^-]_{crit} = \frac{k_5}{k_2}[BrO_3^-] = 5 \times 10^{-6}[BrO_3^-]$$

Br$^-$的再生可通过下列过程实现:

$$4Ce^{4+} + BrCH(COOH)_2 + H_2O + HOBr \xrightarrow{k_8} 2Br^- + 4Ce^{3+} + 3CO_2 + 6H^+ \tag{II.17.8}$$

该系统的总反应为

$$2H^+ + 2BrO_3^- + 3CH_2(COOH)_2 \longrightarrow 2BrCH(COOH)_2 + 3CO_2 + 4H_2O \tag{II.17.9}$$

振荡的控制物种是 Br^-。

化学振荡系统的振荡现象可以通过多种方法观察到,如观察溶液颜色的变化,测定吸光度随时间的变化,测定电导随时间的变化及测定电势随时间的变化等。本实验采用测定系统的电势随时间的变化来研究整个化学振荡过程,实验装置示意图如图Ⅱ-17-1所示。实验测得的是系统的综合电势,其中主要是 Ce^{4+}/Ce^{3+} 电对的电势,$E-t$ 曲线反映了系统中化学振荡控制物种的浓度随时间变化的规律,如图Ⅱ-17-2所示。

诱导期 $t_诱$ 与速率常数成反比,$(1/t_诱) \propto k$,根据 Arrhenius 公式即得

$$\ln(1/t_诱) = \ln A - E_表/(RT)$$

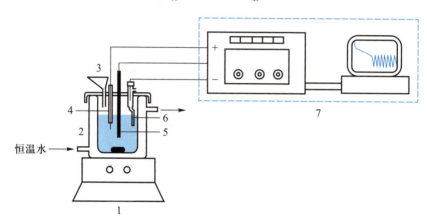

1—电磁搅拌器;2—反应器;3—漏斗;4—Pt 电极;

5—温度传感器;6—汞-硫酸亚汞电极;7—计算机控制显示系统

图Ⅱ-17-1　BZ 振荡反应实验装置示意图

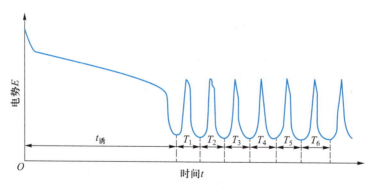

图Ⅱ-17-2　$E-t$ 曲线图

17.3　仪器与药品

ZR-BZ BZ 振荡实验装置 1 台;反应器(25 mL)1 个;低温恒温槽 1 套;磁力搅拌器 1 台;计算机 1 台;铂电极 1 支;汞-硫酸亚汞电极 1 支(甘汞电极用 $1.0\ mol \cdot L^{-1}$ 硫酸溶液作液接得)。

$HOOCCH_2COOH$(丙二酸,AR);$KBrO_3$(溴酸钾,GR);$(NH_4)_2Ce(NO_3)_6$(硝酸铈铵,AR);KBr(AR);H_2SO_4(AR);试亚铁灵溶液($0.025\ mol \cdot L^{-1}$)。

17.4 实验步骤

实验十七　操作演示视频

（1）配制 0.45 mol·L^{-1}丙二酸溶液、0.25 mol·L^{-1}溴酸钾溶液、3.00 mol·L^{-1}硫酸溶液、4.00 × 10^{-3} mol·L^{-1}硝酸铈铵溶液若干。

（2）用数据连接线将装置与计算机连接，把电极和温度传感器连接到装置的接口上。

（3）洗涤反应器。打开低温恒温槽，设定温度为 30 ℃。开启计算机和装置，启动软件，选择"自动选择通讯"端口。

（4）在反应器中加入 5.00 mL 溴酸钾溶液、5.00 mL 丙二酸溶液、5.00 mL 硫酸溶液，搅拌下恒温 5 min；另取 5.00 mL 硝酸铈铵溶液，在恒温槽中单独恒温 5 min。

（5）恒温结束，将 5.00 mL 硝酸铈铵溶液加入反应器中，点击"开始记录"按钮，系统开始记录电势与时间的实验数据，计算机同时显示图形。当开始振荡并记录足够的反应波形后，点击"停止记录"，然后保存文件。

（6）改变温度分别为 35 ℃、40 ℃、45 ℃、50 ℃，重复步骤（3）~（5）。

（7）观察 KBr-KBrO$_3$-H$_2$SO$_4$ 系统加入试亚铁灵溶液后的颜色变化及时空有序现象。

① 配制三种溶液（a）、（b）、（c）。

（a）取 0.5 g 溴酸钾，加入 1.00 mL 3.00 mol·L^{-1}硫酸溶液和 5.00 mL 水，在热水浴中溶解。

（b）取 0.05 g 溴化钾溶解在 1.00 mL 水中。

（c）取 0.1 g 丙二酸溶解在 1.00 mL 水中。

② 在通风橱中混合（a）、（b）和（c）三份溶液，几分钟后，溶液呈无色，再加 1.00 mL 0.025 mol·L^{-1}的试亚铁灵溶液充分混合。

③ 把溶液注入一个直径为 9 cm 的培养皿中，加上盖。此时溶液呈均匀红色。几分钟后，溶液出现蓝色，并成环状向外扩展，形成各种同心圆状花纹。

17.5 实验注意事项

（1）实验中溴酸钾试剂纯度要求高。

（2）不能直接使用甘汞电极，需用 1.0 mol·L^{-1} H$_2$SO$_4$ 溶液作液接。

（3）配制 4.00 × 10^{-3} mol·L^{-1}硝酸铈铵溶液时，一定要在 0.20 mol·L^{-1}硫酸溶液介质中配制，防止发生水解呈混浊。

（4）所使用的反应器一定要冲洗干净，磁力搅拌子的位置及速度都必须选择合适。

17.6　数据处理

根据 $t_诱$ 与温度数据作 $\ln(1/t_诱) - 1/T$ 图,求出表观活化能 $E_表$。

17.7　思考题

(1) 本实验记录的电势主要代表什么? 与能斯特方程求得的电势有什么不同?

(2) BZ 振荡系统中哪一步反应对化学振荡行为最为关键? 为什么?

(3) 结合热力学第二定律讨论 BZ 振荡系统的熵变化。

17.8　知识拓展

1. 自催化反应

在给定条件下的反应系统,反应开始后逐渐形成并积累了某种产物或中间体,这些产物具有催化功能,使反应经过一段诱导期后出现反应大大加速的现象,这种作用称为自(动)催化作用。其特征之一是存在着初始的诱导期。

大多数自动氧化过程都存在自催化作用。油脂腐败、橡胶变质及塑料制品的老化等均属于包含链反应的自动氧化过程,反应开始进行很慢,但都会被其自身所产生的自由基所加速。

2. 化学振荡

有些自催化反应有可能使反应系统中某些物质的浓度随时间(或空间)发生周期性的变化,即发生化学振荡,而化学振荡反应的必要条件之一是该反应必须是自催化反应。化学振荡现象的发生必须满足如下几个条件:① 反应必须是敞开系统且远离平衡态,即 $\Delta_r G_m$ 为较负的值;② 反应历程中应包含自催化的步骤;③ 系统中必须有两个稳定态存在。

不少模型用于研究化学振荡的反应机理,下面介绍洛特卡-沃尔特拉的自催化模型。

(1) $A+X \xrightarrow{k_1} 2X$　　　　$r_1 = -\dfrac{d[A]}{dt} = k_1[A][X]$

(2) $X+Y \xrightarrow{k_2} 2Y$　　　　$r_2 = -\dfrac{d[X]}{dt} = k_2[X][Y]$

(3) $Y \xrightarrow{k_3} E$　　　　　　$r_3 = \dfrac{d[E]}{dt} = k_3[Y]$

其净反应是 $A \longrightarrow E$。对这一组微分方程求解可得

$$k_2[X] - k_3\ln[X] + k_2[Y] + k_1[A]\ln[Y] = 常数$$

这一方程的具体解可用两种方法表示,一种是用 [X] 和 [Y] 对时间 t 作图,见图Ⅱ-17-3,其浓度随时间呈周期性变化;另一种是以 [Y] 对 [X] 作图,得反应轨迹曲线,见图Ⅱ-17-4,为一封闭椭圆曲线。反应轨迹曲线为封闭曲线,则 X 和 Y 的浓度就能沿曲线稳定地周期变化,反应变化呈振荡现象。

中间产物 X、Y(它们同时也是反应物)浓度的周期性变化可解释为:反应开始时其速率可能并不快,但由于反应(1)生成了 X,而 X 又能自催化反应(1),所以 [X] 骤增,随着 X 的生成,使反应(2)发生。开始 Y 的量可能是很少的,故反应(2)较慢,但反应(2)生成的 Y 又能自催化反应(2),使 Y 的量骤增。但是增加 Y 的同时是要消耗 X 的,则反应(1)的速率下降,生成 X 的量下

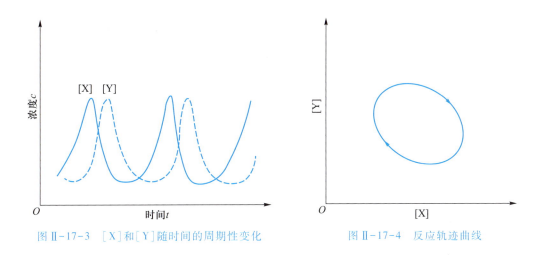

图 Ⅱ-17-3 ［X］和［Y］随时间的周期性变化　　　图 Ⅱ-17-4 反应轨迹曲线

降,而 X 量的下降又导致反应(2)速率变慢。随着 Y 的量变少,消耗 X 的量也减少,从而使 X 的量再次增加,如此反复进行,表现为 X、Y 浓度的周期变化。浓度最高值、最低值所在的点对应着两个稳定态。

3. BZ 振荡反应的实际应用

BZ 振荡反应在分析化学、临床诊断、生命科学研究及工业生产中都有应用。其应用于分析检测的依据是待测物质对振荡反应产生干扰,某些待测物质与振荡系统中的组分反应,从而引起反应系统中组分浓度的改变,进而引起振荡周期的改变。由于振荡周期改变与待测物质的浓度呈线性关系,故可用于确定待测物质的浓度。研究表明,健康人与疾病患者的尿样对 BZ 振荡系统的影响不同,且各种疾病患者尿样对振荡系统的影响也不同。因此应用 BZ 振荡来检测人体尿样化学成分,具有快速、方便、简单易行的特点。另外,利用胶体上的 BZ 振荡反应可发明药物配送的装置,利用前沿聚合可合成新的物质等。

电化学部分

实验十八　离子迁移数的测定

18.1　实验目的

（1）能够阐述电解质溶液的电学性质和离子迁移数的意义。

（2）能够利用希托夫法和界面移动法测定离子迁移数，并说明其原理。

（3）能够利用分光光度法分析硫酸铜溶液的浓度，并说明其工作原理。

18.2　实验原理

离子在外电场的作用下发生定向运动，称为离子的电迁移。当通电于电解质溶液时，溶液中的负离子和正离子分别向阳极和阴极移动，并在相应的电极界面上发生氧化还原作用，从而两极区溶液的浓度也发生变化。根据法拉第定律，在电极上发生变化的物质的量与通入的电荷量成正比。电解质溶液依靠离子的定向迁移而导电，整个导电任务是由正、负离子共同承担的。通过溶液的电荷量等于正、负离子迁移电荷量之和。离子在电场中的运动速率除了与离子的本性（包括离子半径、离子水化程度、所带电荷等）及溶剂的性质（如黏度等）有关外，还与电场的电位梯度有关。如果正、负离子迁移速率不同或所带电荷不等，它们迁移电荷量时，所分担的百分数也不同。离子 B 所运载的电流与总电流之比称为离子 B 的迁移数，用符号 t_B 表示，其定义式为

$$t_B = \frac{I_B}{I} \tag{II.18.1}$$

t_B 是量纲一的量。根据迁移数的定义，则正、负离子迁移数分别为

$$\left. \begin{aligned} t_+ &= \frac{I_+}{I} = \frac{r_+}{r_+ + r_-} \\ t_- &= \frac{I_-}{I} = \frac{r_-}{r_+ + r_-} \end{aligned} \right\} \tag{II.18.2}$$

式中 r_+、r_- 分别为正、负离子的运动速率。

由于正、负离子处于同样的电位梯度中：

$$\left. \begin{aligned} t_+ &= \frac{u_+}{u_+ + u_-} \\ t_- &= \frac{u_-}{u_+ + u_-} \end{aligned} \right\} \tag{II.18.3}$$

式中 u_+、u_- 分别为单位电位梯度时正、负离子的运动速率,称为离子淌度。

$$\frac{t_+}{t_-} = \frac{r_+}{r_-} = \frac{u_+}{u_-} \qquad (\text{II}.18.4)$$

$$t_+ + t_- = 1 \qquad (\text{II}.18.5)$$

希托夫法测迁移数至少包括了两个假定:① 电荷量的输送者只是电解质的离子,溶剂(水)不导电,这和实际情况较接近;② 离子不水化,即认为通电前、后阴极区和阳极区的水量不变。希托夫法根据电解前、后两电极区电解质数量的变化来求算离子的迁移数。该法测得的迁移数又称为表观迁移数。

如果用分析的方法求知电极区电解质溶液浓度的变化,再用库仑计求得电解过程中所通过的总电荷量,就可以用物料衡算来计算出离子迁移数。以铜为电极电解稀硫酸铜溶液为例,在电解后阳极区溶液 Cu^{2+} 的浓度变化是由两种原因引起的:Cu^{2+} 迁出和在阳极上 Cu 发生氧化生成 Cu^{2+}:$\frac{1}{2} Cu(s) - e^- \longrightarrow \frac{1}{2} Cu^{2+}$。

Cu^{2+} 的物质的量的变化为(阳极区)

$$n_{后} = n_{前} - n_{迁} + n_{电} \qquad (\text{II}.18.6)$$

式中 $n_{前}$ 为电解前阳极区存在的 Cu^{2+} 的物质的量;$n_{后}$ 为电解后阳极区存在的 Cu^{2+} 的物质的量;$n_{电}$ 为电解过程阳极氧化生成的 Cu^{2+} 的物质的量;$n_{迁}$ 为电解过程中迁出阳极区的 Cu^{2+} 的物质的量。

因此

$$n_{迁} = n_{前} - n_{后} + n_{电} \qquad (\text{II}.18.7)$$

$$t_{Cu^{2+}} = \frac{n_{迁}}{n_{电}} \qquad (\text{II}.18.8)$$

$$t_{SO_4^{2-}} = 1 - t_{Cu^{2+}} \qquad (\text{II}.18.9)$$

18.3　仪器与药品

直形迁移管 1 支;库仑计 1 台;毫安计 1 台;精密直流稳流电源 1 台;722 型分光光度计 1 台;具塞锥形瓶(250 mL)3 只。

硫酸铜电解液;$CuSO_4$ 溶液(0.08 mol·L^{-1});$CuSO_4$ 标准溶液(0.1000 mol·kg^{-1});CH_3CH_2OH(乙醇,CP);HNO_3 溶液(1 mol·L^{-1})。

18.4　实验步骤

实验十八　操作演示视频

（1）洗净直形迁移管，检查旋塞不漏液。用 $0.08\ mol\cdot L^{-1}CuSO_4$ 溶液荡洗三次（注意：直形迁移管旋塞下的尖端部分也要荡洗），再加入该溶液（直形迁移管旋塞下的尖端部分也要充满溶液）。将直形迁移管垂直夹持，并把已处理清洁的两电极浸入（其中阴极须用金相砂纸打磨处理，浸入前也需用 $CuSO_4$ 溶液淋洗）。使阴极、阳极分别处于上、下位置，调节阳极距离底部大约 4 cm，阴极在液面下大约 4 cm 处，两极间距离约为 20 cm。

（2）将库仑计中阴极铜片取下（库仑计中有三片铜片，中间铜片为阴极，两侧铜片为阳极），先用细砂纸磨光，除去表面氧化层，用水冲洗，浸入 $1\ mol\cdot L^{-1}HNO_3$ 溶液中几分钟，然后用蒸馏水冲洗，再用乙醇淋洗后吹干，在分析天平上称量，装入库仑计中，库仑计内倒入适量的硫酸铜电解液（约占容积的 2/3）。

（3）将直形迁移管、库仑计及精密直流稳流电源按图Ⅱ-18-1连接。检查无误后接通电源，控制电流18 mA，通电 90 min，并记下准确用时、电流数值和平均室温。

（4）停止通电后，首先将直形迁移管中的溶液以 4∶2∶4 的体积比（分别为"阳极区""中部区"和"阴极区"）分别缓慢加入已称过空瓶质量的干净具塞锥形瓶中，再称量。

（5）及时从库仑计中取出阴极铜片，小心用水将溶液冲洗干净后，用乙醇淋洗并吹干后，称量。

（6）测量 $CuSO_4$ 溶液的分光光度曲线，波长范围为 720~840 nm，从中找出最大吸收峰波长。

（7）稀释 $CuSO_4$ 标准溶液为原来的 $\dfrac{3}{4}$、$\dfrac{1}{2}$ 和 $\dfrac{1}{4}$，测定不同浓度标准溶液在最大吸收峰波长处的吸光度，绘制工作曲线。

（8）测量各区溶液和原溶液在最大吸收峰波长处的吸光度。

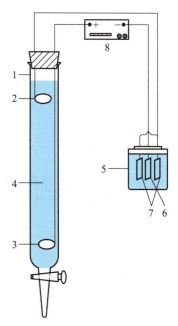

1—直形迁移管；2,6—阴极；

3,7—阳极；4—$CuSO_4$ 溶液；

5—库仑计；8—精密直流稳流电源

图Ⅱ-18-1　直形迁移管测定
迁移数接线图

18.5　实验注意事项

（1）实验中所用的铜电极必须为纯度为 99.999% 的电解铜。

（2）实验过程中凡是能引起溶液扩散、搅动、对流的因素必须避免。使用直形迁移管时阳、阴极不能颠倒，管旋塞下端及电极上都不能有气泡，以免放液时串泡搅动溶液。电流不能太大以免电极发热或使阴极上还原出的铜松散，与阴极结合不牢。

（3）直形迁移管各区溶液的正确划分很重要，分区的比例根据实验条件（通电时间和电流）而定，必须保证实验前后中部区的溶液浓度不变。阳极区及阴极区的溶液绝不可错划入中部区，否则会引入误差。若中部区和原溶液的分析结果相差较大，即表示实验条件、溶液分区比例、放液或滴定出了问题，实验应重做。

（4）$n_{电}$ 是由库仑计阴极的质量增加来计算的，因而阴极铜片通电前后的处理及称量都应特别小心。

（5）通电时间一结束，应尽快放出各区溶液，以避免溶液浓差扩散。

18.6 数据处理

（1）绘制不同质量摩尔浓度的 $CuSO_4$ 标准溶液的工作曲线，获得拟合直线的线性方程。

（2）从"阳极区""中部区"和"阴极区"溶液的吸光度分别求出各区溶液中硫酸铜溶液的质量摩尔浓度 m_{CuSO_4}。

（3）从"阳极区""中部区"和"阴极区"硫酸铜溶液的质量摩尔浓度 m_{CuSO_4} 求算各区溶液中硫酸铜的质量分数 w_{CuSO_4}（每克溶液中所含硫酸铜的质量）。

$$w_{CuSO_4} = \frac{0.1596 m_{CuSO_4}}{1 + 0.1596 m_{CuSO_4}}$$

（4）根据阳极区溶液的 w_{CuSO_4} 及质量，计算出通电后阳极区溶液中硫酸铜质量，进一步算出阳极区溶液所含的水量（视通电前后水量不变）。通电前后阳极区溶液所含硫酸铜的物质的量 $n_{前}$ 和 $n_{后}$ 可分别从该水量与中部区和阳极区硫酸铜溶液的质量摩尔浓度乘积求得。

（5）由库仑计阴极铜片质量的增量，或者通入的电流和时间算出电解的铜的物质的量，即

$$n_{电} = \Delta m_{Cu}/M_{Cu} = It/2F$$

该量即是阳极氧化生成的 Cu^{2+} 的物质的量。把所得数代入式（Ⅱ.18.7）求出 $n_{迁}$。

（6）从式（Ⅱ.18.8）和式（Ⅱ.18.9）可算出 $t_{Cu^{2+}}$ 和 $t_{SO_4^{2-}}$。

（7）同样方法由阴极区数据计算 $t_{Cu^{2+}}$ 和 $t_{SO_4^{2-}}$，与阳极区的计算结果作比较分析。

18.7 思考题

（1）通电前后若中部区的溶液浓度有显著改变必须重新做实验，为什么？

（2）$0.1\ mol \cdot L^{-1}$ KCl 溶液和 $0.1\ mol \cdot L^{-1}$ NaCl 溶液中 Cl^- 迁移数是否相同？为什么？

（3）随着温度的升高，$CuSO_4$ 溶液中离子的迁移数将会发生什么变化？

18.8 知识拓展

（1）由本实验所测得的迁移数，称为希托夫迁移数（又称为表观迁移数），计算过程中假定水是不移动的。由于离子水化作用，离子迁移时实际上是带着水分子的，所以由于正、负离子水化程度不同，在迁移过程中会引起浓度的改变。倘若考虑到水的迁移对浓度的影响，算出正离子或负离子实际上迁移的数量，这种迁移数称为真实迁移数。

（2）除了希托夫法测定离子迁移数外，还有界面移动法和电动势法两种方法。

界面移动法是直接测定电解时溶液界面在迁移管中移动的距离求出离子迁移数。主要问题是如何获得鲜明的界面以及如何观察界面移动。为了获得鲜明的界面，首先必须防止对流和扩散。所以实验温度不能太高，管内温度应均匀，时间不能太长，电流不能太大，并选用毛细管作为迁移管，以减少两液体的接触面。其次，使用一个合适的跟随离子，它在单位电位梯度时的移动速度要小于被测离子。

电动势法是通过测定具有或不具有溶液接界的浓差电池的电动势来进行的,例如测定硝酸银溶液的 t_{Ag^+} 和 $t_{NO_3^-}$ 可安排如下两电池:

① 有溶液接界的浓差电池

$$Ag(s) \mid AgNO_3(m_1) \mid AgNO_3(m_2) \mid Ag(s)$$

总的电池反应:

$$t_{NO_3^-} AgNO_3(m_2) \longrightarrow t_{NO_3^-} AgNO_3(m_1)$$

测得电动势:

$$E_1 = 2t_{NO_3^-} \cdot \frac{RT}{F} \ln \frac{\gamma_{\pm 2}(m_2/m^\ominus)}{\gamma_{\pm 1}(m_1/m^\ominus)}$$

② 无溶液接界的浓差电池

$$Ag(s) \mid AgNO_3(m_1) \parallel AgNO_3(m_2) \mid Ag(s)$$

总的电池反应:

$$Ag^+(m_2) \longrightarrow Ag^+(m_1)$$

测得电动势:

$$E_2 = \frac{RT}{F} \ln \frac{(a_{Ag^+})_2}{(a_{Ag^+})_1}$$

假定溶液中价数相同的离子具有相同的活度系数,则可得

$$a_{\pm 1} = (a_{Ag^+})_1 = (a_{NO_3^-})_1 = \gamma_{\pm 1}(m_1/m^\ominus)$$

$$a_{\pm 2} = (a_{Ag^+})_2 = (a_{NO_3^-})_2 = \gamma_{\pm 2}(m_2/m^\ominus)$$

$$\frac{E_1}{E_2} = \frac{2t_{NO_3^-} \cdot \dfrac{RT}{F} \ln \dfrac{\gamma_{\pm 2}(m_2/m^\ominus)}{\gamma_{\pm 1}(m_1/m^\ominus)}}{\dfrac{RT}{F} \ln \dfrac{(a_{Ag^+})_2}{(a_{Ag^+})_1}} = 2t_{NO_3^-}$$

因此, $t_{NO_3^-} = \dfrac{1}{2} \dfrac{E_1}{E_2}$, $t_{Ag^+} = 1 - t_{NO_3^-}$。

这三种测定离子迁移数的方法,以界面移动法最常用。如果能获得鲜明的界面,此法所得结果也是最精确的。电动势法测出的离子迁移数是 m_1、m_2 浓度下的平均值。

希托夫法虽然原理简单,但由于不可避免的对流、扩散、振动而引起一定程度的相混,所以不易获得正确结果。

18.9　探索实验(自行查阅相关资料并设计完善界面移动法测定离子迁移数实验)

界面移动法测定离子迁移数

仪器和药品:

界面移动法迁移管(带刻度)1 支;Cu 电极 2 支;精密直流稳流电源 1 台;铁架台 1 个;计时器 1 个;电线若干。

含少量甲基橙的 0.05000 mol·dm^{-3} HCl 溶液。

计算公式：

$$t_{H^+} = \frac{Q_+}{Q} = \frac{cVF}{It}$$

式中 c 为 HCl 溶液中 H$^+$ 浓度；t 为通电时间；I 为电流强度；V 为在时间 t 内界面移动的体积；F 为法拉第常数。

实验十九 电导的测定及其应用

19.1 实验目的

（1）能够利用电导法测定弱电解质溶液的解离常数。
（2）能够使用电导率仪测量溶液的电导率，并说明其工作原理。

19.2 实验原理

电解质溶液是靠正、负离子的迁移来传递电流。而弱电解质溶液中，只有已解离部分才能承担传递电荷量的任务。在无限稀释的溶液中可认为弱电解质已全部解离，此时溶液的摩尔电导率为 Λ_m^∞，而且可用无限稀释溶液离子的摩尔电导率相加而得。

一定浓度下的摩尔电导率 Λ_m 与无限稀释的溶液中的摩尔电导率 Λ_m^∞ 是有差别的。这由两个因素造成，一是电解质溶液的不完全解离，二是离子间存在着相互作用力。所以 Λ_m 通常称为表观摩尔电导率。

$$\frac{\Lambda_m}{\Lambda_m^\infty} = \alpha \cdot \frac{u_+ + u_-}{u_+^\infty + u_-^\infty} \qquad (\text{II}.19.1)$$

若 $u_+^\infty = u_+, u_-^\infty = u_-$ 则有

$$\frac{\Lambda_m}{\Lambda_m^\infty} = \alpha \qquad (\text{II}.19.2)$$

式中 α 为解离度。

AB 型弱电解质在溶液中解离达到平衡时，解离平衡常数 K_c、浓度 c、解离度 α 有以下关系：

$$K_c = \frac{c \cdot \alpha^2}{1 - \alpha} \qquad (\text{II}.19.3)$$

$$K_c = \frac{c\Lambda_m^2}{\Lambda_m^\infty(\Lambda_m^\infty - \Lambda_m)} \qquad (\text{II}.19.4)$$

$$c\Lambda_m = \Lambda_m^{\infty 2} K_c \frac{1}{\Lambda_m} - K_c \Lambda_m^\infty \qquad (\text{II}.19.5)$$

根据离子独立移动定律，Λ_m^∞ 可以从无限稀释溶液离子的摩尔电导率计算出来。Λ_m 则可以从电导率的测定求得，然后求算出 K_c。以 $c\Lambda_m$ 对 $1/\Lambda_m$ 作图，也可以从直线的斜率或截距求得 K_c。

19.3 仪器与试剂

电导率仪 1 台；双管式电导池 1 个；恒温槽 1 套；刻度移液管（20 mL）1 支；胖肚移液管（10 mL）4 支。

CH_3COOH 溶液（醋酸，0.1 mol·L⁻¹ ）；电导水。

19.4 实验步骤

（1）调整恒温槽温度为（25.0 ± 0.1）℃。

（2）在洗净、烘干的双管式电导池中，加入 20 mL 经恒温的 0.1 $mol·L^{-1}$ CH_3COOH 溶液，测定其电导率。

（3）用吸取相同浓度 CH_3COOH 溶液的移液管从电导池中吸出 10 mL 溶液弃去，用另一支移液管取 10 mL 经恒温的电导水注入双管式电导池，混合均匀后测定其电导率。如此操作，共稀释、测定 4 次。

（4）倒去 CH_3COOH 溶液，洗净双管式电导池，最后用电导水淋洗。注入 20 mL 电导水，测定其电导率。

19.5 实验注意事项

（1）本实验中配制溶液时，均需用电导水。

（2）温度对电导有较大影响，所以整个实验必须在同一温度下进行。每次用电导水稀释溶液时，需温度相同。因此可以预先把电导水装入锥形瓶，置于恒温槽中恒温。

19.6 数据处理

（1）已知 298.2 K 时，无限稀释溶液中离子的摩尔电导率 $\Lambda_m^\infty(H^+) = 349.82 \times 10^{-4}$ S·m²·mol⁻¹ ，$\Lambda_m^\infty(Ac^-) = 40.9 \times 10^{-4}$ $S·m^2·mol^{-1}$。计算 CH_3COOH 溶液的 Λ_m^∞。

（2）计算各浓度 CH_3COOH 溶液的解离度 α 和解离常数 K_c。

19.7 思考题

（1）本实验中为何要测水的电导率？

（2）本实验中为何用铂黑电极？使用时注意事项有哪些？

19.8 知识拓展

（1）温度升高 1 ℃，电导平均增加 1.9%，即

$$G_t = G_{25\,℃}\left[1 + \frac{1.3}{100}(t - 25/℃)\right] \tag{Ⅱ.19.6}$$

（2）普通蒸馏水中常溶有 CO_2 和氨等杂质，故存在一定电导。实验所测的电导值是待测电解质和水的总电导值。因此做电导实验时需纯度较高的水，称为电导水。其制备方法通常是在蒸馏水中加入少许高锰酸钾，用石英或硬质玻璃蒸馏器再蒸馏一次。

（3）铂电极镀铂黑的目的在于减少极化现象，且增加电极表面积，使测定电导时有较高灵敏度。铂黑电极表面不可擦碰。不使用时，应保存在蒸馏水中，不可使之干燥。

实验二十　电动势的测定及其应用

20.1　实验目的

（1）能够制备银电极、银-氯化银电极和盐桥。
（2）能够利用对消法测定电池电动势，并进一步求溶度积、标准电极电势和 pH。
（3）能够正确搭建对消法装置，并说明电位差计、检流计和标准电池的工作原理。

20.2　实验原理

原电池由两个"半电池"组成，每一个半电池中包含一个电极和相应的电解质溶液。不同的半电池可以组成各种各样的原电池。电池反应中正极起还原作用，负极起氧化作用，电池反应是电池中两个电极反应的总和。电池电动势为组成该电池的两个半电池的电极电势的差值。若已知一半电池的电极电势，通过测定电池电动势，即可求得另一半电池的电极电势。目前尚不能从实验上测定单个半电池的电极电势。在电化学中，电极电势是以某一电极为标准而求出的其他电极的相对值。现在国际上采用的标准电极是标准氢电极，即 $a_{H^+} = 1$、$p_{H_2} = p^{\ominus}$ 时被氢气所饱和的铂电极。由于标准氢电极使用比较麻烦，因此常把具有稳定电势的电极，如甘汞电极，银-氯化银电极等作为第二类参比电极。

通过测定电池电动势可求算某些反应的 $\Delta_r H_m$、$\Delta_r S_m$、$\Delta_r G_m$ 等热力学函数；还可求电解质的平均活度系数以及难溶盐的溶度积和溶液的 pH 等数据。但用电动势法求上述数据，前提必须是能够将反应设计成一个可逆电池，该电池反应正好是所需求的反应。

例如，用电动势法求 AgCl 的 K_{sp}，则需设计成如下电池：

$$\text{Ag}(s) \,|\, \text{AgCl}(s) \,|\, \text{HCl}(m_1) \,\|\, \text{AgNO}_3(m_2) \,|\, \text{Ag}(s)$$

电池的电极反应为

负极：
$$\text{Ag}(s) + \text{Cl}^-(m_1) \longrightarrow \text{AgCl}(s) + e^-$$

正极：
$$\text{Ag}^+(m_2) + e^- \longrightarrow \text{Ag}(s)$$

电池总反应：
$$\text{Ag}^+(m_2) + \text{Cl}^-(m_1) \longrightarrow \text{AgCl}(s)$$

电池电动势：

$$E = \varphi_{右} - \varphi_{左} = \left[\varphi^{\ominus}_{\text{Ag}^+,\text{Ag}} + \frac{RT}{F} \ln a_{\text{Ag}^+} \right] - \left[\varphi^{\ominus}_{\text{Ag-AgCl},\text{Cl}^-} + \frac{RT}{F} \ln \frac{1}{a_{\text{Cl}^-}} \right]$$

$$= E^{\ominus} - \frac{RT}{F} \ln \frac{1}{a_{\text{Ag}^+} \cdot a_{\text{Cl}^-}} \qquad (\text{II.20.1})$$

因为

$$\Delta_r G^\ominus = -E^\ominus F = -RT\ln\frac{1}{K_{sp}} \tag{II.20.2}$$

$$E^\ominus = \frac{RT}{F}\ln\frac{1}{K_{sp}} \tag{II.20.3}$$

所以
$$\lg K_{sp} = \lg a_{Ag^+} + \lg a_{Cl^-} - \frac{EF}{2.303RT} \tag{II.20.4}$$

只要测得该电池的电动势，就可以通过上式求得 AgCl 的 K_{sp}。

又如，通过电动势的测定求溶液的 pH，可设计如下电池：

$$Hg(l)\,|\,Hg_2Cl_2(s)\,|\,饱和\ KCl\ 溶液\,\|\,饱和有醌氢醌的未知\ pH\ 溶液\,|\,Pt(s)$$

醌氢醌为等物质的量的醌和氢醌的结晶化合物，在水中溶解度很小，作为正极时其反应为

$$C_6H_4O_2 + 2H^+ + 2e^- \longrightarrow C_6H_4(OH)_2$$

其电极电势：

$$\varphi_{右} = \varphi^\ominus_{醌氢醌} - \frac{RT}{2F}\ln\frac{a_{氢醌}}{a_{醌}\,a_{H^+}^2} = \varphi^\ominus_{醌氢醌} - \frac{2.303RT}{F}pH \tag{II.20.5}$$

因为
$$E = \varphi_{右} - \varphi_{左} = \varphi^\ominus_{醌氢醌} - \frac{2.303RT}{F}pH - \varphi_{甘汞}$$

所以
$$pH = \frac{\varphi^\ominus_{醌氢醌} - E - \varphi_{甘汞}}{2.303RT/F} \tag{II.20.6}$$

只要测得电池电动势，就可通过上式求得未知溶液的 pH。

要准确测定电池电动势，必须在无电流的情况下进行，通常采用对消法。随着科学技术的发展，也可使用高阻抗的电位差计测定。

20.3　仪器与药品

SDC 数字电位差综合测试仪 1 台（或 UJ-25 型电位差计 1 台；直流辐射式检流计 1 台；电位差计稳压电源 1 台）；稳流电源 1 台；韦斯顿标准电池 1 个；银电极 3 支；铂电极、饱和甘汞电极各 1 支；盐桥玻璃管 4 支。

镀银液；盐桥液；未知 pH 溶液；$AgNO_3$ 溶液（$0.100\ mol \cdot L^{-1}$）；$AgNO_3$ 溶液（$0.010\ mol \cdot L^{-1}$）；HCl 溶液（$0.100\ mol \cdot L^{-1}$）；HCl 溶液（$1\ mol \cdot L^{-1}$）；$C_6H_4(OH)_2 \cdot C_6H_4O_2$（醌氢醌，AR）；KCl 溶液（$0.010\ mol \cdot L^{-1}$）；饱和 KCl 溶液。

20.4　实验步骤

实验二十　操作演示视频

本实验测定下列四个电池的电动势：

$$Hg(l) \mid Hg_2Cl_2(s) \mid 饱和 KCl 溶液 \parallel AgNO_3(0.100\ mol \cdot L^{-1}) \mid Ag(s)$$

$$Ag(s) \mid 饱和有 AgCl 的 KCl(0.010\ mol \cdot L^{-1}) 溶液 \parallel AgNO_3(0.010\ mol \cdot L^{-1}) \mid Ag(s)$$

$$Hg(l) \mid Hg_2Cl_2(s) \mid 饱和 KCl 溶液 \parallel 饱和有醌氢醌的未知 pH 溶液 \mid Pt(s)$$

$$Ag(s) \mid AgCl(s) \mid HCl(0.100\ mol \cdot L^{-1}) \parallel AgNO_3(0.100\ mol \cdot L^{-1}) \mid Ag(s)$$

1. 电极制备

（1）铂电极和饱和甘汞电极均采用现成的商品,使用前用蒸馏水淋洗干净,若铂片上有油污,应在丙酮中浸泡,然后用蒸馏水淋洗。

（2）用商品银电极进行电镀,制备成新的银电极和银-氯化银电极。

（3）将少量醌氢醌固体加入待测的未知 pH 溶液中,搅拌使之成饱和溶液,然后插入干净的铂电极,制备成醌氢醌电极。

2. 盐桥的制备

为了降低液接电势的影响,必须使用盐桥,其制备方法是以琼胶:KNO_3:H_2O = 1.5:20:50 的质量比将原料加入锥形瓶中,于热水浴中加热溶解,然后用滴管将它灌入干净的 U 形管中,U 形管中和管两端均不能留有气泡,冷却后待用。

3. 电动势的测定(若使用 UJ-25 型电位差计)

（1）按图Ⅱ-20-1 组成所要测定的电池。

（2）将标准电池、工作电池、待测电池、检流计接至 UJ-25 型电位差计上,注意正、负极不能接错。

（3）校正工作电流。先读取环境温度,计算标准电池在该温度时的电动势。调节标准电池的温度补偿旋钮至计算值。将转换开关拨至"N"处,依次按下电位差计按钮"粗""细",分别通过转动工作电流校正调节旋钮,直至检流计示零。在测量过程中,经常要检查是否发生偏离,加以调整。

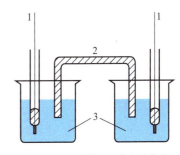

1—电极；2—盐桥；3—半电池溶液

图Ⅱ-20-1　电池组成示意图

（4）测定待测电池电动势。将转换开关拨向 X_1 或 X_2 位置,依次按下电位差计按钮"粗""细",分别通过从大到小旋转电池测量旋钮,直至检流计示零,6 个小窗口内读数即为待测电池电动势。

4. 电动势的测定（若使用 SDC 数字电位差综合测试仪）

（1）打开 SDC 数字电位差综合测试仪电源开关,预热 15 min。

（2）按图Ⅱ-20-1 组成所要测定的电池。

（3）将标准电池和工作电池接至 SDC 数字电位差综合测试仪上,注意正、负极不能接错。

（4）校正工作电流（内标基准和外标基准选择一种即可）。

以内标为基准:调节设置旋钮使"电位指示"显示"1.00000"V,将"测量选择"旋钮转至"内标"挡,待"检零指示"显示数值稳定后,按一下"归零"键,此时,检零指示应显示"0000",再将"测量选择"旋钮转至"断"挡。

以外标为基准:先读取环境温度,计算标准电池在该温度时的电动势。调节设置旋钮使"电位指示"显示为该电动势数值,将"测量选择"旋钮转至"外标"挡,待"检零指示"显示数值稳定后,按一下"归零"键,此时,检零指示应显示"0000",再将"测量选择"旋钮转至"断"挡。

（5）测定待测电池电动势。分别通过从大到小旋转设置旋钮设置电位数值,将"测量选择"旋钮转至"测量"挡,若"检零指示"显示为"OUT",说明当前数值与待测电池电动势相差较大,将"测量选择"旋钮转至"断"挡,继续调节设置旋钮重复以上操作。若"检零指示"显示某一具体数值,则待测电池电动势约等于"电位指示"与"检零指示"显示数值之差。继续调节电位指示数值,直至检零指示显示为"0000",此时,"电位显示"数值即为待测电池电动势的值。

实验完毕,把盐桥放在水中加热溶解、洗净,其他各仪器复原,检流计短路放置。

20.5　实验注意事项

（1）连接线路时,切勿将标准电池、工作电池、待测电池的正、负极接反。

（2）使用 UJ-25 型电位差计测试时,必须先按电位差计上"粗"按钮,经调节使检流计示零后,再按"细"按钮调节使检流计示零,以免检流计偏转过猛而损坏。按按钮时间要短,不超过 1 s,以防止过多电荷量通过标准电池和待测电池,造成严重极化现象,破坏电池的电化学可逆状态。同样,使用 SDC 数字电位差综合测试仪时要尽量减少在"测量"挡停留的时间。

（3）组成第二个电池时,其左方半电池的构成方法如下:在 $0.010 \ \mathrm{mol \cdot L^{-1}}$ KCl 溶液中滴加 2 滴 $0.100 \ \mathrm{mol \cdot L^{-1}}$ 硝酸银溶液,边滴边搅拌（不可多加）,然后插入新制成的银电极即可。

20.6　数据处理

（1）根据第二个和第四个电池的测定结果,求算 AgCl 的 K_{sp}。

已知 0 ℃ 时 $0.100 \ \mathrm{mol \cdot L^{-1}}$ HCl 溶液的平均活度系数 $\gamma_{\pm}^{0\,℃} = 0.8027$,温度 t（℃）时的 $\gamma_{\pm}^{t}$ 可通过下式求得:

$$-\lg\gamma_{\pm}^{t} = -\lg\gamma_{\pm}^{0\,℃} + 1.620 \times 10^{-4}(t/℃) + 3.13 \times 10^{-7}(t/℃)^2 \qquad （Ⅱ.20.7）$$

而 $0.100 \ \mathrm{mol \cdot L^{-1}}$ AgNO$_3$ 溶液的 $\gamma_{Ag^+}^{25\,℃} = \gamma_{\pm} = 0.734$；$0.010 \ \mathrm{mol \cdot L^{-1}}$ KCl 溶液的 $\gamma_{\pm}^{25\,℃} = 0.901$；$0.010 \ \mathrm{mol \cdot L^{-1}}$ AgNO$_3$ 溶液的 $\gamma_{\pm}^{25\,℃} = 0.902$。

（2）由第一个电池求 $\varphi_{Ag^+,Ag}^{\ominus}$。

已知饱和甘汞电极的电极电势与温度关系为

$$\varphi_{甘汞}/V = 0.2412 - 6.61 \times 10^{-4}(t/℃ - 25) - 1.75 \times 10^{-6}(t/℃ - 25)^2 -$$
$$9.16 \times 10^{-10}(t/℃ - 25)^3 \qquad （Ⅱ.20.8）$$

$\varphi_{Ag^+,Ag}^{\ominus}$ 与温度关系为

$$\varphi_{Ag^+,Ag}^{\ominus}/V = 0.7991 - 9.88 \times 10^{-4}(t/℃ - 25) + 7 \times 10^{-7}(t/℃ - 25)^2 \qquad （Ⅱ.20.9）$$

将实验测得的 $\varphi_{Ag^+,Ag}^{\ominus}$ 值与理论计算值进行比较,要求误差小于 1%。

（3）由第三个电池求未知溶液的 pH[见式（Ⅱ.20.6）]。

$$\varphi_{醌氢醌}^{\ominus}/V = 0.6994 - 7.4 \times 10^{-4}(t/℃ - 25) \qquad （Ⅱ.20.10）$$

20.7　思考题

（1）对消法测定电池电动势的装置中,电位差计、工作电源、标准电池及检流计各起什么作用?

（2）如果根据下述电池安排实验测定银电极的电极电势,实验中会出现什么现象? 如何纠正?

$$\text{Ag(s)} \mid \text{AgNO}_3(a = 1) \parallel \text{H}^+(a = 1) \mid \text{H}_2(p^\ominus) \mid \text{Pt(s)}$$

（3）测电动势为何要用盐桥? 选择"盐桥液"应该注意什么问题?

20.8　知识拓展

醌氢醌电极使用方便,但有一定使用范围。（1）当 pH>8.5 时不能使用,因氢醌会发生解离,这会改变分子状态的浓度,对系统氧化还原电势产生很大影响。（2）氢醌在碱性溶液中容易氧化,也会影响测定结果,故不能使用。（3）绝不能在含硼酸或硼酸盐的溶液中测定,因氢醌会与其生成络合物。（4）在其他强氧化剂或还原剂存在时亦不能使用。

实验二十一　电动势法测定化学反应的热力学函数变化值

21.1　实验目的

（1）能够阐述电动势法测定化学反应热力学函数变化值的原理。
（2）能够利用对消法测定电池的电动势,并进一步求电池反应的 $\Delta_r G_m$, $\Delta_r H_m$ 和 $\Delta_r S_m$。

21.2　实验原理

在恒温、恒压可逆条件下,电池反应的 Gibbs 自由能改变值为

$$\Delta_r G_m = -zEF \qquad (\text{II}.21.1)$$

式中 z 为反应进度为 1 mol 时,电池反应式中电子的计量系数;F 为法拉第常数。

根据 Gibbs-Helmholtz 公式:

$$\Delta_r G_m = \Delta_r H_m - T\Delta_r S_m \qquad (\text{II}.21.2)$$

$$\Delta_r S_m = -\left(\frac{\partial \Delta_r G_m}{\partial T}\right)_p = zF\left(\frac{\partial E}{\partial T}\right)_p \qquad (\text{II}.21.3)$$

将式（II.21.1）、式（II.21.3）代入式（II.21.2）,得

$$\Delta_r H_m = -zEF + zFT\left(\frac{\partial E}{\partial T}\right)_p \qquad (\text{II}.21.4)$$

由实验测得各个温度时的 E 值,以 E 对 T 作图,从曲线斜率可求出任一温度下的 $\left(\frac{\partial E}{\partial T}\right)_p$ 值。

根据式（II.21.1）、式（II.21.3）、式（II.21.4）即可分别求出该反应的热力学函数 $\Delta_r G_m$、$\Delta_r S_m$ 和 $\Delta_r H_m$。

本实验测定下列电池的电动势:

$$\text{Ag(s)} \mid \text{AgCl(s)} \mid \text{饱和 KCl 溶液} \parallel \text{Hg}_2\text{Cl}_2(\text{s}) \mid \text{Hg(l)}$$

此电池涉及的反应为

负极： $$2Ag(s) + 2Cl^-(a_{Cl^-}) - 2e^- \longrightarrow 2AgCl(s)$$

正极： $$Hg_2Cl_2(s) + 2e^- \longrightarrow 2Hg(l) + 2Cl^-(a_{Cl^-})$$

电池总反应： $$2Ag(s) + Hg_2Cl_2(s) \longrightarrow 2AgCl(s) + 2Hg(l)$$

两个电极的电极电势分别为

$$\varphi_{甘汞} = \varphi_{甘汞}^{\ominus} - \frac{RT}{F} \ln \alpha_{Cl^-}$$

$$\varphi_{Ag-AgCl,Cl^-} = \varphi_{Ag-AgCl,Cl^-}^{\ominus} - \frac{RT}{F} \ln \alpha_{Cl^-}$$

电池电动势为

$$
\begin{aligned}
E &= \varphi_{甘汞} - \varphi_{Ag-AgCl,Cl^-} \\
&= \varphi_{甘汞}^{\ominus} - \frac{RT}{F} \ln \alpha_{Cl^-} - \left(\varphi_{Ag-AgCl,Cl^-}^{\ominus} - \frac{RT}{F} \ln \alpha_{Cl^-} \right) \\
&= \varphi_{甘汞}^{\ominus} - \varphi_{Ag-AgCl,Cl^-}^{\ominus}
\end{aligned}
\tag{II.21.5}
$$

由上可知,如在 298 K 测定此电池电动势 $E^{\ominus}$,即可求出电池反应的 $\Delta_r G_m^{\ominus}(298\ K)$。如测定不同温度下的电池电动势,就可求出 $\Delta_r H_m^{\ominus}(298\ K)$ 和 $\Delta_r S_m^{\ominus}(298\ K)$。

21.3　仪器与药品

恒温槽 1 套;SDC 数字电位差综合测试仪 1 台;银电极 1 支;甘汞电极 1 支。KCl(AR);HCl 溶液(0.100 mol·L^{-1})。

21.4　实验步骤

(1) 制备银-氯化银电极。

(2) 按图 II-21-1 组成电池,分别在 298 K、303 K、308 K、313 K、318 K 测定电池电动势。

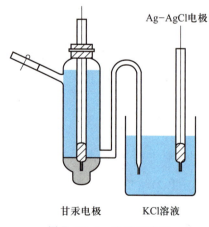

图 II-21-1　电池组成图

21.5 实验注意事项

(1) 测定电池电动势时,确保氯化钾溶液达到饱和。

(2) 测定开始时,电池电动势值不太稳定,因此需隔一定时间测定一次,直至稳定时为止。

21.6 数据处理

(1) 以 298 K 时测得的电池电动势,计算反应的 $\Delta_r G_m^\ominus (298\ K)$。

(2) 绘出 $E-T$ 关系曲线,求出 $\left(\dfrac{\partial E}{\partial T}\right)_p$,计算反应的 $\Delta_r H_m^\ominus (298\ K)$ 和 $\Delta_r S_m^\ominus (298\ K)$。

21.7 思考题

上述电池电动势与电池中氯化钾的浓度是否有关? 为什么?

21.8 知识拓展

参见实验二十。

实验二十二　电势-pH 曲线的测定及其应用

22.1 实验目的

(1) 能够使用电位差计和酸度计测定 Fe^{3+}/Fe^{2+}-EDTA 溶液在不同 pH 条件下的电极电势,绘制电势-pH 曲线。

(2) 能够阐述电势-pH 图的意义及其应用。

22.2 实验原理

很多氧化还原反应不仅与溶液中离子的浓度有关,而且与溶液的 pH 有关。即电极电势与浓度和酸碱度成函数关系。如果指定溶液的浓度,则电极电势只与溶液的 pH 有关。在改变溶液的 pH 时测定溶液的电极电势,然后以电极电势对 pH 作图,这样就可画出等温、等浓度的电势-pH 曲线。本实验测定 Fe^{3+}/Fe^{2+}-EDTA 系统的电势-pH 曲线。

Fe^{3+}/Fe^{2+}-EDTA 络合系统在不同的 pH 范围内,其络合产物不同。以 Y^{4-} 表示 EDTA 酸根离子,我们将在三个不同的 pH 区间来讨论其电极电势的变化。

(1) 在一定 pH 范围内,Fe^{3+} 和 Fe^{2+} 能与 EDTA 生成稳定的络合物 FeY^- 和 FeY^{2-},其电极反应为

$$FeY^- + e^- \longrightarrow FeY^{2-}$$

根据能斯特方程,其电极电势为

$$\varphi = \varphi^{\ominus} - \frac{RT}{F} \ln \frac{a_{FeY^{2-}}}{a_{FeY^-}} \tag{II.22.1}$$

式中 $\varphi^{\ominus}$ 为标准电极电势;a 为活度。

由 a 与活度系数 γ 和质量摩尔浓度 m 的关系,可得

$$a = \gamma (m/m^{\ominus})$$

则式(II.22.1)可改写成

$$\varphi = \varphi^{\ominus} - \frac{RT}{F} \ln \frac{\gamma_{FeY^{2-}}}{\gamma_{FeY^-}} - \frac{RT}{F} \ln \frac{m_{FeY^{2-}}}{m_{FeY^-}} = (\varphi^{\ominus} - b_1) - \frac{RT}{F} \ln \frac{m_{FeY^{2-}}}{m_{FeY^-}} \tag{II.22.2}$$

式中 $b_1 = \frac{RT}{F} \ln \frac{\gamma_{FeY^{2-}}}{\gamma_{FeY^-}}$。

当溶液离子强度和温度一定时,b_1 为常数,在此 pH 范围内,该系统的电极电势只与 $m_{FeY^{2-}}/m_{FeY^-}$ 的值有关。在 EDTA 过量时,生成的络合物的浓度可近似看作配制溶液时铁离子的浓度。即 $m_{FeY^{2-}} \approx m_{Fe^{2+}}$,$m_{FeY^-} \approx m_{Fe^{3+}}$。当 $m_{Fe^{2+}}$ 与 $m_{Fe^{3+}}$ 的比值一定时,则 φ 为一定值,曲线中出现平台区,如图 II-22-1 中 bc 段所示。

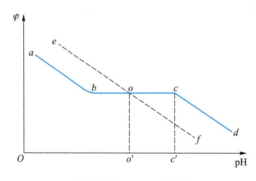

图 II-22-1 φ-pH 图

（2）在低 pH 时的基本电极反应为

$$FeY^- + H^+ + e^- \longrightarrow FeHY^-$$

则可求得

$$\varphi = (\varphi^{\ominus} - b_2) - \frac{RT}{F} \ln \frac{m_{FeHY^-}}{m_{FeY^-}} - \frac{2.303RT}{F} pH \tag{II.22.3}$$

式中 $b_2 = \frac{RT}{F} \ln \frac{\gamma_{FeHY^-}}{\gamma_{FeY^-}}$,在 $m_{Fe^{2+}}/m_{Fe^{3+}}$ 不变时,φ 与 pH 呈线性关系,如图 II-22-1 中 ab 段所示。

（3）在高 pH 时,有

$$Fe(OH)Y^{2-} + e^- \longrightarrow FeY^{2-} + OH^-$$

则可求得

$$\varphi = \varphi^{\ominus} - \frac{RT}{F} \ln \frac{a_{FeY^{2-}} a_{OH^-}}{a_{Fe(OH)Y^{2-}}} \tag{II.22.4}$$

稀溶液中水的活度积 K_w 可看作水的离子积,又根据 pH 的定义,则式(II.22.4)可写成

$$\varphi = (\varphi^\ominus - b_3) - \frac{RT}{F} \ln \frac{m_{FeY^{2-}}}{m_{Fe(OH)Y^{2-}}} - \frac{2.303RT}{F} pH \qquad (\text{II}.22.5)$$

式中 $b_3 = \dfrac{RT}{F} \ln \dfrac{\gamma_{FeY^{2-}} \cdot K_w}{\gamma_{Fe(OH)Y^{2-}}}$。在 $m_{Fe^{2+}}/m_{Fe^{3+}}$ 不变时，φ 与 pH 呈线性关系，如图 II-22-1 中 cd 段所示。

22.3 仪器与药品

电位差计(或数字电压表)1 台;pHS-3D 精密酸度计 1 台;夹套反应瓶(200 mL)1 个;电磁搅拌器 1 台;饱和甘汞电极 1 支;pH 复合电极 1 支;铂电极 1 支;超级恒温槽 1 套,酸式滴定管(10 mL)1 支;碱式滴定管(50 mL)1 支。

$FeCl_3 \cdot 6H_2O(AR)$;$FeCl_2 \cdot 4H_2O(AR)$;EDTA 二钠盐二水化合物(AR);盐酸(AR);NaOH(AR);氮气钢瓶 1 个。

22.4 实验步骤

(1) 配制溶液。调节一定的氮气流量,通入反应瓶内将空气排尽。保持通氮气,迅速精确称取 1.7209 g $FeCl_3 \cdot 6H_2O$ 和 1.1751 g $FeCl_2 \cdot 4H_2O$,加入反应容器中;精确称取 7.0035 g EDTA 二钠盐二水化合物,先用少量蒸馏水溶解后加入反应容器中,总用水量约 125 mL。

(2) 如图 II-22-2 所示接好线路。将 pH 复合电极、温度电极、饱和甘汞电极和铂电极分别从盖孔插入反应容器内,浸于液面下合适位置,在充分搅拌的情况下用滴定管缓慢滴加 1 mol · L⁻¹ NaOH 溶液直至瓶中溶液 pH 达到 8 左右[注意避免局部生成 $Fe(OH)_3$ 沉淀],碱用量约为 1.5 g。

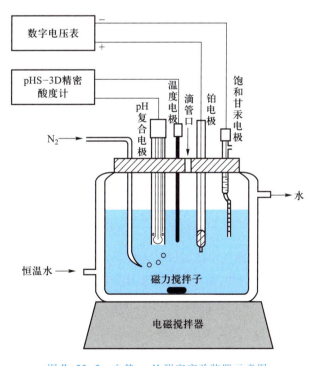

图 II-22-2 电势-pH 测定实验装置示意图

（3）调节超级恒温槽水温为 25 ℃ ,通入反应容器夹套,保持反应容器内溶液温度恒定。测定溶液的 pH 和两极间的电动势,此电动势是相对于饱和甘汞电极的电极电势。

（4）用 10 mL 酸式滴定管从反应容器的滴管口（即氮气出气口）,滴入少量 $3\ mol \cdot L^{-1}$ HCl 溶液,改变溶液 pH 0.3 左右,再如前述测 pH 和电动势。如此逐次滴入 HCl 溶液改变系统 pH 并作测定,得到该系统的一系列电极电势和 pH,直至溶液出现混浊,停止实验。

22.5 实验注意事项

（1）要保证 $FeCl_2 \cdot 4H_2O$ 的纯度。为防止氧化,可以改用莫尔盐。

（2）搅拌速度必须加以控制,防止由于搅拌不均匀造成加入 NaOH 时,溶液上部出现少量的 $Fe(OH)_3$ 沉淀。

22.6 数据处理

（1）用表格形式记录所得的电极电势 E 和 pH,并将测得的相对于饱和甘汞电极的电极电势换算至相对于标准氢电极的电极电势。

（2）绘制 Fe^{3+}/Fe^{2+}-EDTA 络合系统的电势-pH 曲线,由曲线确定 FeY^- 和 FeY^{2-} 稳定存在的 pH 范围。

22.7 思考题

（1）写出 Fe^{3+}/Fe^{2+}-EDTA 络合系统在低 pH 区、电势平台区和高 pH 区的基本电极反应及对应的能斯特方程的具体形式。

（2）讨论 $m_{Fe^{3+}}/m_{Fe^{2+}}$ 比值不同时脱硫液的电势-pH 曲线的差异。

22.8 知识拓展

电势-pH 图对解决在水溶液中发生的一系列反应及平衡问题（如元素分离、湿法冶金、金属防腐等方面）得到广泛应用。本实验讨论的 Fe^{3+}/Fe^{2+}-EDTA 系统,可用于消除天然气中的有害气体 H_2S。利用 Fe^{3+}-EDTA 溶液可将天然气中 H_2S 氧化成元素硫除去,溶液中 Fe^{3+}-EDTA 络合物被还原为 Fe^{2+}-EDTA 络合物。通入空气又可以使 Fe^{2+}-EDTA 氧化成 Fe^{3+}-EDTA,使溶液得到再生,不断循环使用。其反应如下:

$$2FeY^- + H_2S \xrightarrow{\text{脱硫}} 2FeY^{2-} + 2H^+ + S \downarrow \qquad (\text{II}.22.6)$$

$$2FeY^{2-} + \frac{1}{2}O_2 + H_2O \xrightarrow{\text{再生}} 2FeY^- + 2OH^- \qquad (\text{II}.22.7)$$

在用 EDTA 络合铁盐脱除天然气中硫时,Fe^{3+}/Fe^{2+}-EDTA 络合系统的电势-pH 曲线可以帮助我们选择较适宜的脱硫条件。例如,低含硫天然气 H_2S 含量通常为 $1 \times 10^{-4} \sim 6 \times 10^{-4}\ kg \cdot m^{-3}$,在 25 ℃ 时相应的 H_2S 分压为 7.29~43.56 Pa。

根据电极反应:

$$S + 2H^+ + 2e^- \longrightarrow H_2S(g) \qquad (\text{II}.22.8)$$

25 ℃ 时,电极电势与 H_2S 的分压 p_{H_2S} 及 pH 的关系应为

$$\varphi/V = -0.072 - 0.02961 \lg p_{H_2S} - 0.0591 \, pH \qquad (\text{II}.22.9)$$

在图 II-22-1 中以虚线 ef 标出了这三者的关系。

由电势-pH 图可见,对任何 $m_{Fe^{3+}}/m_{Fe^{2+}}$ 值一定的脱硫液而言,此脱硫液的电极电势与反应 $S + 2H^+ + 2e^- \longrightarrow H_2S(g)$ 的电极电势之差值,在电势平台区的 pH 范围内,随着 pH 的增大而增大,到平台区的 pH 上限 c' 时,两电极电势差值最大,超过此 pH,两电极电势值不再增大而为定值。这一事实表明,任何具有一定的 $m_{Fe^{3+}}/m_{Fe^{2+}}$ 值的脱硫液,当 pH 达到 o' 点以后,式(II.22.6)表示的脱硫反应开始具有热力学趋势,在它的电势平台区的 pH 上限 c' 时,脱硫的热力学趋势达最大,超过此 pH 后,脱硫趋势保持定值而不再随 pH 增大而增加。由此可知,根据图 II-22-1,从热力学角度看,用 EDTA 络合铁盐法脱除天然气中的 H_2S 时,脱硫液的 pH 选择在 6.5~8,或高于 8 都是合理的,但 pH 不宜大于 12,否则会有 $Fe(OH)_3$ 沉淀出来。

表面性质与胶体化学部分

实验二十三　溶液中的吸附作用和表面张力的测定

23.1　最大泡压法

23.1.1　实验目的

（1）能够阐述表面张力和表面能的概念以及溶液中吸附作用的原理。

（2）能够利用最大泡压法测定不同浓度溶液的表面张力，并进一步求正丁醇分子的横截面积。

23.1.2　实验原理

（1）物体表面分子和内部分子所处的环境不同，表面层分子受到向内的拉力，所以液体表面都有自动缩小的趋势。如果把一个分子由内部迁移到表面，就需要对抗拉力而做功。在温度、压力和组成恒定时，可逆地使表面积增加 dA 需对系统做的功称为表面功，可以表示为

$$\delta W' = \gamma dA \qquad\qquad (\text{II}.23.1)$$

式中 γ 为比例常数。

γ 在数值上等于当温度、压力和组成恒定时，增加单位表面积时所需对系统做的可逆非膨胀功，也可以说是每增加单位表面积时系统自由能的增加值。环境对系统做的表面功转变为表面层分子比内部分子多余的自由能。因此，γ 称为表面自由能，其单位是 $J \cdot m^{-2}$。若把 γ 看成作用在界面上每单位长度上的力，通常称为表面张力。

从另外一方面考虑表面现象，特别是观察气-液界面的一些现象，可以觉察到表面上处处存在着一种张力，它力图缩小表面积，此力即表面张力，其单位是 $N \cdot m^{-1}$。表面张力是液体的重要特性之一，与所处的温度、压力、浓度及共存的另一相的组成有关。纯液体的表面张力通常是指该液体与饱和了其本身蒸气的空气共存的情况而言。

（2）纯液体表面层的组成与内部层的组成相同，可以通过缩小其表面积来降低系统的表面自由能。对于溶液则由于溶质的存在，还可以通过调节溶质在表面层的浓度来降低表面自由能。

根据能量最低原则，溶质能降低溶剂的表面张力时，表面层中溶质的浓度应高于溶液内部浓度。反之溶质使溶剂的表面张力升高时，它在表面层中的浓度应低于内部的浓度。这种表面浓度与溶液内部浓度不同的现象叫"吸附"。在指定温度和压力下，吸附量与溶液的表面张力及溶液的浓度有关。Gibbs 用热力学的方法推导出它们间的关系式：

$$\Gamma = -\frac{c}{RT}\left(\frac{d\gamma}{dc}\right)_T \qquad\qquad (\text{II}.23.2)$$

式中 Γ 为吸附量（也称为表面超量，$mol \cdot m^{-2}$）；γ 为溶液的表面张力（$J \cdot m^{-2}$）；T 为热力学温度；

c 为溶液浓度(mol·m^{-3});R 为摩尔气体常数。

当 $\left(\dfrac{\mathrm{d}\gamma}{\mathrm{d}c}\right)_T<0$ 时,$\Gamma>0$,称为正吸附;反之,当 $\left(\dfrac{\mathrm{d}\gamma}{\mathrm{d}c}\right)_T>0$ 时,$\Gamma<0$,称为负吸附。前者表明加入溶质使液体表面张力下降,此类物质称为表面活性物质。后者表明加入溶质使液体表面张力升高,此类物质称为非表面活性物质。因此,从 Gibbs 关系式可看出,只要测出不同浓度溶液的表面张力,以 γ-c 作图,在图的曲线上作不同浓度的切线,把切线的斜率代入 Gibbs 吸附公式,即可求出不同浓度时气-液界面上的吸附量 Γ。

在一定的温度下,吸附量与溶液浓度之间满足 Langmuir 等温式:

$$\Gamma = \Gamma_\infty \frac{Kc}{1+Kc} \tag{II.23.3}$$

式中 Γ_∞ 为饱和吸附量;K 为经验常数,与溶质的表面活性大小有关。将式(II.23.3)化成直线方程,则

$$\frac{c}{\Gamma} = \frac{c}{\Gamma_\infty} + \frac{1}{K\Gamma_\infty} \tag{II.23.4}$$

若以 c/Γ-c 作图可得一直线,由直线斜率即可求出饱和吸附量 Γ_∞。

在饱和吸附的情况下,表面活性物质通常在气-液界面上铺满一单分子层,则可应用下式求得被测物质分子的横截面积 S_0:

$$S_0 = \frac{1}{\Gamma_\infty N_A} \tag{II.23.5}$$

式中 N_A 为阿伏加德罗常数。

(3)本实验选用单管式最大泡压法,其实验装置如图 II-23-1 所示。

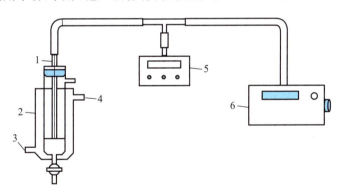

1—毛细管;2—夹套式容器;3—恒温水入口;4—恒温水出口;5—数显式压差测定仪;6—压差调节系统

图 II-23-1　最大泡压法测定表面张力实验装置示意图

增大毛细管内的压力,可以从毛细管口产生气泡。对于气泡的缓慢形成过程,当毛细管端面与待测液体液面相切时,可近似认为毛细管内外压差与管口处弯曲液面产生的附加压力相等。当压差达到最大值时,满足下列公式:

$$\Delta p_{\max} = p_s - p_0 \tag{II.23.6}$$

$$\pi R^2 \Delta p_{\max} = 2\pi R\gamma \tag{II.23.7}$$

$$\gamma = \frac{R}{2}\Delta p_{max} \qquad (\text{II}.23.8)$$

式中 p_s 和 p_0 分别为系统压力和大气压力。

若用同一根毛细管,在同一温度下,对两种表面张力分别为 γ_1 和 γ_2 的液体而言,则有下列关系:

$$\gamma_1 = \frac{R}{2}\Delta p_{max,1}$$

$$\gamma_2 = \frac{R}{2}\Delta p_{max,2}$$

$$\frac{\gamma_1}{\gamma_2} = \frac{\Delta p_{max,1}}{\Delta p_{max,2}}$$

则

$$\gamma_1 = \gamma_2 \Delta p_{max,1}/\Delta p_{max,2} = K\Delta p_{max,1} \qquad (\text{II}.23.9)$$

式中 K 为仪器常数。

因此,以已知表面张力的液体为标准,从式(II.23.9)即可求出其他液体的表面张力 γ_1。

23.1.3 仪器与药品

恒温装置1套;DP-AW-I型表面张力实验装置1套[或烧杯(25 mL)1只;滴液漏斗1只;带有支管的试管(附木塞)1支;数显式压差测定仪1台];毛细管(半径为 0.150~0.200 mm)1支;容量瓶(50 mL)8只,(250 mL)1只。

$CH_3(CH_2)_3OH$(正丁醇,AR)。

23.1.4 实验步骤

(1)洗净仪器,对需干燥的仪器作干燥处理,按图 II-23-1 组装实验装置。

(2)配制250 mL浓度为 $0.5\ mol \cdot L^{-1}$ 的正丁醇母液,再稀释配制浓度分别为 $0.02\ mol \cdot L^{-1}$、$0.05\ mol \cdot L^{-1}$、$0.10\ mol \cdot L^{-1}$、$0.15\ mol \cdot L^{-1}$、$0.20\ mol \cdot L^{-1}$、$0.25\ mol \cdot L^{-1}$、$0.30\ mol \cdot L^{-1}$、$0.35\ mol \cdot L^{-1}$ 的正丁醇溶液各50 mL。

(3)调节恒温槽温度为25 ℃。

(4)仪器常数的测定。打开表面张力实验装置电源开关,预热几分钟,在未连接毛细管前,按"采零"键使压差指示显示为零。用去离子水洗净毛细管和容器,垂直插入毛细管,调节毛细管高度使其端点刚好与水面相切。通过压力调节控制,使毛细管逸出的气泡速率为5~10 s 1个,读取最大压差 Δp_{max}(以水测定时最大压差在600~800 Pa,否则应重选毛细管)。

通过手册查出实验温度时水的表面张力,利用公式 $K = \gamma_{H_2O}/\Delta p_{max,H_2O}$,求出仪器常数 K。

(5)待测溶液表面张力的测定。洗净容器和毛细管并用待测溶液荡洗,加入适量样品于容器中,按照仪器常数测定的方法,测定已知浓度的待测溶液的压力差 Δp_{max},代入式(II.23.9)计算其表面张力。

23.1.5 实验注意事项

(1)测定用的毛细管一定要洗干净,否则可能无法连续稳定地产生气泡,而使数显式压差测定仪数显不稳定,如发生此种现象,毛细管应重洗。

(2)毛细管一定要保持垂直,管口刚好插到与液面接触。

（3）读取数显式压差测定仪上的压差值时,应读取气泡单个逸出时的最大压差值。

23.1.6 数据处理

（1）由附录表中查出实验温度时水的表面张力,算出仪器常数 K。

（2）由实验结果计算各份溶液的表面张力 γ,并作 $\gamma-c$ 曲线。

（3）在 $\gamma-c$ 曲线上分别在浓度为 $0.050\ \text{mol} \cdot \text{L}^{-1}$、$0.100\ \text{mol} \cdot \text{L}^{-1}$、$0.150\ \text{mol} \cdot \text{L}^{-1}$、$0.200\ \text{mol} \cdot \text{L}^{-1}$、$0.250\ \text{mol} \cdot \text{L}^{-1}$ 和 $0.300\ \text{mol} \cdot \text{L}^{-1}$ 处作切线,分别求出各浓度的 $\left(\dfrac{\text{d}\gamma}{\text{d}c}\right)_T$ 值,并计算在各相应浓度下的 Γ。

（4）用 c/Γ 对 c 作图,应得一条直线,由直线斜率求出 Γ_∞。

（5）根据式（Ⅱ.23.5）计算正丁醇分子的横截面积 S_0。

23.1.7 思考题

（1）用最大泡压法测定表面张力时为什么要读取最大压差值?

（2）哪些因素影响表面张力测定结果? 如何减小这些因素对实验的影响?

（3）气泡生成速率过快对实验结果有没有影响? 为什么?

23.1.8 知识拓展

（1）若毛细管深入液面下 $H(\text{cm})$,则生成的气泡同时受到 p_s 和静液压 $H\rho g$ 的作用。如能准确测知 H 值,则根据 $\gamma = \dfrac{R}{2}\Delta p_{\max} - \dfrac{R}{2}\Delta p_1 (\Delta p_1 = H\rho g)$ 来测定 γ 值。但若使毛细管口与液面相切,则 $H = 0$,消除了 $H\rho g$ 项,但每次测定时总不可能都使 $H = 0$,故单管式表面张力仪总会引入一定的误差。有一种双管式表面张力仪,用两根半径不同的毛细管,细毛细管的半径 R_1 为 $0.005\sim0.01\ \text{cm}$,粗毛细管半径 R_2 为 $0.1\sim0.2\ \text{cm}$,同时插入液面下相同深度,同法压入气体使在液面下生成气泡,由于管径不同,所需的最大压力也不相同,设粗、细毛细管两者的 $\Delta p_{\max}$ 之差为 $\Delta p'_{\max}$,则所测液体的表面张力可通过下式求得:

$$\gamma = A\Delta p'_{\max}\left(1 + \frac{0.69R_2 g\rho}{\Delta p'_{\max}}\right)$$

式中粗毛细管半径 R_2 可由读数显微镜直接测定;A 为仪器的特性常数,可由已知表面张力液体的压差而求得;ρ 为被测液体的密度。这种仪器的优点是毛细管插入液面的深度对结果没有影响,其准确度可达 0.1%,但对粗细毛细管的孔径有一定要求。

（2）如果室温和液温的变化不大,则不控制恒温对结果影响不大,如室温及液温的变化小于 $5\ ℃$,由此而引起的表面张力的改变,所导致的偏差不大于 1%。

（3）本实验方法一般用于温度较高的熔融盐表面张力的测定,对表面活性剂此法很难测准。

23.2 滴体积法

23.2.1 实验目的

（1）能够阐述表面张力和表面能的概念以及溶液中吸附作用的原理。

（2）能够利用滴体积法测定不同浓度溶液的表面张力,并进一步求正丁醇分子的横截面积。

23.2.2　实验原理

将一定量的液体吸入滴体积管,液体在重力作用下滴落,同时受到向上的表面张力的作用,当所形成液滴刚刚落下时,可以认为这时重力与表面张力相等,因而

$$mg = 2\pi R\gamma$$

式中 m 为液滴质量;g 为重力加速度;R 为管端半径;γ 为表面张力。

但实际上液滴不会全部落下,液体总是发生变形,形成"细颈",再在"细颈"处断开。细颈以下液体滴落,其余残留管内,如图Ⅱ-23-2 所示。因此必须对上式进行校正,则

$$mg = 2K\pi R\gamma$$

$$\gamma = mg/(2K\pi R) = FV\rho g/R \qquad (\text{Ⅱ.23.10})$$

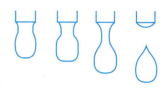

图 Ⅱ-23-2　液体滴下示意图

式中 V 为液滴体积;F 为校正因子。实验证明 F 为 V/R^3 的函数,F 值在手册中可以查到。但实际实验时往往采用一已知表面张力的标准液体对仪器进行校正。对于标准液体:

$$\gamma_0 = F_0 m_0 g/R = F_0 V_0 \rho_0 g/R \qquad (\text{Ⅱ.23.11})$$

以式(Ⅱ.23.10)除以式(Ⅱ.23.11),得

$$\gamma/\gamma_0 = Fm/(F_0 m_0) = FV\rho/(F_0 V_0 \rho_0)$$

因为 F 与 V/R^3 有关,V 对 F 的影响较小,当使用同一滴体积管时,可近似地认为 $F = F_0$,则

$$\gamma/\gamma_0 = m/m_0 = V\rho/(V_0 \rho_0) \qquad (\text{Ⅱ.23.12})$$

式中 V、V_0 分别为待测液体和标准液体从滴体积管流出的体积;ρ、ρ_0 分别为待测液体和标准液体的密度。

23.2.3　仪器与药品

滴体积管 1 支;恒温装置 1 套;长的大试管 1 支;洗耳球挤气盒 1 个。

$CH_3(CH_2)_3OH$(正丁醇,AR)。

23.2.4　实验步骤

滴体积法实验装置如图Ⅱ-23-3 所示。图中 A 为滴体积管(取市售的 0.2 mL 或 0.1 mL 微量吸管,在其下部刻度 0.01 附近吹成容积为 1 mL 的膨起部,以增加样品量。将下口烧成内直径为 0.2~0.4 mm,外直径为 2~7 mm 的毛细管,长约 1 cm,要求下口平整、光滑、洁净、无破口);B 为样品管;C 为橡胶管;D 为洗耳球挤气盒;E 为恒温装置。

测定时将水装于 B 管内,A 管用橡胶塞(塞子有一孔使 B 管同外界相通)安于 B 管内,A 管上端则用乳胶管与挤气盒相接。先将水吸入 A 管,使液面高于最高刻度。提起 A 管,移动橡胶塞位置,使 A 管固定后其下口在液面之上 1~2 cm 处。轻轻地旋动丝杆挤压洗耳球,液体落下 1 滴后用读数显微镜读取液面位置 V_1。再挤下一滴,读取液面位置 V_2,$V_1 - V_2$ 即为滴体积。为了提高滴体积的测定准确性,可滴 n 滴后再读取值 V_2,此时滴体积值为 $(V_1 - V_2)/n$。

吹干滴体积管和样品管,用同法测定待测液体的滴体积。待测液体的密度可用比重(密度)瓶法测得。将测得的数据和从手册中查到的标准液体水的有关数据代入

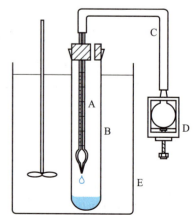

图 Ⅱ-23-3　滴体积法实验装置示意图

式(Ⅱ.23.12),即可算出待测液体的表面张力。

23.2.5　实验注意事项

(1)滴体积管的下口要求平整、光滑、洁净、无破口。

(2)滴体积管须垂直安装。

23.2.6　数据处理

(1)用滴体积法求得不同浓度的正丁醇 γ 值并作 $\gamma-c$ 曲线,分别在各浓度处作切线,求出各相应浓度的 $\left(\dfrac{\mathrm{d}\gamma}{\mathrm{d}c}\right)_T$ 值,并计算在各相应浓度下的 Γ。

(2)用 c/Γ 对 c 作图,由直线斜率求出 Γ_{∞}。

(3)根据式(Ⅱ.23.5),计算正丁醇分子横截面积。

23.2.7　知识拓展

(1)滴体积法设备简单,操作方便,只要求液体铺满管口平面,即对于接触角 $\theta<90°$ 的液体都能测得准确结果,一般液体都是这种类型。

(2)滴体积法实验实际从滴重法演化而来,滴体积法要求严格,滴一滴就可以明显测出两种不同浓度的液体体积变化。滴重法的装置与滴体积法类似,在滴重管下面放已称量的干燥的称量瓶,滴几滴即去称量(标准液体和待测溶液分别滴下相同滴数的液体),然后代入 $\gamma/\gamma_0 = Fm/(F_0m_0)$ 公式,使用同一根滴重管可以近似地认为 $F = F_0$。如果知道滴下的体积和毛细管半径,亦可查表查出 F 的值,但滴重法控制温度比较困难。

23.3　毛细管法

23.3.1　实验目的

(1)能够阐述表面张力和表面能的概念。

(2)能够利用毛细管法测定液体的表面张力。

23.3.2　实验原理

将干净的毛细管一端插入液体中,液体就在毛细管中上升一定高度 h。此时毛细管中液柱的重力被向上的表面张力平衡,如图Ⅱ-23-4(a)所示。

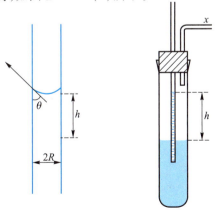

(a) 毛细管表面张力示意图　　(b) 毛细管法测定表面张力仪

图Ⅱ-23-4　毛细管法原理及实验装置示意图

根据毛细管上升外推表面张力的公式为

$$\gamma = \frac{1}{2} \cdot \frac{h\rho g R}{\cos\theta} \qquad (\text{II}.23.13)$$

式中 γ 为表面张力；h 为液柱高度；ρ 为液体密度；R 为毛细管半径；g 为重力加速度；θ 为接触角。

若玻璃被液体完全润湿，$\theta = 0$，则

$$\gamma = \frac{1}{2} h\rho g R \qquad (\text{II}.23.14)$$

如考虑凹面处液体产生的压力，近似为半球形，体积为 $\pi R^3 - \frac{2}{3}\pi R^3 = \frac{1}{3}\pi R^3$，则

$$\gamma = \frac{1}{2} g\rho R\left(h + \frac{1}{3}R\right) \qquad (\text{II}.23.15)$$

23.3.3 仪器与药品

毛细管（0.1 mm）1 支；试管 1 支；读数显微镜 1 台；恒温装置 1 套。

$CH_3(CH_2)_3OH$（正丁醇，AR）。

23.3.4 实验步骤

实验装置如图 II-23-4 所示。其实验方法是将一根半径为 0.1 mm 的毛细管洗净烘干，垂直放入已知表面张力的液体中。通过洗耳球向样品管中鼓气，毛细管中液面升高。一旦停止鼓气，则液体在毛细管中回到平衡位置，用读数显微镜读取其高度 h_0，然后用洗耳球吸气，毛细管液面下降。停止吸气，毛细管中液面又恢复到平衡位置，再读取高度。如此重复三次，其高度应相差无几，取其平均值。若三次测量高度相差甚大，说明毛细管不洁净，应重新处理毛细管。

以上述同样方法测定待测液体在毛细管中上升的高度 h_1。

23.3.5 实验注意事项

（1）毛细管必须干燥、洁净，端口平整、光滑。

（2）装置应垂直安放。

23.3.6 数据处理

（1）由测得的标准液的高度和密度及已知的表面张力代入式（II.23.14）或式（II.23.15）中，计算毛细管的半径。

（2）将测得待测液的高度、密度及已经测得的毛细管半径代入式（II.23.14）或式（II.23.15），可计算出待测液的表面张力。

23.3.7 知识拓展

毛细管上升法测表面张力最为准确，但要求液体能润湿管壁，所以常用玻璃毛细管，因玻璃毛细管能被大部分液体润湿。但要精确测定接触角比较困难。毛细管必须干净，要求垂直插入溶液。且要求毛细管半径均匀，这一点也比较困难。毛细管半径亦可用读数显微镜测定。

23.4 环法

23.4.1 实验目的

（1）能够阐述表面张力和表面能的概念。

（2）能够利用环法测定液体的表面张力。

23.4.2 实验原理

将铂丝制成圆环与液体接触,把铂环慢慢拉离液体所需的拉力 F 由流体表面张力、环的内半径 R' 以及环的外半径 $R' + 2r$ 所决定。如图 Ⅱ-23-5 所示,如果环拉起时带起的液体质量为 m,平衡时拉力与沿环液体交界处的表面张力相等,即

$$F = mg = 2\pi R'\gamma + 2\pi\gamma(R' + 2r) \qquad (\text{Ⅱ}.23.16)$$

所以
$$\gamma = F/(4\pi R) \qquad (\text{Ⅱ}.23.17)$$

式中 $R = R' + r$。

实际上,式(Ⅱ.23.17)是一个简化公式,实验证明必须乘上一个校正因子 f,才能获得正确结果,于是得

$$\gamma = F \cdot f/(4\pi R) \qquad (\text{Ⅱ}.23.18)$$

f 与 R/r 值以及 R^3/V 值有关;V 为圆环带起液体的体积$\left(V = \dfrac{F}{\rho g}\right)$;$\rho$ 为液体的密度。

环法中直接测定的量是拉力 F,一般常用的测定仪器是扭力天平。图 Ⅱ-23-6 是一种环法测定表面张力仪。

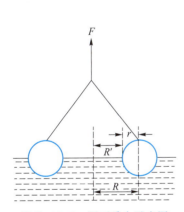

图 Ⅱ-23-5　圈环受力示意图

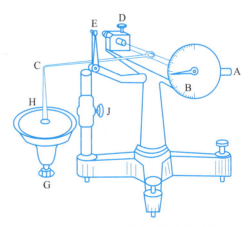

图 Ⅱ-23-6　环法测定表面张力仪示意图

23.4.3 仪器与药品

表面张力仪 1 台;已知 R'、r 的铂丝环。

$CH_3(CH_2)_3OH$(正丁醇,AR)。

23.4.4 实验步骤

环法测定液体表面张力的步骤如下:

(1)用热的洗液浸泡铂丝环,然后用蒸馏水洗净、烘干,悬挂在悬臂钩 C 上。

(2)转动 A 使指针 B 指示零位,松动 D,转动 E 使悬臂处于水平位置。

(3)将盛液器皿置于平台上,调节 J 及 G 至液面刚好与环接触。然后同时转动 A 及 G,保持悬臂一直处于水平位置,直至铂丝环离开液面,记下读数,读数为 F,重复数次直到几次数据平行为止。

一般情况下,测定前必须对扭力天平刻度读数进行校正,即把干燥的铂丝挂在钩上,放置一已知质量的砝码于环上,调整指针刻度为 0,然后转动 A 使悬臂处于水平,记下指针所示读数。

再加上一已知质量的砝码,重复上述操作数次。将刻度盘上所示读数与已知质量作工作曲线,由工作曲线即可获得刻度盘上读数相应的质量。

23.4.5 实验注意事项

(1)实验所用铂丝环必须先用洗液浸泡,然后用蒸馏水洗净、烘干。

(2)在测定易挥发性溶液时速度要快,特别在室温较高时,否则由于挥发改变了溶液的浓度,造成较大的误差。

23.4.6 数据处理

根据所测液体在刻度盘上的读数,环的内径 R' 及铂丝环的半径 r,计算 R^3/V 及 R/r,并由表Ⅱ-23-1查出校正因子,然后代入式(Ⅱ.23.18)计算待测液体的表面张力。

目前有些仪器可以使刻度盘上读数在数值上等于表面张力。

表Ⅱ-23-1 环法校正因子(f)

R^3/V	f		
	$R/r = 32$	$R/r = 42$	$R/r = 50$
0.3	1.018	1.042	1.054
0.5	0.946	0.973	0.9876
1.0	0.880	0.910	0.929
2.0	0.820	0.860	0.8798
3.0	0.783	0.828	0.8521

23.5 板法

23.5.1 实验目的

能够利用 Wilhelmy 板法测定不同浓度溶液的表面张力,并说明其工作原理。

23.5.2 实验原理

如图Ⅱ-23-7所示,将金属薄板悬挂在天平上,未接触液体以前,平衡受力为金属薄板的重力。当金属薄板浸入液体内,由于液体表面张力的存在,板片表面附近的液面将高于其他部分液面,并产生向下的拉力。当金属板底部回升至液面高度位置,此时天平受力应为表面张力合力在竖直方向的分量与金属薄板重量之和,即

$$F = mg + F' = mg + 2(l + d)\gamma\cos\theta$$

$$\gamma = \frac{F - mg}{2(l + d)\cos\theta}$$

式中 γ 为待测液体表面张力;F 为平衡时天平受力;m 为金属薄板质量;l 和 d 分别为板的长度和厚度;θ 为接触角。如果金属薄板对待测液体完全润湿,接触角为0,则公式可以简化为

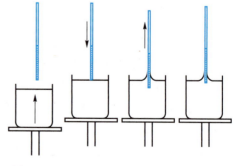

图Ⅱ-23-7 板法测量表面张力过程示意图

$$\gamma = \frac{F - mg}{2(l + d)}$$

由于大部分液体能够完全润湿表面粗糙并且干净的铂金板,所以表面张力仪通常配备铂金板用于板法测量表面张力。

23.5.3　仪器与药品

表面张力仪 1 台;铂金板 1 个;低温恒温槽 1 台。

$CH_3(CH_2)_3OH$(正丁醇,AR)。

23.5.4　实验步骤

(1)启动仪器,打开低温恒温槽,控制温度为 25 ℃,装入盛有待测液体的玻璃容器(约占容器容积的 2/3)。

(2)用丁烷气喷灯灼烧铂金板,除去表面吸附杂质,再插入仪器中。调节液面接近于板底(不能接触到液面),然后关闭玻璃罩门。

(3)在计算机中打开"ADVANCE"软件,选择 Wilhelmy 板法测量表面张力,设置样品名,按照默认参数和方法进行测量,记下表面张力数值。

(4)仪器自动停止后,铂金板重新用丁烷喷灯灼烧,换其他液体进行测量。

23.5.5　实验注意事项

(1)实验所用铂金板必须用丁烷气喷灯灼烧干净,灼烧时火焰不能太大,还要不断旋转铂金板,待板面变红几秒即可,防止变形。

(2)若测试样品中含有无机盐等无法灼烧去除的物质,测试后需要先用去离子水将铂金板冲洗干净,再用丁烷气喷灯灼烧。

(3)在仪器测量过程中不能直接拔插铂金板,防止损坏天平;同时注意减少实验台面震动。

(4)为了保障恒温效果,可以事先将待测液体放入恒温槽恒温,再装入玻璃容器。

23.5.6　数据处理

使用表面张力仪可以直接测出待测液体的表面张力。按照 23.1.6 中所述方法计算正丁醇分子的横截面积 S_0。

23.5.7　知识拓展

(1)各种测定表面张力方法的比较如表 Ⅱ-23-2 所示。

表 Ⅱ-23-2　各种测定表面张力方法的比较

方法	表面平衡情况	与润湿性关系	是否要 ρ 值	仪器	温控	数据处理
最大泡压法	不平衡	基本无关	要*	数显式微压差测定仪	不易	应加校正
滴体积法	接近平衡但不完全	基本无关	要	微量吸管或天平	易	要校正
毛细管法	很好	密切有关	要	测高仪或读数显微镜	易	要校正
环法	不好	有关	要*	扭力天平或表面张力仪	不易	应加校正
板法	很好	密切有关	不要	天平或表面张力仪	不易	不需校正

＊计算校正时用。

环法和板法均为当前测量液体表面张力的最常用方法,配套全自动表面张力仪使用,可以快速、准确地测出液体的表面张力。环法精确度在 1% 以内,它的优点是测量快、用量少、计算简单,故对表面张力随时间而很快变化的胶体溶液特别适用。此法亦可研究溶液表面温度的变化情况。如果利用适当的仪器也具有好的精度。最大的缺点是温度控制困难,对易挥发性液体常因部分挥发使温度较室温略低。最大泡压法所用设备简单,操作和计算也简单,一般用于温度较高的熔融盐表面张力的测定,但对表面活性剂很难测准。同环法相比,板法同样具有测量快、精度高等特点。此外板法测量时处于完全平衡状态,其设备简单、操作方便,不需要密度数据,也不需要作任何校正,是最常用的实验方法之一。板法要求液体必须很好地润湿吊板,保持接触角为零,需要使用专用铂金板,溶液用量较大,同时也会受液体挥发的影响。毛细管法最精确(精确度可达 0.05%),因而常用来作等张比容测定以研究分子的结构。但此法对样品润湿性要求极严,只有对管壁接触角 θ 为 0 的样品才能获得准确结果,而对 θ 不为 0 的样品,计算式中含有 $\cos\theta$ 项,而 θ 难以测准,因此毛细管法在应用上受到限制。滴体积法设备简单操作方便,准确度高,同时温度易于控制,已在很多科研工作中得到应用,但对毛细管的要求较严,要求下口平整、光滑、洁净、无破口。

(2)表面张力现象广泛存在于自然界中,在生产和生活方面也有广泛的应用。水蜘蛛、水蝇等小昆虫可以在水面上自由活动而不沉下去,荷叶表面的小水滴呈球形等现象就是由表面张力引起的。肥皂、洗衣粉、洗涤剂可以用于清洁,是因为其中含有表面活性剂,其水溶液的表面张力比纯水要小,容易进入衣物细小的缝隙中,便于除去污物。表面活性剂还可广泛应用于矿物浮选、化工生产、表面活性催化、食品药品加工等方面。在这些应用中,表面张力的测定非常重要。例如泡沫液表面张力的大小影响着泡沫的形成及其稳定性,可通过控制泡沫的表面张力调节泡沫的稳定性,故测定泡沫液的表面张力是开发高稳定性泡沫药剂的主要环节之一。又如,在矿物浮选中,浮选效率取决于捕获剂与起泡剂的配比,而合适的配比必须通过测定其表面张力来确定。

实验二十四　固体比表面积的测定

24.1　容量法测定固体比表面积

24.1.1　实验目的

(1)能够阐述固体表面的吸附作用以及测定比表面积的原理。
(2)能够使用容量法装置测定固体的比表面积。
(3)能够正确使用机械泵和油扩散泵获得高真空。

24.1.2　实验原理

处于固体表面的原子,由于周围原子对它的作用力不对称,即表面原子所受的力不饱和,因而有剩余力场,可以吸附气体或液体分子。一些比表面积较大的多孔固体材料(如分子筛、活性炭等)可广泛用于吸附、催化等领域,其性能往往跟其比表面积、孔径和孔体积等参数有直接的关系。因此,固体的比表面积及孔分布的测定是评价其吸附、催化性能的基础。测定固体比表面积的方法很多,各种实验方法的理论基础是 Brunauer、Emmett、Teller 三人提出的多分子层吸附理论及 BET 公式。式(Ⅱ.24.1)和式(Ⅱ.24.2)分别为以吸附量和以吸附气体体积表示的 BET 公式:

$$\frac{p/p_s}{\Gamma(1 - p/p_s)} = \frac{1}{\Gamma_m C} + \frac{C - 1}{\Gamma_m C} \cdot \frac{p}{p_s} \qquad (Ⅱ.24.1)$$

式中 Γ 代表平衡压力 p 时的吸附量;Γ_m 代表在固体表面上铺满单分子层时的吸附量;p_s 为吸附平衡温度下吸附质的饱和蒸气压;C 是与吸附热凝聚热有关的常数;p/p_s 称为吸附比压。

$$\frac{p/p_s}{V(1 - p/p_s)} = \frac{1}{V_m C} + \frac{C - 1}{V_m C} \cdot \frac{p}{p_s} \qquad (Ⅱ.24.2)$$

式中 V 代表平衡压力 p 时吸附的气体体积(以标准状态体积计算);V_m 代表在固体表面上铺满单分子层时所吸附气体的体积。

这里介绍简易的 BET 装置,如图Ⅱ-24-1 所示,图中 H、I 是两个分别装有水银的 U 形压力计。H 相当于一个等位计,其操作原理是利用外压调节平衡压力,使 U 形管 H 两臂等位,在压力计 I 右臂预先抽空的情况下可直接读出系统的平衡压力。1、2、3、4 为四个样品管,可同时测定四个样品。5、6 为两个带旋塞的开口,可以接上贮有吸附气体的球胆(或气体钢瓶)。旋塞 A 是连接到真空泵的三通旋塞,可使泵与大气或系统连通。旋塞 B、C、D、E、F、G 都在测量时使用。图中虚线所框部分需预先测量,其体积称为自由体积,以 $V_自$ 表示,该体积在测量中应保持不变。每个样品管旋塞以下的体积叫死体积,以 $V_死$ 表示,其值随每次装样量的不同而改变,因此需每次进行测量。

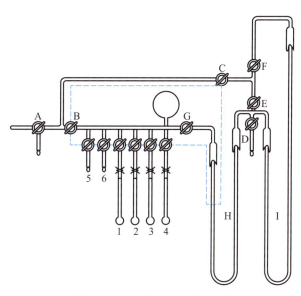

图 Ⅱ-24-1　简易 BET 装置示意图

容量法测定固体比表面积,是在一定体积内改变吸附质的压力,测定固体物质在室温下的吸附平衡压力,由吸附前后压力的改变值算出平衡吸附量,并利用 BET 公式计算出固体的比表面积。

根据理想气体方程式 $pV = nRT$,可从 $V_自$、$V_死$ 及测出的压力计算出吸附前后的气体量,进而算出吸附量。

24.1.3 仪器与药品

简易 BET 装置 1 套;真空泵 1 台;加热炉 1 个;氧气温度计 1 支;贮气球胆 2 只;温度控制和测定仪 1 台;标准体积球 1 只;氮气钢瓶 1 个;气体净化装置 1 套;液氮冷阱 1 只。

样品(可从分子筛、碳纳米材料、催化剂或催化剂载体等多孔性材料中选择)。

24.1.4 实验步骤

(1)装样。根据所选用样品比表面积的不同确定装样量。

(2)加热脱附。在样品管外小心套上加热炉,调节温度控制和测定仪,使炉温上升。打开样品管旋塞,升温至 100 ℃左右。先将旋塞 A 转向大气,关闭旋塞 D、5、6,其余旋塞都打开。开真空泵,慢慢把旋塞 A 通向系统开始抽气并继续升温至所需脱附温度(200 ℃或更高),系统抽空至 0.1333 Pa 并保持 2 h。脱附结束后,关上所有旋塞,将旋塞 A 通向大气,关真空泵,取下加热炉。

(3)测试。样品管套上液氮冷阱,在实验过程中不断补充液氮,以保持样品管浸入液氮的深度一定。

将已净化的氮气(钢瓶或球胆)接在旋塞 5 的开口上,先以少量气体洗去旋塞接头部分的空气。打开旋塞 C,然后放一定量的氮气,使等位计上的高度差约为 10 cm,立即关闭旋塞 5,用旋塞 D 调节等位计,使之等高(水银面恢复到初始读数),记下压力计 I 的压力差 p_1。打开样品管 1,使之吸附,待平衡约 20 min 后(视等位计两臂的高度差不变)开真空泵。用旋塞 G、E 调节等位计使之两臂等高,记下此时压力计 I 上的压力差 p_1'。关闭样品管旋塞 1,再放氮气,如前记下压力计 I 上的压力差 p_2,平衡后记下 p_2',如此重复 4 个点(在第二次以后放气量约 8 cm,平衡时间约 10 min)。整个过程的比压应控制在 0.05~0.35,并记下每次测量时的室温。

对样品管 2、3、4 内的样品依次进行同样的测试,每测完一个样品,均需测定液氮冷阱温度。

氮气的饱和蒸气压是通过氧气温度计测定的。

(4)测定死体积。死体积测定可以在样品测试前进行,也可以在样品测试后进行,所用气体为氦气。将吸附氮气后的样品管的旋塞打开,在移去液氮冷阱下抽去氮气后(同上法),再套上液氮冷阱(液氮冷阱仍保持与测试时同样高度),以氦气代替氮气进行测定。

根据波义耳定律:$V_{自}p_1 = (V_{自} + V_{死})p_2$ 可计算出第一次放气后的 $V_{死1}$,即

$$V_{死1} = \frac{p_1 - p_2}{p_2}V_{自} = A_1 V_{自}$$

第二次放气后:

$$V_{死2} = \frac{(p_3 - p_4) + (p_1 - p_2)}{p_4}V_{自} = A_2 V_{自}$$

第三次放气后:

$$V_{死3} = \frac{(p_5 - p_6) + (p_3 - p_4) + (p_1 - p_2)}{p_6}V_{自} = A_3 V_{自}$$

其中,$\dfrac{p_1 - p_2}{p_2}$、$\dfrac{(p_3 - p_4) + (p_1 - p_2)}{p_4}$、$\dfrac{(p_5 - p_6) + (p_3 - p_4) + (p_1 - p_2)}{p_6}$ 均称为死因子,以 A_1、A_2、A_3 表示;$\bar{A} = \dfrac{A_1 + A_2 + A_3}{3}$,故所测 $V_{死} = \bar{A}V_{自}$;p_1、p_3、p_5 分别为第一、二、三次放气时测定的压力;p_2、p_4、

p_6 分别为达到平衡时测定的压力。

（5）将测定样品倒出，称量。

24.1.5　实验注意事项

（1）本实验装置中旋塞较多，实验前必须弄清楚每个旋塞的作用。

（2）测定前要记下压力计零点，以便校正读数。

（3）抽气脱附时，开始使系统的旋塞全部打开，真空泵前的三通旋塞也通大气，打开机械泵后，再将三通旋塞由通大气慢慢转向通系统，这样压力计两臂基本上能保持平衡，而且不会因所测样品被抽出而影响结果。关闭真空泵前则应先将三通旋塞由通系统慢慢转向通大气，以免真空泵油倒吸入系统。

（4）测定每个样品前，必须检查真空度是否符合要求。

（5）在实验过程中，冷阱中的液氮会逐渐减少，所以需不断补充，使其始终保持一定的高度。

（6）每测定一个样品需测定一次液氮温度。

（7）本实验所用氮气与氦气都要求高纯，如存在杂质对结果会产生影响，特别对死因子的影响更为明显，因氦气在液氮温度下不凝聚，如含有其他气体，一般会在此温度下凝聚，这样会导致死体积测不准，因此，取气时需经过气体净化系统。如用球胆取气，事先需将球胆用已净化过的气体洗三遍。

（8）使用液氮时，操作要小心，防止液氮泼在手上而冻伤。

24.1.6　数据处理

（1）计算每个样品管的死体积。

（2）计算 BET 公式中的平衡吸附量 Γ。

式中 Γ = 吸附前 $V_{自}$ 中气体物质的量 - 吸附平衡后 $V_{自}$ 中气体物质的量 - $V_{死}$ 中剩余的气体物质的量。因此，有

$$\Gamma_1 = \frac{p_1 V_{自}}{RT} - \frac{p_1' V_{自}}{RT} - \frac{p_1' V_{死}}{RT} = (p_1 - p_1' - \bar{A} p_1') \frac{V_{自}}{RT}$$

$$\Gamma_2 = (p_2 - p_2' - \bar{A} p_2' + \bar{A} p_1') \frac{V_{自}}{RT} + \Gamma_1$$

Γ_3、Γ_4 则以此类推。

（3）求 BET 公式中铺满单分子层的吸附量 Γ_m。

p_s 是吸附平衡温度下吸附质的饱和蒸气压，可从表 Ⅱ-24-1 中查到，并计算出 $\frac{p_1}{p_s}, \frac{p_2}{p_s}, \cdots$，以 $\frac{p/p_s}{\Gamma(1 - p/p_s)}$ 对 $\frac{p}{p_s}$ 作图，求 Γ_m。

（4）求所测样品的比表面积 S：

$$S = \frac{\Gamma_m}{m} N_A \sigma$$

式中 N_A 为阿伏加德罗常数；m 为样品的质量；σ 为吸附质分子的截面积，若以氮作为吸附质分子，其截面积为 1.62×10^{-17} m^2。

表Ⅱ-24-1 77～84 K 时氧和氮的饱和蒸气压

单位:Pa

温度/K		0	1	2	3	4	5	6	7	8	9
77	N_2	97218.402	98378.304	99538.205	100711.434	101898.005	103097.903	104297.801	105524.363	106737.593	107977.488
	O_2	19728.99	20024.964	20304.941	20592.916	20898.224	21204.864	21514.171	21846.143	22164.783	22490.088
78	N_2	109230.715	110497.274	111777.165	113043.724	114336.947	115656.835	116963.391	118283.278	119603.166	120949.718
	O_2	22818.06	23154.032	23475.338	23797.977	24151.28	24495.251	24855.22	25201.858	25551.161	25912.464
79	N_2	122309.603	123696.152	125109.365	126469.249	127882.462	129295.676	130735.553	132162.099	133615.308	135081.85
	O_2	26277.766	26644.402	27020.37	27391.005	27773.639	28170.939	28546.907	28940.207	29337.506	29740.139
80	N_2	136561.725	138041.599	139548.137	141081.34	142574.547	144094.418	145667.617	147227.485	148800.648	150373.884
	O_2	30146.771	30557.402	30973.367	31393.331	31817.295	32245.259	32679.889	33118.518	33563.814	34009.109
81	N_2	151973.748	153586.944	155200.14	156826.669	158493.194	160146.386	161679.589	163506.101	163866.07	166905.812
	O_2	34461.071	34918.365	35380.992	35847.619	36320.912	36796.872	37279.498	37770.123	38254.081	38752.706
82	N_2	168638.998	170372.184	172118.702	173825.224	175651.735	177438.25	179251.429	181051.276	182877.787	184730.963
	O_2	39255.33	39761.953	40272.577	40793.866	41312.488	41841.776	42375.064	42913.639	43457.639	44005.593
83	N_2	186570.807	188450.647	190330.487	192223.66	194130.164	196063.333	197996.502	199943.003	201902.837	203876.002
	O_2	44560.212	45122.831	45688.116	46256.068	46836.019	47419.969	48007.919	48602.535	49201.151	49807.776
84	N_2	205875.832	207875.662	209902.157	211928.651	213981.81	216034.969	218114.792	220207.947	222301.103	224420.923
	O_2	50419.714	51036.995	51664.941	52290.222	52926.168	53567.446	54215.391	54868.669	55526.28	56195.223

（1）本实验是根据什么原理测定系统的压力的？为什么要将压力计 H 调到等位？如不调到等位对实验结果会产生什么影响？

（2）在测定吸附量时，为什么要使液氮的高度保持一定？

（3）为什么要测死体积？测定死体积时为什么要用氦气？

24.1.8 知识拓展

（1）本实验的简易 BET 装置可测定的比表面积范围为 $2 \sim 850 \ m^2 \cdot g^{-1}$ 的样品，所得结果较好，若进行一些改进，如尽量减少死体积的空间，使之相对应于 $V_死$ 可忽略不计，这样便于操作和计算。

（2）在导出 BET 公式时的假定：① 吸附表面均一；② 被吸附分子间没有相互作用；③ 第一层的吸附热与其后各层不尽相同，而第二层以后的各层的吸附热都相等，且接近于气体的凝聚热；④ 总的吸附表面处于恒定。然而在大多数情况下并不完全是这样。实际遇到的吸附剂（或催化剂）的表面通常是非均一的，在这种表面上吸附质分子还会有相互作用，第二、第三以及以后各层分子的吸附热亦各不相等，且与其在气相中的蒸气凝聚热也不相等。但这些对比表面积的计算影响都不大，因为 BET 理论关于在第一层以外的所有吸附层中分子吸附热是相等的，以及对凝聚热的假定，只有覆盖度达到两个单分子层时才导致明显的偏差。其实计算比表面积所需的实验数据，在任何时候都不会超过 1.5 个单分子层的范围。此外关于吸附表面处于恒定的假定也只有在待测的多孔物质的孔径小于吸附物分子直径 4 倍的情况下才有较大的偏差，通常用 BET 法测定的比表面积值能很好地与许多其他独立方法测得的比表面积值相一致，因此只要能合理地选择测定条件，此法不失为测定固体比表面积最方便和可靠的方法之一。

24.2 流动吸附色谱法测定固体比表面积

24.2.1 实验目的

（1）能够阐述固体表面的吸附作用以及测定比表面积的原理。

（2）能够使用流动吸附色谱法装置测定固体的比表面积。

24.2.2 实验原理

在多孔吸附剂和催化剂的理论研究及生产制备中，比表面积是一个重要的结构参数。

气相色谱法的研究表明，色谱峰形及其保留指数与吸附剂（担体）、吸附物（被分析物）的性质和结构之间有密切关系。因而可用色谱法来研究吸附剂和催化剂的表面性质和结构性质，如比表面积、孔径分布、有效扩散系数、吸附热等。这一方面取得的进展，已成为催化研究中迅速发展的"催化色谱"领域的重要内容。

色谱法测定比表面积的方法有许多种，其共同特点是设备简单，操作及计算简单、迅速，且能自动记录。其中应用较广者，有以下两种类型，共三种方法。

（1）保留体积法。此法无须利用 BET 公式，可由对单位吸附剂表面的绝对保留体积直接求出比表面积。

（2）由色谱图求出吸附等温线，再用 BET 公式计算出比表面积。

① 用迎头法或冲洗法测定吸附等温线。

② 连续流动法(也称热脱附法)。

上述方法中,以连续流动法应用较广,测定比表面积的范围可从 $0.01 \sim 1000 \ \mathrm{m}^2 \cdot \mathrm{g}^{-1}$。理论上不要求作任何假定,其结果准确度较高。基本原理及实验方法如下:

流动吸附色谱法测比表面积,以 BET 理论作为基础。利用 BET 公式(Ⅱ.24.2)求出 V_m,再应用下式求得样品的比表面积:

$$S = V_m N_A \sigma / m \times 22400 \qquad (\text{Ⅱ}.24.3)$$

式中 m 为样品的质量(g);N_A 为阿伏加德罗常数;σ 为 N_2 分子的横截面积。

流动吸附色谱法是用惰性气体 He 或 H_2 作为载气,N_2 作为吸附物,其简单流程图如图 Ⅱ-24-2 所示。

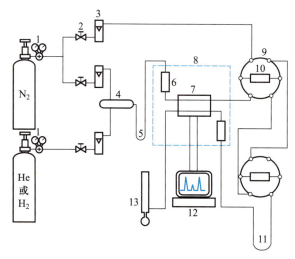

1—减压阀;2—稳压阀;3—流量计;4—混合器;5—液氮冷阱;6—恒温管;7—热导池;8—恒温箱;
9—平面六通阀;10—定体积管;11—样品吸附管;12—记录仪;13—皂膜流量计

图Ⅱ-24-2　流动吸附色谱法测比表面积流程示意图

一定流量的载气和氮气在混合器混合后,依次通过液氮冷阱、热导池参考臂、平面六通阀、样品管、热导池,最后经过皂膜流量计放空。另一路氮气作为校准用,流经两个平面六通阀后放空。

两种气体以一定的比例混合通过样品管,在室温下,载气和氮气不被样品所吸附,热导池桥路处于平衡状态,记录器基线为一直线。当样品管放入液氮中,氮气发生物理吸附作用,而作载气的惰性气体 He(或 H_2)则不被吸附。此时热导池桥路失去平衡,记录仪上出现一个氮吸附峰;取走液氮后,吸附的 N_2 就从样品中脱附出来,这样记录仪上又出现一个与吸附峰方向相反的脱附峰;最后转动平面六通阀,在混合气中注入已知体积的纯 N_2,又可得到一个标样峰,见图 Ⅱ-24-3。根据标样峰和脱附峰的面

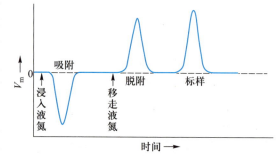

图Ⅱ-24-3　氮的吸附峰、脱附峰和标样峰

积,即可算出在此分压下样品的吸附量。改变 N_2 和载气的混合比例,就可测出几个不同 N_2 分压下的吸附量,然后应用 BET 公式求出 V_m,即可由式($\mathrm{II}.24.3$)算出比表面积。

24.2.3　仪器与药品

BC-1 型比表面积测定仪 1 台;氮气钢瓶 1 个;氢气钢瓶 1 个;氧蒸气压温度计 1 支;加热炉 1 个。

样品(可从分子筛、碳纳米材料、催化剂或催化剂载体等多孔性材料中选择)。

24.2.4　实验步骤

本实验所用载气为 H_2,仪器为 BC-1 型比表面积测定仪。氮的饱和蒸气压先用氧蒸气压温度计(如图 II-24-4 所示)测定温度,然后查表 II-24-1 获得。

(1)准确称取 110 ℃ 烘干的样品 m(g)放于样品管中,并接到仪器样品管接头上。将放有液氮的保温杯套在液态氮冷阱上(在侧门内)。平面六通阀均转到测试位置,用加热炉将样品管加热到 200 ℃,用 H_2 吹扫 1 h,停止加热,冷却至室温。

(2)调节载气流量约为 40 mL·min^{-1},待流量稳定后,用皂膜流量计准确测定其流量 R_{H_2}(mL·min^{-1}),以后在测量过程中载气流量保持不变。

(3)调节 N_2 流量 R_{N_2} 约为 5 mL·min^{-1},待流量稳定,两种气体混合均匀后,用皂膜流量计准确测定混合气体总流量 R_T,由此可求出 N_2 的分流量:

$$R_{N_2} = R_T - R_{H_2} \qquad (\mathrm{II}.24.4)$$

以及 N_2 的分压:

$$p = p_0 \cdot R_{N_2}/R_T \qquad (\mathrm{II}.24.5)$$

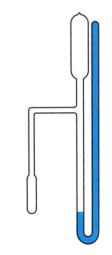

图 II-24-4　氧蒸气压温度计

式中 p_0 为大气压。

(4)仪器接通电源(注意一定要在样品管上通气后,才能接通电源),调节"电流调节"电位器,将电流调到 100 mA,电压表指示为 20 V。逆时针转动记录器调零旋钮到尽头,衰减比放在 1/16 处,调节"精""细"调节旋钮,使记录仪指针处于零位,也就是调节电桥的输出为零,最后再调"记录仪调零"旋钮,此时记录仪的指针可以从零调到最大即为正常。

(5)此时如条件不变,可采用 1/8(或 1/4)衰减比,待记录仪基线确实走稳后,将液氮保温杯套到样品管上。随后在记录仪上将出现吸附峰。

(6)记录仪回到原来基线后,将液氮保温杯移走,随后在记录仪上出现一个与吸附峰方向相反的脱附峰。计算出峰面积。

(7)脱附完毕,记录仪基线回到原来位置后,将 10 mL 平面六通阀转至标定位置(在测量过程中,平面六通阀始终在测量位置),记录仪上记下标样峰。计算出峰面积。

(8)将液氮保温杯套到氧蒸气压温度计的小玻璃球上,记下两边水银面的高度差,作压力单位换算后再查表 II-24-1,获得该液氮温度下氮的饱和蒸气压 p_s。

(9)以上步骤完成了在一个 N_2 平衡压力下吸附量的测定,改变 N_2 的流量(每次较前次增加 3 mL·min^{-1})使相对压力 p/p_s 为 0.05~0.35。按步骤(5)~(9)重复 3 次,即可完成一个样品的测量工作。

（10）记录实验时的大气压及室温。

24.2.5 实验注意事项

（1）在整个测量过程中保持载气流量恒定。

（2）在改变 N_2 流量进行测量时使相对压力 p/p_s 为 $0.05\sim0.35$。

（3）实验样品装入前须干燥，否则会使水蒸气聚集在热导池附近而影响测定。

24.2.6 数据处理

（1）从皂膜流量计测定的数据，计算出 R_{H_2}、R_T，并求出 R_{N_2} 及其分压 p 值。

（2）从色谱图上分别求出在氮的各分压下相应的吸附量 $V' = A/A_标 \cdot V_0$，再换算成标准状态下的 $V = V' \times 273p_0/(101325T)$。式中 A 为脱附峰面积；$A_标$ 为标样峰面积；V_0 为平面六通阀体积管体积；T 为室温（K）；p_0 为大气压（Pa）。

（3）由氧蒸气压力温度计读出的 p_{O_2}，查表变换成 p_s（在液氮温度下 N_2 的饱和蒸气压）。

（4）以 $\dfrac{p/p_s}{V(1-p/p_s)}$ 对 $\dfrac{p}{p_s}$ 作图，求出直线斜率和截距，从斜率和截距求出 V_m。

（5）将 V_m 代入式（Ⅱ.24.3），求出比表面积 S。

24.2.7 思考题

（1）在实验中为什么控制 p/p_s 在 $0.05\sim0.35$？

（2）分析影响本实验的误差因素。如何提高实验的精密度？

24.2.8 知识拓展

BET 重量法或容量法测定比表面积虽然再现性、可靠性都较好，但设备复杂，需高真空系统且使用大量汞。而流动吸附法测定固体比表面积设备简单，操作简单迅速，且灵敏度高，不需要测死体积，更适合于测低比表面积的固体物质。

24.3 全自动比表面积及孔隙分析仪测定固体孔结构参数

24.3.1 实验目的

（1）能够阐述固体表面的吸附作用以及测定比表面积的原理。

（2）能够使用全自动比表面积及孔隙分析仪测定固体的孔结构参数，并说明其工作原理。

（3）能够从比表面积、孔容、孔径分布等信息剖析固体材料的孔结构。

24.3.2 实验原理

目前最直接的测定比表面积的方法是采用全自动比表面及孔隙分析仪测定，操作方便，获取的信息量大，是一种广泛采用的固体表面分析手段。市场上的比表面积及孔隙分析仪的种类繁多，图Ⅱ-24-5是常用的 ASAP2020 型全自动比表面及孔隙分析仪的气路示意图。此分析仪可同时进行一个样品的分析和两个样品的预处理，仪器的操作软件为易用的"Windows"软件，仪器可进行单点、多点 BET 比表面积、Langmuir 比表面积、BJH 中孔、孔分布、孔大小及总孔体积和面积、密度函数理论（DFT）、吸附热及平均孔大小等多种数据分析。比表面积分析从 $0.0005\ m^2 \cdot g^{-1}$（Kr 测量）至无上限，孔径分析范围为 $3.5\sim5000\ Å$（氮气吸附），微孔区段的分辨率为 $0.2\ Å$，孔体积最小检测为 $0.0001\ cm^3 \cdot g^{-1}$。

仪器的工作原理为等温物理吸附的静态容量法，具体原理可参考实验 24.1。

24.3.3 仪器与药品

ASAP2020 系列全自动比表面及孔隙分析仪 1 台（Micromeritics ASAP2020，Surface Area and Porosity Analyzer）。

样品（可从分子筛、碳纳米材料、催化剂载体等多孔性材料中选择）。

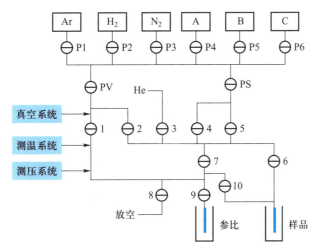

A,B,C—吸附气体；P1~P6,PV,PS,1~10—电磁阀

图Ⅱ-24-5　ASAP2020 型全自动比表面及孔隙分析仪的气路示意图

24.3.4 实验步骤

1. 准备工作

确定 N_2 和 He 气体钢瓶的压力值处于 0.1~0.15 MPa；确定在开机状态下冷阱杜瓦瓶中始终保持有液氮；注意分析杜瓦瓶中液氮位置。

2. 开机

先打开油泵、干泵、计算机、打印机等设备；再打开仪器主机开关，此时仪器和分子泵指示绿灯亮；双击桌面上 ASAP2020 图标打开应用软件。

3. 测试

（1）样品称量。样品烘干后，称量空管的质量（包括 sealfrit 密封塞）及空管加样品的总质量，两者差值即为脱气前样品质量；样品量为 0.1~0.2 g。将样品管装于仪器脱气站接口处，上紧卡套，套上加热包。

（2）在软件中设定条件文件，点击 File→Open→Sample Information；修改样品信息、脱气温度、脱气时间、测量比压范围等测试条件，并保存。

（3）点击 Unit1→Start Degas，点击 browse 选择与对应脱气接口样品相符的条件文件，点击 Start 开始脱气程序。有些样品需第二次脱气（见讨论）。脱气结束后，关闭加热包，把等温夹套滑下。

（4）脱气后，称量空管加样品的质量，并与空管质量比较，其差值为脱气后样品的实际质量；将样品接到测试口，上紧卡套，装好杜瓦瓶（注意液氮液位，要达到探头底部的小孔处）。

（5）点击 Unit1→Sample Analysis 进行分析，点击 browse 选择与待测样品相符的条件文件，填入样品的质量(脱气后样品的实际质量),点击 Start 开始分析程序。

（6）实验结束后,进入 Report→Start Report,打开测试结果文件,便可以得到分析数据。

（7）最后取下样品管并清洗干净,在下一次使用前确保样品管干燥。

4. 关机

先退出软件,再关闭计算机,最后关闭仪器主机开关,关掉油泵、干泵。

24.3.5 实验注意事项

（1）进行分析实验时,应将深色安全罩挂在杜瓦瓶外,保证安全;升降机下不能放杂物。

（2）装样品管时要套上等温套;分析杜瓦瓶中会累积冰,累积到一定程度应将冰除去,清洗杜瓦瓶;样品管进入时应检查液氮高度。

（3）冷阱杜瓦瓶液氮隔一天加一次。

（4）仪器如果短时间不用,不用关机,保持内部管路的真空度。

（5）天平用完,保持在待机状态。

24.3.6 数据处理

（1）打开文件报告,根据数据作吸附-脱附等温线、孔分布曲线。

（2）打开文件报告,找到样品的 BET 比表面积、孔体积等数据。

（3）由以上结果,分析样品的孔结构。

24.3.7 思考题

（1）为什么在测试前要进行脱气处理?

（2）从测试结果中可获得哪些信息? 这些信息分别代表了什么?

24.3.8 知识拓展

（1）测试微孔样品时,开始分析前需要进行第二阶段脱气。最好用 2 号加热包给样品手动加热,操作如下:进入仪器脱气示意图,点击 unit1→degas→show degas schematic,点击 unit1→degas→enable manual control,进入手动模式,设定二号加热包温度(根据实际样品而定,加热温度不能高于样品所能接受最高温度,否则会破坏样品结构),加热时间尽可能长(5 h 左右)。一般温度越高,相对时间越少。① 如果是颗粒等不容易被抽飞起的样品,进入仪器分析示意图,点击 unit1→show instrument schematic,点击 unit1→enable manual control,进入手动模式,可以直接打开 7、9、2 阀门;② 如果是粉末样品,最好回填氮气,操作如下:点击 unit1→show instrument schematic,进入仪器分析示意图,点击 unit1→enable manual control,进入手动模式,关闭所有阀门,打开 PS、5、4、7、P1 阀门回填一个大气压。再关闭所有阀门。然后打开 9、7、2 阀门,等压力降到 1333.3 Pa,再打开 1 阀门。

（2）吸附平衡等温线的形状与材料的孔结构有关。根据 IUPAC 的分类,有 6 种不同类型吸附平衡等温线(见图Ⅱ-24-6)。微孔材料(包括多数沸石和类沸石分子筛)的吸附平衡等温线为Ⅰ型。一定条件下,超微孔固体(包

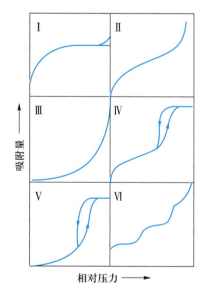

图Ⅱ-24-6 吸附平衡等温线类型

括沸石和类沸石分子筛)的吸附平衡等温线为Ⅵ型,呈台阶状,此类等温线只有在那些结构和组成十分严格的晶体上对某些吸附质在一定条件下的吸附才会出现,如C_2HCl_3、C_2Cl_4和C_6D_6在Silicalite-Ⅰ上的吸附。介孔材料(包括MCM-41、MCM-48和SBA系列介孔材料)多呈现Ⅳ型吸附平衡等温线。大孔材料的吸附平衡等温线为Ⅱ型。

实验二十五　胶体的制备及其性质

25.1　实验目的

(1)能够阐述胶体电泳的原理。

(2)能够利用凝聚法和渗析法制备和纯化$Fe(OH)_3$溶胶。

(3)能够使用显微电泳仪和Zeta电位及粒度分析仪测定胶体的电动电势和粒度分布,并说明其工作原理。

25.2　实验原理

溶胶是一个多相系统,其分散相胶粒的大小在$1 \sim 1000$ nm。由于本身的解离或选择性地吸附一定量的离子以及其他原因,胶粒表面带有一定量的电荷。胶粒周围的介质分布着反离子。反离子所带电荷与胶粒表面电荷符号相反、数量相等,整个溶胶系统保持电中性。胶粒周围的反离子由于静电引力和热扩散运动的结果形成了两部分——紧密层和扩散层。紧密层有一两个分子层厚,紧密吸附在胶核表面上,而扩散层的厚度则随外界条件(温度、系统中电解质浓度及其离子的价态等)而改变,扩散层中的反离子符合玻尔兹曼分布。由于离子的溶剂化作用,紧密层结合有一定数量的分散介质分子,在电场的作用下,它和胶粒作为一个整体移动,而扩散层中的反离子则向相反的电极方向移动。这种在电场作用下分散相粒子相对于分散介质的运动称为电泳。发生相对移动的界面称为切动面,切动面与液体内部的电势差称为电动电势,以ζ表示,而胶粒质点表面与液体内部的电势差称为质点的表面电势,以φ_0表示,如图Ⅱ-25-1所示。

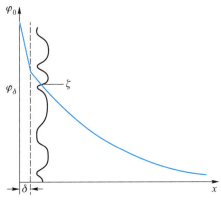

图Ⅱ-25-1　双电层的Stern模型

胶粒电泳速度除与外加电场的强度有关外,还与电动电势 ζ 的大小有关。

电动电势 ζ 是表征胶体特性的重要物理量之一,在研究胶体性质及其实际应用有着重要意义。胶体的稳定性与电动电势 ζ 有直接关系。电动电势 ζ 绝对值越大,表明胶粒电荷越多,胶粒间排斥力越大,胶体越稳定。反之则表明胶体越不稳定。当电动电势 ζ 为零时,胶体的稳定性最差,此时可观察到胶体的聚沉。

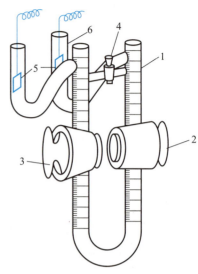

1—U 形管;2,3,4—旋塞;5—电极;6—弯管

图 Ⅱ-25-2 拉比诺维奇-付其曼 U 形电泳仪

在一定的外加电场强度下通过测定 $Fe(OH)_3$ 胶粒的电泳速度可以计算出电动电势 ζ。早期实验用拉比诺维奇-付其曼 U 形电泳仪,如图 Ⅱ-25-2 所示。

在电泳仪两极间接上电势差 $E(V)$ 后,在 $t(s)$ 时间内溶胶界面移动的距离为 $d(m)$,即胶粒电泳速度 $u(m \cdot s^{-1})$ 为

$$u = \frac{d}{t} \qquad (\text{Ⅱ}.25.1)$$

相距为 $l(m)$ 的两极间的电势梯度平均值 $H(V \cdot m^{-1})$ 为

$$H = \frac{E}{l} \qquad (\text{Ⅱ}.25.2)$$

如果辅助液的电导率 κ_0 与溶胶的电导率 κ 相差较大,则在整个电泳管内的电势降是不均匀的,这时需用下式求 H:

$$H = \frac{E}{\dfrac{\kappa}{\kappa_0}(l - l_k) + l_k} \qquad (\text{Ⅱ}.25.3)$$

式中 l_k 为溶胶两界面间的距离。

从实验求得胶粒电泳速度后,可按下式求出电动电势 $\zeta(V)$:

$$\zeta = \frac{K \pi \eta}{\varepsilon H} \cdot u \qquad (\text{Ⅱ}.25.4)$$

式中 K 为与胶粒形状有关的常数(对于球形粒子,$K = 5.4 \times 10^{10} \ V^2 \cdot s^2 \cdot kg^{-1} \cdot m^{-1}$;对于棒形粒子 $K = 3.6 \times 10^{10} \ V^2 \cdot s^2 \cdot kg^{-1} \cdot m^{-1}$,本实验胶粒为棒形);$\eta$ 为介质的黏度($kg \cdot m^{-1} \cdot s^{-1}$);$\varepsilon$ 为介质的介电常数。

在当前科研中,通常使用显微电泳仪和 Zeta 电位及粒度分析仪直接测量胶体的电动电势 ζ,其中后者还可同时测量胶粒的粒度分布。

25.3 仪器与药品

方法一:

电导率仪 1 台;显微电泳仪 1 台;Zeta 电位及粒度分析仪 1 台;可控温磁力搅拌器 2 台;注射

器（10 mL）1 只；滤膜（0.22 μm）1 个；烧杯（500 mL）2 只，（100 mL）1 只，（50 mL）1 只；塑料离心管（10 mL）3 只；玻璃棒、滴管、表面皿、封口夹、渗析袋各 1 份。

$FeCl_3$ 溶液（25 g·L^{-1}）；超纯水。

方法二：

直流稳压电源 1 台；电导率仪 1 台；U 形电泳仪 1 个；铂电极 2 支；磁力加热搅拌器 1 台；烧杯（500 mL）1 只，（100 mL）1 只；锥形瓶（250 mL）1 只；玻璃棒、滴管、磁力搅拌子各 1 支。

$FeCl_3$（CP）；胶棉液（工业纯）。

25.4 实验步骤

方法一：使用显微电泳仪和 Zeta 电位及粒度分析仪进行测试

实验二十五　操作演示视频（方法一）

（1）$Fe(OH)_3$ 溶胶的制备。取 5 mL $FeCl_3$ 溶液（事先用 0.22 μm 滤膜除去固体颗粒），在搅拌的情况下滴入 50 mL 微沸的超纯水中（控制在 1 min 左右滴完），然后再煮沸 1~2 min，即制得 $Fe(OH)_3$ 溶胶。取出约 5 mL 所得胶体放入塑料离心管中，用于粒度分布测试。

（2）溶胶的纯化。将冷至约 60 ℃ 的 $Fe(OH)_3$ 溶胶转移至渗析袋中，用封口夹夹紧，置于 500 mL 去离子水中，控制 60 ℃ 搅拌下渗析，约 10 min 换水 1 次，渗析 4~5 次。

（3）渗析结束后，取出约 8 mL 胶体装入干净的塑料离心管保存，剩余胶体冷至室温后，测定其电导率。

（4）分别使用显微电泳仪和 Zeta 电位及粒度分析仪测定渗析后胶体的电动电势 ζ 值。

（5）使用 Zeta 电位及粒度分析仪测量渗析前后胶体的粒度分布。

方法二：使用 U 形电泳仪进行测试

实验二十五　操作演示视频（方法二）

（1）$Fe(OH)_3$ 溶胶的制备。将 0.5 g 无水 $FeCl_3$ 溶于 20 mL 去离子水中，在搅拌的情况下将上述溶液滴入 200 mL 沸水中（控制在 4~5 min 内滴完），然后再煮沸 1~2 min，即制得 $Fe(OH)_3$ 溶胶。

（2）渗析袋的制备。将约 20 mL 棉胶液倒入干净的 250 mL 锥形瓶内，小心转动锥形瓶使瓶内壁均匀铺展一层液膜，及时倾出多余的棉胶液，继续转动至瓶内胶膜失去流动性为止，将锥形瓶倒置于铁圈上,待溶剂挥发完(用手指轻触膜面,胶膜不沾手为好),用去离子水注入胶膜与瓶壁之间,使胶膜与瓶壁分离,将其从瓶中取出,然后注入去离子水检查胶袋是否有漏洞,如无,则浸入去离子水中待用。

（3）溶胶的纯化。将冷至约 50 ℃ 的 $Fe(OH)_3$ 溶胶转移到渗析袋,用约 50 ℃ 的去离子水渗析,约 10 min 后换水 1 次,渗析 5~6 次。

（4）将渗析好的 $Fe(OH)_3$ 溶胶冷至室温,测定其电导率,用 0.1 $mol \cdot L^{-1}$ KCl 溶液和去离子水配制与溶胶电导率相同的辅助液。

（5）测定 $Fe(OH)_3$ 的电泳速度。

用洗液和去离子水把电泳仪洗干净(三个旋塞均需涂好凡士林)。

用少量 $Fe(OH)_3$ 溶胶洗涤电泳仪 2~3 次,然后注入 $Fe(OH)_3$ 溶胶直至胶液面高出旋塞 2、3 少许,转动旋塞并轻拍电泳管以赶走旋塞和管壁上的气泡,关闭该两旋塞,倒掉多余的溶胶。

先用去离子水后用辅助液把电泳仪旋塞 2、3 以上的部分荡洗干净,然后把电泳仪固定在支架上,最后向管内注入辅助液至液面距管口约 3 cm。

如图 Ⅱ-25-2 将两铂电极插入支管内并连接电源,开启旋塞 4 使管内两辅助液面等高,关闭旋塞 4,同时缓缓开启旋塞 2、3(勿使溶胶液面搅动)。然后打开稳压电源,将电压调至 150 V,观察溶胶液面移动现象及电极表面现象。记录 30 min 内界面移动的距离。通电结束后用绳子和尺子量出两电极间的距离。

25.5 实验注意事项

（1）粒径大于 10 μm 颗粒的存在会影响粒度分布的测试,因为普通去离子水中存在一些粒径较大的固体颗粒,故胶体制备尽量使用超纯水,并避免空气中灰尘污染。

（2）溶胶的制备条件和净化效果均影响胶体的性质。制胶过程应很好控制浓度、温度、搅拌和滴加速率。渗析时应控制水温、水量和搅拌速率,及时换渗析液。这样制备得到的溶胶胶粒大小分布合适,胶粒周围的反离子分布趋于合理,基本形成热力学稳定态,所得的电动电势 ζ 值准确,重复性好。

（3）显微电泳仪测试时,两电极之间不能有气泡。

（4）JS94HW 显微电泳仪适用于测定 0.5~20 μm 的分散体系,粒径较小的胶粒可能检测不到。

（5）在制备渗析袋时,加水的时间应合适,如加水过早,因胶膜中的溶剂还未完全挥发掉,胶膜呈乳白色,强度差不能用。如加水过迟,则胶膜变干、脆,不易取出且易破。

（6）使用 U 形电泳仪测量时,渗析后的溶胶必须冷至与辅助液大致相同的温度(室温),以避免打开旋塞时产生热对流而破坏了溶胶界面。同时保证二者所测的电导率一致。

25.6 数据处理

（1）利用显微电泳仪软件处理拍摄照片获得胶体的 ζ 数据。

（2）绘制胶体的粒度分布图,并找出胶体的平均粒径和最概然粒径数值。

（3）将实验数据 d、t、E 和 l 分别代入式(Ⅱ.25.1)和式(Ⅱ.25.2)计算电泳速度 u 和平均电势梯度 H。

（4）将 u、H 和介质的黏度及介电常数代入式（Ⅱ.25.4）求电动电势 ζ。

（5）根据胶粒电泳时的移动方向确定其所带电荷符号。

25.7 思考题

（1）电泳速度与哪些因素有关？

（2）写出 $FeCl_3$ 水解反应式。如何从显微电泳照片确定 $Fe(OH)_3$ 胶粒所带电荷的符号？胶粒带电荷的原因是什么？

（3）对 $Fe(OH)_3$ 胶体进行纯化的目的是什么？

25.8 知识拓展

（1）电泳的实验方法有多种。本实验主要使用显微电泳法和电泳光散射法。显微电泳法用显微镜直接观察质点电泳的速度，要求研究对象必须在显微镜下能明显观察到，此法简便、快速、样品用量少，在质点本身所处的环境下测定，可测的分散相大小通常在 $0.5 \sim 20\ \mu m$，适用于粗颗粒的悬浮体和乳状液。若配备高倍变焦系统，可测分散相最小可到 $0.1\ \mu m$。电泳光散射法的测量原理为：带电荷颗粒在外加电场的作用下，发生定向移动，从而引起穿过该体系的光束频率发生变化，通过测量频率的变化而获得悬浮体系中粒子的电泳速度。电泳光散射法同样具有简便、快速、样品用量少等优点，并且可适用的粒度范围在 $0.001 \sim 100\ \mu m$，被广泛用于胶体电动电势的测定。不过采用此法时胶体必须稀释后测定，而且浓度对结果有较大影响。此外还有界面移动法、区域电泳法、超声电声法等。界面移动法直接测定溶胶或大分子溶液与分散介质形成的界面在电场作用下的移动速度，耗时长，样品用量多，是早期的测量方法。区域电泳法以惰性而均匀的固体或凝胶作为待测样品的载体进行电泳，以达到分离与分析电泳速度不同的各组分的目的。超声电声法采用声波信号取代光学方法测量带电荷粒子在电场中的运动速度，由于声波穿透力强，可以进行原液测试，测试结果重复性好。

（2）由化学反应得到的溶胶都含有电解质，而随电解质浓度增加电泳速度会降低，甚至变为零。电解质浓度过高甚至会破坏胶体的稳定性。所以实验中制得的胶体在电泳前通常用半透膜来纯化，称为渗析。半透膜孔径大小可允许电解质通过而胶粒则通不过。实验用热水渗析是为了提高渗析效率，保证纯化效果。

（3）胶体的电动电势 ζ 除了通过电泳实验求得外，也可通过电渗实验求得。电渗和电泳都是胶体重要的电动现象。电泳是在电场的作用下分散相胶粒对于分散相介质的定向相对移动；而电渗则是在电场的作用下分散相介质对于静态的分散相胶粒的定向相对移动。电渗实验中，在一定的实验条件下测定分散相介质的移动速率，利用相关公式计算得到电动电势 ζ。

（4）电泳是电解质或胶粒等带电荷粒子在电场力作用下向电性相反的电极方向迁移的实验现象，人们根据这种实验现象发展了一种电泳技术，实现了对化学组分或生物化学组分的分离。纸电泳、凝胶电泳等电泳技术是 20 世纪三四十年代发展起来的。到了 20 世纪 80 年代初，毛细管应用于电泳技术，由此产生了毛细管电泳新技术。毛细管电泳以高压直流电场作为驱动力，样品中的离子或带电荷粒子以毛细管作为分离室，根据各自的分配行为和淌度的不同而实现分离。

（5）粒度分布是影响胶体和纳米材料性能的一个重要参数，本实验采用动态光散射法来测量,其原理为:任何悬浮于液体的颗粒都会不停地做布朗运动,布朗运动使得颗粒的位置时刻发生变化,通过测量颗粒在不同时刻的相关性,从而得到其大小及其分布。

实验二十六　黏度法测定高聚物相对分子质量

26.1　实验目的

(1)能够阐述黏度相关的概念。
(2)能够使用乌氏(Ubbelohde)黏度计测定高聚物溶液相对黏度。
(3)能够利用黏度法测定高聚物相对分子质量,并说明其原理。

26.2　实验原理

单体分子经加聚或缩聚过程便可合成高聚物。高聚物每个分子的大小并非都相同,即聚合度不一定相同,所以高聚物相对分子质量是一个统计平均值。对于聚合和解聚过程机理和动力学的研究,以及高聚物产品性能的改良和控制,高聚物相对分子质量是必须掌握的重要数据之一。

高聚物溶液的特点是黏度特别大,原因在于其分子链长度远大于溶剂分子,加上溶剂化作用,使其在流动时受到较大的内摩擦阻力。

黏性液体在流动过程中,必须克服内摩擦阻力而做功。黏性液体在流动过程中所受内摩擦阻力的大小可用黏度系数 η(简称黏度)来表示(kg·m^{-1}·s)。

高聚物稀溶液的黏度是液体流动时内摩擦力大小的反映。纯溶剂黏度反映了溶剂分子间的内摩擦力,记作 η_0,高聚物溶液的黏度则是高聚物分子间的内摩擦、高聚物分子与溶剂分子间的内摩擦以及 η_0 三者之和。在相同温度下,通常 $\eta > \eta_0$,相对于溶剂,溶液黏度增加的分数称为增比黏度,记作 η_{sp},即

$$\eta_{sp} = \frac{\eta - \eta_0}{\eta_0} \qquad (\text{II}.26.1)$$

而溶液黏度与纯溶剂黏度的比值称作相对黏度,记作 η_r,即

$$\eta_r = \frac{\eta}{\eta_0} \qquad (\text{II}.26.2)$$

式中 η_r 是溶液黏度对溶剂黏度的相对值,反映的是溶液整体的黏度行为;而 η_{sp} 则意味着已扣除了溶剂分子间的内摩擦效应,仅反映了高聚物分子与溶剂分子间及高聚物分子间的内摩擦效应。

高聚物溶液的增比黏度 η_{sp} 往往随质量浓度 ρ_B 的增大而增大。为了便于比较,将单位浓度下所显示的增比黏度 η_{sp}/ρ_B 称为比浓黏度,而 $\ln\eta_r/\rho_B$ 则称为比浓对数黏度。当溶液无限稀释时,高聚物分子彼此相隔甚远,它们的相互作用可以忽略,此时有关系式:

$$\lim_{\rho_B \to 0} \eta_{sp}/\rho_B = \lim_{\rho_B \to 0} \ln\eta_r/\rho_B = [\eta] \qquad (\text{II}.26.3)$$

$[\eta]$ 称为特性黏度,它反映的是无限稀释溶液中高聚物分子与溶剂分子间的内摩擦,其值取决于溶剂的性质及高聚物分子的大小和形态。由于 η_r 和 η_{sp} 量纲均为1,所以 $[\eta]$ 的单位是质量浓度

ρ_B 单位的倒数。

在足够稀的高聚物溶液里，η_{sp}/ρ_B 与 ρ_B 和 $\ln\eta_r/\rho_B$ 与 ρ_B 之间分别符合下述经验关系式：

$$\eta_{sp}/\rho_B = [\eta] + \kappa[\eta]^2\rho_B \tag{II.26.4}$$

$$\ln\eta_r/\rho_B = [\eta] - \beta[\eta]^2\rho_B \tag{II.26.5}$$

上两式中 κ 和 β 分别称为 Huggins 常数和 Kramer 常数。这是两直线方程，通过 η_{sp}/ρ_B 对 ρ_B 或 $\ln\eta_r/\rho_B$ 对 ρ_B 作图，外推至 $\rho_B = 0$ 时所得截距即为 $[\eta]$。显然，对于同一高聚物，由两线性方程作图外推所得截距交于同一点，见图 II-26-1。

高聚物溶液的特性黏度 $[\eta]$ 与高聚物摩尔质量之间的关系，通常用含有两个参数的 Mark-Houwink 经验方程式来表示：

$$[\eta] = K \cdot \overline{M}_\eta^\alpha \tag{II.26.6}$$

式中 $\overline{M}_\eta$ 是黏均相对分子质量；K、α 是与温度、高聚物及溶剂的性质、高聚物的相对分子质量范围有关的常数，只能通过一些绝对实验方法（如膜渗透压法、光散射法等）确定，通常可查表获得。

本实验采用毛细管法测定相对黏度，通过测定一定体积的液体流经一定长度和半径的毛细管所需时间而获得。实验使用的乌氏黏度计如图 II-26-2 所示。当液体在重力作用下流经毛细管达到稳定时，促使其流动的力（重力）与阻止其流动的力（内摩擦力）相等，且遵守 Poiseuille 定律：

$$\eta = \frac{\pi p r^4 t}{8lV} = \frac{\pi h\rho g r^4 t}{8lV} \tag{II.26.7}$$

式中 $\eta(\mathrm{kg \cdot m^{-1} \cdot s^{-1}})$ 为液体的黏度；$p(\mathrm{kg \cdot m^{-1} \cdot s^{-2}})$ 为当液体流动时在毛细管两端间的压力差（即是液体密度 ρ，重力加速度 g 和流经毛细管液体的平均液柱高度 h 这三者的乘积）；$r(\mathrm{m})$ 为毛细管的半径；$V(\mathrm{m^3})$ 为流经毛细管的液体体积；$t(\mathrm{s})$ 为 V 体积液体的流出时间；$l(\mathrm{m})$ 为毛细管的长度。

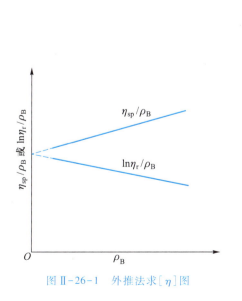

图 II-26-1　外推法求 $[\eta]$ 图

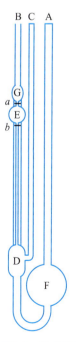

图 II-26-2　乌式黏度计

用同一黏度计在相同条件下测定两个液体的黏度时,它们的黏度之比就等于密度与流出时间乘积之比:

$$\frac{\eta_1}{\eta_2} = \frac{p_1 t_1}{p_2 t_2} = \frac{\rho_1 t_1}{\rho_2 t_2} \qquad (\text{II}.26.8)$$

如果用已知黏度 η_1 的液体作为参考液体,则待测液体的黏度 η_2 可通过式(II.26.8)求得。

在测定溶剂和溶液的相对黏度时,如溶液的质量浓度不大,溶液的密度与溶剂的密度可近似地看作相同,故

$$\eta_r = \frac{\eta}{\eta_0} = \frac{t}{t_0} \qquad (\text{II}.26.9)$$

所以只需测定溶液和溶剂在毛细管中的流出时间就可得到 η_r。

26.3 仪器与药品

恒温槽 1 套;乌氏黏度计 1 支;磨口锥形瓶(50 mL)2 只;洗耳球 1 只;胖肚移液管(5 mL)1 支,(10 mL)2 支;细乳胶管 2 根;弹簧夹 1 个;恒温槽夹 3 个;吊锤 1 只;容量瓶(25 mL)1 只;计时器(0.1 s)1 个。

$H(OCH_2CH_2)_n OH$(聚乙二醇,AR)。

26.4 实验步骤

实验二十六　操作演示视频

(1) 将恒温槽调至(30.0 ± 0.1) ℃。

(2) 配制溶液。称取 1 g 聚乙二醇(称准至 0.001 g),在 25 mL 容量瓶中配成水溶液。配溶液时,要先加入溶剂至容量瓶的 2/3 处,待其全部溶解后恒温 10 min,再用同温度的蒸馏水稀至刻度。

(3) 洗涤黏度计。先用热洗液(经砂芯漏斗过滤)浸泡黏度计,再用蒸馏水冲洗(使用过的黏度计的毛细管要反复用蒸馏水冲洗,再用蒸馏水浸泡,以去除留在黏度计中的高聚物)。

(4) 测定溶剂流出时间 t_0。将黏度计垂直夹在恒温槽内,用吊锤检查毛细管将其调至垂直。将 10 mL 纯溶剂自 A 管加入黏度计内,恒温数分钟,夹紧 C 管上连接的乳胶管,同时在连接 B 管的乳胶管上接洗耳球慢慢抽气,待液体升至 G 球的 1/2 左右即停止抽气,打开 C 管乳胶管上夹子使毛细管内液体同 D 球液体分开,用计时器测定液面在 a、b 两线间移动所需时间。重复测定 3 次,每次相差不超过 0.2~0.3 s,取平均值。

(5) 测定溶液流出时间 t。取出黏度计,倒出溶剂,吹干。用移液管吸取 10 mL 已恒温的高聚物溶液加入黏度计内,同上法测定流经时间。再用移液管加入 5 mL 已恒温的溶剂,用洗耳球

从 C 管鼓气搅拌混匀,并从 B 管将溶液慢慢地抽上流下数次润洗毛细管,再如上法测定流经时间。同法依次加入 5 mL、10 mL、10 mL 溶剂,逐一测定溶液的流经时间。

实验结束后,将溶液倒入回收瓶内,用溶剂仔细洗涤黏度计 3 次,最后用溶剂浸泡,备用。

26.5 实验注意事项

(1)黏度计必须洁净,如毛细管壁上挂有水珠,需用洗液浸泡(洗液经 2 号砂芯漏斗过滤除去微粒杂质)。

(2)高聚物在溶剂中溶解缓慢,配制溶液时必须保证其完全溶解,否则会影响溶液起始浓度,而导致结果偏低。

(3)本实验中溶液的稀释是直接在黏度计中进行的,所用溶剂必须先在与溶液所处同一恒温槽中恒温,然后用移液管准确移液并充分混合均匀后方可测定。

(4)测定时黏度计毛细管要保持垂直,否则影响结果的准确性。

26.6 数据处理

(1)由式(II.26.9)和关系式 $\eta_{sp} = \eta_r - 1$ 计算各相对浓度 ρ'_B 时的 η_r 和 η_{sp}。

(2)以 $\ln\eta_r/\rho'_B$ 及 η_{sp}/ρ'_B 分别对 ρ'_B 作图并作线性外推求得截距 A,以 A 除以起始质量浓度 ρ_{B0} 即得[η]。

(3)取 30 ℃ 时常数 K、α 值,按式(II.26.6)计算出聚乙二醇的黏均相对分子质量 $\overline{M}_\eta$。

26.7 思考题

(1)乌氏黏度计的 C 管有什么作用? 能否去除 C 管改为双管黏度计使用?

(2)高聚物溶液的 η_r、η_{sp}、η_{sp}/ρ_B 和[η]的物理意义是什么?

(3)如何设计一个实验求某一浓度溶液的黏度 η?

26.8 知识拓展

(1)黏性液体在毛细管中流出受各种因素的影响,如动能修正、末端修正、倾斜度修正、重力加速度修正、毛细管内壁粗糙度修正、表面张力修正等,其中影响最大的是动能修正项。考虑了动能修正后的 Poiseuille 公式为下式,式中 K 为仪器常数。

$$\eta = \frac{\pi h \rho g r^4 t}{8lV} - \frac{KV\rho}{8\pi lt} \tag{II.26.10}$$

本实验使用的式(II.26.7)是 Poiseuille 定律的另一表达式,忽略了上述诸因素的影响,它的使用必须满足以下条件:

① 液体流动属于牛顿型流动,即液体的黏度与流动的切变速度无关。

② 液体的流动呈层流状态,没有湍流存在,要求液体流动速度不能太大。根据所用溶剂选择 V 和 r,并使溶剂流出时间 t_0 大于 100 s。

③ 液体在毛细管管壁上没有滑动。

④ 毛细管半径与长度的比值要足够小。当 $r/l \ll 1$ 时,末端修正项可以忽略。

(2)高聚物的平均相对分子质量可因测定方法不同而异,因为不同方法的测定原理和计算方法有所不同。本实验采用的黏度法具有设备简单操作方便的特点,准确度可达 ± 5%。各种高聚物平均相对分子质量测定方法和适用范围见表Ⅱ-26-1。

表Ⅱ-26-1　各种高聚物平均相对分子质量测定方法和适用范围

方法名称	适用相对分子质量范围	平均相对分子质量类型	方法类型
端基分析法	3×10^4 以下	数均	绝对法
沸点升高法	3×10^4 以下	数均	相对法
凝固点降低法	5×10^3 以下	数均	相对法
气相渗透压法(VPO)	3×10^4 以下	数均	相对法
膜渗透压法	$2 \times 10^4 \sim 1 \times 10^6$	数均	绝对法
光散射法	$2 \times 10^4 \sim 1 \times 10^7$	重均	绝对法
超速离心沉降速度法	$1 \times 10^4 \sim 1 \times 10^7$	各种平均	绝对法
超速离心沉降平衡法	$1 \times 10^4 \sim 1 \times 10^6$	重均、数均	绝对法
黏度法	$1 \times 10^4 \sim 1 \times 10^7$	黏均	相对法
凝胶渗透色谱法	$1 \times 10^3 \sim 5 \times 10^6$	各种平均	相对法

据近年文献报道,可利用脉冲核磁共振仪、红外分光光度计和电子显微镜等实验技术测定高聚物的平均相对分子质量。

（3）高聚物分子链在溶液中所表现出的一些行为会影响 $[\eta]$ 的测定。例如,某些高分子链的侧基可以解离,解离后的高分子链有相互排斥作用,随 ρ_B 的减小, η_{sp}/ρ_B 却反常地增大,这称作聚电解质行为。通常可加入少量小分子电解质作为抑制剂,利用同离子效应抑制聚电解质行为。又如,某些高聚物在溶液中会发生降解,会使 $[\eta]$ 和 $\overline{M}_\eta$ 结果偏低,可加入少量的抗氧剂以抑制降解。

（4）实验过程中的一些因素可影响到 η_{sp}/ρ_B 或 $\ln\eta_r/\rho_B$ 对 ρ_B 作图的线性。温度的波动可直接影响到溶液黏度的测定,因此恒温槽的控温精度是重要的。一般而言,对于不同的溶剂和高聚物,温度波动对黏度的影响程度不同。溶液黏度与温度的关系可用 Andraole 方程表示:

$$\eta = Ae^{B/(RT)} \qquad (Ⅱ.26.11)$$

式中 A 与 B 对于给定的高聚物和溶剂是常数; R 为摩尔气体常数。此外,溶液浓度选择不当或浓度不准确,测定过程中因微粒杂质局部堵塞毛细管而影响流经时间及毛细管垂直发生改变等因素都可对作图线性产生较大影响。

（5）在测定过程中即使注意了上述各点后仍会遇到一些如图Ⅱ-26-3所示的异常现象,这并非操作不严格而是高聚物本身的结构及其在溶液中的形态所致。目前尚不能清楚地解释产生这些反常现象的原因,只能作一些近似处理。

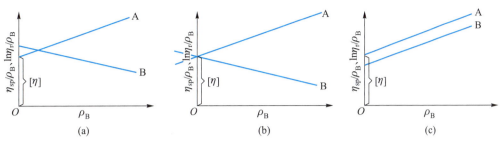

A—$\eta_{sp}/\rho_B-\rho_B$ 关系图；B—$\ln\eta_r/\rho_B-\rho_B$ 关系图

图Ⅱ-26-3　黏度测定中的异常现象示意图

根据 Huggins 公式 $\eta_{sp}/\rho_B = [\eta] + \kappa[\eta]^2\rho_B$ 和 Kramer 公式 $\ln\eta_r/\rho_B = [\eta] - \beta[\eta]^2\rho_B$，前一式中的 κ 和 η_{sp}/ρ_B 值与高聚物结构（如高聚物的多分散性及高分子链的支化等）和形态有关，该式物理意义明确。后一式则基本上是数学运算式，含义不太明确。因此图Ⅱ-26-3 中的异常现象就应以 η_{sp}/ρ_B 与 ρ_B 的关系作为基准来求得高聚物溶液的特性黏度 $[\eta]$。图中的（a）、（b）、（c）三种情况均应以 $\eta_{sp}/\rho_B - \rho_B$ 线与纵坐标相交的截距求 $[\eta]$。

（6）特性黏度 $[\eta]$ 的量纲与质量浓度 ρ_B 的量纲互为倒数。在文献和实验教材中 ρ_B 及 $[\eta]$ 所用量纲不尽相同，本实验中 ρ_B 的单位为 $kg \cdot m^{-3}$，$[\eta]$ 的单位为 $kg^{-1} \cdot m^3$。

Mark-Houwink 经验公式中的参数 K 和 α 的求法是：将高聚物样品多次分级，可认为得到的样品的相对分子质量是均一的，求出其 $[\eta]$，再用渗透压或光散射等绝对方法测定它们的相对分子质量 M，将 $[\eta]$ 对 M 作图，求出 K 和 α。参数 K 的量纲与 $[\eta]$ 相同，而参数 α 的量纲为 1。对同一高聚物，在不同的相对分子质量范围、不同的温度和不同的溶剂下，K 及 α 的值不同。对于聚乙二醇的水溶液，在不同温度及相对分子质量范围时的 K、α 值见表Ⅱ-26-2。

表Ⅱ-26-2　聚乙二醇在不同温度及相对分子质量范围时的 K、α 值（水为溶剂）

$t/℃$	$K/(10^{-6}\ m^3 \cdot kg^{-1})$	α	$\overline{M}_\eta/10^4$
25	156	0.50	0.019~0.1
30	12.5	0.78	2~500
35	6.4	0.82	3~700
35	16.6	0.82	0.04~0.4
45	6.9	0.81	3~700

结构化学部分

实验二十七　摩尔折射度的测定

27.1　实验目的

（1）能够阐述摩尔折射度的概念。

（2）能够使用阿贝折射仪和密度管分别测量液体的折射率和密度。

（3）能够从所测数据求化合物、基团和原子的摩尔折射度，并判断各化合物的分子结构。

27.2　实验原理

摩尔折射度（R）是在光的照射下分子中电子（主要是价电子）云相对于分子骨架的相对运动的结果。R 可作为分子中电子极化率的度量，其定义为

$$R = \frac{n^2 - 1}{n^2 + 2} \cdot \frac{M}{\rho} \tag{II.27.1}$$

式中 n 为折射率；M 为摩尔质量；ρ 为密度。

摩尔折射度与波长有关，若以钠光 D 线为光源（属于高频电场，$\lambda = 5893$ Å），所测得的折射率以 n_D 表示，相应的摩尔折射度以 R_D 表示。根据麦克斯韦的电磁波理论，物质的相对介电常数 ε_r 和折射率 n 之间有如下关系：

$$\varepsilon_r(\lambda) = n^2(\lambda) \tag{II.27.2}$$

ε_r 和 n 均与波长 λ 有关。将式（II.27.2）代入式（II.27.1），得

$$R = \frac{\varepsilon_r - 1}{\varepsilon_r + 2} \cdot \frac{M}{\rho} \tag{II.27.3}$$

ε_r 通常是在静电场或低频电场（λ 趋于 ∞）中测定的，因此折射率也应该用外推法求波长趋于 ∞ 时的 n_∞，其结果才更准确，这时摩尔折射度以 R_∞ 表示。R_D 和 R_∞ 一般较接近，相差百分之几，只对少数物质是例外，例如水 $n_D^2 = 1.75$，而 $\varepsilon_r = 81$。

摩尔折射度具有体积的量纲，通常以 cm^3 表示。实验结果表明，摩尔折射度具有加和性，即摩尔折射度等于分子中各原子摩尔折射度及形成化学键时摩尔折射度的增量之和。离子化合物其摩尔折射度等于其离子摩尔折射度之和。利用物质摩尔折射度的加和性质，就可根据物质的化学式算出其各种同分异构体的摩尔折射度并与实验测定结果作比较，从而探讨原子间的键型及分子结构。表 II-27-1 列出常见原子摩尔折射度和形成化学键时摩尔折射度的增量。

表 Ⅱ-27-1　原子摩尔折射度和形成化学键时摩尔折射度的增量

原子或化学键	R_D/cm^3	原子或化学键	R_D/cm^3
H	1.028	S(硫化物)	7.921
C	2.591	CN(腈)	5.459
O(酯类)	1.764	碳键的增量	
O(缩醛类)	1.607	单键	0
OH(醇)	2.546	双键	1.575
Cl	5.844	三键	1.977
Br	8.741	三元环	0.614
I	13.954	四元环	0.317
N(脂肪族的)	2.744	五元环	-0.19
N(芳香族的)	4.243	六元环	-0.15

27.3　仪器与药品

阿贝折射仪 1 台。

$CCl_4(AR)$；$CH_3CH_2OH(AR)$；$CH_3COOCH_3(AR)$；$CH_3COOCH_2CH_3(AR)$；$ClCH_2CH_2Cl(AR)$。

27.4　实验步骤

（1）折射率的测定。使用阿贝折射仪测定上述物质的折射率。
（2）用密度管法测定上述物质的密度。

27.5　实验注意事项

（1）阿贝折射仪使用注意事项。
（2）密度管法测定液体密度注意事项。

27.6　数据处理

（1）求算所测各化合物的密度，并结合所测各化合物的折射率数据由式（Ⅱ.27.1）求出其摩尔折射度。
（2）根据有关化合物的摩尔折射度，求出 CH_2、Cl、C、H 等基团或原子的摩尔折射度。

27.7　思考题

（1）按表Ⅱ-27-1数据，计算上述各化合物的摩尔折射度的理论值，并与实验结果作比较。
（2）讨论摩尔折射度实验值的误差来源，估算其相对误差。

27.8 知识拓展

（1）对于共价化合物，摩尔折射度的加和性还可表现为分子的摩尔折射度等于分子中各化学键的摩尔折射度之和。表Ⅱ-27-2列出了一些由实验总结出来的共价键摩尔折射度数据。

表Ⅱ-27-2 一些由实验总结出来的共价键摩尔折射度

共价键	R_D	共价键	R_D	共价键	R_D
C—C	1.296	C—Cl	6.51	C≡N	4.82
C—C(环丙烷)	1.50	C—Br	9.39	O—H(醇)	1.66
C—C(环丁烷)	1.38	C—I	14.61	O—H(酸)	1.80
C—C(环戊烷)	1.26	C—O(醚)	1.54	S—H	4.80
C—C(环己烷)	1.27	C—O(缩醛)	1.46	S—S	8.11
C⚌C(苯环)	2.69	C⚌O	3.32	S—O	4.94
C⚌C	4.17	C⚌O(甲基酮)	3.49	N—H	1.76
C≡C（末端）	5.87	C—S	4.61	N—O	2.43
C芳香—C芳香	2.69	C⚌S	11.91	N⚌O	4.00
C—H	1.676	C—N	1.57	N—N	1.99
C—F	1.45	C≡N	3.75	N≡N	4.12

对于同一化合物，由表Ⅱ-27-1数据和由表Ⅱ-27-2数据求得的摩尔折射度有略微差异。

对于某些化合物，由表中数据求得的结果与实验测定结果相差较大，可能是因为表中数据只考虑到相邻原子间的相互作用而忽略了不相邻原子间的相互作用，或忽略了分子中各化学键间的相互作用。如作相应的修正，二者结果将趋于一致。

（2）折射法的优点是快速、精确度高、样品用量少且设备简单。摩尔折射度在化学上除了可鉴别化合物、确定化合物的结构外，还可分析混合物的成分、测定浓度和纯度、计算分子的大小、测定摩尔质量、研究氢键和推测配合物的结构。此外，根据物质摩尔折射度与其他物理化学性质的关系可推求出这些性质的数据。

实验二十八　偶极矩的测定

28.1 实验目的

（1）能够阐述偶极矩和极化度的概念。

（2）能够利用溶液法测定极性物质（乙酸乙酯）在非极性溶剂（环己烷）中分子偶极矩，并说明其原理。

（3）能够使用阿贝折射仪、精密电容测定仪和密度管分别测量液体的折射率、相对介电常数和密度。

28.2　实验原理

1. 偶极矩与极化度

分子呈电中性，但由于空间构型的不同，正、负电荷中心可能处在重合状态，也可能处在不重合状态，前者称为非极性分子，后者称为极性分子。分子极性大小常用偶极矩 μ 来量度，其定义为

$$\mu = qd \tag{II.28.1}$$

式中 q 为正、负电荷中心所带的电荷量；d 为正、负电荷中心的位矢，其方向规定为从正到负。因为分子中原子间距离的数量级为 10^{-10} m，电荷量数量级为 10^{-20} C，所以偶极矩的数量级为 10^{-30} C·m。

极性分子具有永久偶极矩，在没有外电场存在时，由于分子热运动，偶极矩指向各方向机会均等，故其偶极矩统计值为零。

若将极性分子置于均匀的外电场中，分子会沿电场方向作定向转动，同时分子中的电子云对分子骨架发生相对移动，分子骨架也会变形，称为分子极化，极化的程度可由摩尔极化度 p 来衡量。因转向而极化称为摩尔转向极化度 $p_{转向}$，由变形所致的极化称为摩尔变形极化度 $p_{变形}$。而 $p_{变形}$ 又是电子极化度 $p_{电子}$ 和原子极化度 $p_{原子}$ 之和。显然，

$$p = p_{转向} + p_{变形} = p_{转向} + (p_{电子} + p_{原子}) \tag{II.28.2}$$

已知 $p_{转向}$ 与永久偶极矩 μ 的平方成正比，与热力学温度成反比。即

$$p_{转向} = \frac{4}{9}\pi N_A \frac{\mu^2}{k_B T} \tag{II.28.3}$$

式中 k_B 为玻尔兹曼常数；N_A 为阿伏加德罗常数。

对于非极性分子，因 $\mu = 0$，其 $p_{转向} = 0$，所以 $p = p_{电子} + p_{原子}$。

外电场若是交变电场，则极性分子的极化与交变电场的频率有关。在电场频率小于 10^{10} s^{-1} 的低频电场下，极性分子产生摩尔极化度为转向极化度与变形极化度之和。在电场频率为 $10^{12} \sim 10^{14}$ s^{-1} 的中频电场下（红外光区），因电场交变周期小于偶极矩的松弛时间，极性分子的转向运动跟不上电场变化，即极性分子无法沿电场方向定向，即 $p_{转向} = 0$，此时分子的摩尔极化度 $p = p_{变形} = p_{电子} + p_{原子}$。当交变电场的频率大于 10^{15} s^{-1}（即可见光和紫外光区）极性分子的转向运动和分子骨架变形都跟不上电场的变化，此时 $p = p_{电子}$。所以如果分别在低频和中频电场下求出待测分子的摩尔极化度，并把这两者相减，即为极性分子的摩尔转向极化度 $p_{转向}$，然后代入式（II.28.3），即可算出其永久偶极矩 μ。

因为 $p_{原子}$ 只占 $p_{变形}$ 的 5%~15%，而实验时由于条件的限制，一般总是用高频电场来代替中频电场。所以通常近似地把高频电场下测得的摩尔极化度当作摩尔变形极化度。

$$p = p_{电子} \approx p_{变形}$$

2. 极化度与偶极矩的测定

对于分子间相互作用很小的系统，Clausius-Mosotti-Debye 从电磁理论推得摩尔极化度 p 与相对介电常数 ε_r 之间的关系为

$$p = \frac{\varepsilon_r - 1}{\varepsilon_r + 2} \cdot \frac{M}{\rho} \qquad (\text{II}.28.4)$$

式中 M 为摩尔质量；ρ 为密度。因式(II.28.4)是假定分子与分子间无相互作用而推导出的，所以它只适用于温度不太低的气相系统。然而，测定气相介电常数和密度在实验上困难较大，对于某些物质，气态根本无法获得，于是就提出了溶液法，即把待测偶极矩的分子溶于非极性溶剂中进行。但在溶液中测定总要受溶质分子间、溶剂与溶质分子间以及溶剂分子间相互作用的影响。若以测定不同浓度溶液中溶质的摩尔极化度并外推至无限稀释，这时溶质所处的状态就和气相时相近，可消除溶质分子间的相互作用。于是，待测物质的摩尔极化度可由其无限稀释溶液的摩尔极化度获得：

$$p = p_2^{\infty} = \lim_{x_2 \to 0} p_2 = \frac{3\alpha\varepsilon_{r1}}{(\varepsilon_{r1} + 2)^2} \cdot \frac{M_1}{\rho_1} + \frac{\varepsilon_{r1} - 1}{\varepsilon_{r1} + 2} \cdot \frac{M_2 - \beta M_1}{\rho_1} \qquad (\text{II}.28.5)$$

式中 ε_{r1}、M_1 和 ρ_1 分别为溶剂的相对介电常数、摩尔质量和密度；M_2 为溶质的摩尔质量。α、β 均为常数，可由下面两个稀溶液的近似公式求出：

$$\varepsilon_{r溶} = \varepsilon_{r1}(1 + \alpha x_2) \qquad (\text{II}.28.6)$$

$$\rho_{溶} = \rho_1(1 + \beta x_2) \qquad (\text{II}.28.7)$$

式中 $\varepsilon_{r溶}$、$\rho_{溶}$ 和 x_2 分别为溶液的相对介电常数、密度和溶质的摩尔分数。因此，通过测定纯溶剂的 ε_{r1}、ρ_1 及不同浓度(x_2)溶液的 $\varepsilon_{r溶}$、$\rho_{溶}$，就可先根据式(II.28.6)和式(II.28.7)求得 α、β，进而由式(II.28.5)求出溶质分子的总摩尔极化度。

根据光的电磁理论，在同一频率的高频电场作用下，透明物质的相对介电常数 ε_r 与折射率 n 的关系为

$$\varepsilon_r = n^2 \qquad (\text{II}.28.8)$$

常用摩尔折射度 R_2 来表示高频区测得的极化度。此时 $p_{转向} = 0$，$p_{原子} = 0$，则

$$R_2 = p_{变形} = p_{电子} = \frac{n^2 - 1}{n^2 + 2} \cdot \frac{M}{\rho} \qquad (\text{II}.28.9)$$

同样测定不同浓度溶液的摩尔折射度 R，外推至无限稀释，就可求出该溶质的摩尔折射度公式：

$$R_2^{\infty} = \lim_{x_2 \to 0} R_2 = \frac{n_1^2 - 1}{n_1^2 + 2} \cdot \frac{M_2 - \beta M_1}{\rho_1} + \frac{6n_1^2 M_1 \gamma}{(n_1^2 + 2)^2 \rho_1} \qquad (\text{II}.28.10)$$

式中 n_1 为溶剂摩尔折射率；γ 为常数，它可由下式求出：

$$n_{溶} = n_1(1 + \gamma x_2) \qquad (\text{II}.28.11)$$

式中 $n_{溶}$ 为溶液的摩尔折射率。综上所述，可得

$$p_{转向} = p_2^{\infty} - R_2^{\infty} = \frac{4}{9}\pi N_A \frac{\mu^2}{k_B T} \qquad (\text{II}.28.12)$$

$$\mu = 0.0128\sqrt{(p_2^{\infty} - R_2^{\infty})T} \quad (\text{D})$$
$$= 0.0426 \times 10^{-30}\sqrt{(p_2^{\infty} - R_2^{\infty})T} \quad (\text{C} \cdot \text{m}) \qquad (\text{II}.28.13)$$

式中 p_2 和 R_2 的单位为 $\text{m}^3 \cdot \text{mol}^{-1}$；$\mu$ 的单位为 D(德拜)或 C·m(库仑·米)。

3. 相对介电常数的测定

相对介电常数是通过测定电容，计算而得到的。按定义：

$$\varepsilon_r = \frac{C_c}{C_0} \tag{II.28.14}$$

式中 C_0 为电容器两极板间处于真空的电容；C_c 为充以介质时的电容。由于电容测量仪测定电容时，除电容池两极间的电容 C_c 外，整个测试系统中还有分布电容 C_d 的存在，所以实测的电容 C_x 是 C_c 和 C_d 之和，即

$$C_x = C_c + C_d \tag{II.28.15}$$

C_c 值随介质而异，但对同一台仪器而言 C_d 是一个定值。故实验时，需先求出 C_d 值，并在各次测量的 C_x 值中将其扣除，才能得到 C_c 值。求 C_d 值的方法是通过测定一已知相对介电常数的标准物质来求得，可参见第 III 部分第四章"相对介电常数的测定"一节。

28.3 仪器与药品

PCM-1A 型数字式电容测量仪 1 台；密度管 1 只；阿贝折射仪 1 台；容量瓶(25 mL)5 只；注射器(5 mL)1 只；超级恒温槽 1 套；烧杯(10 mL)5 只；刻度移液管(5 mL)1 支；滴管 5 支。

C_6H_{12}(环己烷，AR)；$CH_3COOCH_2CH_3$(乙酸乙酯，AR)。

28.4 实验步骤

实验二十八　操作演示视频

1. 配制溶液

以环己烷作溶剂配制摩尔分数 x_2 分别为 0.05、0.10、0.15、0.20、0.30 的乙酸乙酯溶液各 25 mL。为配制方便，可先算出所需乙酸乙酯体积(毫升数)，移液，然后称量配制，算出溶液的准确浓度。操作时注意防止溶液的挥发和吸收极性较大的水汽。

2. 折射率的测定

在(25.0±0.1)℃条件下用阿贝折射仪测定环己烷及 5 种溶液的折射率。

3. 密度测定

取一洁净干燥的密度管，先称量空管质量，然后分别称量水和 5 种溶液的质量，代入下式求密度：

$$\rho_i^t = \frac{m_i - m_0}{m_{H_2O} - m_0} \cdot \rho_{H_2O}^t \tag{II.28.16}$$

式中 m_0 为空管质量；m_{H_2O} 为水的质量；m_i 为溶液质量；$\rho_{H_2O}^t$、ρ_i^t 分别为在温度 t(℃)时水和溶液的密度。

也可使用表面张力仪密度配件测量液体密度，具体操作步骤可通过扫描本实验二维码观看相关操作演示视频。

4. 相对介电常数的测定

（1）C_d的测定。以环己烷为标准物质，其相对介电常数与温度的关系式为

$$\varepsilon_{\text{环己烷}} = 2.052 - 1.55 \times 10^{-3} (t/\text{℃}) \qquad (\text{Ⅱ.28.17})$$

式中 t 为测定时的温度（℃）。

用 PCM-1A 型数字式电容测量仪测定 $C'_{\text{空}}$ 及环己烷的 $C'_{\text{环己烷}}$。测定方法可参见第Ⅲ部分第四章"相对介电常数的测定"一节。

（2）按同样方法分别测定各浓度溶液的 $C'_{\text{溶}}$。每次测 $C'_{\text{溶}}$ 后均需复测 $C'_{\text{空}}$，以检验样品室是否还有残留样品。

28.5　实验注意事项

（1）乙酸乙酯易吸收水分，所以试剂在使用前必须经过除水；乙酸乙酯易挥发，配制溶液时动作应迅速，以免影响浓度。

（2）本实验溶液中防止含有水分，所配制溶液的器具须干燥，溶液应透明不发生混浊。

（3）测定电容时，应防止溶液的挥发及吸收空气中极性较大的水汽，以免影响测定值。

（4）电容池各部件的连接应注意绝缘。

28.6　数据处理

（1）计算各溶液的摩尔分数 x_2。

（2）以各溶液的折射率对 x_2 作图，求出 γ 值。

（3）计算出环己烷及各溶液的密度 ρ_1 和 $\rho_{\text{溶}}$，作 $\rho_{\text{溶}}$-x_2 图，求出 β 值。

（4）利用电容 C_c 数据计算出环己烷及各溶液的 ε_{r1} 和 $\varepsilon_{r\text{溶}}$，作 $\varepsilon_{r\text{溶}}$-x_2 图，求出 α 值。

（5）将相关数据代入公式求算出偶极矩 μ 值。

28.7　思考题

（1）准确测定溶质摩尔极化度和摩尔折射度时，为什么要外推至无限稀释？

（2）用溶液法测定物质的 μ 时，所用溶剂须具备什么基本条件？具备什么性质的溶剂为最佳溶剂？

（3）同一种物质用溶液法和气相法测得的偶极矩 μ 是否会完全一致？为什么？对于同一种物质，用不同的溶剂以溶液法测定偶极矩 μ 是否相同？为什么？

28.8　知识拓展

（1）从偶极矩的数据可以了解分子的对称性，判别其几何异构体和分子的主体结构等问题。偶极矩一般是通过测定相对介电常数、密度、折射率和浓度来求算的。对相对介电常数的测定除电桥法外，其他主要方法还有拍频法和谐振法等。对于气体和电导很小的液体以拍频法为好；对于电导较大的液体用谐振法较为合适；对于有一定电导但不大的液体用电桥法较为理想。虽然电桥法不如拍频法和谐振法精确，但其设备简单，实验成本低。

偶极矩的测定方法除由对相对介电常数等的测定来求算外，还有多种其他的方法，如分子射线法、分子光谱法、温度法以及利用微波谱的斯塔克效应等。

（2）溶液法测得的溶质偶极矩和气相测得的真空值之间存在着偏差,造成这种偏差现象主要是由于溶液中存在溶质分子与溶剂分子间作用以及溶剂分子与溶剂分子间作用的溶剂效应。

实验二十九　磁化率的测定

29.1　实验目的

（1）能够利用古埃法测定磁化率,并说明其原理。
（2）能够根据磁化率测定数据,求算配合物中未成对电子数并判断分子的配键类型。

29.2　实验原理

1. 磁化率

物质在外磁场作用下会被磁化产生一附加磁场。物质的磁感应强度 B 等于:

$$B = B_0 + B' = \mu_0 H + B' \tag{II.29.1}$$

式中 B_0 为外磁场的磁感应强度;B' 为附加磁感应强度;H 为外磁场强度;μ_0 为真空磁导率。磁感应强度的单位为 T(特斯拉),磁场强度的单位为 $\mathrm{A \cdot m^{-1}}$,μ_0 的数值等于 $4\pi \times 10^{-7}\ \mathrm{T \cdot m \cdot A^{-1}}$。

物质的磁化可用磁化强度 M 来描述,它与磁场强度成正比。

$$M = \chi \cdot H \tag{II.29.2}$$

式中 χ 为物质的体积磁化率。在化学上常用质量磁化率 χ_m 或摩尔磁化率 χ_M 来表示物质的磁性质:

$$\chi_m = \frac{\chi}{\rho} \tag{II.29.3}$$

$$\chi_M = M \cdot \chi_m = \frac{\chi M}{\rho} \tag{II.29.4}$$

式中 ρ、M 分别是物质的密度和摩尔质量。

2. 分子磁矩与磁化率

物质的磁性与组成物质的原子、离子或分子的微观结构有关,当原子、离子或分子的两个自旋状态电子数不相等,即有未成对电子时,物质就具有永久磁矩。由于热运动,永久磁矩指向各个方向的机会相同,所以该磁矩的统计值等于零。在外磁场作用下,具有永久磁矩的原子、离子或分子除了其永久磁矩会顺着外磁场的方向排列(其磁化方向与外磁场相同,磁化强度与外磁场强度成正比),表现为顺磁性外,还由于它内部的电子轨道运动有感应的磁矩,其方向与外磁场相反,表现为逆磁性,此类物质的摩尔磁化率 χ_M 是摩尔顺磁化率 χ_μ 和摩尔逆磁化率 χ_0 之和:

$$\chi_M = \chi_\mu + \chi_0 \tag{II.29.5}$$

对于顺磁性物质,$\chi_\mu \gg |\chi_0|$,可作近似处理,$\chi_M \approx \chi_\mu$。对于逆磁性物质,则只有 χ_0,所以其 $\chi_M = \chi_0$。

第三种情况是物质被磁化的强度与外磁场强度不存在正比关系,而是随着外磁场强度的增加而剧烈增加,当外磁场消失后,它们的附加磁场并不立即随之消失,这种物质称为铁磁性物质。

磁化率是物质的宏观性质,分子磁矩是物质的微观性质,用统计力学的方法可以得到摩尔顺磁磁化率 χ_μ 和分子永久磁矩 μ_m 间的关系:

$$\chi_\mu = \frac{N_A \mu_m^2 \mu_0}{3 k_B T} = \frac{C}{T} \tag{II.29.6}$$

式中 N_A 为阿伏加德罗常数;k_B 为玻尔兹曼常数;T 为热力学温度。

物质的摩尔顺磁磁化率与热力学温度成反比这一关系,称为居里定律,是 P.Curie 首先在实验中发现的,C 称为居里常数。

物质的永久磁矩 μ_m 与它所含有的未成对电子数 n 的关系为

$$\mu_m = \mu_B \sqrt{n(n+2)} \tag{II.29.7}$$

式中 μ_B 为玻尔磁子,其物理意义是单个自由电子自旋所产生的磁矩。

$$\mu_B = \frac{eh}{4\pi m_e} = 9.274 \times 10^{-24} \text{ J} \cdot \text{T}^{-1} \tag{II.29.8}$$

式中 h 为普朗克常量;m_e 为电子质量。因此,对于顺磁性物质,只要实验测得 χ_M,即可求出 μ_m,进而算出未成对电子数 n。这对于研究某些原子或离子的电子组态,以及判断配合物分子的配键类型是很有意义的。

3. 磁化率的测定

古埃法测定磁化率装置(即古埃磁天平)如图 II-29-1 所示。将装有样品的圆柱形样品管如图 II-29-1 所示方式悬挂在两磁极中间,使样品底部处于两磁极的中心,亦即磁场强度最强区域。样品的顶部则位于磁场强度为零的区域,这样,样品就处于不均匀的磁场中。设样品的截面积为 A,样品管的长度方向为 dS 的体积 AdS 在非均匀磁场中所受到的作用力大小为

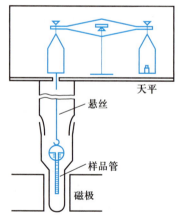

$$dF = \chi \mu_0 H A dS \frac{dH}{dS} \tag{II.29.9}$$

式中 $\dfrac{dH}{dS}$ 为磁场强度梯度。对于顺磁性物质的作用力,指向场强度最大的方向,反磁性物质则指向场强度弱的方向。当不考虑样品周围介质(如空气,其磁化率很小)和 H_0 的影响时,整个样品所受的力大小为

图 II-29-1 古埃磁天平示意图

$$F = \int_{H=H}^{H_0=0} \chi \mu_0 A H dS \frac{dH}{dS} = \frac{1}{2} \chi \mu_0 H^2 A \tag{II.29.10}$$

当样品受到磁场作用力时,天平的另一臂加减砝码使之平衡,设 Δm 为施加磁场前后的称量质量差,g 为重力加速度,则

$$F = \frac{1}{2} \chi \mu_0 H^2 A = g \Delta m = g(\Delta m_{空管+样品} - \Delta m_{空管}) \tag{II.29.11}$$

由于体积磁化率 $\chi = \dfrac{\chi_M \cdot \rho}{m}$，$\rho = \dfrac{m}{h \cdot A}$，代入式(Ⅱ.29.10)整理得顺磁性物质摩尔磁化率的表达式：

$$\chi_M = \frac{2(\Delta m_{\text{空管+样品}} - \Delta m_{\text{空管}})h \cdot g \cdot M}{\mu_0 m H^2} \qquad (Ⅱ.29.12)$$

式中 h 为样品高度；m 为样品质量；M 为样品的摩尔质量；H 为磁场强度。磁场强度须在真空条件下测得。特斯拉计测得的是磁感应强度 B，因为 $H \cdot \mu_0 = B$，所以式(Ⅱ.29.12)可变为

$$\chi_M = \frac{2(\Delta m_{\text{空管+样品}} - \Delta m_{\text{空管}})h \cdot g \cdot M \cdot \mu_0}{m B^2} \qquad (Ⅱ.29.13)$$

式中 B 是磁感应强度，可用已知磁化率的标准物质进行标定得到。例如，用莫尔盐$[(NH_4)_2SO_4 \cdot FeSO_4 \cdot 6H_2O]$进行间接测定，已知莫尔盐的 χ_m 与热力学温度 T 的关系式为

$$\chi_m = \frac{9500}{T + 1} \times 4\pi \times 10^{-9} \ m^3 \cdot kg^{-1} \qquad (Ⅱ.29.14)$$

29.3 仪器与药品

ZJ-2B 古埃磁天平 1 台；样品管 1 支。

$(NH_4)_2SO_4 \cdot FeSO_4 \cdot 6H_2O (AR)$；$FeSO_4 \cdot 7H_2O (AR)$；$K_4Fe(CN)_6 \cdot 3H_2O (AR)$；$K_3Fe(CN)_6 (AR)$。

29.4 实验步骤

（1）将特斯拉计的探头放入磁铁的中心架中，套上保护套，调节特斯拉计的数字显示为"0.000"。

（2）除下保护套，把探头平面垂直置于磁场两极中心，打开电源，调节"调流旋钮"，使电流增大至特斯拉计上显示约"0.3"T，调节探头上下、左右位置，观察数字显示值，把探头位置调节至显示值为最大的位置，此乃探头最佳位置。取一支清洁的干燥的空样品管悬挂在磁天平的挂钩上，使样品管下端正好与磁极中心线齐平（样品管不可与磁极接触，并与探头有合适的距离），再用探头沿样品管向上逐渐移动，测定出特斯拉计上显示为零的位置并在样品管做上记号，这也就是样品管内应装样品的高度。关闭电源前，应调节调流旋钮使特斯拉计数字显示为零。

（3）用莫尔盐标定磁场强度。调节调流旋钮至特斯拉计数显为"0.000"T(B_0)，准确称取空样品管质量，得 $m_{01\text{空管}}$；缓慢调节调流旋钮至特斯拉计数显为"0.300"T(B_1)，迅速称量，得 $m_{11\text{空管}}$；再缓慢调节调流旋钮至特斯拉计数显为"0.350"T(B_2)，称量得 $m_{21\text{空管}}$；然后略微增大电流，接着退回至"0.350"T(B_2)，称量得 $m_{22\text{空管}}$；再缓慢将电流调小至"0.300"T(B_1)，称量得 $m_{12\text{空管}}$；最后缓慢将电流调小至特斯拉计数显为"0.000"T(B_0)，称取空管质量得 $m_{02\text{空管}}$。这样调节电流由小到大，再由大到小的测定方法是为了抵消实验时磁场剩磁现象的影响。

$$\Delta m_{\text{空管},B_1} = \frac{1}{2}(\Delta m_{1,B_1} + \Delta m_{2,B_1}) \qquad (Ⅱ.29.15)$$

$$\Delta m_{空管,B_2} = \frac{1}{2}(\Delta m_{1,B_2} + \Delta m_{2,B_2}) \qquad (\text{II}.29.16)$$

上两式中：$\Delta m_{1,B_1} = m_{11空管} - m_{01空管}$；$\Delta m_{2,B_1} = m_{12空管} - m_{02空管}$；

$\Delta m_{1,B_2} = m_{21空管} - m_{01空管}$；$\Delta m_{2,B_2} = m_{22空管} - m_{02空管}$。

（4）取下样品管用小漏斗装入事先研细并干燥过的莫尔盐，并不断让样品管底部在软垫上轻轻碰击，使样品均匀填实，直至所要求的高度（用尺准确测定），按前述方法将装有莫尔盐的样品管置于磁天平上称量，重复称空管时的路程，得 $m_{01空管+样品}$、$m_{11空管+样品}$、$m_{21空管+样品}$、$m_{22空管+样品}$、$m_{12空管+样品}$、$m_{02空管+样品}$。

（5）在相同的实验条件下同法分别对 $FeSO_4 \cdot 7H_2O$、$K_3Fe(CN)_6$ 和 $K_4Fe(CN)_6 \cdot 3H_2O$ 进行测定。

如前述方法求出每个样品在 B_1 条件下的 $\Delta m_{(空管+样品),B_1}$ 和在 B_2 条件下的 $\Delta m_{(空管+样品),B_2}$。

测定后的样品均要倒回试剂瓶，可重复使用。

29.5 实验注意事项

（1）所测样品应事先研细，放在干燥器中保存。

（2）空样品管应干燥洁净，装样时应使样品均匀填实。

（3）称量时，样品管应正好处于两磁极之间，其底部与磁极中心线齐平。悬挂样品管的悬线勿与任何物件相接触。

（4）样品倒回试剂瓶时，注意瓶上所贴标志，切忌倒错瓶子。

29.6 数据处理

（1）由莫尔盐的单位质量磁化率和实验数据标定磁感应强度 B_1 值和 B_2 值。

（2）然后分别将两个磁感应强度条件的测定数据代入式（II.29.13），计算 $FeSO_4 \cdot 7H_2O$、$K_3Fe(CN)_6$ 和 $K_4Fe(CN)_6 \cdot 3H_2O$ 的 χ_M，所得的结果取平均值。因莫尔盐及待测化合物的测定条件相同，可不经磁感应强度的计算，依据式（II.29.13）采用对比法直接计算出待测化合物的 $\chi_{M待测物}$。

$$\chi_{M待测物} = \frac{(\Delta m_{空管+样品} - \Delta m_{空管})_{待测物} \cdot M_{待测物} \cdot m_{莫尔盐}}{(\Delta m_{空管+样品} - \Delta m_{空管})_{莫尔盐} \cdot M_{莫尔盐} \cdot m_{待测物}} \cdot \chi_{M莫尔盐}$$

（3）计算各待测化合物的永久磁矩 μ_m 和未成对电子数 n。

（4）根据未成对电子数讨论 $FeSO_4 \cdot 7H_2O$ 和 $K_4Fe(CN)_6 \cdot 3H_2O$ 中 Fe^{2+} 的最外层电子结构及由此构成的配键类型。

29.7 思考题

（1）不同励磁电流下测得的样品摩尔磁化率是否相同？

（2）用古埃磁天平测定磁化率的精确度与哪些因素有关？

29.8 知识拓展

（1）应用价键理论可以讨论配合物的配位数、配位构型以及配合物中心离子 d 电子排布状态和磁性质。价键理论认为配合物中配位键的形成必须具备两个条件，一是配体必须含有孤对电子,二是中心离子必须可提供相应的空轨道。中心离子提供空轨道有两种情况。例如,在 $FeSO_4 \cdot 7H_2O$ 中 Fe^{2+} 最外层的 1 个 4s,3 个 4p 和 2 个 4d 空轨道组成 6 个 sp^3d^2 杂化轨道,接受 6 个配体提供的 6 对孤对电子而形成 6 个配位键,Fe^{2+} 有 4 个未成对 3d 电子,处于高自旋状态,如图 II-29-2(a)所示,这种 nd 轨道参与组成杂化轨道的配合物称为外轨型配合物,所成配键称为电价配键。而在 $K_4Fe(CN)_6 \cdot 3H_2O$ 中 Fe^{2+} 的 6 个 3d 电子进入其中的 3 个 3d 轨道,空出另外的 2 个 3d 轨道与 1 个 4s,3 个 4p 空轨道组成 6 个 d^2sp^3 杂化轨道,接受 6 个配体提供的 6 对孤对电子而形成 6 个配位键,Fe^{2+} 没有未成对电子,处于低自旋状态,如图 II-29-2(b)所示,这种 (n-1)d 轨道参与组成杂化轨道的配合物称为内轨型配合物,所成配键称为共价配键。

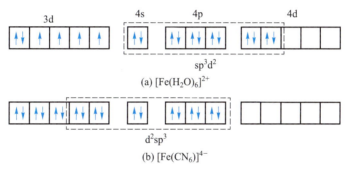

图 II-29-2　两种配合物中杂化轨道示意图

（2）应用晶体场理论也可以讨论配合物的配位数、配位构型及配合物中心离子 d 电子排布状态和磁性质。晶体场理论认为配合物中配体的静电场对中心离子的电子产生排斥作用。在八面体配合物中,八面体场引起中心离子五个简并 d 轨道分裂为 e_g 二重简并和 t_{2g} 三重简并两组轨道,最高能级和最低能级之间的能级差称为晶体场分裂能,用 Δ_0 表示;两个电子进入同一轨道要克服电子间的静电排斥作用需要消耗一定的能量,这种能量称为电子成对能,用 P 表示。配合物中 d 电子在 e_g 和 t_{2g} 两组轨道中是以高自旋还是以低自旋方式排布,取决于能级分裂能 Δ_0 与电子成对能 P 的相对大小。如果配体是弱场配体,$\Delta_0 < P$,根据洪特规则,d 电子在分裂后的轨道中就以高自旋状态排布,$FeSO_4 \cdot 7H_2O$ 就是这种情况,Fe^{2+} 有 4 个未成对 3d 电子,如图 II-29-3(b)所示。如果配体是强场配体,$\Delta_0 > P$,d 电子首先占据低能级的 t_{2g} 轨道,然后再占据高能级的 e_g 轨道,d 电子在分裂后的轨道中以低自旋的状态排布,$K_4Fe(CN)_6 \cdot 3H_2O$ 就是这种情况,Fe^{2+} 未成对电子数为零,如图 II-29-3(c)所示。晶体场理论不仅可以解释配合物的磁性,还可以以定量(测定 Δ_0 和 P)的方式来预测配合物的磁性质。

（3）磁矩测定是判别配合物 d 电子排布及其配键类型的主要方法,但如在内轨型配合物和在外轨型配合物中中心离子含有相同的未成对电子数,此法就不适用。如 Zn^{2+}(未成对电子数为零),它的共价配离子如 $Zn(CN)_4^{2-}$、$Zn(NH_3)_4^{2+}$ 等和电价配离子如 $Zn(H_2O)_4^{2+}$ 等,磁矩均为零,所以就无法用测定磁矩的方法来判别这些配合物的配键性质。

物质的磁性除了与未成对电子的自旋运动有关外,还与轨道运动有关。对于 d 区元素,因为 d 轨道受配体电场的作用较强,轨道运动对磁矩的贡献几乎完全被抵消,磁矩主要由原子或离子的未成对电子的自旋运动产生,此时式(II.29.7)是适用的。而对于镧系元素,由于 4f 电子受外

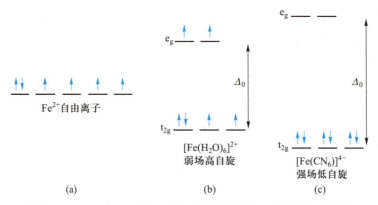

图Ⅱ-29-3　Fe^{2+}八面体配合物 d 轨道分裂和 d 电子排布示意图

层的 5s 和 5p 电子的屏蔽而受周围配体电场的作用较弱,轨道运动对磁矩的贡献未被配体电场抵消,式(Ⅱ.29.7)就不适用。此时就必须考虑旋轨耦合对磁矩的贡献。

（4）磁化率测定有许多应用。可由磁矩求出金属离子的未成对电子数,作为配合物立体化学和键型的判据。有机化合物的摩尔反磁化率具有加和性,据此可用于研究有机物分子结构。某些类型催化剂活性组分的含量和分散度以及铁磁性催化剂的性质都可以应用磁分析方法进行研究。从磁性测量中还可以获得被研究物质其他方面的结果,例如测定物质磁化率对温度和磁场强度的依赖性可以定性判断被研究物质是顺磁性、反磁性或铁磁性;对合金磁化率测定可以得到合金组成,也可研究生物系统中血液的成分,等等。

（5）古埃磁天平。古埃磁天平由全自动电光分析天平或电子天平、悬线(尼龙丝或琴弦)、样品管、电磁铁、励磁电源、特斯拉计、霍尔探头、照明系统等部件构成。磁天平的电磁铁由单枪电磁铁构成,磁极直径为 40 mm,磁极矩为 10~40 mm,电磁铁的最大磁场强度可达0.6 T,励磁电源是 220 V 的交流电源,用整流器将交流电变为直流电,经滤波串联反馈输入电磁铁,如图Ⅱ-29-4所示,励磁电流可从 0 调至 10 A。

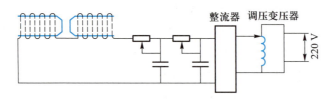

图Ⅱ-29-4　古埃磁天平电源线路示意图

磁感应强度测定用 DTM-3A 特斯拉计。仪器传感器是霍尔探头,其结构如图Ⅱ-29-5 所示。

1. 测定原理

霍尔效应在一块半导体单晶薄片的纵向两端通电流 I_H,此时半导体中的电子沿着 I_H 反方移动,如图Ⅱ-29-6 所示,当放入垂直于半导体平面的磁场 H 中,则电子会受到磁场力 F_g 的作用而发生偏转(洛伦兹力),使得薄片的一个横端上产生电子积累,造成两横端面之间有电场,即产生电场力 F_e 阻止电子偏转作用,当 $F_g = F_e$ 时,电子的积累达到动态平衡,产生一个稳定的霍尔电势

V_H,这现象称为霍尔效应。

其关系式:

$$V_H = K_H I_H B \cos\theta \qquad (\text{II}.29.17)$$

式中I_H为工作电流;B为磁感应强度;K_H为元件灵敏度;V_H为霍尔电势;θ为磁场方向和半导体面的垂线的夹角。

由式(II.29.17)可知,当半导体材料的几何尺寸固定,I_H由稳流电源固定,则V_H与被测磁场H成正比。当霍尔探头固定$\theta = 0°$时(即磁场方向与霍尔探头平面垂直时输入最大),V_H的信号通过放大器放大,并配以双积分型单片数字电压表,经过放大倍数的校正,使数字显示直接指示出与V_H相对应的磁感应强度。

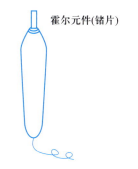

图 II-29-5　霍尔探头结构示意图

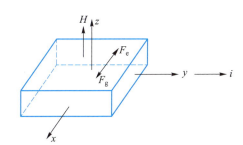

图 II-29-6　霍尔效应原理示意图

2. 使用注意事项

(1) 霍尔探头是易损元件,必须防止变送器受压、挤扭、弯曲和碰撞等,以免损坏元件。

(2) 使用前应检查霍尔探头铜管是否松动,如有松动应紧固后使用。

(3) 霍尔探头不宜在局部强光照射下或高于60 ℃的温度时使用,也不宜在腐蚀性气体场合下使用。

(4) 磁场极性判别。在测试过程中,若特斯拉计数字显示值为负值,则探头的 N 极与 S 极位置放反,需纠正。

(5) 霍尔探头平面与磁场方向要垂直放置。

(6) 实验结束后应将霍尔探头套上保护金属套。

实验三十　X射线衍射法测定晶胞常数——粉末法

30.1　实验目的

(1) 能够阐述晶体结构的相关理论知识。

(2) 能够利用粉末 X 射线衍射法测定晶胞常数,并说明其原理。

(3) 能够使用粉末 X 射线衍射仪进行物相鉴定。

30.2　实验原理

（1）晶体是由具有一定结构的原子、原子团（或离子团）按一定的周期在三维空间重复排列而成的。反映整个晶体结构的最小平行六面体单元称为晶胞。晶胞的形状及大小可通过三个夹角 α,β,γ 和三个边长 a,b,c 来描述，因此 α,β,γ 和 a,b,c 称为晶胞常数。

一个立体的晶体结构可以看成由其最邻近两晶面之间距为 d 的这样一簇平行晶面所组成，也可以看成由另一簇面间距为 d' 的晶面所组成……其数无限。当某一波长的单色 X 射线以一定的方向投射到晶体上时，晶体内的晶面（同一面上的结构单元构成的平面点阵）像镜面一样反射入射线。但不是任何的反射都会发生衍射，只有那些面间距为 d，与入射的 X 射线的夹角为 θ，且两相邻晶面反射的光程差为波长的整数倍 n 的晶面簇在反射方向的散射波，才会相互叠加而产生衍射，如图 Ⅱ-30-1 所示。

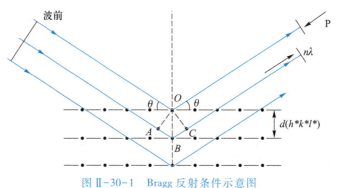

图 Ⅱ-30-1　Bragg 反射条件示意图

光程差 $\Delta = AB + BC = n\lambda$，而 $AB = BC = d\sin\theta$，所以

$$2d\sin\theta = n\lambda \tag{Ⅱ.30.1}$$

式（Ⅱ.30.1）即为 Bragg 方程，其中 n 称为衍射级数。

如果样品与入射线夹角为 θ，晶体内某一簇晶面符合 Bragg 方程，那其衍射方向与入射线方向的夹角为 2θ，如图 Ⅱ-30-2 所示。对于多晶样品（粒度在 20~30 μm），在样品中的晶体存在着各种可能概率的晶面取向，拥有与入射 X 射线成 2θ 角且面间距为 d 的晶面簇的晶体不止一个，而是无穷个，且分布在以半顶角为 2θ 的圆锥面上，如图 Ⅱ-30-3 所示。在单色 X 射线照射多晶体时，满足 Bragg 方程的晶面簇不止一个，而是有多个衍射圆锥对应于不同面间距 d 的晶面簇和不同的 2θ 角。当 X 射线衍射仪的计数管和样品绕样品中心轴转动时（样品转动角 θ，计数管转动角 2θ），见图 Ⅱ-30-3，就可以把满足 Bragg 方程的所有衍射线记录下来。衍射峰位置 2θ 与晶面间距（即晶胞大小与形状）有关，而衍射线的强度（即峰高）与该晶胞内原子（离子、分子）的种类、数目以及它们在晶胞中的位置有关。由于任何两种晶体其晶胞形状、大小和内含物总存在着差异，所以 2θ 和相对强度（I/I_0）可作物相分析的依据。对于绝大多数的物质而言，其 2θ 都大于 $10°$，通常称为广角 XRD。

（2）晶胞大小的测定。以晶胞常数 $\alpha = \beta = \gamma = 90°$，$a \neq b \neq c$ 的正交晶系为例，由几何结晶学可推出：

$$\frac{1}{d} = \sqrt{\frac{h^{*2}}{a^2} + \frac{k^{*2}}{b^2} + \frac{l^{*2}}{c^2}} \tag{Ⅱ.30.2}$$

式中 h^*,k^*,l^* 为米勒（Miller）指数（即晶面符号），米勒指数不带有公约数。

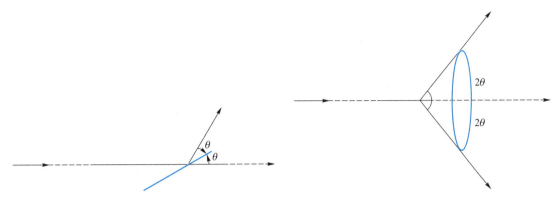

图Ⅱ-30-2　衍射线方向和入射线方向
的夹角示意图

图Ⅱ-30-3　半顶角为 2θ 的衍射
圆锥示意图

对于四方晶系,因 $a = b \neq c, \alpha = \beta = \gamma = 90°$,式(Ⅱ.30.2)可简化为

$$\frac{1}{d} = \sqrt{\frac{h^{*2} + k^{*2}}{a^2} + \frac{l^{*2}}{c^2}} \qquad (Ⅱ.30.3)$$

对于立方晶系,因晶胞参数 $a = b = c, \alpha = \beta = \gamma = 90°$,式(Ⅱ.30.2)可简化为

$$\frac{1}{d} = \sqrt{\frac{h^{*2} + k^{*2} + l^{*2}}{a^2}} \qquad (Ⅱ.30.4)$$

至于六方、三方、单斜和三斜晶系的晶胞常数、面间距与米勒指数间的关系可参考任何 X 射线衍射结构分析的书籍。

从衍射谱中各衍射峰所对应的 2θ,通过 Bragg 方程求得的只是相对应的各 $n/d(= 2\sin\theta/\lambda)$ 值。因为我们不知道某一衍射是第几级衍射,因此,如把式(Ⅱ.30.2)、式(Ⅱ.30.3)、式(Ⅱ.30.4)的等式两边各乘以 n,对于正交晶系:

$$\frac{n}{d} = \sqrt{\frac{n^2 h^{*2}}{a^2} + \frac{n^2 k^{*2}}{b^2} + \frac{n^2 l^{*2}}{c^2}} = \sqrt{\frac{h^2}{a^2} + \frac{k^2}{b^2} + \frac{l^2}{c^2}} \qquad (Ⅱ.30.5)$$

对于四方晶系:

$$\frac{n}{d} = \sqrt{\frac{n^2 h^{*2} + n^2 k^{*2}}{a^2} + \frac{n^2 l^{*2}}{c^2}} = \sqrt{\frac{h^2 + k^2}{a^2} + \frac{l^2}{c^2}} \qquad (Ⅱ.30.6)$$

对于立方晶系:

$$\frac{n}{d} = \sqrt{\frac{n^2 h^{*2} + n^2 k^{*2} + n^2 l^{*2}}{a^2}} = \sqrt{\frac{h^2 + k^2 + l^2}{a^2}} \qquad (Ⅱ.30.7)$$

式(Ⅱ.30.5)、式(Ⅱ.30.6)、式(Ⅱ.30.7)中 h、k、l 为衍射指数,它们与米勒指数的关系为: $h = nh^*$, $k = nk^*, l = nl^*$。

因此,若已知入射 X 射线的波长为 λ,从衍射谱中直接读出各衍射峰的 2θ 值,通过 Bragg 方程可求得(或直接从 Tables for Conversion of X-ray Diffraction Angles to Interplaner Spacing 的表中查得)所对应得各 n/d 值。如果又知道各衍射峰所对应的衍射指数,则立方(四方、正交)晶胞的晶胞常数就可定出。这一寻找对应各衍射峰指数的步骤称为"指标化"。

对于立方晶系,指标化最简单,由于 h、k、l 为整数,所以各衍射峰的 $\left(\dfrac{n}{d}\right)^2$(或$\sin^2\theta$),除以其中最小

的 $\left(\dfrac{n}{d}\right)^2$ 值,所得 $\dfrac{\left(\frac{n}{d}\right)_1^2}{\left(\frac{n}{d}\right)_1^2} : \dfrac{\left(\frac{n}{d}\right)_2^2}{\left(\frac{n}{d}\right)_1^2} : \dfrac{\left(\frac{n}{d}\right)_3^2}{\left(\frac{n}{d}\right)_1^2} : \dfrac{\left(\frac{n}{d}\right)_4^2}{\left(\frac{n}{d}\right)_1^2} : \dfrac{\left(\frac{n}{d}\right)_5^2}{\left(\frac{n}{d}\right)_1^2} : \cdots,\ \left[\left(\dfrac{n}{d}\right)_1^2 < \left(\dfrac{n}{d}\right)_2^2 < \left(\dfrac{n}{d}\right)_3^2 < \cdots\right]$

$\left(\text{或}\ \dfrac{\sin^2\theta_1}{\sin^2\theta_1} : \dfrac{\sin^2\theta_2}{\sin^2\theta_1} : \dfrac{\sin^2\theta_3}{\sin^2\theta_1} : \dfrac{\sin^2\theta_4}{\sin^2\theta_1} : \dfrac{\sin^2\theta_5}{\sin^2\theta_1} : \cdots\right)$ 的数列应为一整数列,如为 $1:2:3:4:\cdots$。按 θ 角增大的顺序,标出各衍射线的衍射指数$(h、k、l)$为 $100,110,111,200,\cdots$。

在立方晶系中,有素晶胞(P)、体心晶胞(I)和面心晶胞(F)三种形式。在素晶胞中衍射指数无系统消光;但在体心晶胞中,只有 $h+k+l=$ 偶数的粉末衍射线;而在面心晶胞中,却只有 h、k、l 全为偶数或全为奇数的粉末衍射线,其他的衍射线因散射线的相互干扰而消失(称为系统消光)。

表Ⅱ-30-1 为立方点阵衍射指标规律。

表Ⅱ-30-1　立方点阵衍射指标规律

$h^2+k^2+l^2$	P	I	F	$h^2+k^2+l^2$	P	I	F
1	100			14	321	321	
2	110	110		15			
3	111		111	16	400	400	400
4	200	200	200	17	410,322		
5	210			18	411,330	411	
6	211	211		19	331		331
7				20	420	420	420
8	220	220	220	21	421		
9	300,221			22	332	332	
10	310	310		23			
11	311		311	24	422	422	422
12	222	222	222	25	500,430		
13	320			...			

对于立方晶系所能出现的 $(h^2+k^2+l^2)$ 值,素晶胞中有 $1:2:3:4:5:6:8:\cdots$(缺 7,15,23 等);体心晶胞中有 $2:4:6:8:10:12:14:16:18:\cdots=1:2:3:4:5:6:7:8:9:\cdots$;面心晶胞中有 $3:4:8:11:12:16:19:\cdots$。

因此,可由衍射谱的各衍射峰的 $\left(\dfrac{n}{d}\right)^2$ 或 $\sin^2\theta$ 来定出所测物质所属的晶系、晶胞的点阵形式和晶胞常数。

如不符合上述任何一个数值,则说明该晶体不属于立方晶系,需要用对称性较低的四方、六方……由高到低的晶系逐一来分析尝试决定。

知道了晶胞常数,就知道晶胞体积。对于立方晶系,每个晶胞中的内含物(原子、离子、分子)的个数 n,可按下式求得:

$$n = \frac{\rho \cdot a^3}{M/N_A} \qquad (\text{II}.30.8)$$

式中 M 为待测样品的摩尔质量;N_A 为阿伏加德罗常数;ρ 为该样品的晶体密度。

30.3　仪器和试剂

XRD-6000 型 X 射线衍射仪 1 台(Cu 靶);研钵和研钵棒 1 套;骨勺 1 个;装样品的玻片 2 片;金属刮刀 1 把;玻璃板 1 块;PDF 卡片 1 盒;PDF 卡片索引 2 本。

NaCl(AR);NH₄Cl(AR)。

30.4　实验步骤

实验三十　操作演示视频

(1)用水和酒精洗净研钵后,将待测样品置于干净的玛瑙研钵中研磨几分钟至粉末状,研细的样品小心倒入玻片上用于装样品的圆形凹槽,至稍有堆起。用金属刮刀将粉末样品压于圆形凹槽中,形成平面,厚薄均一,并与玻片高度一致。

(2)开启 XRD-6000X 射线衍射仪进行实验。

① 打开循环水冷机组。主机侧面的电源开关打到 ON 后,将正面控制面板上的按钮拨至 RUN,听见水泵循环声表明水冷机组已正常工作。

② 打开主机、装样。打开主机侧面电源开关,把仪器舱门拉开,将装有样品的玻片插入样品台(注意:样品一面朝上),轻轻关上舱门。

③ 参数设置及样品测试。打开桌面程序 XRD-6000,点击 Display and Setup 按钮,等待机器自检结束后,将该窗口最小化,测试过程中请勿关闭。点击 Right Conio Condition 和 Right Conio Analysis 按钮,进入参数设置及测试窗口。选择文件后双击进入条件设置,在 Scanning Condition 中根据需要修改 Scan Range(角度范围)、Step(扫描步长,建议值为 0.05)、Scan Speed(扫描速率,建议值为 5°·min⁻¹),设置保存分析数据的文件名称。然后点击 RUN 开始测试。

④ 数据处理和转换。点击 Basic Process,找到保存的文件,打开谱图,点击 Go 按钮,进行数据处理,经过平滑—背景校正—K_α 校正—标峰等步骤。按下 i 按钮,点击标峰图,可获得峰位置、d 值、半峰宽等信息。点击 File Maintenance 按钮,进行数据转换,找到已生成并需转换的谱图文件,输入需生成的文本文件的名称;点击 Dump,即可得到数据文件。

（3）实验完毕后，按开机的反顺序关闭 X 射线衍射仪，关闭程序。仪器停止工作 15 min 后方可关闭循环水冷机组。

30.5　实验注意事项

（1）由于 X 射线具有很强的辐射能力，取放样品前，一定要检查一下舱门是否关紧，防止辐射伤害，严格按操作规程进行。在测试过程中，严禁打开舱门。

（2）必须把样品研磨至 200~325 目。

30.6　数据处理

（1）标出 X 射线粉末衍射图中各衍射峰的 2θ 值及峰高值，由 2θ 值求出其 d/n，并以最高的衍射峰强度 I_{max} 为 100，标出各衍射峰的相对衍射强度 I/I_{max}，把这些数值列在表 II-30-2 中。通过 PDF（powder diffraction file）卡片集进行物相分析，具体方法参考本书第八章 X 射线实验（粉末法）技术及仪器。

表 II-30-2　实验数据记录表

峰	$2\theta/(°)$	$d_{hkl}/Å$	d_i^2/d_1^2	I_1	$\dfrac{100I_i}{I_{max}}$	$h^2+k^2+l^2$	$a/Å$	$\bar{a}/Å$
1								
2								
3								
4								
5								
...								

（2）算出各衍射峰的 $\left(\dfrac{n}{d}\right)^2$ 值，把各衍射峰所对应的值 $\left(\dfrac{n}{d}\right)^2$ 都除以其中最小的 $\left(\dfrac{n}{d}\right)^2$ 值，得 $\dfrac{d_1^2}{d_1^2}:\dfrac{d_2^2}{d_1^2}:\dfrac{d_3^2}{d_1^2}:\dfrac{d_4^2}{d_1^2}:\dfrac{d_5^2}{d_1^2}:\cdots$ 的数列，并化为整数列。与立方晶系可能出现的三种格子的 $\left(\dfrac{n}{d}\right)^2$ 数列比较，以确定所测样品所属的晶系和格子类型，并把各衍射线指标化，进而求出其晶胞常数（取平均值）。

（3）按公式 $n=\dfrac{\rho \cdot a^3}{M/N_A}$ 算出单一晶胞中所含原子（离子、分子）的个数（$\rho_{NaCl}=2.164$，$\rho_{NH_4Cl}=1.527$）。

30.7　思考题

（1）多晶体衍射能否用含有多种波长的多色 X 射线？为什么？

（2）如若 NaCl 少量 Na^+ 位置被 K^+ 所替代，其衍射图有何变化？若 NaCl 晶体中混有 KCl 晶体,其衍射图又如何变化?

（3）如谱图只出现一条基线,可能是什么原因?

30.8 知识拓展

（1）用于粉末衍射的样品,其粒度应在 $20\sim30~\mu m$（相当于 $200\sim325$ 目）,以保证晶粒与入射线有概率分布,否则衍射不连续。用于测定的粉末样品,一定要磨细,一来便于压片,二来保证晶面取向随机分布。压片时一定要厚薄均一,避免出现空隙。有些难以压片的样品,可掺杂微量水,但可能对衍射峰强度造成影响。

（2）X 射线物相分析的优点是:能直接分析样品的物相,用量少,且不破坏原样品。其局限性是已知物的 PDF 卡片有限（现在可用数据库检索,如 Philips X′Pert Pro）,超出此范围的样品就难以鉴定。对于混合样品,一般某一物相的含量低于 3% 时就不易鉴定出,特别对于摩尔质量相差悬殊的混合物,因衍射能力差异极大,甚至有时含量达 40% 亦鉴定不出。在混合物中物相太多的情况下,因衍射线重叠分不开,也会造成鉴定困难。此时可在其他分析方法的配合下,应用一系列物理方法（如重力、磁力等）或化学方法把一些物相分离出去,然后分别鉴定。所以 X 射线衍射法是物相分析的一种分析手段,但不是唯一最佳的手段。有时它还需要与其他方法,如元素分析等化学分析方法以及 X 射线光电子能谱、X 射线能量散射谱、电感耦合等离子发射光谱等仪器分析手段配合使用。

（3）要得到精确的晶胞常数,必须先得到精确的 θ 值。除了测试时选择较小的测试步长,使 θ 读数精确外,更主要地应尽量用高 θ 角的衍射峰。由 Bragg 方程:

$$\sin\theta = \frac{n\lambda}{2d}$$

微分得

$$\cos\theta \cdot \Delta\theta = -\frac{n\lambda}{2d^2}\Delta d = -\frac{\sin\theta}{d}\Delta d$$

移项整理得

$$\frac{\Delta d}{d} = -\cot\theta \cdot \Delta\theta$$

对于立方晶系的粉末样品:

$a = d\sqrt{h^2+k^2+l^2}$, a 和 d 成正比,故

$$\frac{\Delta a}{a} = \frac{\Delta d}{d} = -\cot\theta \cdot \Delta\theta$$

当 $\theta = 90°$ 时,$\cot\theta = 0$,故

$$\frac{\Delta d}{d} = \frac{\Delta a}{a} = 0$$

在实际实验中,尽量使用高 θ 角的衍射峰,以使 $\cot\theta$ 较小,如下所示。

$\theta/(°)$	20.000	40.000	50.000	60.000	70.000	75.000	80.000	82.000	84.000	85.000
$\frac{\Delta d}{d}/\%$	0.275	0.12	0.084	0.058	0.036	0.027	0.018	0.014	0.01	0.009

（4）通过 X 射线衍射峰的宽化可计算小单晶的大小。用半高宽化法（FWHM），根据 Scherrer 公式计算平均粒径：$B(2\theta) = 0.94\lambda/(L\cos\theta)$，式中 $B(2\theta)$ 为主峰半峰宽所对应的弧度值；λ 为 0.15406 nm（Cu 靶）；L 为粒径。Scherrer 公式的一般使用范围为 10~1000 Å。

（5）近年来，随着纳米材料和介孔材料的兴起，小角 X 射线衍射实验技术逐渐普及，主要用于一些纳米周期性结构的测试，包括介孔材料、纳米多层膜和插层材料等。小角 X 射线衍射法是指 X 射线的 2θ 在 0.5°~10° 范围内扫描测定衍射峰的方法，两种电子密度不同的物质微区呈周期性的规则交替分布现象可被小角衍射实验观测到。例如，介孔材料是具有有序孔道结构的材料，其骨架虽然是由无定形氧化硅构成，但其孔道呈周期性排列，因此可以借助 X 射线衍射给出介孔结构的周期性信息。由于介孔材料的孔径通常为 2~50 nm，因而其衍射峰大都出现在低角度范围（$2\theta<10°$）。不同的介孔材料，其孔道具有不同的周期性排列方式，主要有六方、立方和层状等。用小角 XRD 表征这些介孔材料，其 XRD 谱图上均有相应的不同衍射峰，根据衍射峰的出峰位置 2θ，利用 Bragg 方程可计算出晶面间距 d，可对其衍射峰进行指标化（与广角 XRD 的处理方法类似），确定介孔材料中孔道可能的点阵结构。再根据晶面指数与晶面间距的关系可计算晶胞常数，并由此确定孔道中心之间的距离。小角 X 射线衍射还可用于测定薄膜的厚度、插层材料的层间距、研究高分子液晶的取向等。

（6）有些新型的 X 射线衍射仪带有原位池，可在特定的气氛中对样品加热，原位表征物相随温度的变化，得到化学反应的信息，是一种有力的研究反应机理的方法。

（7）在离子晶体中可以近似地把离子看成球状，因为大多数离子具有全满或半满电子壳层，它们的确具有球状电子云分布。但是对离子半径下确切的定义是困难的，只能理解为在晶体中相邻离子之间的平衡距离 r_0 是对应的正、负离子半径之和，即 $r_0 = r_+ + r_-$。r_0 可以从 X 射线结构分析确定，但如何来确定正负离子的分界线，不同的确定方法，结果略微有所不同。按照 Pauling 的划分法，离子的大小取决于最外层电子的分布，对于相同的电子层的离子，其半径与有效核电荷成反比，即

$$r = \frac{C_n}{Z - \sigma}$$

式中 r 为单价离子半径；C_n 为与离子最外电子层的主量数 n 有关的常数；σ 为与离子的电子构型有关的屏蔽常数；Z 为原子序数。对于 Ar 型离子，$\sigma = 11.25$。NaCl、KCl 都是 Ar 的电子结构，以 KCl 晶体为例：

$$\frac{r_{K^+}}{r_{Cl^-}} = \frac{Z_{Cl^-} - \sigma}{Z_{K^+} - \sigma}$$

只要由 X 射线衍射实验求得 KCl 的晶胞常数，就可求得 K^+ 和 Cl^- 的离子半径。

（8）目前用 X 射线衍射进行结构分析可分为单晶法和多晶粉末法。单晶法是全面提供晶体立体结构信息最有效的方法，适用面广。无论晶体对称性高低，都可以进行处理和解释，且晶胞常数比较容易获得。但单晶法的缺点是制备单晶样品比较困难，现成的又非常贵。多晶粉末样品制备相对容易得多，而其缺点是一般粉末法的衍射线比较拥挤，且衍射图指标化比较烦琐。因此，多晶粉末法，主要应用在结构比较简单、制备单晶比较困难的样品。

实验三十一　HCl 气体的红外光谱

31.1　实验目的

（1）能够使用红外分光光度计测定气体的红外光谱，并说明其工作原理。

（2）能够对红外光谱图进行分析，求算 HCl 气体的转动惯量、力常数以及平衡键距。

31.2　实验原理

除平动外，分子内部有三种运动方式，即电子相对原子核的运动、原子核间的相对振动和分子的转动，这三种运动的能级都是量子化的。因此分子的内能为

$$E_{内} = E_{电} + E_{振} + E_{转} \qquad (\text{II}.31.1)$$

当分子与光的电场分量相互作用时会发生能级的跃迁，产生分子对光的吸收和辐射，能量变化为

$$\Delta E_{内} = \Delta E_{电} + \Delta E_{振} + \Delta E_{转} \qquad (\text{II}.31.2)$$

当用能量较低（频率较低、波长较长）的远红外线（$\lambda \geqslant 10^4$ nm）照射分子时，只能引起分子转动能级的跃迁，得到纯转动光谱，即远红外光谱（或微波谱）；用能量高些、频率高些的中红外光（$\lambda = 10^3 \sim 10^4$ nm）照射分子时，可引起振动能级的跃迁（伴有转动能级的改变），得到振动-转动光谱，也就是红外光谱；而用能量更大、频率更高的紫外光（$\lambda = 100 \sim 400$ nm）照射分子时，则可引起电子能级的跃迁（伴有振动、转动能级的改变），得到电子光谱，即紫外光谱。

红外吸收光谱图就是以波长或波数为横坐标，以吸收率或透过率为纵坐标记录透过分子的光的谱带。

本实验所用的 HCl 气体为异核双原子分子，是振动-转动光谱的典型例子。在讨论双原子分子的红外光谱时，作为一种近似，可以把双原子分子作为简谐振子和刚性转子来处理。

简谐振子的振动能为

$$E_{振} = \left(v + \frac{1}{2}\right)h\nu_e \quad (v = 0,1,2,3,\cdots) \qquad (\text{II}.31.3)$$

$$\nu_e = \frac{1}{2\pi}\left(\frac{K}{\mu}\right)^{\frac{1}{2}} \qquad (\text{II}.31.4)$$

式中 v 为振动量子数；ν_e 为振动频率；K 为力常数；μ 为折合质量，$\mu = \dfrac{m_1 \cdot m_2}{m_1 + m_2}$；选律为 $\Delta v = \pm 1$。

刚性转子的转动能为

$$E_{转} = J(J+1)\frac{h^2}{8\pi^2 I} \quad (J = 0,1,2,3,\cdots) \qquad (\text{II}.31.5)$$

$$I = \mu r_e^2 \qquad (\text{II}.31.6)$$

式中 I 为转动惯量; J 为转动量子数; r_e 为平衡键距;选律为 $\Delta J = \pm 1$。

如以波数(cm^{-1})来表示,则式(Ⅱ.31.5)变为

$$\sigma_{\text{转}} = \frac{E_{\text{转}}}{hc} = J(J+1)\frac{h}{8\pi^2 cI} = J(J+1)B \qquad (\text{Ⅱ}.31.7)$$

$$B = \frac{h}{8\pi^2 cI}$$

式中 B 为转动常数; c 为光速($3 \times 10^{10}\,\mathrm{cm \cdot s}^{-1}$)。

对于简谐振子只能发生 $\upsilon = 0$(基态)到 $\upsilon = 1$(激发态)振动能级的跃迁,图Ⅱ-31-1 表示了振动能级 $\upsilon = 0$ 和 $\upsilon = 1$ 中可观察到的转动能级跃迁。

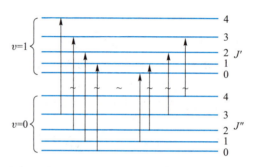

图Ⅱ-31-1　振动能级 $\upsilon = 0$ 和 $\upsilon = 1$ 中可观察到的转动能级跃迁示意图

图Ⅱ-31-1 中左边箭头表示 $\Delta J = +1$ 允许的跃迁,右边箭头表示 $\Delta J = -1$ 允许的跃迁。所以可以观察到的振动-转动能级跃迁为

$$\sigma = \frac{\Delta E}{hc} = (V' - V'')\sigma_e + \left[J'(J'+1)B' - J''(J''+1)B''\right] \qquad (\text{Ⅱ}.31.8)$$

式中"$'$"表示终态;"$''$"表示始态。B' 和 B'' 并不相同,因为在两个不同电子状态中结合力和核间距总有着差异。

若 $\upsilon'' = 0$ 和 $\upsilon' = 1$,则对于 $J' = J'' + 1$ 得

$$\sigma_R = \sigma_e + (J''+1)(J''+2)B' - J''(J''+1)B'' \quad (J'' = 0,1,2,\cdots) \qquad (\text{Ⅱ}.31.9)$$

称为 R 支谱线。

对于 $J' = J'' - 1$ 得

$$\sigma_P = \sigma_e + (J''-1)J''B' - J''(J''+1)B'' \quad (J'' = 1,2,3,\cdots) \qquad (\text{Ⅱ}.31.10)$$

称为 P 支谱线。

如果只考虑具有相同的始态(J''值)的 R 支和 P 支的组分,则得

$$\sigma_R(J'') - \sigma_P(J'') = 4\left(J'' + \frac{1}{2}\right)B' \quad (J'' = 1,2,3,\cdots) \qquad (\text{Ⅱ}.31.11)$$

如果只考虑具有相同终态(J'值)的 R 支和 P 支的组分,则得

$$\sigma_R(J'') - \sigma_P(J''+2) = 4\left(J'' + \frac{3}{2}\right)B'' \quad (J'' = 1,2,3,\cdots) \qquad (\text{Ⅱ}.31.12)$$

由式(Ⅱ.31.11)和式(Ⅱ.31.12)可得到 B' 值和 B'' 值。

31.3 仪器与药品

高分辨率红外分光光度计 1 台;气体吸收池 1 只;HCl 气体发生装置 1 套;球胆 2 只。

浓硫酸(AR);浓盐酸(AR)。

31.4 实验步骤

1. HCl 气体的制备

HCl 气体发生装置如图Ⅱ-31-2 所示。

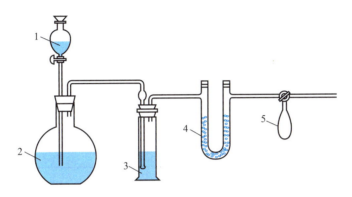

1—浓盐酸;2,3—浓硫酸;4—无水氯化钙;5—球胆

图Ⅱ-31-2　HCl 气体发生装置示意图

以浓盐酸滴入浓硫酸制得 HCl 气体,再经过装有浓硫酸的洗气瓶及装有无水 $CaCl_2$ 的干燥管。干燥后的气体通入已由 HCl 气体清洗过的球胆中备用。测定 HCl 气体分子的光谱可以用 NaCl(或 LiF)单晶片为窗口的气体吸收池。将气体吸收池先抽成真空,然后通入贮于球胆中的 HCl 气体。关上样品吸收池旋塞备用。

2. 摄谱

调节仪器,从 3200~2800 cm^{-1} 进行扫描(在教师指导下按红外分光光度计说明书的规定进行操作)。

31.5 实验注意事项

(1)在进行红外光谱实验时,必须在教师的指导下,严格按照说明书的操作规程使用红外光谱仪。

(2)气体吸收池的氯化钠晶体窗口切忌沾水,通入的气体样品必须预先干燥,实验结束后一定要将气体样品排空,并用 N_2 或 H_2 气流反复清洗气体吸收池。

(3)排出的样品气体必须引向室外。注意保持室内干燥、通风。

31.6 数据处理

(1)从所记录的谱图测定出各谱线的波数。

(2)由式(Ⅱ.31.11)及式(Ⅱ.31.12)分别求得 B' 值及 B'' 值,并列于表Ⅱ-31-1。

表 Ⅱ-31-1   实验数据记录表

J	$\sigma_P/\mathrm{cm}^{-1}$	$\sigma_R/\mathrm{cm}^{-1}$	$4B''$	$4B'$
0				
1				
2				
3				
4				
5				
6				

（3）由 $B = \dfrac{h}{8\pi^2 cI}$ 及式（Ⅱ.31.6）计算转动惯量 I''、I' 和平衡键距 r'' 及 r'。

（4）用所测 $\Delta J = 0$ 谱线峰的波数值近似为 σ_e 值，通过式（Ⅱ.31.4）求算力常数 K。

31.7   思考题

（1）为什么可以在红外区看到转动谱线的结构？它和在微波区的纯转动谱线是否一致？为什么？

（2）哪些双原子分子具有红外吸收谱图,哪些没有？HD 有无红外吸收谱图？

（3）谱图中除 HCl 峰以外,还有什么分子作何种振动？为什么看不见 N_2 和 O_2 的吸收峰？

（4）为什么 HCl 的相邻谱线间隔随 m 的增加而减小？

31.8   知识拓展

（1）处理本实验数据时,视双原子分子为刚性转子和简谐振子。实际上双原子分子并非理想的简谐振子,其能量表示为

$$E_{振} = \left(v + \frac{1}{2}\right)hc\sigma_e - \left(v + \frac{1}{2}\right)^2 hcX_e\sigma_e \qquad (Ⅱ.31.13)$$

非简谐常数为 $X_e = \dfrac{h\sigma_e c}{4D_e}$,非简谐效应使得每个振动能级低于简谐振子的振动能级。振动能级随 v 增加而相互接近,此时选律为 $\Delta v = \pm 1, \pm 2, \pm 3, \cdots$。这样除基频谱带（$v'' = 0 \rightarrow v' = 1$）外,还可观察到泛频谱带,如 $v'' = 0 \rightarrow v' = 2$ 或 $v'' = 0 \longrightarrow v' = 3$。泛频谱带往往比基频谱带的强度小得多。

此外,还应加入非刚性转子的修正项 $J^2(J+1)^2D$（D 为离心变形常数）和振动转动的相互作用项 $J(J+1)\left(v+\dfrac{1}{2}\right)\alpha$（$\alpha$ 为振动转动相互作用常数），因此,双原子分子振动转动能级跃迁可由下式给出:

$$\sigma = \left(v+\frac{1}{2}\right)\sigma_e - \left(v+\frac{1}{2}\right)^2 X_e\sigma_e + J(J+1)B - J(J+1)\left(v+\frac{1}{2}\right)\alpha - J^2(J+1)^2D$$

$$(\text{II}.31.14)$$

定义转动系数为
$$B_v = B - \left(v+\frac{1}{2}\right)\alpha$$

则得

$$\sigma = \left(v+\frac{1}{2}\right)\sigma_e - \left(v+\frac{1}{2}\right)^2 X_e\sigma_e + J(J+1)B_v - J^2(J+1)^2D \qquad (\text{II}.31.15)$$

当 $v''(0) \to v', J'' \to J'$（即 $J''+1$）时,式（II.31.15）变为

$$\sigma_R(J'') = v'[1-(v'+1)X_e]\sigma_e + 2B_v'' + J''(3B_v''-B_v')$$
$$+ (J'')^2(B_v''-B_v') - 4(J''+1)^3D \quad (J''=0,1,2,\cdots) \qquad (\text{II}.31.16)$$

即为 R 支。

当 $v''(=0) \to v', J'' \to J'$（即 $J''-1$）,式（II.31.15）变为

$$\sigma_P(J'') = v'[1-(v'+1)X_e]\sigma_e - J''(B_v''+B_v') + (J'')^2(B_v''-B_v') + 4(J'')^3D$$
$$(J''=1,2,3,\cdots) \qquad (\text{II}.31.17)$$

即为 P 支。

式（II.31.16）和式（II.31.17）中的右边第一项称为谱带原线（$\Delta J=0$）,如果只考虑具有相同 J'' 值的 R 支和 P 支的组分（即具有相同起始态的组分）,则得

$$\sigma_R(J'') - \sigma_P(J'') = 2(2J''+1)B_v'' - 4[(J''+1)^3+(J'')^3]D$$
$$(J''=1,2,3,\cdots) \qquad (\text{II}.31.18)$$

以 $\dfrac{0.5[\sigma_R(J'')-\sigma_P(J'')]}{2J''+1}$ 对 $\dfrac{2[(J''+1)^3+(J'')^3]}{2J''+1}$ 作图,由斜率得到 D,由截距得 B_v''。

若考虑具有相同终态的 R 支 P 支组分,则得

$$\sigma_R(J'') - \sigma_P(J''+2) = 2(2J''+3)B_v' - 4[(J''+1)^3+(J''+2)^3]D$$
$$(J''=0,1,2,3,\cdots) \qquad (\text{II}.31.19)$$

以 $\dfrac{0.5[\sigma_R(J'')-\sigma_P(J''+2)]}{2J''+3}$ 对 $\dfrac{2[(J''+1)^3+(J''+2)^3]}{2J''+3}$ 作图,由截距得 B_v'。

从式（II.31.16）和式（II.31.17）可看出,用两支组分相加可以推出包含谱带原线的方程:

$$\sigma_R(J'') + \sigma_P(J''+1) = 2v'[1-(v'+1)X_e]\sigma_e + 2(J''+1)^2(B_v''-B_v')$$
$$(J''=0,1,2,\cdots) \qquad (\text{II}.31.20)$$

以 $0.5[\sigma_R(J'')+\sigma_P(J''+1)]$ 对 $(J''+1)^2$ 作图,由截距得谱带原线。

由实验所得的（$v'=1$）基频谱带原线与（$v'=2$）的泛频谱带原线（$\sigma_2=5668.05\ \text{cm}^{-1}$）,计算 σ_e 和 X_e。

（2）红外光谱除可应用于化合物的鉴定和化合物结构研究以及定量分析外,还可根据化学

反应过程中总有一些键生成,另一些键消失,反映在红外光谱上某些特征谱带强度随时间而变化,定量地测定这些变化可以测定反应速率、研究反应机理等。

实验三十二　核磁共振法测定水溶液中反应的平衡常数及反应速率常数

32.1　测定水溶液中杂环碱质子化作用的平衡常数

32.1.1　实验目的

(1) 能够使用核磁共振仪测定样品的核磁共振谱图,并说明其工作原理。

(2) 能够解析样品的核磁共振谱图,从质子的化学位移求杂环碱质子化作用的平衡常数。

32.1.2　实验原理

原子核是带电荷的粒子,和原子外层电子类似,也有自旋现象,也是量子化的,可由核自旋量子数 I 来描述。不同的核,其数值不同。^1H 核的自旋量子数 I 为 $\frac{1}{2}$。质子在外加磁场下,其磁矩有两种取向,即分裂为两种状态,可用自旋磁量子数 $m = \pm\frac{1}{2}$ 来描述。一种是对应于 $m = \frac{1}{2}$,其磁矩顺着外加磁场方向,能量较低;另一种对应于 $m = -\frac{1}{2}$,其磁矩与外加磁场方向相反,能量较高,如图 Ⅱ-32-1 所示。这两种不同取向的磁矩与磁场相互作用,产生两个不同的磁能级,其能量差 ΔE 与外加磁场的强度 H_0 成正比:

$$\Delta E = \gamma \frac{h}{2\pi} H_0$$

在外加磁场中,当核受到不同能量($h\nu$)的电磁波照射后,一旦满足关系 $h\nu = \Delta E$ 时就可以从基态(即 $m = \frac{1}{2}$)跃迁到较高能级(即 $m = -\frac{1}{2}$),从而发生核磁共振吸收。

核磁共振谱仪的基本构造如图 Ⅱ-32-2 所示。样品管放在磁场强度很大的电磁铁两极之间转动,用固定频率的电磁波照射。在扫描发生器的线圈中通直流电,产生一个微小的磁场,使总磁场强度略有增加。变化扫描线圈中的电流,当磁场强度变化到一定的值(H_0),使入射电磁波的能量恰好等于磁能级差,即满足关系式 $\nu = \frac{\gamma}{2\pi} H_0$ 时,样品中某一类型的质子发生能级的跃迁,产生核磁共振吸收信号,由射频接收器检测、放大、记录,即可得到一定的质子共振波谱。

所有质子的 γ 值都是一样的,但由于在有机化合物分子中,质子周围的化学环境并不完全相同,即质子所受的屏蔽作用的大小不一样,则共振时所需的外磁场强度不同,因此导致谱线位置移动。同一种核,由于在分子中化学环境不同而产生的谱线位置移动的现象称为化学位移。

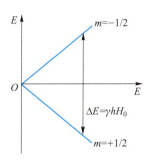

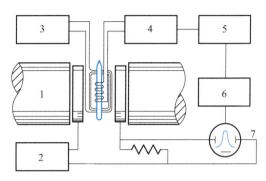

1—磁铁;2—扫描磁极和扫描发生器;3—射频发生器;
4—射频放大器;5—检波器;6—音频放大器;
7—示波器和记录仪

图Ⅱ-32-1　质子在外磁场下的能级示意图　　　　图Ⅱ-32-2　核磁共振仪的基本构造示意图

在水溶液中,杂环碱存在下列平衡:

$$\text{(BH}^+\text{)} \xrightleftharpoons{K_a} \text{(B)} + H_3O^+ \tag{Ⅱ.32.1}$$

$$K_a = \frac{[H_3O^+][B]}{[BH^+]} \tag{Ⅱ.32.2}$$

K_a是水溶液中杂环碱的质子化阳离子酸的解离常数,取对数即得

$$pK_a = pH + \lg\frac{[BH^+]}{[B]} \tag{Ⅱ.32.3}$$

特定分子的质子化化学位移取决于化学环境,由于不带电荷的分子与带电荷的离子在电子密度和氮的孤对电子的磁各向异性上有一个显著的差别,所以在溶液中它们的 NMR 质子的化学位移是不同的。在这种情况下,从一种化学环境到另一种化学环境,其改变速度比 NMR 测定的时间分辨率快,所以只能检测出对于两种化学环境质子信号的平均值,它可以用溶液中分子和离子的摩尔分数来衡量,溶液中观察到的化学位移可以由下式表示:

$$\delta_{obs} = \delta_{BH^+}x_{BH^+} + \delta_B x_B \tag{Ⅱ.32.4}$$

式中δ_{obs}为实验测得溶液的化学位移;δ_B、δ_{BH^+}分别为分子与离子的化学位移;x_B、x_{BH^+}分别为分子和离子的摩尔分数,它们的和为 1。

用碱性溶液(基本不存在阳离子)可以测得 δ_B,用高酸性溶液(基本不存在分子)可以测得δ_{BH^+}。对于包含显著量的阳离子和分子的溶液,其浓度比为

$$\frac{[BH^+]}{[B]} = \frac{\delta_{obs} - \delta_B}{\delta_{BH^+} - \delta_{obs}} \tag{Ⅱ.32.5}$$

由上式可以看出,只要通过测定三个不同 pH(一个在高 pH,一个在低 pH,一个在某一合适的 pH,其中分子和阳离子以近乎相等的量存在)溶液的 NMR 谱,获得相应的化学位移,就可根据式(Ⅱ.32.5)和式(Ⅱ.32.3)求出质子化作用的平衡常数。

32.1.3 仪器与药品

Bruker DPX300 NMR 仪 1 台；NMR 样品管 3 支；移液管（10 mL）1 支，（5 mL）1 支；酸度计及其附件 1 套；烧杯（10 mL）4 只；滴管若干。

HCl 溶液（$2\,mol\cdot L^{-1}$）；$[N(CH_3)_4]Cl$（氯化四甲基胺，AR）；NaOH（AR）；$\alpha\text{-}CH_3C_5H_4N$（$\alpha$-甲基吡啶，AR）。

32.1.4 实验步骤

（1）称取 1.5~2.0 g α-甲基吡啶，溶解在适量的 $2\,mol\cdot L^{-1}$ 盐酸中，再倒入 25 mL 容量瓶中，用 $2\,mol\cdot L^{-1}$ 盐酸定容至刻度。

（2）配制饱和氯化四甲基胺溶液。

（3）将 1 mL 氯化四甲基胺溶液与 10 mL 样品溶液混合。

（4）用酸度计测定上述溶液的 pH，然后把一部分溶液倒入 NMR 样品管中；另一部分溶液用 NaOH 溶液调节其 pH 至 6 左右，倒入第二支 NMR 样品管中；剩下的溶液再次加入 NaOH 溶液，调节其 pH 至 10 左右，倒入第三支 NMR 样品管中。每次用 NaOH 溶液调节 pH 后，都要用酸度计精确测定其 pH。

（5）将上述三种不同 pH 的溶液进行 NMR 波谱测定。

32.1.5 实验注意事项

（1）配制溶液时，盐酸和 NaOH 溶液的浓度应在 $1\,mol\cdot L^{-1}$ 以上，否则溶液会变浑，甚至有白色沉淀出现，影响测定结果。

（2）样品管必须插在磁场中心处，否则测不到 NMR 信号。

（3）核磁共振仪系精密仪器，使用时应在教师指导下严格按照操作规程进行实验。

32.1.6 数据处理

(1) 在 NMR 谱图中，找出三种溶液相对于氯化四甲基胺的化学位移。

(2) 由式（Ⅱ.32.5）算出 pH 为 6 左右的溶液的 $\dfrac{[BH^+]}{[B]}$ 值。

(3) 由式（Ⅱ.32.3）计算杂环碱质子化作用的平衡常数。

32.1.7 思考题

化学位移的数值是否随外加磁场的强度而改变？说明理由。

32.1.8 知识拓展

（1）通过化学位移的改变来求某些反应的交换速率常数。例如，纯 CH_3COOH 有两个共振吸收峰，分别对应于 CH_3 和 COOH 基团中 H（都为单峰），纯水只有一个峰。但 1∶1 乙酸水溶液的 NMR 谱中，不是三个峰，而只有两个单峰，其中一个仍是 CH_3 引起的，另一个则是由于质子快速交换而引起的新峰。新峰的化学位移 δ_H 与溶液浓度成直线关系。在不同温度下进行实验，可以从峰的位移和外形计算出这类反应的交换速率常数。

（2）测定溶液的最合适的 pH 范围是阳离子和分子都以近乎相等的量存在，而测得的质子化学位移是阳离子和分子质子化学位移值之间的中点值，这个最合适的 pH 可以通过在一定的 pH 范围内测定一系列溶液的 pH 及质子化学位移值，并以质子化学位移对 pH 作图，由图即可求出最合适的 pH 与相应的质子化学位移值。

（3）本实验不能用 30 MHz 的 NMR 仪，因为这种仪器不能清楚地分辨样品质子和参考物的峰与水的峰。此外,分子和阳离子的质子化学位移的差别也不显著,不能得到较好的实验结果。

32.2 测定丙酮酸水解反应的反应速率常数和平衡常数

32.2.1 实验目的

(1)能够使用核磁共振仪测定样品的核磁共振谱图,并说明其工作原理。

(2)能够解析样品的核磁共振谱图,从质子峰的面积和半峰宽分别计算丙酮酸水解反应的平衡常数和反应速率常数。

32.2.2 实验原理

$$
\underset{\substack{\parallel\\O}}{H_3C-C}-COOH + H_2O \underset{k_0^r}{\overset{k_0^f}{\rightleftharpoons}} H_3C-\underset{\substack{|\\OH}}{\overset{\substack{OH\\|}}{C}}-COOH
$$

反应路径(1)

水溶液中,丙酮酸水解生成 2,2-二羟基丙酸的反应是一个可逆反应,该反应属于二级反应,考虑到 H_2O 在反应过程中没有明显的浓度变化,因此可看成一个准一级反应,反应速率与原料浓度成正比。用 A 表示丙酮酸,用 B 表示 2,2-二羟基丙酸,则有

$$
\frac{d[B]}{dt} = k_0^f[A] - k_0^r[B] \tag{II.32.6}
$$

该反应达到平衡时:

$$
K_a = \frac{[B]}{[A]} \tag{II.32.7}
$$

$$
\frac{d[B]}{dt} = k_0^f[A] - k_0^r[B] = 0 \tag{II.32.8}
$$

则有

$$
K_a = \frac{k_0^f}{k_0^r} \tag{II.32.9}
$$

在酸性溶液中,H^+ 可以催化该水解反应,反应式如下:

$$
\underset{\substack{\parallel\\O}}{H_3CC}\,COOH + H^+ \rightleftharpoons \underset{\substack{|\\OH}}{H_3CC^+}-COOH
$$

$$
\underset{\substack{|\\+}}{H_3C-\overset{\substack{OH\\|}}{C}}-COOH + H_2O \underset{k_1^r}{\overset{k_1^f}{\rightleftharpoons}} H_3C-\underset{\substack{|\\OH}}{\overset{\substack{OH\\|}}{C}}-COOH + H^+
$$

反应路径(2)

此反应路线的第一步为快速反应,达到平衡时 $K_{a1} = \dfrac{[AH^+]}{[A][H^+]}$。

第二步反应的速率可表示为

$$
\begin{aligned}
\frac{d[B]}{dt} &= k_1^f[AH^+] - k_1^r[B][H^+] \\
&= k_1^f K_{a1}[A][H^+] - k_1^r[B][H^+] \\
&= k_H^f[A][H^+] - k_H^r[B][H^+]
\end{aligned} \tag{II.32.10}
$$

达到平衡时：

$$\frac{d[B]}{dt} = k_H^f[H^+][A] - k_H^r[B][H^+] = 0 \qquad (\text{II}.32.11)$$

则有

$$K_a = \frac{k_H^f}{k_H^r} \qquad (\text{II}.32.12)$$

在丙酮酸的酸催化水解反应中，反应路径(1)和反应路径(2)都发生，其反应速率为 $\frac{d[B]}{dt} = k^f[A] - k^r[B]$，故有

$$k^f = k_0^f + k_H^f[H^+] \qquad k^r = k_0^r + k_H^r[H^+] \qquad (\text{II}.32.13)$$

用 NMR 法研究该反应，测定丙酮酸在一定酸浓度的溶液中的 NMR 谱，由于质子峰的峰面积与质子的数目成正比，因此式(II.32.7)中的平衡常数 K_a 可由 B 的 NMR 谱甲基氢吸收峰($\delta \approx 1.75$)的峰面积与 A 的 NMR 谱甲基氢吸收峰($\delta \approx 2.6$)的峰面积之比求得，即 $K_a = \frac{S_B}{S_A}$。

还可以由峰形和半峰宽来确定反应速率。理想状态下(完全均匀的磁体、低过渡场、稳定条件、无饱和效应)，NMR 吸收峰是洛伦兹线型(Lorentzian lineshape)：

$$I(r) = \frac{I_0}{1 + 4\pi^2(\nu - \nu_0)^2 T_2^2} \qquad (\text{II}.32.14)$$

NMR 峰的半峰宽 FWHM 为 $w(\text{Hz}) = \frac{1}{\pi T_2}$，其中 T_2 为自旋-自旋弛豫时间。

如果没有化学交换及仪器展宽，质子 NMR 典型的 T_2 值约为 1 s，则自然线宽 $w = 0.3$ Hz。如果考虑这些因素，则有效 T_2^* 值为

$$w(\text{Hz}) = \frac{1}{\pi T_2^*} = \frac{1}{\pi T_2} + w_{ex} \qquad (\text{II}.32.15)$$

如果质子在两种化学环境中发生快速交换，则化学交换会严重影响 NMR 谱的形状。由海森伯不确定性原理：

$$\Delta E \cdot \Delta t = \Delta E \cdot \tau \approx \frac{h}{2\pi} \qquad (\text{II}.32.16)$$

由于 $\Delta E = h\Delta\nu$，$\tau = \frac{1}{k}$，则 $\Delta\nu \cdot \tau = \frac{1}{2\pi}$，$w_{ex} = 2\Delta\nu = \frac{1}{\pi\tau} = \frac{k}{\pi}$ $\qquad (\text{II}.32.17)$

因此，FWHM 分别为

$$\pi w_A = \frac{1}{T_{2A}^*} + k^f \qquad \pi w_B = \frac{1}{T_{2B}^*} + k^r \qquad (\text{II}.32.18)$$

在丙酮酸的水解反应中，甲基质子会不断地改变其化学环境，A $\longrightarrow$ B，在较慢的交换速率时，可以看到两个独立的峰，峰宽主要由有效弛豫时间 T_2^* 决定。当酸浓度增加或温度上升时，k^f 会增加，半峰宽会变大；如果 k^f 变得足够大，两个峰会重叠，变为一个峰，并逐渐变尖锐。

由式(II.32.13)和式(II.32.18)可知：

$$\pi w_A = \frac{1}{T_{2A}^*} + k_0^f + k_H^f[H^+] = C_A + k_H^f[H^+] \qquad (\text{II}.32.19a)$$

$$\pi w_B = \frac{1}{T_{2B}^*} + k_0^r + k_H^r [\text{H}^+] = C_B + k_H^r [\text{H}^+] \qquad (\text{II}.32.19\text{b})$$

以 NMR 谱的甲基氢半峰宽对 H$^+$浓度作图,由斜率可求出 k_H^f、k_H^r,其截距为 C_A、C_B,由此可估算得到$\left(\dfrac{1}{T_2^*} + k_0 \right)$值。

32.2.3 仪器与药品

Bruker DPX300 NMR 仪 1 台;NMR 样品管 6 支;容量瓶(10 mL)6 只;移液管(5 mL)1 支。HCl 溶液(6 mol·L^{-1});D$_2$O(AR);CH$_3$COCOOH(AR)。

32.2.4 实验步骤

(1)在容量瓶中配制 6 份溶液,先分别加入 4.00 mL 丙酮酸、0.30 mL D$_2$O(用于锁场),再分别加入 0.00 mL、1.00 mL、2.00 mL、3.00 mL、4.00 mL、5.00 mL 的 HCl 溶液,稀释定容。得到 H$^+$浓度分别为 0.0 mol·L^{-1}、0.6 mol·L^{-1}、1.2 mol·L^{-1}、1.8 mol·L^{-1}、2.4 mol·L^{-1}、3.0 mol·L^{-1}的丙酮酸溶液。

(2)将溶液加入样品管中,使溶液高度处于 1.5~2.0 cm,盖上样品管塞子。如果不立即测试,应置于冰箱中保存。

(3)在 25 ℃时测定 6 个样品的核磁共振谱,标定每个峰的积分面积和半高宽。

32.2.5 实验注意事项

(1)丙酮酸易吸水、易分解和聚合,在使用前要先减压蒸馏提纯,保存在封闭瓶中,放在冰箱中可稳定 4~5 天。

(2)丙酮酸及其水解产物、HCl 等都具有刺激性,容易对皮肤造成损伤,操作时要小心。溶液用完后,倒入废液桶中统一处理。

32.2.6 数据处理

(1)测定 6 个 NMR 谱图中各个吸收峰的化学位移、积分面积及半峰宽,列在表格中。

(2)以 w_A(丙酮酸甲基 H 吸收峰的半峰宽)或 w_B(二羟基丙酸甲基 H 吸收峰的半峰宽)对 [H$^+$]作直线,由式(II.32.19)求出 k_H^f、k_H^r、C_A、C_B,并估算得到$\left(\dfrac{1}{T_2^*} + k_0 \right)$值。

(3)通过峰面积之比计算各样品的平衡常数 K_a,求平衡常数的平均值。再通过式(II.32.12)计算 K_a。将两种方法求得的结果进行比较。

(4)由式(II.32.19)和式(II.32.9)可知 $K_a = \dfrac{C_A - C_0}{C_B - C_0}$(其中 $C_0 = 1/T_{2A}^* = 1/T_{2B}^*$),求出 C_0,并估算出 k_0^f 和 k_0^r。

32.2.7 思考题

(1)为什么要调节 NMR 仪以获得最低的仪器展宽数值?如何操作?

(2)用本实验的方法测定反应速率常数,对所研究的化学反应有何要求?

32.2.8 知识拓展

(1)随着酸浓度和温度的改变,甲基质子的化学位移值也会有些改变,这是正常的,不影响数据处理与结果。

(2)如果样品管放在冰箱中保存,在测试前须先恢复至室温。

新材料与理论化学部分

实验三十三　超级电容器材料制备、器件组装和性能测试

33.1　实验目的

（1）能够说明超级电容器的概念和工作原理。
（2）能够利用溶液燃烧法合成镍基电极材料。
（3）能够使用电化学工作站测量电极材料的比电容。
（4）能够组装纽扣型超级电容器。

33.2　实验原理

开发清洁、高效、经济、安全的新能源体系是缓和能源危机、减轻环境和气候压力以及实现人类社会可持续发展的必由之路。超级电容器是一种介于传统静电电容器和电池之间的新型能量存储装置，具有比传统电容器更高的能量密度、比电池更高的功率密度，近年来受到了人们的广泛关注。

超级电容器亦称为电化学电容器。根据能量存储机制的不同，超级电容器可以分为双电层电容器（EDLC）和赝电容器（pseudo-capacitor）。EDLC通过电极/电解液界面的静态电荷积累来存储能量，是物理过程；赝电容器通过活性物质表面或者近表面的氧化还原反应存储能量，涉及电化学反应，又分为欠电位沉积赝电容、氧化还原赝电容和嵌入型赝电容。根据器件结构的不同，超级电容器可分为对称型和非对称（混合）型超级电容器。对称型由两个相同的电极构成，非对称型的一极使用作为能量源的法拉第电极材料，另一极使用作为功率源的双电层电容材料。

赝电容不仅在电极表面产生，而且可在整个电极内部产生，因而可获得比双电层电容更高的电容量和能量密度。图 II-33-1 为赝电容电极材料的一般性电化学特征。赝电容的循环伏安曲线呈矩形，存在较宽的氧化还原峰，并且氧化峰和还原峰的峰电位差值很小。在恒电流充放电实验中，电压电容曲线呈线性上升或下降、不出现电压平台。在电化学阻抗测试中，赝电容电极材料的 Nyquist 曲线在低频部分呈现出与实轴接近于垂直的直线，在高频区出现与界面电荷转移相关的半圆。

评估超级电容器性能的参数包括：比电容、工作电压、能量密度、功率密度、充放电倍率、循环稳定性、等效串联电阻、时间常数、安全性以及成本等。其中比电容（C_s）是评估超级电容器材料性能最重要的参数。比电容也称为比容量，有两种表示方法：一种是质量比电容（C_m），即单位质量的活性物质所具有的电容；另一种是体积比电容（C_V），即单位体积的活性物质所具有的电容。电容（C）也称为电容量，定义为把电容器的两极板间的电势差增加 1 V 所需的电荷量，是表征容器容纳电荷本领的物理量。电容大小可以由循环伏安、恒电流充放电和电化学交流阻抗等方法评估。基于循环伏安曲线的电容，可由下式计算：

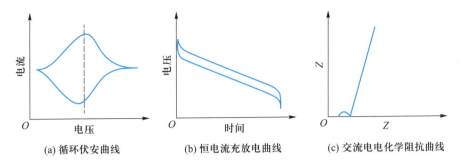

| (a) 循环伏安曲线 | (b) 恒电流充放电曲线 | (c) 交流电化学阻抗曲线 |

图Ⅱ-33-1 赝电容电极材料的一般性电化学特征

$$C = \frac{Q}{V} = \frac{1}{v} \frac{\int I \mathrm{d}V}{\Delta V} \qquad (\text{Ⅱ}.33.1)$$

式中 Q 为存储的总电荷量;v 为扫速;ΔV 为电容器工作电压范围。

基于恒电流充放电方法的电容,可由下式计算:

$$C = \frac{I \Delta t}{\Delta V} \qquad (\text{Ⅱ}.33.2)$$

式中 I 为恒定电流;Δt 为放电时间;ΔV 为电容器工作电压范围。

基于电化学交流阻抗方法的电容,可由下式计算:

$$C = \frac{1}{2\pi f Z''} \qquad (\text{Ⅱ}.33.3)$$

式中 f 为频率;Z'' 为阻抗的虚部。

33.3 仪器和药品

CHI760E 电化学工作站 1 套;纽扣电池封口机 1 台;压片机 1 台;精密电子天平(0.01mg 精度)1 台;饱和甘汞电极 1 支;铂丝电极 1 支;工作电极夹 1 个;玛瑙研钵 2 个;培养皿(9 cm)1 个;纽扣电池夹具 1 个;纽扣电池盒 1 个;纽扣电池壳套装若干;镊子 1 支;平头镍匙 1 支;移液枪(1000~5000 μL 和 20~200 μL)各 1 支;烧杯(25 mL)1 只。

条状泡沫镍(1cm × 2 cm)2 片;圆形泡沫镍 4 片;MPF 膜(无纺布隔膜)2 片;$Ni(NO_3)_2 \cdot 6H_2O$(AR);$C_6H_{12}O_6$(葡萄糖,AR);CH_3CH_2OH(无水乙醇,AR);乙炔黑;活性炭;KOH 溶液(6 mol·L^{-1});聚四氟乙烯乳液(5%PTFE)。

33.4 实验步骤

实验三十三 操作演示视频

（1）镍碳复合材料的制备。称取 0.500 g $Ni(NO_3)_2 \cdot 6H_2O$ 和 0.0516 g 葡萄糖,溶于 2.25 mL 去离子水中,再置于烘箱中 215 ℃下反应 1 h,即制得镍碳复合材料 $[Ni_3(NO_3)_2(OH)_4/C]$,研细后备用。

（2）工作电极的制备。将条状泡沫镍置于电风扇下吹干(约 40 min),在压片机中手动旋紧压实后称量。按照活性物质(镍碳复合材料)、乙炔黑、聚四氟乙烯质量比为 8∶1∶1 的比例,分别称取 32.0 mg 活性材料和 4.0 mg 乙炔黑,转移至玛瑙研钵,加入约 1mL 无水乙醇,研磨均匀,再加入 5%PTFE 乳液 0.100 mL,继续研磨混匀。用平头镍匙的平头一端取少量悬浊液均匀涂抹在条状泡沫镍上,涂抹面积区域约为 1 cm × 1 cm,涂抹量(按活性物质计)为 2~3 mg。涂抹后泡沫镍置于电风扇下吹干,在压片机中 10 MPa 下压 5 s,再准确称量。

（3）电化学性能测试。将上述泡沫镍装入工作电极夹,插入电解池中,同时将铂丝电极和甘汞电极插入电解池相应位置,并使工作电极涂抹活性物质面朝向铂丝电极,且与之平行、等高。加入 6mol·L^{-1}KOH 电解液至淹没工作电极中活性物质,分别将工作电极、铂丝电极和甘汞电极连接电化学工作站的绿色、红色和白色电极夹。打开电化学工作站,依次进行开路电压（OCPT）、循环伏安（CV）和恒电流充放电（CP）测试。

OCPT 测试:打开"chi760e"软件,点击"T"快捷键,选取"OCPT",使用默认参数,点击"OK"保存,再点击"▶"进行测量,仪器会进行基线测试,默认时间为 400 s。若基线不平,重复测试,直至基线为水平线。

CV 测试:点击"T"快捷键,选取"CV",然后设置参数:Init E = 0 V,High E = 0.5 V,Low E = 0 V,Final E = 0 V,Initial Scan Polarity = Negative,Scan Rate = 0.01 V/s,Sweep Segments = 6,选中"Auto Sens if Scan Rate <= 0.01 V/s",点击"OK"保存,再点击"▶"开始测试。测试结束,保存谱图,并根据 CV 图中氧化还原峰所处电压范围确定 CP 所用电压值。(本实验可选 0.38 V 左右。)

CP 测试:本实验依次测定 1 A·g^{-1}、2 A·g^{-1} 和 5 A·g^{-1} 三个电流密度下 CP 曲线。点击"T"快捷键,选取"CP",然后进行参数设置。其中"Cathodic Current"和"Anodic Current"根据泡沫镍上活性物质的质量与电流密度乘积获得,High E = 0.38 V,High E Hold Time = 0 s,Low E = 0 V,Low E Hold Time = 0 s,Cathodic Time = 10 s,Anodic Time = 10 s,Initial Polarity = Anodic,Data Storage Intvl = 0.1 s,Number of Segments = 4,Current Switching Priority = Potential,点击"OK"保存设置,再点击"▶"开始测试。测试完成,保存谱图。

（4）纽扣型超级电容器的组装。取吹干称量后两片圆形泡沫镍,按照与条形泡沫镍类似的方法涂抹活性物质,不过圆形泡沫镍涂抹前不需要压实,涂抹量自定。其中一片泡沫镍上涂抹镍碳复合材料,另一片上涂活性炭。将制得镍碳泡沫镍片放在电池壳底座上(活性物质一面朝上),盖上一片圆形 MPF 膜,滴加三滴 6 mol·L^{-1}KOH 溶液,再依次放入活性炭泡沫镍片(活性物质一面朝下)、金属圆形垫片和金属弹片,盖上顶盖,于纽扣电池封口机中在 60 kgf·cm^{-2} 下压 20 s 成型。同样方法制备第二个纽扣型超级电容器。

（5）性能测试。将组装好纽扣型超级电容器放入纽扣电池夹具中,正极连接电化学工作站绿色电极夹,负极同时连接红色和白色电极夹。选取"CP"模式,设置 Cathodic Current = 0.02 A,Anodic Current = 0.02 A,High E = 2.0 V,Low E = 0 V,Initial Polarity = Anodic,Number of Segment = 1,点击"OK"保存,再点击"▶"进行充电。当电压达到最大值时(一般不超过 2 V)停止充电。将两个充电后纽扣型超级电容器装入电池盒,检测其二极管发光效果。

33.5　注意事项

（1）建议本实验由两位同学合作完成。

（2）6mol·L^{-1}KOH 溶液具有强腐蚀性，实验时不能接触到工作电极夹，也要避免接触皮肤和衣物。

（3）由于泡沫镍上涂抹的活性物质一般只有 2~3 mg，称量需要精确到 0.01 mg，并且涂抹前后泡沫镍都需要在室温下完全干燥。

（4）制备镍基复合材料时烘箱温度为 215 ℃，取放样品必须戴上隔热手套，防止烫伤。

33.6　数据处理

（1）从涂抹前后泡沫镍的质量之差求出泡沫镍上担载物质的总质量，其值乘以 80% 即为泡沫镍上活性物质的质量。

（2）利用式（Ⅱ.33.2）计算不同电流密度下电容值，再除以活性物质的质量求出各自的（质量）比电容。

33.7　思考题

（1）试比较超级电容器和普通充电电池的异同，使用超级电容器有何优势？

（2）使用三电极系统测量材料电化学性能中各电极的作用分别是什么？

33.8　知识拓展

（1）1957 年，美国通用电气公司使用高比表面积活性炭为电极材料、以硫酸溶液为电解液制备了 EDLC 并申请了第一个 EDLC 专利。1978 年，日本电气股份有限公司（NEC）在美国美孚石油公司的许可下将 EDLC 商业化。目前日本的 NEC、ELNA 和 Panasonic 公司占据着超级电容器的大部分市场。EDLC 电极材料以碳材料为主，如活性炭、碳纳米管、模板炭、石墨烯、碳纳米纤维、TiO$_2$ 纳米管和 MXene 等。赝电容器的历史相对较短，1971 年人们第一次在 RuO$_2$ 电极材料上发现赝电容现象。赝电容材料可分为本征和非本征两大类。本征赝电容材料的赝电容特征与材料的形貌结构和尺寸无关，如 RuO$_2$·nH$_2$O、MnO$_2$ 和 Nb$_2$O$_5$。非本征赝电容材料在电荷存储过程中会发生相转变，其体相材料不展现出赝电容特性，在充放电过程中会呈现一个电池特征的电压平台，当其尺寸减小到纳米级时，其放电曲线呈现接近线性下降的赝电容特性。典型的赝电容电极材料有贵金属氧化物、过渡金属氧化物和氢氧化物及导电聚合物等。

（2）赝电容器的储能过程与可充电电池有相似之处，但二者存在明显的不同。在充放电时间上，赝电容材料的充放电时间较电池型材料短，在几秒到几分钟的量级。在能量存储机制上，赝电容材料的反应发生在电极材料表面或近表面，受表面反应控制而不受固态体相扩散控制，具有高的功率密度；相反，可充电电池利用固态材料的体相储能，具有高的能量密度，但是其充放电过程受到固态体相扩散限制，其功率密度较低。因此，赝电容器具有比可充电电池高得多的功率密度。

（3）超级电容器的工作电压是指其所能承受的最大电压，工作电压范围可以通过循环伏安和恒电流充放电测试方法确定。其大小与电解液类型以及电容器的组装类型有关。通常情况下,酸性和碱性水系电解液的工作电压大小为 1.0 V 左右,中性水系电解液的工作电压可达 1.6~2.2 V;有机电解液的工作电压可达 2.3~3.0 V;离子液体电解液体系下的工作电压高达 3.0~4.2 V。

(4)超级电容器存在内阻,会损耗能量,并非理想的电子器件。超级电容器的等效串联电阻(R_{ESR})由电极材料电阻、导线电阻、集流体电阻、电荷转移电阻、集流体和电极材料间的接触电阻、电解液的离子传输电阻、离子在电极材料中和穿过隔膜的离子扩散电阻等构成。R_{ESR} 的大小可以反映超级电容器的功率性能和能量存储效率的好坏,R_{ESR} 越小,超级电容器的性能越好。

(5)超级电容器最大功率密度 P_{max} 取决于器件的工作电压和等效串联电阻的大小,可由下式计算:

$$P_{max} = \frac{V^2}{4R_{ESR}} \qquad (\text{II}.33.4)$$

提高超级电容器的功率密度可以从扩大器件工作电压窗口和降低等效串联电阻两方面着手。由于 R_{ESR} 的确定存在分歧和不确定,在基础研究中,功率密度常用平均功率密度 P_{aver} 表示,通过下式来计算:

$$P_{aver} = \frac{3600E}{t} \qquad (\text{II}.33.5)$$

式中 E 为能量密度(可从比电容和工作电压来计算);t 为电容器的放电时间。

(6)超级电容器具有功率密度高、循环寿命超长等优点,在需要高功率输出的领域展现出广阔的应用前景,包括混合型动力汽车、起重设备、备用电源、能源回收及便携式电子器件等;但其较低的能量密度是限制其发展的瓶颈。因此,在保持其高的功率密度和循环寿命的基础上,研发能量密度接近甚至超过二次电池的超级电容器是该领域追求的目标。

实验三十四 碳量子点的合成及其荧光分析

34.1 实验目的

(1)能够说明碳量子点的相关理论知识以及荧光产生的原理。
(2)能够利用水热法合成碳量子点,利用比较法测其量子产率。
(3)能够使用荧光分光光度计和紫外分光光度计分别测定样品的荧光发射光谱和吸光度。

34.2 实验原理

碳量子点(carbon quantum dot)又称为碳点(carbon dot),是准球形的纳米颗粒,通常由 sp^2 和 sp^3 杂化的碳原子构成,表面具有丰富官能团如—COOH、—OH 等。碳量子点拥有许多量子点所具备的优异性质,如高光稳定性、可调发射和宽的双光子激发面积等;此外,还具有无漂白荧光、易溶于水、制备成本低等特点。目前,碳量子点已应用于生物体内成像、能量转化和存储、催化、传感等领域。

碳量子点的合成方法有很多,根据碳源的不同,大致可分为"自上而下"和"自下而上"两类。前者通过物理或化学的途径从颗粒较大的碳源中剥离出尺寸较小的碳量子点;后者则以尺寸较小的有机小分子或低聚物等为碳源来进行合成。本实验采用"自下而上"的途径,以柠檬酸和尿素为原料,通过水热法合成碳量子点。

荧光量子产率为碳量子点的一个重要性能参数,指的是发射二次辐射荧光的光子数与吸收激发光初级辐射光子数的比值。碳量子点的荧光量子产率通常采用比较法来测量,在同一激发波长下,两种物质的荧光量子产率之比满足下列关系式:

$$\Phi_X = \Phi_{ST} \frac{k_X}{k_{ST}} \cdot \frac{n_X^2}{n_{ST}^2} \tag{II.34.1}$$

式中下标 ST 和 X 分别表示标准物质和待测物;Φ 表示荧光量子产率;k 表示积分荧光强度对吸光度作图的斜率,n 表示溶剂折射率。若两种溶液溶剂相同或相近,折射率可以认为近似相同,式(II.34.1)可简化为

$$\Phi_X = \Phi_{ST} \frac{k_X}{k_{ST}} \tag{II.34.2}$$

以已知荧光量子产率的物质(通常选用硫酸奎宁)为标准,从式(II.34.2)即可求出碳量子点的荧光量子产率。

34.3 仪器与药品

紫外分光光度计 1 台;荧光分光光度计 1 台;高温烘箱 1 台;水热反应釜(20 mL)2 个;可控温磁力加热搅拌器 1 台;移液枪(100~1000 μL)1 支,(10~100 μL)1 支;容量瓶(25 mL)9 只;烧杯(250 mL)1 只,(25 mL)2 只;针筒(10 mL,带 0.22 μm 滤膜过滤器)1 支;透析袋封口夹 1 只;MW1000 透析袋 1 个。

柠檬酸一水合物(AR);尿素(AR);硫酸奎宁溶液(0.14 g · L^{-1},溶剂为 0.2 mol · L^{-1} 硫酸);硫酸(0.2 mol · L^{-1})。

34.4 实验步骤

实验三十四　操作演示视频

(1)碳量子点的水热合成。称取 1.053 g 柠檬酸一水合物和 0.3 g 尿素,放入聚四氟乙烯(PTFE)内衬中,再加入 10 mL 去离子水,溶解后封入水热反应釜中,于 200 ℃ 烘箱中水热反应 1 h。待水热反应釜冷至室温后,打开反应釜,用针筒过滤反应产物,收集滤液备用。

(2)碳量子点溶液的纯化。取约 5 mL 滤液装入 MW1000 透析袋中,置于 70 ℃ 去离子水中搅拌下渗析纯化,约 10 min 换一次水,渗析 2~3 次。

（3）待测溶液的配制。

① 硫酸奎宁标准溶液。分别移取 0.14 g·L^{-1} 硫酸奎宁溶液 1000 μL、750 μL、500 μL 和 250 μL，用 0.2 mol·L^{-1} 硫酸稀释、定容至 25 mL，制得硫酸奎宁标准溶液 1、2、3 和 4。

② 不同浓度纯化后碳量子点溶液。取 2.5 mL 纯化后碳量子点溶液，加去离子水定容至 25 mL，制成纯化后碳量子点母液。取 100 μL 母液，加去离子水定容至 25 mL，混匀制得碳量子点溶液 1，并测量其吸光度，其数值应处于 0.06~0.1（如不在此范围，需要重新调整稀释倍数，其他碳量子点溶液配制时用量也相应调整）。分别取 75 μL、50 μL、25 μL 母液，用去离子水分别定容至 25 mL，混匀制得碳量子点溶液 2、3 和 4。

③ 不同浓度未纯化碳量子点溶液。取 600 μL 左右未纯化碳量子点溶液，用去离子水定容至 25 mL，制成未纯化碳量子点母液，同法进一步稀释制得未纯化碳量子点溶液 1、2、3 和 4。

④ 吸光度测定。打开紫外分光光度计，设置波长为 330 nm，分别测定该波长下溶剂、不同浓度硫酸奎宁标准溶液和碳量子点溶液的吸光度。

⑤ 荧光光谱测量。打开荧光光谱仪开关，预热 20 min，选择"Emission"发射谱，设置检测参数为："EX Wavelength"激发波长为 330 nm，设置仪器参数：光谱类型选择"发射光谱"，激发波长为 330 nm，发射波长范围为 350~700 nm，数据间隔为 1.0 nm，扫描速度为 6000 nm/min，激发光带宽和发射光带宽为 5 nm，灵敏度为"Low"。将待测溶液装入专用四面透光石英比色皿中，用擦镜纸擦干比色皿外壁，放置于样品槽内，在上述条件下分别测量溶剂、不同浓度硫酸奎宁标准溶液和碳量子点溶液的荧光光谱。

34.5 实验注意事项

（1）从烘箱取出水热反应釜时一定要戴上专用加厚隔热手套，防止烫伤。为了加快样品冷却速度，可以将水热反应釜放入水中冷却，中间可以换几次水。

（2）高温下水热反应釜内压力大，在温度冷至 40 ℃ 前切勿打开水热反应釜。

（3）配制样品的吸光度不能高于 0.1，否则会有重吸收现象，影响荧光发射强度定量。

34.6 数据处理

（1）荧光光谱处理。本实验需要积分求算所测波长范围内的峰面积。点击"查看"，选择对应谱线，数据处理中选择"峰面积计算"，设定积分面积范围为 360~600 nm，"因子"设为 1，勾选"基线归零"，点击"添加"即显示峰面积结果，记下各样品荧光光谱峰面积数值。

（2）计算荧光量子产率。以吸光度为横坐标，荧光发射面积为纵坐标，分别对不同浓度的硫酸奎宁标准溶液和碳量子点溶液作图，线性回归得到两条直线的斜率，代入式（Ⅱ.34.2）计算碳量子点的荧光量子产率，其中标准物质硫酸奎宁的荧光量子产率为 0.54。

34.7 思考题

（1）进行荧光量子产率测量时为何溶液吸光度需要小于 0.1？

（2）测量荧光光谱时如何确定合适的激发波长？

34.8 知识拓展

碳量子点的相关知识可以进一步参阅以下文献：

［1］Baker S N, Baker G A. Luminescent Carbon Nanodots：Emergent Nanolights. Angew Chem Int Ed, 2010, 49：6726-6744.

［2］Kasprzyk W, Świergosz T, Bednarz S, et al. Luminescence Phenomena of Carbon Dots Derived from Citric Acid and Urea—a Molecular Insight. Nanoscale, 2018, 10：13889-13894.

［3］Strauss V, Wang H, Delacroix S, et al. Carbon Nanodots Revised：the Thermal Citric Acid/Urea Reaction. Chem Sci, 2020, 11：8256-8266.

实验三十五　甲烷生成热和燃烧热的理论计算

35.1　实验目的

（1）能够说明理论化学方法计算生成热和燃烧热的原理。

（2）能够使用 GaussView 软件建立分子模型，使用 Gaussian 软件计算甲烷的生成热和燃烧热。

35.2　实验原理

生成热、燃烧热、热容、焓、熵等是物质的基本物理化学性质。有些物质或因稳定性差、或因毒性等原因，难以用实验手段测量它们的热力学性质。理论化学方法是在计算机上开展"实验"，不需要真实样品，只需告诉程序所要计算的分子的结构和计算水平，无任何危险。原则上对所测物质没有任何限制，只要方法得当，计算结果准确可靠。本实验中我们将通过计算甲烷的生成热和燃烧热，掌握用理论化学计算物质的热力学性质的方法。

化合物 i 的标准摩尔生成热 $\Delta_f H_m^\ominus(i)$ 定义为由单独处于温度为 T 的标准态下的最稳定的单质，生成也单独处于温度为 T 的标准态下的一摩尔纯物质 i 过程的焓变 ΔH。若化合物 C 形式上可由 A 和 B 经反应 $a\mathrm{A} + b\mathrm{B} \Longrightarrow \mathrm{C}$ 生成，则化合物 C 的标准摩尔生成热（以下简称生成热）$\Delta_f H_m^\ominus(\mathrm{C}) = \Delta_r H_m^\ominus + a\Delta_f H_m^\ominus(\mathrm{A}) + b\Delta_f H_m^\ominus(\mathrm{B})$，$\Delta_r H_m^\ominus$ 为反应的标准摩尔焓变。若 A 和 B 为稳定的纯单质，则按规定 $\Delta_f H_m^\ominus(\mathrm{A})$ 和 $\Delta_f H_m^\ominus(\mathrm{B})$ 均为零。

在本实验中我们通过计算反应 $\mathrm{C}(\mathrm{g}) + 4\mathrm{H}(\mathrm{g}) \Longrightarrow \mathrm{CH}_4(\mathrm{g})$ 的焓变求甲烷的生成热，其中 C 和 H 为气态原子。理论计算得到的是体系在 0 K 时的总能量 E。由于分子具有零点振动能，因此，0 K 时 CH_4 的生成热 $\Delta_f H_m^\ominus(\mathrm{CH}_4, \mathrm{g}, 0\ \mathrm{K})$ 可由下式得到：

$$\Delta_f H_m^\ominus(\mathrm{CH}_4, \mathrm{g}, 0\ \mathrm{K}) = E(\mathrm{CH}_4, \mathrm{g}, 0\ \mathrm{K}) + ZPE(\mathrm{CH}_4, \mathrm{g}, 0\ \mathrm{K}) - E(\mathrm{C}, \mathrm{g}, 0\ \mathrm{K}) -$$
$$4E(\mathrm{H}, \mathrm{g}, 0\ \mathrm{K}) + \Delta_f H_m^\ominus(\mathrm{C}, \mathrm{g}, 0\ \mathrm{K}) + 4\Delta_f H_m^\ominus(\mathrm{H}, \mathrm{g}, 0\ \mathrm{K}) \qquad (\mathrm{II}.35.1)$$

式中 $E(i)$ 和 $ZPE(i)$ 分别为化合物 i 的总能量和零点振动能；$\Delta_f H_m^\ominus(\mathrm{C}, \mathrm{g}, 0\ \mathrm{K})$ 和 $\Delta_f H_m^\ominus(\mathrm{H}, \mathrm{g}, 0\ \mathrm{K})$ 分别为 0 K 时气态 C 原子和 H 原子相对于参考态（固态石墨和气态氢气）的生成热，分别为 711.53 kJ·mol^{-1} 和 216.12 kJ·mol^{-1}。

通常报道的是化合物在 298.15 K(以下简记为 298 K)时的生成热。因此，需要对各物质的焓作热(温度)校正。根据统计力学，热校正包括四个部分：平动、转动、振动和电子运动。甲烷生成热的热校正 $\Delta_f H_m^{\ominus}(\mathrm{CH_4,g},0\to298\ \mathrm{K})$ 由下式计算：

$$\Delta_f H_m^{\ominus}(\mathrm{CH_4,g},0\to298\ \mathrm{K}) = H_m^{\ominus\prime}(\mathrm{CH_4,g},0\to298\ \mathrm{K}) - H_m^{\ominus}(\mathrm{C,g},0\to298\ \mathrm{K}) - 4H_m^{\ominus}(\mathrm{H,g},0\to298\ \mathrm{K})$$

$$(\mathrm{II}.35.2)$$

式中 $H_m^{\ominus\prime}(\mathrm{CH_4,g},0\to298\ \mathrm{K}) = H_m^{\ominus}(\mathrm{CH_4,g},0\to298\ \mathrm{K}) - ZPE(\mathrm{CH_4,g},0\ \mathrm{K})$，$H_m^{\ominus}(\mathrm{CH_4,g},0\to298\ \mathrm{K})$ 为甲烷的焓的热校正；$ZPE(\mathrm{CH_4,g},0\ \mathrm{K})$ 为零点振动能，这两者均由程序计算得到；$H_m^{\ominus}(\mathrm{C,g},0\to298\ \mathrm{K})$ 和 $H_m^{\ominus}(\mathrm{H,g},0\to298\ \mathrm{K})$ 分别为 C 和 H 原子焓的热校正，分别为 1.05 kJ·mol^{-1} 和 4.23 kJ·mol^{-1}。甲烷在 298.15 K 的生成热 $\Delta_f H_m^{\ominus}(\mathrm{CH_4,g},298\ \mathrm{K})$ 为

$$\Delta_f H_m^{\ominus}(\mathrm{CH_4,g},298\ \mathrm{K}) = \Delta_f H_m^{\ominus}(\mathrm{CH_4,g},0\ \mathrm{K}) + \Delta_f H_m^{\ominus}(\mathrm{CH_4,g},0\to298\ \mathrm{K}) \quad (\mathrm{II}.35.3)$$

燃烧热定义为在反应温度和标准压力时，1 mol 可燃物完全燃烧生成指定产物时所放出的热量。按规定，298 K 时甲烷燃烧反应为 $\mathrm{CH_4(g)} + 2\mathrm{O_2(g)} \Longrightarrow \mathrm{CO_2(g)} + 2\mathrm{H_2O(l)}$，产物 $\mathrm{H_2O}$ 的状态为液态。但 Gaussian 理论计算给出的是相应于水在气态时的结果。本实验中，我们通过计算反应 $\mathrm{CH_4(g)} + 2\mathrm{O_2(g)} \Longrightarrow \mathrm{CO_2(g)} + 2\mathrm{H_2O(g)}$ 的焓变 $\Delta_r H^{\ominus}(298\ \mathrm{K})$，结合实测 $\mathrm{H_2O(g)} \longrightarrow \mathrm{H_2O(l)}$ 的放热效应 -44.04 kJ·mol^{-1}，由下式求得甲烷的燃烧热：

$$\Delta_c H_m^{\ominus}(\mathrm{CH_4,g},298\ \mathrm{K})/(\mathrm{kJ\cdot mol^{-1}}) = \Delta_r H^{\ominus}(298\ \mathrm{K}) \times 2625.50 + 2\times(-44.04)$$
$$= \sum_B \nu_B H^{\ominus}(B,298\ \mathrm{K}) \times 2625.50 + 2\times(-44.04)$$

$$(\mathrm{II}.35.4)$$

式中 $\Delta_r H^{\ominus}(298\ \mathrm{K}) = \sum_B \nu_B H^{\ominus}(B,298\ \mathrm{K})$ 为反应的焓变；ν_B 为各物种的反应计量数；$H^{\ominus}(B,298\ \mathrm{K})$ 为参与反应各物种的焓；-44.04 kJ·mol^{-1} 是反应 $\mathrm{H_2O(g)} \longrightarrow \mathrm{H_2O(l)}$ 的热效应；2625.50 是能量单位换算因子。

计算燃烧热需四种化合物的总能量及热校正结果，每种化合物计算误差的积累可能会导致较大的燃烧热计算误差，为此，在本实验中我们采用高精度的 CBS-APNO 复合计算方法。

35.3　实验仪器

计算机一台；GaussView6.0 和 Gaussian16 程序。

35.4　实验步骤

（1）打开 GaussView6.0,点击位于最左侧的 Element Fragment 图标，在显示的 Select Element 框中选 C 元素，然后选择下方最右侧的四面体碳结构。将鼠标箭头移至工作窗口，点击鼠标左键，然后再点击 GaussView 菜单上的 Symmetrize 图标，建立具有 T_d 对称性的甲烷分子。

（2）在 GaussView 菜单上先点击 Calculate,再点击 Gaussian。在 JobType 中选择 Opt+Freq;在 Method 一行选择 Ground State、DFT、Default Spin、B3LYP。Basis Set 一行选择6-311G,在后面括号内的两方框中分别选择 d 和 p。Charge 和 Spin 分别设为 0 和 Singlet。上述计算参数选定后，点击 Submit。此时出现一对话框，点击 Save 后程序提示输入保存文件名，指定一文件名如 ch4,选择 Save 及 OK 后,GaussView 将调用 Gaussian 程序对输入的分子作结构优化和频率计算。此时将出现

Gaussian 程序的运行界面。正常运行结束后,文件结尾处会出现类似"Normal termination of Gaussian 16 at Mon Mar 23 18∶19∶11 2021"的信息,记下结果文件所在目录的路径名。

（3）仿照上述对 CH_4 的处理,从 GaussView 的 File 菜单中新建工作窗口,对 C 和 H 原子做类似处理。不同的是,在 Select Element 框中均选最左侧的原子栏。同时还须注意,C 的自旋多重度应为"triplet",H 为"doublet"。

（4）用写字板打开结果文件 ch4.out 文件。搜索字符串"NImag"(有时该字符串分开在两行,则检索不到),若出现"NImag=0"则表示优化所得分子结构为稳定构型,否则需重新优化。C 和 H 原子计算结果文件中没有字串"NImag",因为只有一个原子,不存在结构优化问题。搜索字符串"HF="(有时该字符串分开在两行,用"HF="字串检索不到)、"Zero-point correction="和"Thermal correction to Enthalpy",分别读取总能量 E、零点振动能(ZPE)和焓的热校正 $H^{\ominus}$(0→298 K)。这些结果是以 Hartree 为单位,1 Hartree = 2625.5 kJ·mol^{-1}。在"Sum of electronic and thermal Free Energies="下方,给出恒容热容 C_V 和熵 S。读取"Total"栏中的相应值,填入表 II-35-1。

（5）分别建立 CH_4、O_2、CO_2 和 H_2O 结构模型,先点击 Calculate,再点击 Gaussian,在 JobType 中选 Energy。Method 中选 Ground State、Compound 和 CBS-APNO。CH_4、CO_2 和 H_2O 的 Charge 和 Spin 分别为 0 和 Singlet,O_2 的 Charge 和 Spin 分别为 0 和 Triplet,选好后提交。待正常结束后,在输出文件的末尾找到 CBS-APNO Enthalpy=,等号后的数据用于计算式(II.35.4)中的 $\Delta_r H^{\ominus}$(298 K)。

35.5　实验注意事项

（1）甲烷属 T_d 点群,建模时必须使分子具有这一对称性。

（2）C 原子的自旋多重度应为 Triplet,而不是单态 Singlet。计算 CH_4 的燃烧热时 O_2 的自旋多重度也为 Triplet。

（3）基组 Basis Set 选择应为 6-311G(d,p),注意不要选为 6-31G(d,p)或其他基组。

35.6　数据处理

（1）根据式(II.35.1)求出 0 K 时甲烷的生成热 $\Delta_f H_m^{\ominus}$(CH_4,g,0 K)。

（2）根据式(II.35.2)求出 0 K 至 298.15 K 时甲烷焓的热校正 $\Delta_f H_m^{\ominus}$(CH_4,g,0→298 K)。

（3）根据式(II.35.3)计算 298.15 K 时甲烷生成热 $\Delta_f H_m^{\ominus}$(CH_4,g,298 K)。

（4）根据式(II.35.4)计算 298.15 K 时甲烷燃烧热 $\Delta_c H_m^{\ominus}$(CH_4,g,298 K)。

（5）将上述计算结果填入表 II-35-1 相应的栏中。

表 II-35-1　计算的 CH_4 热力学性质

性质	$\Delta_f H_m^{\ominus}$(CH_4,g,0 K)	$\Delta_f H_m^{\ominus}$(CH_4,g,298 K)	$\Delta_f H_m^{\ominus}$(CH_4,g,0→298 K)	$\Delta_c H_m^{\ominus}$(CH_4,g,298 K)
	kJ·mol^{-1}	kJ·mol^{-1}	kJ·mol^{-1}	kJ·mol^{-1}
计算值				
文献值	-66.90	-74.85	-7.94	890.3

35.7 思考题

（1）理论计算的频率通常比实验结果偏高,精度要求高时应做频率校正,本实验中未做。请问,若做频率校正,对焓和生成热的计算结果有何影响?

（2）若甲烷对称性降低对计算结果有何影响?

（3）如果建立分子模型后,在 Jobtype 中误选 frequency 而未选 opt+freq,会有什么结果出现?

（4）理论计算中基函数往往对结果影响很大,本实验中若用基函数 6-31G(d,p)代替6-311G(d,p),计算的甲烷生成热有什么变化?

35.8 知识拓展

（1）理论化学是化学学科中一个重要分支,它基于物理学原理、运用数学方法(并大量借助计算机)来解释、预测化学现象。理论化学包括量子化学、化学统计力学、分子力学、计算化学、虚拟化学、化学模型、非线性化学和化学信息学等。尽管由于实际体系的复杂性以及时间和空间尺度限制了目前所能研究的对象,但原则上运用理论与计算化学方法,借助于计算机(虚拟实验),可得到物质的各种性质。本实验及实验三十六为理论化学在热力学和动力学上的应用。

（2）本实验由于采用 GaussView 调用 Gaussian 计算,只要正确选择计算方法、基组、自旋多重度和计算的性质,就可正常运行结束。有基础的同学,可以编辑 Gaussian 输入文件(以扩展名 gjf 结尾)。编辑时除标题行外,其他行、尤其是以"#"开始的行,不能随意输入字符,且行与行间有一定的规格,必须遵守。

（3）CBS-APNO 是一种水平很高的复合计算方法,可得到体系精确的能量,但对大体系计算时间很长。

（4）频率计算后的热力学性质(热化学)的计算可对不同温度和压力进行,默认值为298.15 K 和 101.325 kPa,本实验中未明确指定温度和压力值即为 298.15 K 和 101.325 kPa 的结果。理论计算的频率通常比实验结果偏高,精度要求高时应做频率校正,即乘以一接近于 1 的数,具体输入格式见实验三十六。不同水平的校正因子略有差异,本实验中未做频率校正。实际研究中,还可通过设计等键或等电子对反应,使得反应物和产物的电子环境尽可能相近,以降低计算误差,从而可在较低的计算水平下得到较精确的结果。

（5）以"#"开始的行,给出计算所用的方法、基组和所要计算的性质,内容很多,详见软件自带的帮助手册。

（6）分子结构的定义常有两种方式:直角坐标和内坐标(即常用的 Z-Matrix)。用文本编辑软件如写字板打开 GaussView 产生的输入文件,查看文件的内容,熟悉其格式。下面以HOCl 为例,给出两种不同的输入格式。

① 内坐标格式(括号内的内容用以说明该行的功能和作用,实际文件中不得出现)

%chk=zmatrix.chk(不可读的临时文件,中间计算结果保存在 zmatrix.chk 中)

%mem=6MW(分配给计算所用的内存空间)

%nproc=1(所用的处理器个数,若作并行计算则将"1"改为其他整数)

opt freq hf/3-21g(是重要的行,所有的关键词不分大小写,格式和关键词都不能错,本例题中表示在 HF/3-21G 水平下做优化后,接着做频率计算)

(空一行)

Title Card Required(标题行)

(空一行或写上 variables:)

0 1(电荷、自旋多重度)

O(氧原子)

H   1   B1(H 原子,"1"指第一号原子,"B1"表示键长,整个意思为,H 原子与第一号原子的键长为 B1。B1 的具体值在下面给出)

Cl   1   B2   2   A1("1"和"B2"意义类上,"2"表示第二号原子,A1 表示由 Cl、第一号原子 O 和第二号原子 H 形成的键角为 A1 度,A1 的具体数值见下)

(空一行)

   B1   0.96000000   (H—O 键长)

   B2   1.65000000   (Cl—O 键长)

   A1   109.50000006 (Cl—O—H 键角)

② 直角坐标格式

%chk = cartesian.chk

%mem = 6MW

%nproc = 1

opt freq hf/3-21g

(空一行)

Title Card Required

(空一行)

0 1

8   0.000   0.000   0.000(8 表示氧原子,后面三个数分别为氧原子的 X, Y, Z 坐标)

H   0.000   0.000   0.960(Gaussian 中可用元素符号或原子序数表示某原子)

17 1.555   0.000   −0.551

实验三十六　$H \cdot + CH_4 \Longrightarrow H_2 + \cdot CH_3$ 和 $D \cdot + CH_4 \Longrightarrow HD + \cdot CH_3$ 反应动力学参数的计算

36.1 实验目的

(1)能够阐述过渡态理论知识。

(2)能够利用理论化学方法计算气相反应动力学参数。

(3)能够阐述同位素动力学效应。

36.2 实验原理

动力学是化学的重要研究内容,过渡态理论是阐明反应动力学的理论之一。实验上过渡态信息的获取比测定物质的热力学性质困难得多,而理论方法却可以得到有关活化络合物结构和能量等信息。根据过渡态理论,双分子基元反应的速率常数 k 可表示为:$k = \dfrac{k_B T}{h} \dfrac{q^{\neq}}{q_A q_B} e^{\frac{-E_0}{RT}}$,式中 k_B 为玻尔兹曼常数;h 为普朗克常数;$q^{\neq}$、q_A 和 q_B 分别为活化络合物、反应物 A 和 B 的单位体积配分函数;E_0 为活化络合物与反应物零点能之差;R 为摩尔气体常数;T 为热力学温度。配分函数包括电子、振动、转动和平动四部分的贡献。如果有反应物、产物和过渡态结构,就可以获得它们的总能量、零点振动能和各种运动形式对配分函数的贡献,从而获得 E_0 和反应速率常数 k。E_0 单位常用 $kJ \cdot mol^{-1}$ 或 $kcal \cdot mol^{-1}$,双分子基元反应速率常数单位常用 $dm^3 \cdot mol^{-1} \cdot s^{-1}$。指前因子 A 可由 $A = \dfrac{k_B T}{h} \dfrac{q^{\neq}}{q_A q_B}$ 求得。

根据统计力学,平动 q_t、转动 q_r 和振动 q_v 配分函数分别为

$$q_t = \left(\frac{2 \pi m k_B T}{h^2} \right)^{\frac{3}{2}} V$$

$$q_r = \frac{8 \pi^2 I k_B T}{\sigma h^2} (\text{线性分子}), \quad q_r = \frac{8 \pi^2 (8 \pi^3 I_A I_B I_C)^{\frac{1}{2}} (k_B T)^{\frac{3}{2}}}{\sigma h^3} (\text{非线性多原子分子})$$

$$q_v = \prod_i \frac{1}{1 - e^{-\frac{h \nu_i}{k_B T}}}$$

转动配分函数中的 I 和 σ 分别为转动惯量和对称数;振动配分函数以振动基态能量为零点;电子运动项对配分函数的贡献只在温度较高、体系激发能较小的情况下才有一定的贡献。四部分贡献中以平动贡献最大。配分函数在做频率计算后都会输出在结果文件中。但必须注意,反应物和产物的结构必须是稳定的,计算的频率没有虚频,而过渡态中有且只能有一个对应键的形成和断裂的虚频。

在化学反应过程中,反应物因同位素取代而引起化学反应速率的差异,称为动力学同位素效应(kinetic isotope effect,KIE)。大多数元素的动力学同位素效应很小,但对于氢和氘,动力学同位素效应较大,它们的速率常数之比(分离系数 $= k_H/k_D$)可达 $2 \sim 10$。本实验在 QCISD/cc-pVTZ(QCISD:单双取代的二次组态相互作用,cc-pVTZ:相关一致加极化的价基三 zeta 基组,详见 gaussian 网站)水平下计算 $H \cdot + CH_4 \Longrightarrow H_2 + \cdot CH_3$ 以及 $D \cdot + CH_4 \Longrightarrow HD + \cdot CH_3$ 的指前因子 A、E_0 和反应速率常数 k,通过比较两个反应的速率常数考察 KIE。

$E_0 = E(TS) - \sum E(R)$,$E(TS)$ 和 $\sum E(R)$ 分别为过渡态和反应物的总能。在本实验中,指前因子 $A (dm^3 \cdot mol^{-1} \cdot s^{-1})$ 可由下式计算:

$$A = 1.71 \, T^2 \frac{Q^{\neq}}{\prod Q(i)} \times 10^9, \quad Q = q_e q_v q_r q_t$$

Q 为 Gaussian 输出的各运动形式的配分函数之积;i 表示反应物。

反应速率常数 $k = Ae^{\frac{E_0}{RT}}$,氕、氘同位素效应 KIE 为

$$\text{KIE} = \frac{k_H}{k_D}$$

36.3 实验仪器

计算机 1 台;GaussView6.0 和 Gaussian16 程序。

36.4 实验步骤

(1) 打开 GaussView6.0,在工作窗口建立 CH_4 分子结构,建好后先点击 Calculate,再点击 Gaussian。点击 Edit,出现一对话框中,点击 Save 后程序提示输入保存文件名,指定一文件名如 ch4.gjf。当文本打开后,在以#开始的行中键入 QCISD/cc-pVTZ opt freq,并将原有的内容删除。保存后退出编辑,GaussView 将调用 Gaussian 程序对输入的分子作结构优化和频率计算。此时将出现 Gaussian 程序的运行界面,注意在点击 OK 提交前,必须保证 Gaussian 程序没有被激活,否则Gaussian不能运行。正常运行结束后,文件的最后会出现类似"Normal termination of Gaussian 16 at Mon Mar 23 18:19:11 2021"的信息。对 H_2、CH_3 和 H 原子做类似的处理,需要注意的是 CH_3 和 H 的自旋多重度均为 2,H_2 的为 1。对 H_2 要确保以 chk 为扩展名的临时文件(文件名在以%chk 开头行的等号后面)存在以便进行同位素计算。

(2) 构建过渡态结构。为节约计算时间,可以首先用实验三十五所用的计算水平[B3LYP/6-311G(d,p)]对键长进行势能面扫描来找到过渡态粗略结构,再用高精度的 QCISD/cc-pVTZ 进行精修。首先构建一个反应还未发生的初始结构:将进攻的 H 原子与被进攻的甲烷上的某一个 H 原子以及甲烷的碳原子放置于一条直线上(即将三个原子的键角调整为 180°),再调整进攻的 H 原子与甲烷上被进攻的 H 原子之间的键长为 1.2 Å。在 GaussView 中,点击右键"Tools→Redundant Coordinates…",点击 Add 添加一个对于 Bond 的 Scan Coordinates,输入步数为 20 步,步长-0.03,再到模型上用鼠标选中进攻 H 原子和甲烷上被进攻的 H 原子,再点击 OK 即可。接着对该模型采用实验三十五相同的设置进行计算(JobType 要修改为 Scan)。计算结束后,可以使用 GaussView 打开.log 文件查看进攻的动画过程(打开文件时,勾选右下角 Read Intermediate structures)。同时还可以用 results→scan 查看能量变化情况。在势能曲线最高点,点击鼠标左键。保存该结构为下一步过渡态精修的输入结构。编辑过渡态结构优化文件时,#行输入关键词"QCISD/cc-pVTZ opt =(ts, calchffc) freq",同时保存以 chk 为扩展名的临时文件。

(3) 仿照下面的输入文件,建立计算 D、HD 和 $D-HCH_3$ 的输入文件,其中 ISO.chk 为计算 H_2 和过渡态时保存的相应的临时文件名。ch 和 multi 分别是体系的电荷和自旋多重度,m1、m2 和 m3 为相对原子质量,次序与分子结构定义中的原子次序相同,并用氘的相对原子质量替代相应的那个氢原子的相对原子质量。

%chk=ISO.chk
geom=check QCISD/cc-pVTZ Freq(ReadIso,ReadFC)

isotope effect

ch   multi

298.15 1.0
    m1
    m2
    m3
    ……

（4）用写字板等软件打开输出文件,读取 Sum of electronic and zero-point Energies 后的数值,读取振动 Vib(V=0)、电子 Electronic、平动 Translational 和转动 Rotational 配分函数。对过渡态必须保证"NImag=1"。用 GaussView 打开结果文件,显示虚振动模式,确认所得结构为正确的过渡态结构。提取上述信息。

36.5 实验注意事项

（1）总能量是包含零点振动能校正后的结果,相应地振动配分函数取结果文件中 Vib(V=0)一栏的数据。

（2）计算的反应温度为程序默认的 298.15 K。本实验顺利进行的关键在于过渡态初始结构的合理猜测。

（3）对反应物和产物必须保证出现"NImag=0",否则,需重新优化。而过渡态频率计算结果中必须有"NImag=1",否则不对。过渡态的自旋多重度为 2。计算完成后,用 GaussView 打开结构文件,查看虚振动模式应该对应于 C—H 键的断裂和 H—H 键的形成。

（4）由于要计算同位素效应,过渡态和 H_2 的临时文件(以扩展名 chk 结尾,保存在 scratch 目录中)必须保存下来。因此,在输入文件以%chk开头的行应给出相应的文件名。

36.6 数据处理

（1）计算正、逆反应的指前因子 $A(dm^3 \cdot mol^{-1} \cdot s^{-1})$、$E_0(kJ \cdot mol^{-1})$ 及反应速率常数 $k(dm^3 \cdot mol^{-1} \cdot s^{-1})$。

（2）计算动力学同位素效应 KIE。

36.7 思考题

（1）同位素是如何影响反应动力学性质的? 若以氚代替氢(气),结果如何?

（2）反应物甲烷的对称性高低对指前因子有什么影响?

36.8 知识拓展

（1）计算结果依赖于计算方法和基组的大小。本实验在 QCISD/cc-pVTZ 水平下进行。计算时间较长,尤其是过渡态初始构型猜测不够合理时,计算时间更长。

（2）NImag=1 表示该结构为一过渡态结构,为一阶鞍点。过渡态结构必须要求 NImag=1。

NImag=0 表示该结构为势能面上的能量极小点。反应物和产物必须为势能面上的极小点,即要求 NImag=0。

（3）理论计算的频率通常比实验结果偏高,精度要求高时应做频率校正,本实验中未做频率校正。校正因子一般介于 0.90 至 1.0,计算水平越高,校正因子越接近 1.0。此外,热化学还可在不同温度和压力下进行。下面是 HF/STO-3G 水平下,计算 HD 在 500 K 和 3 atm（1 atm=101.325 kPa）,且频率校正因子为 0.96 的热化学性质的输入文件。

```
%chk=TPS.chk
#HF/STO-3G Freq(ReadIso)

isotope effect

0  1
H
H   1   r1

r1=0.71223

500.0  3.0  0.96  （温度、压力、频率校正因子）
   1.00783
   2.0136
```

实验三十七 铂催化剂氢氧化及 CO 中毒过程的计算模拟

37.1 实验目的

（1）能够使用 Material Studio 程序计算表面催化反应吸附能和反应活化能,并绘制二次差分电荷密度图。

（2）能够阐述铂催化剂 CO 中毒现象以及 CO 与金属表面成键的 Blyholder 模型。

（3）能够说明燃料电池中阳极催化剂特性,即氢气在铂表面易于解离断键的现象。

37.2 实验原理

在氢燃料电池中,氢气的氧化反应发生在阳极,氢分子极易在贵金属铂表面发生解离吸附,因此铂为常用的氢燃料电池阳极电催化剂。但目前廉价氢气通常来源于化石燃料的重整或副产物,往往含有微量的一氧化碳等杂质气体,会在铂表面发生强烈吸附从而导致催化剂中毒失活,因此铂催化剂的 CO 中毒是影响燃料电池性能的一个瓶颈问题。

吸附能是衡量气体分子在催化剂表面吸附强弱的重要参数。以 CO 为例,其在 Pt 金属表面的吸附存在四种构型,分别为顶位吸附、桥位吸附、fcc 洞位吸附和 hcp 洞位吸附,如图Ⅱ-37-1所示。每一种吸附状态气体和金属原子接触的位置及距离不同,吸附能相应也会有所差别。

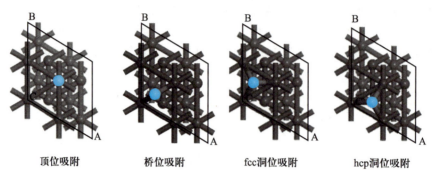

顶位吸附　　　　　桥位吸附　　　　　fcc洞位吸附　　　　　hcp洞位吸附

图Ⅱ-37-1　CO 在 Pt 金属表面吸附构型示意图

吸附能可通过下式进行计算:

$$E_{ads} = E(^*gas + slab) - E(gas) - E(slab) + E_{correct}(gas) \qquad (Ⅱ.37.1)$$

式中 $E(^*gas + slab)$、$E(slab)$、$E(gas)$分别为吸附有气体分子的表面、吸附前催化剂表面和气体分子的能量;$E_{correct}(gas)$为吸附能计算中零点能和熵校正,即吸附前后气体分子在 298.15 K 时校正能的差值,在本实验中,对于 CO 取 -0.02 eV,对于 H_2 取 -0.01 eV。

H_2 分子在铂金属表面吸附时会解离为两个氢原子,该过程的过渡态结构可采用 complete LST/QST 方法进行优化。其中 LST(线性同步转移)方法通过把反应物结构的每个坐标都同步、线性地变化到产物结构来获得反应路径;QST(二次同步转移)则根据反应物和产物结构及 LST 方法得到的过渡态结构,用二次曲线来再次构建反应路径。一次 LST 计算后会进行多次 QST 计算,最终确定出过渡态结构及反应能垒。

差分电荷密度是原子成键后的电荷密度与对应的单个孤立原子电荷密度之差。通过差分电荷密度的计算和分析,可以清楚地得到成键过程中的电荷移动及成键极化方向等性质。二次差分电荷密度是指同一个体系化学成分或者几何构型改变之后电荷的重新分布,其计算公式如下:

$$\Delta\rho = \rho(^*gas + slab) - \rho(gas) - \rho(slab) \qquad (Ⅱ.37.2)$$

式中 $\rho(^*gas+slab)$为吸附有气体分子的 slab 模型的电荷密度;$\rho(gas)$和 $\rho(slab)$分别为仅包括气体分子及仅含有 slab 结构模型的电荷密度。将计算得到的电荷密度用渐变色画出,即得到二次差分电荷密度图。

37.3　实验仪器

计算机 1 台;带有 DMol3 模块的 Material Studio 程序。

37.4　实验步骤

(1)建立 Pt(111)表面模型。从 Material Studio 结构数据库中导入 Pt 元胞构型(File→Import→Structures→Metals→Pure metals→Pt.xsd)。从 Pt 元胞构型上切出 Pt(111)表面(Build→Surfaces→Cleave surface,设定所切表面为 111,Thickness 为 3.0,Options 中勾选"Reset orientation …")。将建立的模型最下面一层原子固定,保证其在结构优化是维持体相原子位置

（选中最下面一层原子，Modify→Constraints，勾选全部）。对建立的表面模型进行结构优化（Modules→DMol3→Calculation→Run）。

（2）建立 CO 表面吸附模型。新建一个 3D atomistic document 文件，在其中建立一氧化碳分子构型，拷贝粘贴到 Pt（111）表面模型，通过按住键盘上的 shift 键及鼠标中键（或滚轮）逐渐调整吸附构型。使用相同的计算参数分别计算顶位、桥位、hcp 洞位、fcc 洞位位置上 CO 的吸附构型。在计算输出文件 xxx.outmol 末尾中找到最后一个 Cycle 对应的 Total Energy，再通过式（Ⅱ.37.1）计算吸附能，确认 CO 最稳定吸附构型。

（3）构建 H_2 表面吸附模型。按照步骤（2）处理方法，构建并放置氢分子构型在 Pt—Pt 键上方，计算 H_2 的吸附能。

（4）H_2 在 Pt（111）表面解离过程的过渡态计算。首先构建 H_2 分子解离后产物的构型，即两个氢原子分别吸附在 Pt 顶位的构型，并进行结构优化。随后使用 Tools→Reaction preview 工具输入过渡态计算文件，其中反应物为氢气吸附在 Pt（111）表面的构型，产物为氢气解离后的构型。点击 Match 将两个模型的每一个原子都一一对应起来，然后点击 Preview 产生反应过程路径。将产生的反应路径动画文件作为输入文件，进行过渡态优化计算。在保证反应路径 Xtd 文件激活的状态下，点击 Modules→DMol3→Calculation，将 Task 修改为 TS search，再点击运行即可。计算完成后在输出的 Outmol 文件末尾，找到 Reaction barrier，其值即为反应能垒。

（5）计算 CO 表面吸附的二次差分电荷密度。将之前优化后一氧化碳表面吸附模型复制三份，分别删除其中两份模型中的铂表面或一氧化碳分子，对这三个模型分别做一次单点能计算（将 Task 修改为 Energy，在 Properties 里面勾选 Electron density，点击运行）。计算完成后，将所得电子密度结果导入模型中（Modules→DMol3→Analysis→Electron density→Import，注意不要勾选 View isosurface on import）。Import 结束后，在工具条上选择 Create probe 工具，在模型中创建一个 Probe。将三个处理后模型置于同一文件夹内，并将差分电荷密度计算脚本文件"FieldMaths_DensityDifference.pl"也复制到同一文件夹中。修改脚本文件中头三行，指定为要进行运算的模型文件名，点击脚本运行按钮开始计算。运行结束后会产生文件"DensityDifferenceDmol3.xsd"，双击打开后，在工具栏中选择 Create slices 按钮，使用 Parallel to B & C axis，创建一个电子密度切面。调整显示方向，使一氧化碳分子朝上，即可得到 CO 表面吸附的二次差分电荷密度图。

37.5 实验注意事项

（1）结构优化计算参数设定：在 Setup Tab 页，Task：Geometry Optimization；Quality：Fine；Functional：GGA，PBE；勾选 Use TS method for DFT-D correction；勾选 Spin unrestricted，Use formal spin as initial；在 Electronic Tab 页，Core treatment：DFT semi-core pseudopotential；Basis set：DNP，Basis File：4.4；点击 More，在弹出的对话框中，设定 Max. SCF cycles：500；勾选 Use smearing，设定 smearing 为 0.005 Ha。在 Job control Tab 页，Run in parallel in 选择本机上 CPU 的最大核数。

（2）进行 H_2 在 Pt（111）表面解离过程的过渡态计算时，需要适当降低进度，否则耗时太长。在 Setup Tab 页的 Task 项选定 TS search，点击右边的 More 按钮，将 Quality 调整为 Medium，关闭此对话框；再去 Electronic 的 Tab 页，将 SCF Tolerance 调整为 Medium，将 Orbital cutoff quality 调整为 Coarse。如有条件进行精确计算，可以将这些参数调整至 Fine。

（3）为了让二次差分电荷密度图显示更清晰,可在模型区域点击右键,从 Display style 中选择 line,不显示原子;从 Color maps 中去调整差分图颜色显示范围,最小值为 Mapped minimum,最大值为 Mapped maximum。

37.6 数据处理

（1）计算 CO 和 H_2 在 Pt(111)表面上吸附能,并进行比较分析,确认出最可能吸附构型。

（2）计算 H_2 在 Pt(111)表面解离过程的反应能垒和反应热。

（3）绘制一氧化碳表面吸附的二次差分电荷密度图,对照 CO 在贵金属表面吸附的 Blyholder 模型进行分析。

37.7 思考题

（1）如何使用擅长于分子和团簇结构的高斯来算本次实验的模型? 建模时该如何处理?

（2）Pt 的(100)和(110)面是否也对一氧化碳有这么强烈的吸附作用?

（3）分子在金属表面可能会有化学吸附或物理吸附,如何判定计算后的构型是化学吸附还是物理吸附?

37.8 知识拓展

CO 在 Pt 金属表面吸附的理论研究和 Materials Studio 软件的详细介绍可以参阅软件自带的帮助手册和以下文献:

［1］Lakshmikanth K G, Kundappaden I, Chatanathodi R. A DFT Study of CO Adsorption on Pt(111) Using van der Waals Functionals. Surf Sci,2019,681:143-148.

［2］Blyholder G. Molecular Orbital View of Chemisorbed Carbon Monoxide. J Phys Chem,1964, 68（10）:2772-2777.

［3］Sharma S. Molecular Dynamics Simulation of Nanocomposites Using BIOVIA Materials Studio, Lammps and Gromacs. Amsterdam:Elsevier,2019.

Ⅲ 基础知识与技术

第一章 热效应测量技术及仪器

化学变化常常伴有放热或吸热现象。对这些热效应进行精密测量,并作较详尽的讨论,形成物理化学的一个分支,称为热化学。热化学实质上可以看作热力学第一定律在化学中的具体应用。

热化学的实验数据具有实用和理论价值。反应热的多少,在实际应用中关系到生产中的机械设备、热量交换及经济效益等问题。反应热的数据在计算平衡常数和其他热力学量时很有用处,尤其是对于热力学基本常数的测定。因此,热化学的实验方法显得十分重要。

当系统发生变化之后,使反应产物的温度回到反应前始态温度,系统放出或吸收的热量称为该反应的热效应。热效应可以通过如下方法测定:使物质在热量计中作绝热变化,从热量计的温度改变可计算出应从热量计中取出或加入多少热才能恢复到始态温度,所得的结果就是等温变化过程的热效应,因此热效应的测量一般就是通过温度的测定来实现的。温度是表征分子无规则运动强度大小(即分子平均动能大小)的物理量。当两个不同温度的物体相接触时,必然有能量以热量形式由高温物体传递至低温物体,当两物体处于热平衡时,温度就相同,这就是温度测定的基础。温度的测定值与温标的选定有关。本章将根据物理化学实验的需要,对温标、温度计作一些简要介绍,然后再讨论热效应测量的一些方法与仪器。

1.1 温度的测定

温度是表征物体冷热程度的一个物理量。温度参数是不能直接测定的,一般只能根据物质的某些特性参数与温度之间的函数关系,通过测定这些特性参数间接地获得温度值。

测定温度的仪表称为温度计,按照它们的测量方式可分为接触式测温与非接触式测温两类。所谓接触式测温,即两个物体接触后,在足够长的时间内达到热平衡(动态平衡),两个互为热平衡的物体温度相等。如果将其中一个选为标准,当作温度计使用,它就可以对另一个物体实现温度测定,这种测温方式称为接触式测温。

所谓非接触式测温,即选为标准并当作温度计使用的物体与被测物体相互不接触,利用被测物体的热辐射(或其他特性),通过对辐射量或亮度的检测实现温度测定,这种测温方式称为非接触式测温。

1.2 温标

1.2.1 摄氏温度和气体温标

温度的数值表示方法叫温标。给温度以数值表示,就是用某一测温变量来量度温度,这个变量必须是温度的单值函数。例如,在玻璃液体温度计中,以液柱长度作为测温变量。如果以 y 表示测量变量,θ 表示相应的温度,则应有

$$y = f(\theta) \tag{Ⅲ.1.1}$$

它是一个单值函数。为了方便,把上述函数形式定义为简单的线性关系,即

$$y = K\theta + C \tag{Ⅲ.1.2}$$

式中 K、C 均为常数。要确定常数 K、C,需要两个固定点温度,θ_1 和 θ_2 称为基本温度。这两个温度之间的间隔称为基本间隔。K、C 值确定后,这个温标就完全确定了。对一任意温度 θ,可以通过确定测温变量 y 来求得:

$$\theta = \theta_1 + \frac{y - y_1}{y_2 - y_1}(\theta_2 - \theta_1) \tag{Ⅲ.1.3}$$

如果以水的冰点为 0 ℃,水的沸点为 100 ℃,则上式为

$$\theta = \frac{y - y_1}{y_2 - y_1} \times 100 \text{ ℃} \tag{Ⅲ.1.4}$$

在玻璃液体温度计中,测温变量是液柱长度 L,所以,在摄氏温标中有

$$\theta = \frac{L - L_0}{L_{100} - L_0} \times 100 \text{ ℃} \tag{Ⅲ.1.5}$$

摄氏温标以标准压力下水的冰点(0 ℃)和沸点(100 ℃)为两个固定点,固定点间分为 100 等份,每 1 等份为1 ℃。但是这样确定的温标有明显的缺陷。例如,把乙醇、甲苯和戊烷分别制成三支温度计,然后将它们在固定点-78.5 ℃和 0 ℃上分度,再将间隔均匀地划分为 78.5 分度,每分度为 1 ℃。假如把这三支温度计同时放入一搅拌良好、温场均匀的恒温槽中,我们可以看到当槽温为-50 ℃时,以乙醇为介质的温度计的示值为-50.7 ℃,甲苯温度计的示值为-51.1 ℃,戊烷温度计的示值为-52.6 ℃;当槽温为-20 ℃时,乙醇温度计的示值为-20.8 ℃,甲苯温度计的示值为-21 ℃,戊烷温度计的示值为-22.4 ℃。为什么这三支温度计所规定的温标有这样大的差别呢?这是由于把这三种液体的膨胀系数都当作与温度无关的常数,简单地用线性函数来表示温度与液柱长度的关系。而实际上液体的膨胀系数是随温度改变的。所定的温标除固定点相同外,在其他温度往往有微小的差别。为了避免这些差异,提高温度测定的精确度,选用理想气体温标(简称气体温标)作为标准,其他温度计必须用它校正才能得到可靠的温度。

气体温度计有两种,一种是定压气体温度计,另一种是定容气体温度计。定压气体温度计的压力保持不变,而用气体体积的改变作为温度标志,这样所定的温标用符号 t_p 表示,根据上面所说的线性函数法则,得到 t_p 与气体体积的关系为

$$t_p = \frac{V - V_0}{V_1 - V_0} \times 100 \text{ ℃} \tag{Ⅲ.1.6}$$

式中 V 为气体在温度 t_p 时的体积;V_0 为冰点时的体积;V_1 为沸点时的体积。

定容气体温度计使体积保持不变,而用气体压力作为温度标志,这样所定的温标用符号 t_V 表

示。根据线性函数法则,得到 t_V 与气体压力的关系为

$$t_V = \frac{p - p_0}{p_1 - p_0} \times 100 \ ℃ \tag{Ⅲ.1.7}$$

式中 p 为气体在温度 t_V 时的压力;p_0 为冰点时的压力;p_1 为沸点时的压力。

实验证明,用不同的定容或定压气体温度计所测得的温度值都是一样的。在压力趋于零的极限情形下,t_p 和 t_V 都趋于一个共同的极限温标 t,这个极限温标叫作理想气体温标,简称气体温标。

1.2.2 热力学温标

热力学温标是以热力学第二定律为基础来定义的。根据卡诺定理推论可以看出,工作于两个一定温度之间的可逆热机,其效率只与两个温度有关,而与工作物质的性质和所吸收热量及做功的多少无关。因此,效率应当是两个温度 θ_1 和 θ_2 的普适函数,这个函数对一切可逆热机都适用:

$$\eta = \frac{W}{Q_1} = 1 - \frac{Q_2}{Q_1} \tag{Ⅲ.1.8}$$

$$\frac{Q_2}{Q_1} = F(\theta_2, \theta_1) \tag{Ⅲ.1.9}$$

式中 $F(\theta_2, \theta_1)$ 为 θ_2、θ_1 的普适函数,与工作物质的性质及热量 Q_2 和 Q_1 的大小无关。

还可以进一步证明这个函数具有下列的形式:

$$F(\theta_2, \theta_1) = \frac{f(\theta_2)}{f(\theta_1)} \tag{Ⅲ.1.10}$$

式中 f 是另一普适函数。这个函数形式与温标 θ 的选择有关,但与工作物质的性质及热量 Q 的大小无关。因而可以方便地引进一种新的温标 T,令 $T \propto f(\theta)$,称为热力学温标。对温标来说,需要给以一定的标度。1954 年确定以水的三相点温度 273.16 K 作为热力学温标的基本固定点。

从理论上可以证实,热力学温标、理想气体温标是完全一致的。原则上,测定热力学方程式中某一个参量,就可以建立热力学温标。目前常用的实现热力学温标的方法有下列几种。

1. 气体温度计

气体温度计是复现热力学温标的一种重要方法。计温学领域中普遍采用定容气体温度计,因为压力测定的精度高于容积测定的精度,同时定容气体温度计还具有较高的灵敏度。定容气体温度计的结构如图Ⅲ-1-1 所示。测温介质(气体)置于温泡 B 中,温泡 B 由铂合金制成。用毛细管 C 连接温泡与压差计 M。使用时,调整水银面 M',使它正好与 S 尖端相接触,以保证气体的容积为一定值。尖端的上部和毛细管 C 中的气体温度与温泡中的气体温度不同,需要加以修正,所以这一部分的体积称为有害体积。显然,有害体积越小越好。当温泡分别处于水的三相点温度及待测温度时,用压差计测定相应的气体压力,然后由下式求得:

$$T = T_3 \lim \frac{(pV)_T}{(pV)_3} \tag{Ⅲ.1.11}$$

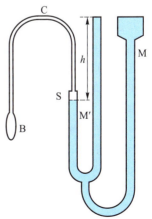

图Ⅲ-1-1　定容气体温度计的结构

式中 $(pV)_T$ 为气体在温度 T 时 p 与 V 的乘积;$(pV)_3$ 为气体在水的三相点时 p 与 V 的乘积;T_3 为水的三相点温度。

对测量结果需作如下几项修正:

(1)有害体积修正。有害体积中的气体温度与温泡中的气体温度有差异。

(2)毛细管 C 中的气体温度存在着温度梯度。

(3)温泡内的压力与温泡温度有关。压力不同时,温泡、毛细管的体积和有害体积大小都有变化。

(4)当毛细管的直径与气体分子平均自由程的大小可比拟时,毛细管中会存在压力梯度。

(5)有微量气体吸附在温泡及毛细管内壁上,温度越低吸附量越大。

(6)要考虑压差计中水银的可压缩性及温度效应。

2. 声学温度计

在低温区,另一种重要方法是通过测定声波在气体(氦气)中的传播速度来测定热力学温度,这种测温仪器有时称为超声干涉仪。由于声速与物质的量多少无关,所以用声学温度计测定温度的方法有很大吸引力。

3. 噪声温度计

噪声温度计是一种很有发展前途的测定热力学温度的仪器。目前,国际上正在进行研究的噪声温度计有两种,即测温到 1400 K 的高温噪声温度计和十几开尔文到 10 mK 的低温噪声温度计。

4. 光学高温计和辐射高温计

用直接接触法测金的熔点(1064.43 ℃)以上的温度是困难的,不仅要求测温元件难熔,而且要求有良好的稳定性和足够的灵敏度,因而金的熔点以上的温度测定常用非接触法。利用物体的辐射特性来测定物体的温度,即光学高温计和辐射高温计。

对于 4000 K 以上的高温气体,常用谱线强度方法来测定温度。

1. 2. 3 国际实用温标

前面讨论了各种测定热力学温度的方法,这些装置都很复杂,耗费也很大,国际上只有少数几个国家实验室具备这些装置。因而长期以来各国科学家都在探索一种实用性温标,要求它既易于使用,并有高精度的复现性,又非常接近热力学温标。最早建立的国际温标是 1927 年第 7 届国际计量大会提出并采用的(简称 ITS-27)。半个多世纪来,经历了几次重大修改,使国际温标日趋完善。国际计量委员会遵循 1987 年第 18 届国际计量大会第七号决议的要求,在 1989 年的会议上通过了 1990 年国际温标(ITS-90)。该温标取代了 1968 年的国际温标(1975 年的修补版)和 1976 年的临时的 0.5 K 到 30 K 的温标。

ITS-90 规定:

热力学温度(符号为 T)是基本物理量,它的单位为开尔文(符号为 K),定义为水的三相点的热力学温度的 1/273.16。由于以前的温标定义中,使用了与 273.15 K(冰点)的差值来表示温度,因此现在仍保留这种方法。根据定义,摄氏度的大小等于开尔文,温差亦可以用摄氏度或开尔文来表示。国际温标 ITS-90 同时定义国际开尔文温度(符号为 T_{90})和国际摄氏温度(符号为 t_{90})。

国际温标 ITS-90 适用于从 0.65 K 向上到普朗克辐射定律使用单色辐射实际可测定的最高温度。在全量程中,T_{90} 的测量方便、精密且具有很高的复现性。

ITS-90 将整个温度区间分为四段。第一温区为 0.65~5.00 K，T_{90} 由 ^{3}He 和 ^{4}He 的蒸气压与温度的关系式来定义：

$$T_{90}/\mathrm{K} = A_0 + \sum_{i=1}^{9} A_i \left[(\ln(p/\mathrm{Pa}) - B)/C \right]^i \tag{Ⅲ.1.12}$$

式中常数 A_0、A_i、B 和 C 均列于表 Ⅲ-1-1 中，分别对应于 ^{3}He 的 0.65~3.2 K 区间，以及 ^{4}He 的 1.25~2.1768 K 和 2.1768~5.0 K 区间。

表 Ⅲ-1-1　He 蒸气压与温度关系式(Ⅲ.1.12)中的常数值

| | ^{3}He | ^{4}He | ^{4}He |
	0.65~3.2 K	1.25~2.1768 K	2.1768~5.0 K
A_0	1.053447	1.392408	3.146631
A_1	0.980106	0.527153	1.357655
A_2	0.676380	0.166756	0.413923
A_3	0.372692	0.050988	0.091159
A_4	0.151656	0.026514	0.016349
A_5	-0.002263	0.001975	0.001826
A_6	0.006596	-0.017976	-0.004325
A_7	0.088966	0.005409	-0.004973
A_8	-0.004770	0.013259	0
A_9	-0.054943	0	0
B	7.3	5.6	10.3
C	4.3	2.9	1.9

第二温区为 3.0 K 到氖的三相点温度(24.5661 K)之间，T_{90} 用氦气温度计来确定，该温度计可用氖的三相点温度、平衡氢的三相点温度和 3~5 K 之间的某个温度[该温度可由式(Ⅲ.1.12)来确定]来校正。在 4.2~24.5561 K 之间，可通过下式定义：

$$T_{90} = a + bp + cp^2 \tag{Ⅲ.1.13}$$

式中 p 为 ^{4}He 温度计中的压力；a、b 和 c 均为常数，可由氖的三相点温度、平衡氢的三相点温度和 4.2~5 K 之间的某个温度[该温度可由式(Ⅲ.1.12)来确定]来确定。

在 3.0~24.5561 K 之间，可通过下式定义：

$$T_{90} = \frac{a + bp + cp^2}{1 + B_x(T_{90})N/V} \tag{Ⅲ.1.14}$$

式中 p 为气体温度计中的压力；a、b 和 c 均为常数，可通过固定点温度来确定；N/V 为气体密度；x 取值由气体温度计中同位素而定，如使用 ^{3}He，则 $x=3$，使用 ^{4}He，则 $x=4$；在该温度区间，气体的非理想状态必须考虑，需用二级位力系数(virial coefficient)来精确计算。二级位力系数 $B_3(T_{90})$ 和 $B_4(T_{90})$ 可通过下式计算：

对于 ^{3}He，有

$$B_3(T_{90})/(\text{m}^3 \cdot \text{mol}^{-1}) = [16.69 - 336.98(T_{90}/\text{K})^{-1} + 91.04(T_{90}/\text{K})^{-2} -$$
$$13.82(T_{90}/\text{K})^{-3}] \times 10^{-6} \tag{III.1.15a}$$

对于 ^4He,有

$$B_4(T_{90})/(\text{m}^3 \cdot \text{mol}^{-1}) = [16.708 - 374.05(T_{90}/\text{K})^{-1} - 383.53(T_{90}/\text{K})^{-2} +$$
$$1799.2(T_{90}/\text{K})^{-3} - 4033.2(T_{90}/\text{K})^{-4} + 3252.8(T_{90}/\text{K})^{-5}] \times 10^{-6} \tag{III.1.15b}$$

第三温区为平衡氢的三相点温度(13.8033 K)到银的凝固点温度(961.78 ℃)之间,T_{90} 由铂电阻温度计来定义,它根据 T_{90} 温度时电阻与水的三相点温度(273.16 K)时电阻的比值来确定:

$$W_r(T_{90}) = R(T_{90})/R(273.16 \text{ K}) \tag{III.1.16}$$

要求铂电阻温度计所用的铂丝纯度高,至少要满足以下两个条件中的一个:

$$W_r(29.7646 \text{ ℃}) \geqslant 1.11807$$
$$W_r(-38.8344 \text{ ℃}) \leqslant 0.844235$$

对于应用于测定银凝固点温度的铂电阻温度计必须满足 $W_r(961.78 \text{ ℃}) \geqslant 4.2844$。

它使用一组规定的定义固定点(见表Ⅲ-1-2)及利用规定的内插法来分度。

表Ⅲ-1-2　ITS-90 的定义固定点

| 序号 | 温度 | | 物质* | 状态** | $W_r(T_{90})$ |
	T_{90}/K	$t_{90}/\text{℃}$			
1	3~5	−270.15~−268.15	He	V	
2	13.8033	−259.3467	e-H$_2$	T	0.00119007
3	约 17	约−256.15	e-H$_2$(或 He)	V(或 G)	
4	约 20.3	−252.85	e-H$_2$(或 He)	V(或 G)	
5	24.5561	−248.5939	Ne	T	0.00844974
6	54.3584	−218.7916	O$_2$	T	0.09171804
7	83.8058	−189.3442	Ar	T	0.21585975
8	234.3156	−38.8344	Hg	T	0.84414211
9	273.16	0.01	H$_2$O	T	1.00000000
10	302.9146	29.7646	Ga	M	1.11813889
11	429.7485	156.5985	In	F	1.60980185
12	505.078	231.928	Sn	F	1.89279768
13	692.677	419.527	Zn	F	2.56891730
14	933.473	660.323	Al	F	3.37600860
15	1234.93	961.78	Ag	F	4.28642053
16	1337.33	1064.18	Au	F	
17	1357.77	1084.62	Cu	F	

*除 ^3He 外,其他物质均为自然同位素成分。e-H$_2$ 为正、仲分子态处于平衡浓度时的氢。

**V 表示蒸气压点;T 表示三相点,在此温度下,固、液和蒸气相平衡;G 表示气体温度计点;M、F 分别表示熔点和凝固点,在 101325 Pa 下,固、液相的平衡温度。

在 13.8033~273.16 K 之间,所用的插补公式为

$$\ln[W_r(T_{90})] = A_0 + \sum_{i=1}^{12} A_i \left\{ \frac{\ln[T_{90}/(273.16\ \text{K})] + 1.5}{1.5} \right\}^i \qquad (\text{III}.1.17\text{a})$$

$$T_{90}/(273.16\ \text{K}) = B_0 + \sum_{i=1}^{15} B_i \left[\frac{W_r(T_{90})^{1/6} - 0.65}{0.35} \right]^i \qquad (\text{III}.1.17\text{b})$$

式中 A_0、A_i、B_0 和 B_i 均为常数,列于表 III-1-3 中。

在 0~961.78 ℃ 之间,所用的插补公式为

$$W_r(T_{90}) = C_0 + \sum_{i=1}^{9} C_i \left[\frac{T_{90}/\text{K} - 754.15}{481} \right]^i \qquad (\text{III}.1.18\text{a})$$

$$T_{90}/\text{K} - 273.15 = D_0 + \sum_{i=1}^{9} D_i \left[\frac{W_r(T_{90}) - 2.64}{1.64} \right]^i \qquad (\text{III}.1.18\text{b})$$

式中 C_0、C_i、D_0 和 D_i 均为常数,列于表 III-1-3 中。

表 III-1-3　式(III.1.17)和式(III.1.18)中常数 A_0、A_i、B_0、B_i、C_0、C_i、D_0 和 D_i

常数	数值	常数	数值	常数	数值
A_0	-2.13534729	B_4	0.142648498	C_5	0.00511868
A_1	3.18324720	B_5	0.077993465	C_6	0.00187982
A_2	-1.80143597	B_6	0.012475611	C_7	-0.00204472
A_3	0.71727204	B_7	-0.032267127	C_8	-0.00046122
A_4	0.50344027	B_8	-0.075291522	C_9	0.00045724
A_5	-0.61899395	B_9	-0.056470670	D_0	439.932854
A_6	-0.05332322	B_{10}	0.076201285	D_1	472.418020
A_7	0.28021362	B_{11}	0.123893204	D_2	37.684494
A_8	0.10715224	B_{12}	-0.029201193	D_3	7.472018
A_9	-0.29302865	B_{13}	-0.091173542	D_4	2.920828
A_{10}	0.04459872	B_{14}	0.001317696	D_5	0.005184
A_{11}	0.11868632	B_{15}	0.026025526	D_6	-0.963864
A_{12}	-0.05248134	C_0	2.78157254	D_7	-0.188732
B_0	0.183324722	C_1	1.64650916	D_8	0.191203
B_1	0.240975303	C_2	-0.13714390	D_9	0.049025
B_2	0.209108771	C_3	-0.00649767		
B_3	0.190439972	C_4	-0.00234444		

银的凝固点(961.78 ℃)以上的温区，T_{90}按普朗克辐射定律来定义，复现仪器为基准光学高温计，可用下式来定义：

$$\frac{L_\lambda(T_{90})}{L_\lambda[T_{90}(X)]} = \frac{\exp(c_2[\lambda T_{90}(X)]^{-1})-1}{\exp(c_2[\lambda T_{90}]^{-1})-1}$$ (Ⅲ.1.19)

式中 $T_{90}(X)$ 是指银的凝固点[$T_{90}(Ag)=1234.93$ K]、金的凝固点[$T_{90}(Au)=1337.33$ K]或铜的凝固点[$T_{90}(Cu)=1357.77$ K]中任一温度；$L_\lambda(T_{90})$ 和 $L_\lambda[T_{90}(X)]$ 分别为温度在 T_{90} 和 $T_{90}(X)$ 时黑体光谱辐射亮度；λ 为波长；c_2 为 0.014388 m·K。

我国从 1991 年 7 月 1 日起施行"ITS-90 国际温标"。

1.3 温度计

1.3.1 水银温度计

水银温度计是常用的测温工具，具有结构简单、价格便宜、具有较高的精确度、可直接读数、使用方便等优点；缺点是易损坏，损坏后无法修理。水银温度计使用范围为-35~360 ℃（水银的熔点是-38.7 ℃，沸点是356.7 ℃），如果采用石英玻璃，并充以 $8.0×10^6$ Pa 的氮气，则可将上限温度提至 800 ℃。高温水银温度计的顶部有一个安全泡，防止毛细管内的气体压力过大而引起贮液泡的破裂。

1. 水银温度计的种类和使用范围

（1）一般使用。有-5~105 ℃、150 ℃、250 ℃、360 ℃等，每分度 1 ℃或 0.5 ℃。

（2）供量热用。有 9~15 ℃、12~18 ℃、15~21 ℃、18~24 ℃、20~30 ℃等，每分度0.01 ℃。目前广泛应用间隔为 1 ℃的量热温度计，每分度 0.002 ℃。

（3）测温差的贝克曼温度计，是一种移液式的内标温度计，测量范围为-20~150 ℃，专用于测定温差。

（4）电接点温度计。可以在某一温度点上接通或断开，与电子继电器等装置配套，可以用来控制温度。

（5）分段温度计。从-10~200 ℃，共有 24 支。每支温度范围 10 ℃，每分度 0.1 ℃；另外有从-40~400 ℃，每隔 50 ℃一支，每分度 0.1 ℃。

2. 水银温度计的使用

（1）水银温度计的校正。对水银温度计来说，主要校正以下三方面：

① 水银柱露出液柱（露丝）的校正。以浸入深度来区分，水银温度计有"全浸""局浸"两种。对于全浸式温度计，使用时要求整个水银柱的温度与贮液泡的温度相同，如果两者温度不同，就需要进行校正。对于局浸式温度计，温度计上刻有一浸入线，表示测温时规定浸入的深度，即标线以下水银柱的温度应当与贮液泡相同，标线以上的水银柱温度应与检定时相同。测温时，小于或大于这一浸入深度，或标线以上的水银柱温度与检定时不一样，就需要校正。这两种校正统称为露出液柱（露丝）校正（见图Ⅲ-1-2）。校正公式如下：

$$\Delta t = Kh(t_0 - t_e)$$ (Ⅲ.1.20)

式中 $\Delta t = t - t_0$ 为读数的校正值；t_0 为温度的读数值；t 为温度的正确值；

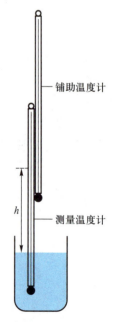

铺助温度计

测量温度计

图Ⅲ-1-2　温度计露
丝校正

t_e 为露出待测系统外水银柱的有效温度(从放置在露出一半位置处的另一温度计读出);K 为水银的视膨胀系数(水银对于玻璃的视膨胀系数为 0.00016);h 为水银柱露出待测系统外部分的读数。

例 设一全浸式水银温度计的读数为 90 ℃,浸入深度为 80 ℃,露出待测系统外的水银柱有效温度为 60 ℃,问实际温度为多少?

解: $h = 90\ ℃ - 80\ ℃ = 10\ ℃$

$t_0 = 90\ ℃ \qquad t_e = 60\ ℃$

$t_0 - t_e = (90 - 60)\ ℃ = 30\ ℃$

$\Delta t = (0.00016 \times 10 \times 30)\ ℃ = 0.048\ ℃$

所以实际温度为 90 ℃ +0.048 ℃,即 90.048 ℃。

② 零位校正。用温度计测定温度时,水银球(即贮液泡)也经历了一个变温过程,玻璃分子进行了一次重新排列过程。当温度升高时,玻璃分子随之重新排列,水银球的体积增大。当温度计从测温容器中取出,温度会突然降低。由于玻璃分子的排列跟不上温度的变化,这时水银球的体积一定比使用前大,因此测定它的零位,一定比使用前零位要低。实验证明这一降低值是比较稳定的。零位降低是暂时的,随着玻璃分子的构型缓慢恢复,水银球体积也会逐渐恢复,这往往需要几天或更长的时间。若要准确地测定温度,则在使用前必须对温度计进行零位测定。

测定零位的恒温器称为冰点器,如图Ⅲ-1-3所示。容器为真空杜瓦瓶,起绝热保温作用,容器中盛以冰水混合物。应注意,冰中不能有任何盐类存在,否则会降低冰点。对冰、水的纯度应予以特别注意,冰融化后水的电导率不应超过 $1 \times 10^{-4}\ S \cdot cm^{-1}$ (20 ℃)。

当测得零位变化值后,应依次对原检定证书上的分度修正值作相应修正。

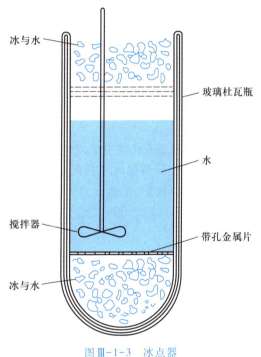

冰与水
玻璃杜瓦瓶
水
搅拌器
带孔金属片
冰与水

图Ⅲ-1-3 冰点器

例 一支 0~50 ℃的水银温度计的检定证书上的修正值如下所示:

示值/℃	0.011	10.000	20.000	30.000	40.000	50.000
修正值/℃	−0.011	−0.015	−0.020	0.008	−0.033	0.000

测温后,再测得零位为 0.019 ℃,比原来的零位值上升了 0.008 ℃,由于零位的变化对各示值影响是相同的,各点的修正值都要相应加上 -0.008 ℃,即修正值改为

示值/℃	0.011	10.000	20.000	30.000	40.000	50.000
修正值/℃	-0.019	-0.023	-0.028	0.000	-0.041	-0.008

测温时,温度计示值 25.040 ℃时实际值应为

$$25.040\ ℃ + \frac{-0.028\ ℃ - 0.000\ ℃}{10} \times 5.040 = 25.026\ ℃$$

③ 分度校正。水银温度计的毛细管内径、截面不可能绝对均匀,水银的视膨胀系数并不是一个常数,而与温度有关。因而水银温度计温标与国际实用温标存在差异,必须进行分度校正。

标准温度计和精密温度计可由制造厂或国家计量机构进行校正,给予检定证书。实验室中对于没有检定证书的温度计,以标准水银温度计为标准,同时测定某一系统的温度,将对应值一一记录下来,作出校正曲线,也可以纯物质的熔点或沸点作为标准进行校正。若校正时的条件(浸入的多少)与使用时差不多,则使用时一般无须再作露出部分校正。

(2)使用注意事项。

① 在对温度计读数时,应注意使视线与液柱面位于同一平面(水银温度计按凸面之最高点读数)。

② 为防止水银在毛细管上附着,所以读数时应用手指轻轻弹动温度计。

③ 注意温度计测温时存在延迟时间。一般情形下温度计浸在待测物质中 1~6 min 后读数,延迟误差不大,但在连续记录温度计读数变化的实验中要注意这个问题。可用下式进行校正:

$$t - t_{\mathrm{m}} = (t_0 - t_{\mathrm{m}})\mathrm{e}^{-\kappa x} \qquad (\mathrm{III}.1.21)$$

式中 t_0 为温度计起始温度;t_{m} 为待测物温度;t 为温度计读数;x 为浸入时间;κ 为常数。

在搅拌良好的条件下,普通温度计的 $\dfrac{1}{\kappa} = 2$ s,贝克曼温度计的 $\dfrac{1}{\kappa} = 9$ s。

④ 温度计尽可能垂直,以免因温度计内部水银压力的不同而引起误差。

水银温度计是很容易损坏的仪器,使用时应严格遵守操作规程。万一温度计损坏,内部水银洒出,应严格按"汞的安全使用规程"处理。

1.3.2 贝克曼温度计

1. 结构和原理

贝克曼温度计是一种移液式内标温度计,如图Ⅲ-1-4 所示。它的测量范围是 $-20 \sim 150$ ℃,专用于测定温度差值,不能作温度值的绝对测量。贝克曼温度计的结构特点是底部的水银贮液球大,顶部有一个辅助水银贮槽,用来调节底部水银量,所以同一支贝克曼温度计可用于不同温区。

图Ⅲ-1-4 贝克曼温度计

在温度计主标尺上,通常只有 0~5 ℃(或 0~6 ℃)的刻度范围,标尺上的最小分度值是 0.01 ℃,可以读到 ±0.002 ℃。

由于贮液球中水银量是按照测温范围进行调整的,所以每支贝克曼温度计在不同温区的分度值是不同的。当贮液球中水银量增多,同样有 1 ℃ 的温差,毛细管中的水银柱将会升得比主标尺上示值差 1 ℃ 要高;相反,如果贮液球中水银量减少,这时水银柱升高够不上主标尺的 1 ℃,因而贝克曼温度计不同的温区所得的温差读数必须乘一个校正因子,才能得到真正的温度差,这一校正因子称为在该温区的平均分度值 r。

2. 贮液球水银量的调整方法

根据实验的需要,贝克曼温度计测量范围不同,必须把温度计的毛细管中的水银面调整在标尺的合适范围内。例如贝克曼温度计测定凝固点降低,在纯溶剂的凝固温度时,水银面应在标尺的 1 ℃ 附近。因此在使用贝克曼温度计时,首先应该将它插入一个与所测起始温度相同的系统内。待平衡后,如果毛细管内水银面在所要求的合适刻度附近,就不必调整。否则应按下述步骤进行调整:

若贮液球中水银量过多,毛细管内水银面如图Ⅲ-1-5(a)所示时,把贝克曼温度计与另一支普通温度计一起插入盛水烧杯中。烧杯中水温应调节至所需的调试温度。设 t 为实验欲测的起始摄氏温度,在此温度下欲使贝克曼温度计中毛细管水银面在 1 ℃ 附近,则使烧杯中水温为 $t' = (t + 4) + R$(R 为 a 至 b 这一段毛细管所相当的温度,约为 2 ℃)。待平衡后,如图Ⅲ-1-5(b)所示,用右手握住贝克曼温度计中部,从烧杯中取出(离开实验台),立即用左手沿温度计的轴向轻敲右手手腕,使水银在 b 点处断开(注意 b 点处不得有水银滞留)。这样就使得系统的起始温度恰好在贝克曼温度计的 1 ℃ 附近。

如贮液球中水银量过少,用右手握住温度计中部,将温度计倒置,用左手轻敲右手手腕,此时贮液球中水银会自动流向辅助水银贮槽,与其中的水银相连接,如图Ⅲ-1-5(c)所示。连好后将温度计正置,按上面所述方法调节水银量。有时也利用辅助水银贮槽背面的温度标尺进行调节。由于原理相同,在这里不再介绍。

尽管贝克曼温度计有许多优点,但调节比较麻烦,且贮液球所需水银量大,若在操作过程中不小心碰碎,会导致水银四散而造成环境污染,故目前实验中逐步以数显式温差测定仪代替贝克曼温度计。

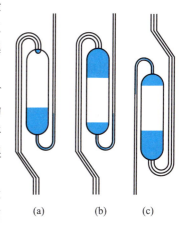

图Ⅲ-1-5 贝克曼温度计水银面

1.3.3 电阻温度计

电阻温度计是利用物质的电阻随温度而变化的特性制成的测温仪器。

任何物体的电阻都与温度有关,都可以用来测温。但是,能满足实际要求的并不多。在实际应用上,不仅要求有较高的灵敏度,而且要求有较高的稳定性和复现性。目前,感温元件的材料主要,有金属导体和半导体两大类。

金属导体有铂、铜、镍、铁和铑铁合金。目前大量使用的材料为铂、铜和镍。铂制成的电阻温度计为铂电阻温度计,铜制成的为铜电阻温度计,都属于定型产品。

半导体有锗、碳和热敏电阻(氧化物)等。

1. 铂电阻温度计

在常温下铂是对各种物质作用最稳定的金属之一,在氧化性介质中,即使在高温下,铂的物理和化学性能也都非常稳定。此外,随着现代铂丝提纯工艺的发展,保证它有非常好的复现性,因而铂电阻温度计是国际实用温标中一种重要的内插仪器。铂电阻与专用精密电桥或电位计组成的铂电阻温度计有极高的精确度。铂电阻温度计感温元件是由纯铂丝用双绕法绕在耐热的绝缘材料如云母、玻璃、石英或陶瓷等骨架上制成的,如图Ⅲ-1-6所示。在铂丝圈的每一端上都焊着两根铂丝或金丝,一对为电流引线,另一对为电压引线。

标准铂电阻温度计感温元件在制成前后,均须经过充分仔细清洗,再装入适当大小的玻璃或石英套管中,进行充氦、封接和退火等一系列严格处理,才能保证具有很高的稳定性和准确度。

2. 热敏电阻温度计

热敏电阻由金属氧化物半导体材料制成,可制成各种形状,如珠形、杆形、圆片形等,作为感温元件通常选用珠形和圆片形。

热敏电阻的主要特点如下:

(1)具有很大负电阻温度系数,因此其测量灵敏度比较高。

(2)体积小,一般只有 $\phi\,0.2\sim0.5$ mm,故热容小,时间常数也小,可用于点温、表面温度及快速变化温度的测定。

(3)具有很大电阻值,其 R_0 值一般在 $10^2\sim10^5\ \Omega$ 范围内,因此可以忽略引接线电阻,特别适用于远距离的温度测定。

(4)制造工艺比较简单,价格便宜。

热敏电阻的缺点是测定温度范围较窄,特别是在制造时对电阻与温度关系的一致性很难控制,差异大,稳定性较差。作为测定仪表的感温元件就很难互换,给使用和维修都带来很大困难。

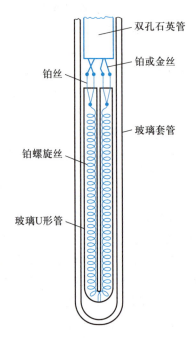

双孔石英管

铂或金丝

铂丝

玻璃套管

铂螺旋丝

玻璃U形管

图Ⅲ-1-6　标准铂电阻温度计结构图

热敏电阻与金属导体的热电阻不同,属于半导体型,具有负电阻温度系数,其电阻值随温度升高而减小。热敏电阻的电阻与温度的关系不是线性的,可以用下面经验公式来表示:

$$R_T = A\mathrm{e}^{B/T} \tag{Ⅲ.1.22}$$

式中 R_T 为热敏电阻在温度 T 时的电阻值(Ω);T 为热力学温度(K);A、B 均为常数,它们的值取决于热敏电阻的材料和结构,A 具有电阻的量纲,B 具有温度的量纲。

珠形热敏电阻器的基本构造如图Ⅲ-1-7所示。在实验中可将热敏电阻作为电桥的一个臂,其余三个臂是纯电阻,如图Ⅲ-1-8所示。图中 R_1、R_2 均为固定电阻,R_3 为可调电阻,R_T 为热敏电阻,E 为工作电源。在某温度下将电桥调平衡,则没有电信号输给检流计。当温度改变后,则电桥不平衡,将有电信号输给检流计。只要标定出检流计光点对应于 $1\ ℃$ 所移动的分度数,就可以求得所测温差。

实验时要特别注意防止热敏电阻感温元件的两条引线间漏电,否则将影响所测得的结果和检流计的稳定性。

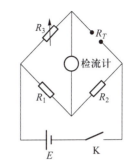

图Ⅲ-1-8 热敏电阻测温示意图

1—热敏材料制成的元件;2—引线;3—壳件

图Ⅲ-1-7 珠形热敏电阻的基本构造

1.3.4 热电偶

1. 概述

在化学实验中,热电偶是测定温度的常用仪器,它不仅结构简单、制作方便、测温范围广(−272~2800 ℃),且热容小、响应快、灵敏度高,能直接把温度转换成电学量,适宜于温度的自动调节和自动控制。热电偶的材料有廉金属、贵金属、难熔金属和非金属四大类。

廉金属中有铁−康铜、铜−康铜、镍铬−镍铝(镍硅)等;

贵金属中有铂铑$_{10}$−铂、铂铑$_{10}$−铂铑$_6$及铱铑系、铂铱系等;

难熔金属中有钨铼系、铌钛系等;

非金属中有二碳化钨−二碳化钼、石墨−碳化物等。

2. 热电偶的测温原理

两种不同成分的导体 A 和 B 连接在一起形成一个闭合回路,如图Ⅲ-1-9所示。当两个接点 1 和 2 温度不同时,例如 $t > t_0$,回路中就产生电动势 $E_{AB}(t, t_0)$,这种现象称为热电效应,这个电动势称为热电势。热电偶就是利用这个原理来测定温度的。

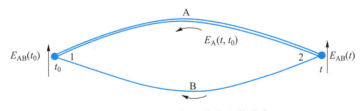

图Ⅲ-1-9 热电偶回路热电势分布

导体 A 和 B 称为热电极,温度 t 端为感温部分,称为测量端(或热端),温度 t_0 端为连接显示仪表部分,称为参比端(或冷端)。

热电偶的热电势 $E_{AB}(t, t_0)$ 是由两种导体的接触电势和单一导体的温差电势所组成。有时又把接触电势称为珀尔帖电势,温差电势称为汤姆孙电势。

(1)两种导体的接触电势。各种导体中都存在有大量的自由电子,不同成分的材料具有不同的自由电子密度(即单位体积内自由电子的数目),因而当两种不同成分的材料接触在一起时,在接点处就会产生自由电子的扩散现象。自由电子从电子密度大的材料向电子密度小的方向扩散,这时电子密度大的电极因失去电子而带有正电荷,相反,电子密度小的电极由于接收到扩散来的电子而带负电荷。这种扩散一直维持到动态平衡为止,从而得到一个稳定的接触电势。接触电势的大小除了与两种材料有关外,还与接点温度有关。

（2）单一导体的温差电势。温差电势是因电极两端温度不同,存在温度梯度而产生电势。设热电极 A 两端温度分别为 t 和 t_0,t 端为温度高的一端,t_0 端为温度低的一端,由于两端温度不同,两端电子的能量也不同,高温端电子比低温端电子的能量大,因而能量大的高温端电子就要跑到能量较小的低温端,使高温端失掉了一些电子带正电荷,低温端得到了一些电子带负电荷,在电极两端产生了电势差,这就是温差电势。它也是一个动态平衡,电势的大小只与热电极和两接点温度有关。

3. 热电偶基本定律

（1）中间导体定律。将 A、B 构成的热电偶的 t_0 端断开,接入第三种导体 C,此时回路中总电势 $E_{ABC}(t,t_0)$ 如何变化？首先假定三个接点温度同为 t_0,如图Ⅲ-1-10(d)所示,则不难证明回路中总电势:

$$E_{ABC}(t_0) = E_{AB}(t_0) + E_{BC}(t_0) + E_{CA}(t_0) = 0 \qquad (Ⅲ.1.23)$$

现设 A、B 接点温度为 t,其余接点温度为 t_0,并且 $t>t_0$,如图Ⅲ-1-10(e)所示,则回路中总电势等于各接点电势之和,即

$$E_{ABC}(t,t_0) = E_{AB}(t) + E_{BC}(t_0) + E_{CA}(t_0) \qquad (Ⅲ.1.24)$$

由式（Ⅲ1.23）得

$$E_{AB}(t_0) = -[E_{BC}(t_0) + E_{CA}(t_0)]$$

因此

$$E_{ABC}(t,t_0) = E_{AB}(t) - E_{AB}(t_0) = E_{AB}(t,t_0) \qquad (Ⅲ.1.25)$$

由上面推导而知,由 A、B 组成热电偶,当引进第三导体时,只要第三导体 C 两端温度相同,接入导体 C 后,对回路总电势无影响,这就是中间导体定律。根据这个定律可以把第三种导体 C 换成毫伏表或电位差计,并保证两个接点温度一致就可以对热电势进行测定。

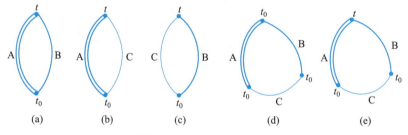

图Ⅲ-1-10　热电偶组成定律

（2）标准电极定律。如果两种导体 A、B 分别与第三种导体 C 组成热电偶,所产生的热电势都已知,那么电极 A、B 组成的热电偶回路的热电势也可知道。如图Ⅲ-1-10(a~c)所示,三对热电偶回路的热电势可分别由下式表示:

$$E_{AB}(t,t_0) = E_{AB}(t) - E_{AB}(t_0) \qquad (Ⅲ.1.26)$$

$$E_{AC}(t,t_0) = E_{AC}(t) - E_{AC}(t_0) \qquad (Ⅲ.1.27)$$

$$E_{BC}(t,t_0) = E_{BC}(t) - E_{BC}(t_0) \qquad (Ⅲ.1.28)$$

整理三式得（证明略）

$$E_{AB}(t,t_0) = E_{AC}(t,t_0) - E_{BC}(t,t_0) \qquad (Ⅲ.1.29)$$

$E_{AB}(t, t_0)$ 就是由热电极 A 和 B 组成的热电偶回路的热电势。

在这里采用的电极 C 称为标准电极,在实际运用中,一般标准电极材料为纯铂。电极 A、B 为参比电极,由于采用了参比电极,大大方便了热电偶的选配工作。只要知道一些材料与标准电极相配的热电势,就可以用上述定律求出任何材料配成热电偶的热电势。

4. 常用热电偶

(1) 对热电偶材料的基本要求。根据热电偶的原理,似乎任意两种不同成分的导体材料都可以组成热电偶,当它们连接起来,两个接点的温度不同时,就有热电势产生。但实际情况并不是这样,要成为能在实验室或生产过程中检测温度用的热电偶,对其热电极材料有如下的要求。

① 物理、化学性能稳定。在物理性能方面,在高温下不产生再结晶或蒸发现象,因为再结晶会使热电势发生变化;蒸发会使热电极之间互相污染引起热电势的变化。在化学性能方面,应在测温范围内不易氧化或还原,不受化学腐蚀,否则会使热电极变质引起热电势变化。

② 热电性能好。热电势与温度的关系应为简单的函数关系,最好是线性关系;微分热电势要大,可以有高的测量灵敏度;在测量范围内长期使用后,热电势不产生变化。

③ 电阻温度系数要小,电导率要高。

④ 有良好的机械加工性能,有好的复制性,价格要便宜。

上述要求是理想的,并非每种热电偶都要全部符合。在选用时,根据测温的具体条件加以考虑。

(2) 常用热电偶。目前国内外热电偶材料的品种非常多。我国根据科学实验和生产需要,暂时选择六种热电偶材料为定型产品。它们有统一的热电势与温度的关系分度表,可以与现成的仪表配套。对于非定型产品,只有在定型产品满足不了测温要求时才选用。

表Ⅲ-1-4 中给出了常用热电偶的分度号、测量温度范围和允许误差。

表Ⅲ-1-4 常用热电偶的分度号、测量温度范围和允许误差

名称	分度号	测量温度范围/℃	允许误差/℃	
			温度范围	误差
铜-康铜	T	$-200 \sim 300$	$-200 \sim -40$	$\pm 1.5\% \ t$
			$-40 \sim 80$	± 0.6
			$80 \sim 300$	$\pm 0.75\% \ t$
镍铬-考铜	EA-2	$-200 \sim 800$	$\leqslant 400$	± 4
镍铬-康铜	E	$-200 \sim 800$	>400	$\pm 1\% \ t$
铁-康铜	J	$-200 \sim 800$	$\leqslant 400$	± 3
			>400	$\pm 0.75\% \ t$
镍铬-镍硅	K	$0 \sim 1300$	$\leqslant 400$	± 3
镍铬-镍铝	K	$0 \sim 1100$	>400	$\pm 0.75\% \ t$
铂铑$_{10}$-铂	S	$0 \sim 1600$	$\leqslant 600$	± 3
			>600	$\pm 0.5\% \ t$
铂铑$_{30}$-铂铑$_6$	B	$0 \sim 1800$	$\leqslant 600$	± 3
			>600	$\pm 0.5\% \ t$
钨铼$_5$-钨铼$_{20}$	WR	$0 \sim 2800$	$\leqslant 1000$	± 10
			$1000 \sim 2000$	$\pm 1\% \ t$

注:表中 t 为被测温度的绝对值。

热电偶的分度号是热电偶分度表的代号,在热电偶和显示仪表配套时必须注意其分度号是否一致,若不一致就不能配套使用。

下面对常用热电偶的主要性能、特点和用途作简要介绍,它们之间的特点是在互相比较的基础上叙述的。

① 铜-康铜热电偶。铜-康铜热电偶适用于负温的测定,使用上限为 300 ℃,能在真空、氧化性、还原性或惰性气氛中使用。其性能稳定,在潮湿气氛中能耐腐蚀,尤其是在 -200~0 ℃下,使用稳定性很好。在 -200~300 ℃区域内测量灵敏度高,且价格最便宜。

铜-康铜热电偶测定 0 ℃以上温度时,铜电极是正极,康铜(成分 60% 铜、40% 镍)是负极。测定低温时,由于工作端温度低于自由端,所以电势的极性会发生变化。

② 铁-康铜热电偶。铁-康铜热电偶适用于真空、氧化性、还原性或惰性气氛中的温度测定,测量范围为 -200~800 ℃,但其常用温度是 500 ℃以下,因为超过该温度,铁热电极的氧化速率加快。

③ 镍铬-考铜热电偶。镍铬-考铜(或康铜)热电偶测量范围为 -200~800 ℃,适用于氧化或惰性气氛中的温度测定,不适用于还原性气氛。与其他热电偶比较,其耐热和抗氧化性能比铜-康铜、铁-康铜热电偶好。其微分热电势大,亦即灵敏度高,可以用作热电偶堆或用于测定变化范围较小的温度。其缺点是考铜热电极不易加工,难于控制,因而将要被康铜电极所代替。

④ 镍铬-镍硅(镍铬-镍铝)热电偶。镍铬-镍硅热电偶性能好,是目前使用最多的一个品种,由镍铬-镍铝热电偶演变而来,它们共同使用同一个分度表。镍铬-镍铝和镍铬-镍硅热电偶的共同特点是:热电势与温度的关系近似呈线性,使显示仪表刻度均匀,微分热电势较大,仅次于铜-康铜和镍铬-考铜热电偶,因此灵敏度较高、稳定性和均匀性都很好。它们的抗氧性能比其他廉金属热电偶好,可广泛应用于 500~1300 ℃范围的氧化性与惰性气氛中,但不适用于还原性及含硫气氛,除非加以适当保护。在真空气氛中,正极镍铬中铬优先蒸发,将改变它们的分度特性。

另外,镍铬-镍铝热电偶经一段时期使用后,出现热电势不稳定的现象,特别在温度高于 700 ℃时将出现示值偏高。这可能是由于气体腐蚀和污染引起电极的化学成分改变、晶粒长大、内部发生相交,使镍铬电极热电势越来越趋向于正值,镍铝电极的热电势越来越趋向负值,这样两个热电极叠加,使示值偏高。

研究表明,在镍基中加入 2.5% 硅及少量钴、锰等元素做成镍硅电极,无论是抗氧化性、均匀性和热电势的稳定性方面都优于镍铬电极,同时它对标准铂电极的热电势不变。

⑤ 铂铑$_{10}$-铂热电偶。铂铑$_{10}$-铂热电偶属贵金属热电偶,可长时间在 0~1300 ℃下工作。它除了耐高温外,还是所有热电偶中精度最高的。它的物理、化学性能好,热电势稳定性好,是传递国际温标的标准仪器。它适用于氧化性和惰性气氛中,但是其热电势较小,微分热电势也很小,灵敏度低,因而要选择较精密的显示仪表与它配套,才能保证得到准确的测定结果。

铂铑$_{10}$-铂热电偶不能在还原性或含有金属或非金属蒸气的气氛中使用,除非用非金属套管保护,更不允许直接插入金属的保护套管中。铂铑$_{10}$-铂热电偶对负极铂丝的纯度要求很高,长期在高温下使用,极易沾污,铑会从正极的铂铑合金中扩散到铂负极中去,会导致热电势下降,从而引起分度特性改变。在这种情况下铂铑$_{30}$-铂铑$_6$热电偶将更好、更稳定。

⑥ 铂铑$_{30}$-铂铑$_6$热电偶。凡是铂铑$_{30}$-铂热电偶所具备的优点,铂铑$_{30}$-铂铑$_6$热电偶都基本具备,其测量温度范围是目前最高的(0~1800 ℃)。它不存在负极铂丝所存在的缺点,因为它的负极是由铂铑合成的,因此长期使用后,热电势下降的情况不严重。

5. 热电偶的结构和制备

（1）对热电偶的结构要求。为了保证热电偶的正常工作,对热电偶的结构提出如下要求:

① 热电偶的热接点要焊接牢固;

② 两电极间除了热接点外,必须有良好的绝缘性,防止短路;

③ 导线与热电偶参比端的连接要可靠、方便;

④ 在有害介质中测定温度时,热电偶要用套管保护,使被测介质与热电极隔绝开来。

（2）热电偶的制备。在设计和制备热电偶时,要慎重选择热电极的材料和直径,应根据测温范围、测定对象、热电偶的电阻值及电极材料的价格和机械强度而定。贵金属材料一般选用直径为 0.5 mm;普通金属电极的价格较便宜,直径可稍大一些,一般为 1.5~3 mm。热电偶的长度应由它的安装条件及需要插入待测介质的深度决定,可以从几百毫米到几米不等。

热电偶接点常见结构如图Ⅲ-1-11所示。热电偶热接点可以是对焊,也可以预先把两端线绕在一起再焊。应注意绞焊圈不宜超过 2~3 圈,否则工作端将不是焊点,而向上移动,测量时有可能带来误差。

普通热电偶的热接点可以用电弧、乙炔焰或氢氧吹管的火焰来焊接。没有这些设备时,也可以用简单的点熔装置来代替。以内装石墨粉的铜杯为一极,热电偶作为另一极,把已经绞合的热电偶接点处,沾上一点硼砂,熔成硼砂小珠,插入石墨粉中（不要接触铜杯）。市用 220 V 电压接到调压变压器输入端,调节转盘,逐渐增大输出电压,使接点处发生熔融,成一光滑的圆珠即完成了热电偶的焊接。

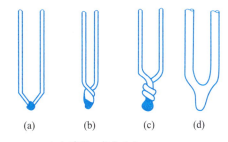

（a）直径一般为 0.5 mm;

（b）直径一般为 1.5~3 mm;

（c）直径一般为 3~3.5 mm;

（d）热电极直径大于 3.5 mm 采用。

图Ⅲ-1-11　热电偶接点常见结构

热电偶在装入保护管之前,为了防止热电极短路,一般要用绝缘瓷管套好。

（3）热电偶的结构形式。根据结构形式,热电偶可分为普通热电偶、铠装热电偶、薄膜热电偶。

① 普通热电偶。普通热电偶主要用于测定气体、蒸气、液体等介质的温度。由于应用广泛,使用条件大部分相同,所以大量生产了若干通用标准型式供选择使用,主要有棒型、角型、锥型等,且分别做成无专门固定装置、有螺纹固定装置及法兰固定装置等多种型式。

② 铠装热电偶。铠装热电偶是由热电极、绝缘材料和金属保护套管三者组合成一体的特殊结构的热电偶,铠装热电偶与普通结构的热电偶比较起来,具有许多特点:首先铠装热电偶的外径可以加工得很小,长度可以很长（最小直径可达 0.25 mm,长度几百米）;它的热响应时间很小,最小可达毫秒数量级,这对采用电子计算机进行检测控制具有重要意义;它节省材料,有很大的可绕性。其次,铠装热电偶的寿命长,具有良好的机械性能,耐高压,有良好的绝缘性。

③ 薄膜热电偶。薄膜热电偶是由两种金属薄膜连接在一起的一种特殊结构的热电偶。测量端既小又薄,厚度可低至 0.01~0.1 μm,故热容很小,可应用于微小面积上的温度测定。薄膜热电偶的反应速率快,时间常数可达微秒级。薄膜热电偶分为三大类,即片状、针状或热电极材

料直接镀在被测物表面。薄膜热电偶是近年发展起来的一种新的结构形式,随着工艺和材料的不断改进,是一种很有应用前景的热电偶。

（4）热电偶的使用注意事项。

① 使用前,要注意挑选合适的热电偶,即温度范围合适、环境气氛合适,同时参比端的温度要恒定。测温前要测试确定热电偶的正、负极。

② 使用前,要求对热电偶的热电势误差进行检验,绘制热电势与温度的标准曲线（又称工作曲线）。

③ 测定较低热电势时,如灵敏度不够,可以把数个热电偶串联使用,增大温差电势,增加测量精度。几个热电偶串联成热电偶堆后的温差电势等于各个热电偶的电势之和。

6. 热电偶的热电势-温度标准曲线的绘制

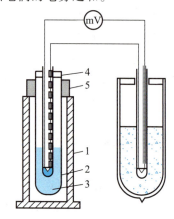

用一系列温度恒定的标准系统（如 CO_2 的升华点、水的冰点与沸点、硫的沸点,以及铋、镉、铅、锌、银、金的熔点）来绘制热电偶的热电势-温度标准曲线。把被检验的热电偶测量端插入标准系统,参比端插入冰水平衡系统,测定其热电势,装置如图Ⅲ-1-12所示。操作时,先把含有标准系统的试管插入加热电炉,用 100 V 电压进行加热,至试管中的样品熔融后停止加热。用热电偶套管轻轻搅拌样品,保持冷却速率为 $3\sim4\ \mathrm{K\cdot min^{-1}}$,每分钟读一次数据,即可得到一条热电势-时间曲线。从该曲线的转折平台可得到相应的热电势和温度数值。选择几个不同的标准系统重复测定,即可得到热电偶的工作曲线。

1—加热电炉;2—样品管;3—样品;
4—软木塞;5—石棉布套

图Ⅲ-1-12　热电偶校正装置

1.4　热效应的测量方法

热化学的数据可通过量热实验获得。量热实验所用的仪器为热量计,文献中公开报道的热量计测定原理和工作方式已有上百种,各具特色。根据测定原理量热法可分为补偿式和温差式两大类,下面分别予以介绍。

1.4.1　补偿式量热法

补偿式量热的测定是把研究系统置于一等温热量计中,这种热量计的研究系统与环境之间进行热交换时,两者的温度始终保持恒定,并且与环境温度相等。反应过程中研究系统所放出的或吸收的热量是依赖恒温环境中的某物理量的变化所引起的热流给予连续的补偿。利用相变潜热或电-热效应是常用的方法。

1. 相变补偿量热法

将一反应系统置于冰水浴中（冰热量计）,研究系统被一层纯的固体冰包围,而且固体冰与液相水处于相平衡。研究系统发生放热反应时,则部分冰融化为水,只要知道冰单位质量的熔化焓,测出融化冰的质量,就可以求得所放出的热量。反之,研究系统发生吸热反应,也同样可以通过冰增加的质量求得热效应。这种热量计除了冰-水为环境介质外,也可采用其他类型的相变介质。这种热量计测量简单,具有灵敏度及准确度高的优点,但也有其局限性,热效应必须是处于相变温度这一特定条件下发生。

2. 电效应补偿量热法

对于研究系统所发生的过程是一个吸热反应时,可以利用电加热器提供热流对其进行补偿,使温度保持恒定。但要求做到,加热时热损失和所加入的热流相比较可小到忽略不计。这时所吸的热量可通过测定电加热器中的电流 I 和电压 V 直接求得:

$$\Delta H = Q_p = \int V(t) I(t) \, \mathrm{d}t \tag{III.1.30}$$

实验"溶解热的测定",就是运用电效应补偿量热法的典例。

为了能精确测定不大的热流,可以借助标准电阻,并用电位差计法测定。标准电阻与电加热器串联接入电路,用电位差计测定标准电阻和电加热器上的电压降,即可准确求得热效应。

1.4.2 温差式量热法

研究系统在热量计中发生热效应时,如果与环境之间不发生热交换,热效应会导致热量计的温度发生变化。通过在不同时间测定温度变化即可求得反应热效应。

1. 绝热式热量计

这类热量计的研究系统与环境之间应不发生热交换,这当然是理想的状态。实际上环境与系统之间不可能不发生热交换,因此所谓绝热式热量计只能近似视为绝热。为了尽可能达到绝热效果,所用的热量计一般都采用真空夹套,或在热量计的外壁涂以光亮层,尽量减少对流和辐射引起的热损耗。氧弹式热量计结构如图III-1-13所示。

当一个放热反应在绝热式热量计中进行时,热量计与研究系统的温度会发生变化。如果能知道热量计的各个部件、工作介质及研究系统的总体热容,就可以方便地从其总体的温度变化求出反应过程放出的热量。

$$Q_V = C_{热量计} \cdot \Delta T \tag{III.1.31}$$

式中 $C_{热量计}$ 为热量计的总体热容;ΔT 则是根据时间变化而测定出的温差。在整个实验过程中,系统与环境的热交换即热损耗是在所难免的。因此,$C_{热量计}$ 必须用已知热效应的标准物质在相同的实验条件下进行标定,再用雷诺(Reynolds)图解法予以修正。利用绝热式热量计进行温差式量热测定,设备简单、计算方便、应用较广,适用于测量反应速率较快、热效应较大的反应。

为了使实验能在更好的"绝热"条件下进行,减少实验误差,可设计在仪器的内筒和外筒中都安装一个铂电阻感温元件,配备温控设备,自动跟踪研究系统的温度变化,并使环境与系统的温度保持平衡,达到绝热的目的。此仪器的结构如图III-1-14所示。

2. 热导式热量计

此类热量计是将量热容器放在一个容量很大的恒温金属块中,并且由导热性能良好的热导体和它紧密接触联系起来,如图III-1-15所示。

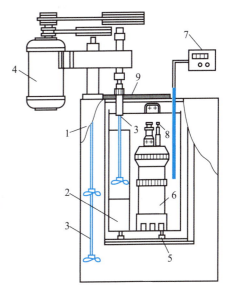

1—外壳;2—量热容器;3—搅拌器;

4—搅拌电动机;5—绝热支柱;6—氧弹;

7—数显式温差测定仪;8—电极;9—盖子

图III-1-13 氧弹式热量计结构示意图

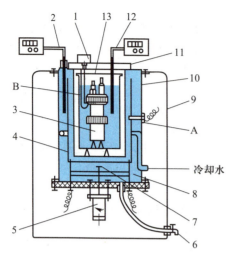
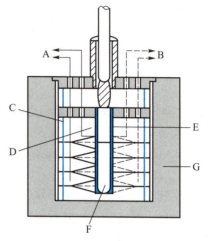

1—内筒搅拌器；2—外筒数显式测温仪；3—氧弹；
4—外筒搅拌筒；5—外筒搅拌电动机；6—外筒放水龙头；
7—外筒搅拌器；8—外筒加热极板；9—外壳；10—外筒；
11—水帽；12—内筒数显式温差测定仪；13—内筒；
A，B—铂电阻传感器

A—热电偶；B—制冷器；C—恒温导热体；D—内室；
E—镀银夹套；F—反应管；G—恒温外套

图Ⅲ-1-14　绝热式热量计结构示意图　　　　图Ⅲ-1-15　热导式热量计结构

　　当量热容器中产生热效应时，一部分热使研究系统的温度升高，另一部分由热导体传递给环境（恒温金属块），只要测出量热容器与恒温金属块之间的温差随时间的变化，以 ΔT-t 作图，曲线下的面积正比于反应中放出的总热量。

　　热导式热量计要求环境是具有很大热容的受热器，其温度不因热流的流入和流出而改变。沿热导体流过的热量大小可由热导体（热电偶）的某物理量的变化（由温差所引起的电动势变化）而计算出来。

　　用 Tian 方程来描述：

$$p = \frac{\mathrm{d}Q}{\mathrm{d}t} = \frac{\mathrm{d}Q_c}{\mathrm{d}t} + \frac{\mathrm{d}Q_\phi}{\mathrm{d}t} = C_p \frac{\mathrm{d}(\Delta T)}{\mathrm{d}t} + np\Delta T \qquad (\text{Ⅲ.1.32})$$

式中 C_p 为量热容器及其内含物的总热容；p 为热导材料的热导系数；n 为热电偶的数目。由于热电偶堆输出的电势与 ΔT 则成正比，而记录仪响应值 h 与热电势成正比，所以 h 正比于 ΔT。设比例常数为 G，对式（Ⅲ.1.32）积分，得到从 $t_1 \to t_2$ 时间内产生的热量：

$$Q = \frac{C_p}{G} \int_{t_1}^{t_2} \frac{\mathrm{d}h}{\mathrm{d}t} \mathrm{d}t + \frac{np}{G} \int_{t_1}^{t_2} h \mathrm{d}t = \frac{C_p}{G}(h_2 - h_1) + \frac{np}{G}A \qquad (\text{Ⅲ.1.33})$$

式中 A 为 $t_1 \to t_2$ 时间内记录曲线下面积；h_1 和 h_2 分别为 t_1 和 t_2 时曲线的峰高。此热谱曲线的峰面积由电能进行标定。

　　热导式热量计适用于研究反应速率慢、热量小的过程，如生物过程热效应。

第二章   温度控制技术

物质的物理性质和化学性质,如折射率、黏度、蒸气压、密度、表面张力、化学平衡常数、反应速率常数、电导率等都与温度有密切的关系。许多物理化学实验不仅要测定温度,而且需要精确地控制温度。实验室中所用的恒温装置一般分为高温恒温(>250 ℃)、常温恒温(室温~250 ℃)及低温恒温(-218 ℃~室温)三大类。

控温采用的方法通常是把待控温系统置于热容比它大得多的恒温介质浴中。

2.1   常温控制

在常温区间,通常用恒温槽作为控温装置,恒温槽是实验工作中常用的一种以液体为介质的恒温装置,用液体作介质的优点是热容大、导热性好,使温度控制的稳定性和灵敏度大为提高。

根据温度的控制范围可选用下列液体介质:

① 0~90 ℃用水;

② 80~160 ℃用甘油或甘油水溶液;

③ 70~300 ℃用液体石蜡、汽缸润滑油、硅油。

2.1.1   恒温槽的构造及原理

恒温槽的构件组成如图Ⅲ-2-1所示。

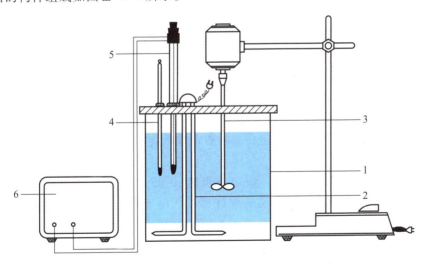

1—浴槽;2—电加热器;3—搅拌器;4—温度计;5—水银定温计;6—恒温控制器

图Ⅲ-2-1   恒温槽构件组成示意图

1. 浴槽

如果控制温度与室温相差不大,可用敞口大玻璃缸作为浴槽,对于较高和较低温度,应考虑保温问题。具有循环泵的超级恒温槽,有时仅作供给恒温液体之用,而实验在另一工作槽内进行。这种利用恒温液体作循环的工作槽可做得小一些,以减小温度控制的滞后性。

2. 搅拌器

加强液体介质的搅拌,对保证恒温槽温度均匀起着非常重要的作用。搅拌器的功率、安装位置和桨叶的形状,对搅拌效果有很大影响。恒温槽越大,搅拌功率也该相应越大。搅拌器应装在加热器上面或靠近加热器,使加热后的液体及时混合均匀再流至恒温区。搅拌桨叶应是螺旋式或涡轮式,且有适当的片数、直径和面积,以使液体在恒温槽中循环。为了加强循环,有时还需要装导流装置。在超级恒温槽中用循环流代替搅拌,效果仍然很好。

3. 加热器

如果恒温的温度高于室温,则需不断向槽中供给热量以补偿其向四周散失的热量;如恒温的温度低于室温,则需不断从恒温槽取走热量,以抵偿环境向槽中传热。在前一种情况下,通常采用加热器间歇加热来实现恒温控制。对加热器的要求是热容小、导热性好、功率适当。

4. 感温元件

它是恒温槽的感觉中枢,是提高恒温槽精度的关键部件。感温元件的种类很多,如接触温度计(或称水银定温计)、热敏电阻感温元件等。下面介绍接触温度计的控温原理,其结构如图Ⅲ-2-2所示。水银定温计的结构与普通水银温度计不同,它的毛细管中悬有一根可上下移动的金属丝,从水银槽也引出一根金属丝,两根金属丝再与温度控制系统连接。在定温计上部装有一根可随管外永久磁铁旋转的螺杆。螺杆上有一指示金属片(标铁),金属片与毛细管中金属丝(触针)相连。当螺杆转动时金属片上下移动即带动金属丝上升或下降。调节温度时,先转动调节磁帽,使螺杆转动,带着金属片移动至所需温度(从温度刻度板上读出)。当加热器加热后,水银柱上升与金属丝相接,线路接通,使加热器电源被切断,停止加热。由于水银定温计的温度刻度很粗糙,恒温槽的精确温度应该由另一精密温度计指示。当所需的控温温度稳定时,将磁帽上的固定螺丝旋紧,使之不发生转动。

水银定温计的控温精度通常为±0.1 ℃,甚至可达±0.05 ℃,对一般实验来说已足够精密。水银定温计允许通过的电流很小,为几毫安以下。由于加热器的电流约为 1 A,所以水银定温计不能同加热器直接相连,可在水银定温计和加热器之间加一个中间媒介,即电子管继电器。

5. 电子管继电器

电子管继电器由继电器和控制电路两部分组成,其工作原理如下:

可以把电子管看成一个半波整流器(见图Ⅲ-2-3),$R_0 - C_1$

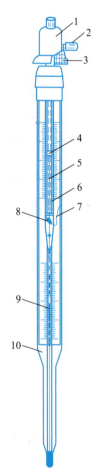

1—调节帽;2—固定螺丝;
3—磁钢;4—指示铁;5—钨丝;
6—调节螺杆;7—铂丝接点;
8—铂弹簧;9—水银柱;10—表盘
图Ⅲ-2-2　水银定温计的结构

并联电路的负载,负载两端的交流分量用来作为栅极的控制电压。当水银定温计触点为断路时,栅极与阴极之间由于 R_1 的耦合而处于同位,即栅偏压为零。这时板流较大,约有 18 mA 通过继电器,能使衔铁吸下,加热器通电加热;当定温计为通路,板极是正半周,这时 $R_0 - C_1$ 的负端通过 C_2 和水银定温计加在栅极上,栅极出现负偏压,使板极电流减少到 2.5 mA,衔铁弹开,加热器断路。

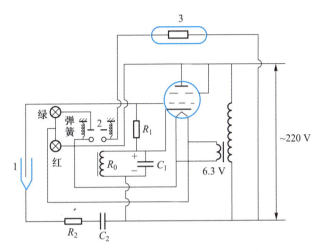

1—水银定温计;2—衔铁;3—电热器;R_0—220 V、直流电阻约 2200 Ω 的电磁继电器

图Ⅲ-2-3　电子管继电器线路图

　　因控制电压是利用整流后的交流分量,R_0 旁路电容 C_1 不能过大,以免交流电压值过小,引起栅偏压不足,衔铁吸下不能断开;C_1 太小,则继电器衔铁会颤动,这是因为板流在负半周时无电流通过,继电器会停止工作,并联电容后依靠电容的充放电而维持其连续工作,如果 C_1 太小就不能满足这一要求。C_2 用来调整板极的电压相位,使其与栅压有相同峰值。R_2 用来防止触电。

　　电子管继电器控制温度的灵敏度很高。实验时通过定温计的电流最多为 30 μA,因而定温计使用寿命很长,故获得普遍使用。

2.1.2　热敏电阻温度计

　　随着电子技术的发展,电子管继电器中电子管大多已为晶体管所代替,水银定温计被热敏电阻温度计所代替。WMZK-01 型控温仪是用热敏电阻作为感温元件的晶体管继电器。它的温控系统由直流电桥电压比较器、控温执行继电器等部分组成。当感温探头热敏电阻感受的实际温度低于控温选择温度时,电压比较器输出电压,使控温继电器输出线柱接通,恒温槽加热器加热;当感温探头热敏电阻感受温度高于或与控温选择温度相同时,电压比较器输出为"0",控温继电器输出线柱断开,停止加热,当感温探头感受温度再下降时,继电器再动作,重复上述过程达到控温目的。其接线图如图Ⅲ-2-4 所示。

　　使用该仪器时须注意保护感温探头。感温探头中热敏电阻是采用玻璃封结,使用时应防止与较硬的物件相撞,用毕后感温探头头部用保护帽套上;感温探头浸没深度不得超过 200 mm。使用时若继电器跳动频繁或跳动不灵敏,可将电源相位反接。

　　该仪器主要技术指标如表Ⅲ-2-1 所示。

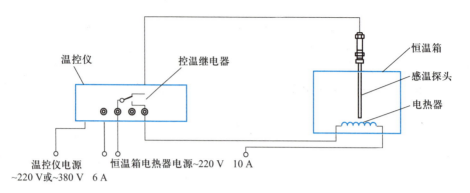

图Ⅲ-2-4 控温仪接线图

表Ⅲ-2-1 控温仪主要技术指标

控温范围	−50~50 ℃	10~50 ℃	10~100 ℃	50~200 ℃	20~300 ℃
控制动作灵敏度	1 ℃	0.6 ℃	1 ℃	1 ℃	2 ℃
测温误差	±3 ℃	±1 ℃	±2 ℃	±5 ℃	±10 ℃
温控选择盘误差	±3 ℃	±2 ℃	±2 ℃	±5 ℃	±10 ℃
工作环境温湿度	0~40 ℃ 相对湿度不超过 80%				
控温继电器输出	~220 V 10 A 或 ~380 V 6 A（阻性）				
仪器电源	~220 V ±10% 50 Hz ± 2%				
仪器消耗功率	<6 W				

2.1.3 恒温槽的性能测试

恒温槽的温度控制装置属于"通""断"类型,当加热器接通后,恒温介质温度上升,热量的传递使水银定温计中水银柱上升。由于热量传递需要时间,常出现温度传递的滞后,往往是加热器附近介质的温度超过指定温度,所以恒温槽的温度高于指定温度。同理降温时也会出现滞后现象。由此可知恒温槽控制的温度有一个波动范围,并不是控制在某一固定不变的温度。此外,恒温槽内各处的温度也会因搅拌效果优劣而不同。控制温度的波动范围越小,各处的温度越均匀,恒温槽的灵敏度越高。灵敏度是衡量恒温槽性能优劣的主要参数。它除与感温元件、电子管继电器有关外,还与搅拌器的效率、加热器的功率等因素有关。

恒温槽灵敏度的测定是在指定温度下(如 30 ℃)用灵敏度较高的温度计(如贝克曼温度计)记录温度随时间的变化,隔 1 min 记录一次温度计读数,测定 30 min。然后以温度为纵坐标、时间为横坐标绘制成温度-时间曲线(见图Ⅲ-2-5 所示)。图中(a)表示恒温槽灵敏度较高;(b)表示灵敏度较差;(c)表示加热器功率太大;(d)表示加热器功率太小或散热太快。

恒温槽灵敏度 t_E 与最高温度 t_1、最低温度 t_2 的关系式为

$$t_E = \pm \frac{t_1 - t_2}{2} \qquad\qquad (Ⅲ.2.1)$$

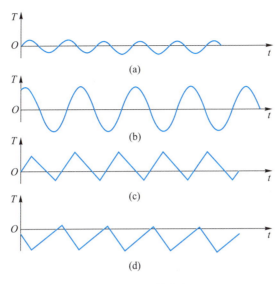

图Ⅲ-2-5 灵敏度曲线

t_E 值越小,恒温槽的性能越佳,恒温槽精度随槽中区域的不同而不同。同一区域的精度又随所用恒温介质、加热器、定温计和继电器(或控温仪)性能的不同而异,还与搅拌情况以及所有这些元件间的相对配置情况有关,它们对精密度的影响简述如下:

(1)恒温介质。介质流动性好,热容大,则精密度高。

(2)定温计。定温计的热容小,与恒温介质的接触面积大,水银与铂丝和毛细管壁间的黏附作用小,则精密度好。

(3)加热器。在功率足以补充恒温槽单位时间内向环境散失能量的前提下,加热器功率越小,精度越好。另外,加热器本身的热容越小,加热器管壁的导热效率越高,则精密度越好。

(4)继电器。电磁吸引电键,后者发生机械运动所需时间越短,断电时线圈中的铁芯剩磁越小,精密度越好。

(5)搅拌器。搅拌速率需足够大,使恒温介质各部分温度能尽量一致。

(6)部件的位置。加热器要放在搅拌器附近,以使加热器发出的热量能迅速传到恒温介质的各个部分。定温计要放在加热器附近,并且让恒温介质的流动能使加热器附近的恒温介质不断地冲向定温计的水银球。被研究的系统一般要放在槽中精密度最好的区域。测定温度的温度计应放置在被研究系统的附近。

2.2 高温控制

高温一般是指 250 ℃ 以上的温度。获得高温的技术有很多,主要包括电阻炉加热、电弧放电加热、用石墨为加热主体的高频感应加热等。在实验室中最常用的是电阻炉加热,加热元件为镍铬丝、硅碳棒或硅钼棒等,用控温仪来测定并控制温度。

实验室中以马弗炉和管式炉最为常用。一个性能良好的加热电炉,一般必须有较长的恒温区;传热要迅速,散热小。恒温区的长短,在很大程度上取决于加热元件的形状、长度及排布方式。电炉电阻丝一般是缠绕在炉腔外壁,绕法可选择中段疏、两端密的方式,电阻丝粗细的选择决定了通电电流的大小及电炉所能达到的最高温度,其通常的温度范围为 250～1000 ℃。电炉温度高于 1000 ℃ 时,要选择硅碳棒(<1300 ℃)或硅钼棒(<1600 ℃)作为加热元件,其长度也决定了恒温区的长度。

管式炉的设计如下:

(1) 如果用电阻丝作为加热元件,则电炉所能达到的最高温度与电炉的加热功率有关。在中等保温的情况下,当炉温为 300 ℃ 以下,每 100 cm^2 加热面积需要功率为 20 W;炉温在 300 ℃ 以上,每 100 cm^2 加热面积需要多加 20 W。如需要电炉在开始工作时升温速率较快,则应将计算得出的功率增加 20% 左右。实验温度在 1000 ℃ 以下,通常用镍铬丝,1000 ℃ 以上则需用铂丝。按下列公式计算电热丝的额定电流及电阻值:

$$I = \frac{P}{U} \tag{Ⅲ.2.2}$$

$$R = \frac{U}{I} \tag{Ⅲ.2.3}$$

式中 I 为电流强度(A);U 为电压(V);P 和 R 分别为电阻丝功率(W)和电阻值(Ω)。

如果电源电压在 180～200 V 间波动时,则 U 取 180 V,根据式(Ⅲ.2.2)求出最大电流($I_{最大}$),然后可求出电热丝的电阻值,按表Ⅲ-2-2 数据选定电热丝的粗细规格。

表Ⅲ-2-2　镍铬丝的额定电流值与电阻值

镍铬丝 ϕ/mm	0.1	0.15	0.2	0.3	0.4	0.5	0.6	0.8	1.0
最大通过电流/A	0.7	1.0	1.3	2.0	3.0	4.2	5.5	8.2	11.0
20 ℃时单位长度电阻值/(Ω·m^{-1})	138.4	55.8	34.6	13.9	8.76	5.48	3.46	2.16	1.38

镍铬丝的直径选定后,可按上表所列的电阻值算出所需电热丝长度 $l = R/r$。

例　制作一个长 30 cm,内径 5 cm 的管式电炉,要求达到的最高温度为 800 ℃,应选用多大直径和多长的镍铬丝?

解:① 加热面积 = 3.14 × 5 cm × 30 cm = 471 cm^2

② 功率 $P = \left[\left(20 \times \dfrac{800 - 300}{100} + 20 \right) \times \dfrac{471}{100} \times (1 + 0.2) \right]$ W ≈ 680 W

③ 最大电流值 $I = \dfrac{P}{U} = \dfrac{680 \text{ W}}{100 \text{ V}} = 3.8$ A

④ 电阻值。电源电压取波动平均值 200 V:

$$R = \frac{U}{I} = \frac{200 \text{ V}}{3.8 \text{ A}} = 52.6 \text{ Ω}$$

⑤ 长度。根据最大电流值,从表Ⅲ-2-2 可知选 0.5 mm 的镍铬丝,其单位长度电阻值为 5.48 Ω·m^{-1},因而长度 l 为

$$l = \frac{R}{r} = \frac{52.6 \text{ Ω}}{5.48 \text{ Ω·m}^{-1}} = 9.6 \text{ m}$$

（2）如果用硅碳棒或硅钼棒作为加热元件，可根据所需加热区长度和最高加热温度选择合适的加热方式和加热功率。

一般来讲，硅碳棒或硅钼棒有不同的规格和形状，长度可从 30 cm 到几米不等，直径范围可从 8 mm 到 50 mm，形状有等直径形、U 形、枪形及异形等，应根据高温炉的具体要求来合理选择硅碳棒或硅钼棒。一般有两种组装方式：① 将加热棒套在陶瓷管中，在炉管外壁围成一圈［见图Ⅲ-2-6(a)］，在端部用金属夹套串联，或两两并联后再串联，得到合适的功率；② 用保温材料压制成中部有空腔的炉腔，将炉管放置在炉腔中部，在炉管下部平行放置几根加热棒［见图Ⅲ-2-6(b)］，或用 U 形加热棒围住炉管。

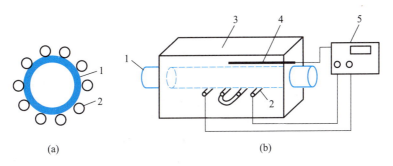

1—炉管；2—加热棒；3—保温材料；4—热电偶；5—数显式控温仪

图Ⅲ-2-6　高温炉示意图［(a)和(b)代表两种加热棒的组装方式］

（3）炉中填料采用保温性能好且又轻的物质，一般为蛭石或膨胀珍珠岩。炉壳与炉管半径为 2.5∶1 到 5∶1 左右，炉管材料及其可耐受温度见表Ⅲ-2-3。

表Ⅲ-2-3　炉管材料及其可耐受温度

材　料	可耐最高温度
北京硬质玻璃管	500 ℃
石棉包铁管	900 ℃
无釉瓷管	1500 ℃

（4）高温炉的加热由控温仪控制，该控温仪采用 PID 智能操作控制，热电偶感温，可控硅控制输出。在炉管外壁安装一根热电偶（热电偶的种类根据加热温度而定），既作为控温元件，也作为测温元件。在使用前，先在控温仪上设定温度控制程序，开始程序后，即可自动控温。当热电偶测定温度低于程序设定值时，可控硅输出电功，使加热元件加热。一些先进的控温仪还可设定输出的电压和电流，使升温速率与程序设定温度保持同步，达到精确控温的目的。当热电偶测定的温度高于设定值时，可控硅停止电能输出，电炉由于散热而降温；低于设定值时，在可控硅控制下又开始加热。

（5）恒温区的标定。把热电偶放在电炉中间，电炉两头用石棉绳之类的绝热材料堵塞以减少电炉热量散失。用控温仪器控制电炉温度到达预定温度，用电位差计读出温度。然后把热电偶向前端移动，每次移动 2 cm，待温度恒定后，读出其温度，直到与第一次读数相差 1 ℃ 为止。再把热电偶从中间向后端移动，重复上述操作，直到与第一次读数相差 1 ℃ 为止，则电炉在这炉温相差 1 ℃ 的区间内为恒温段。

高温控温器包括有动圈式温度控制器和比例-积分-微分温度控制器。在现代物理化学实验中,常用的高温控温器是比例-积分-微分温度控制器,简称 PID 控制。

PID 控制能在整个控温过程中按照偏差信号的规律自动调节加热器电流,又称为"自动调流"。开始升温时,偏差信号很大,加热电流也很大。随着不断加热升温,偏差信号逐渐变小,加热电流会按比例相应地降低,这就是"比例调节"。但当体系温度升到设定值时,偏差降为零,加热电流也将降为零,不能补偿体系与环境之间的热损耗,故除了"比例调节"外还需加"积分调节"。把前期的偏差信号进行积累,当偏差信号变成极小时,仍能产生一个相当的加热电流,使体系与环境之间保持热平衡。在这"比例调节"和"积分调节"的基础上再加上"微分调节",在控温过程一开始,就输出一个大于"比例调节"的加热电流,使体系温度非常迅速上升,缩短加热时间。这种加热电流按照微分指数曲线降低,随着时间地增加,加热电流逐渐降低,控制过程从"微分调节"过渡到"比例积分调节"。PID 调节器应能按比例、积分、微分调节规律自动地调节加热电流,电流调节是通过一个可控硅电路来实现的,而 PID 调节规律是将偏差信号输入一个具有负反馈回路的放大器来实现的。

PID 调节核心部分是一个带有负反馈的放大器,在自动调节系统中,PID 的主要作用是解决调节系统的动态稳定性和静态精度之间的矛盾。一般来说,一个自动调节系统(如调节高温炉的温度)的静态精密度越高,对放大倍数的要求就越高,即当偏差发生时,需要立即放大,产生强烈的调节作用(加热)来消除偏差。但是放大倍数越大,会造成调节过程的不稳定,容易产生振荡。系统的静态精密度和动态稳定性二者常常是互相矛盾的。如果在自动调节系统中用了比例、积分校正,则当偏差出现的瞬间,放大器由于很大的负反馈而使放大倍数下降,使调节过程缓慢而稳定,随着偏差的逐渐减小,放大器的负反馈深度也逐渐增大。当调节过程结束时,放大器不再有负反馈,使调节系统仍维持很高的放大倍数,以保证足够高的控制精密度。可见比例、积分放大器相当于一个放大倍数可以自动调节的放大器,动态时放大倍数低,静态时放大倍数高,合理地解决了调节系统的稳定性与精密度之间的矛盾。

微分调节是用来加速升温过程的,微分太强使系统不稳定。若把积分和微分作用恰当配合,就可以获得尽可能快而稳定的理想调节过程,又保持了较高精密度。

比例-积分-微分调节规律是在整个加热过程内分段起作用的,微分调节在前段,比例-积分调节在中段和后段,其具体电路如图Ⅲ-2-7 所示。

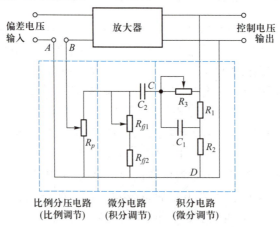

图Ⅲ-2-7 比例-积分-微分调节电路原理图

控制电压首先加在由 R_1、R_2 构成的分压电路上。由于 $R_1 \gg R_2$，所以 $V_{R_1} \gg V_{R_2}$，V_R 通过可变电阻 R_3 向电容器 C_1 充电，C_1 上的电压按积分型指数曲线的规律递增到 V_{R_1}。加到微分电路两端 C、D 的电压 V_{CD}，由 V_{C_1} 和 V_{R_2} 叠加构成。因此当偏差电压产生的一瞬间，由放大器输出的控制电压还来不及在电容器 C_1 上建立起电压来，V_{CD} 接近等于 V_{R_2}，所以 V_{CD} 在一开始是很低的，从而使 A、B 两端的负反馈电压也很低，使 PID 调节器在偏差电压输入的一瞬间，有一个较大的控制电压，迅速升温。随着 V_{C_1} 不断增大（充电速度由 R_3 调节），V_{CD} 和 V_{AB} 均按积分型指数曲线规律升高，控制电压及加热电流均按微分型指数曲线规律降低。当 C_1 充电结束时，微分调节规律也随之结束，微分调节器过渡到比例-积分调节规律的控温过程，微分调节用微分时间 D 来衡量，D 越长，微分调节作用越快，升温越快。但 D 过长会引起振荡，因而 D 要调整适当。比例调节作用的强弱用"比例带" P 来衡量。P 的定义是

$$P = \frac{\text{偏差电压}}{\text{控制电压}} \qquad (\text{III}.2.4)$$

积分作用的强弱用积分时间 I 来表示。I 越短表示积分作用越强。关于 P、I、D 三个参数的设定是一个较为复杂的问题，应根据具体情况来选定。总的原则是要求过渡时间短，超调量小，不发生振荡。

下面介绍 P、I、D 的设定。对于一个不熟悉的被控对象，调整步骤如下：

（1）将设定值置于所要求温度处，开启电流升温。

（2）置 P 于最大，I 于最长，D 于零，此时三种调节作用最弱，使被控对象的温度稳定下来。

（3）将 P 值逐渐减小，以增大比例调节作用。用人为的办法使设定值经常有 1～2 ℃ 的变化，以模拟外界因素的扰动。观察控温记录曲线或显示仪表。随着 P 值的减小，过渡过程时间不断缩短，超调量增大。调至被控体系的温度出现衰减振荡，相邻两峰的幅度之比为 4∶1，此时的 P 值称为临界比例带。

（4）将 P 值调至较临界比例带稍大一点，适当降低比例调节作用，以避免引起振荡。再在人工扰动下逐渐减小 I，以增大积分调节作用，直到体系温度开始振荡。

（5）将 I 值往回调长一些，在人工扰动下逐步增大微分调节作用，直到再次出现振荡，再将微分作用降低一些。

（6）把 P 值减小一些，在人工扰动下，看能否得到满意的过渡过程曲线，当调整到最佳状态时，把 P、I、D 三个旋钮锁住。

PID 控制是一种比较先进的模拟控制方式，适用于各种条件复杂、情况多变的实验系统中。DTC-II 型数字式控温仪就是这种模拟控制式的温度控制仪。此仪器只使用一支热电偶，既作为控温元件，也作为测温元件，其温度显示是数字式显示。仪器结构简单，使用方便。使用时只需先按下"设定"键，把需控制的温度用调节旋钮加以设定，恢复测定温度键，仪器就能自动控温，自动显示高温炉当前的温度。

2.3 低温控制

实验时如需要低于室温的恒温条件，则需用低温控制装置。常用的低温控制装置有两类，即冷冻剂制冷和半导体制冷。

对于比室温稍低的恒温控制可以用常温控制装置，在恒温槽内放入蛇形管，其中用一定流量

的冰水循环。如需要较低的温度,则需选用适当的冷冻剂。实验室中常利用冰盐混合物的低共熔点使温度恒定。表Ⅲ-2-4列出的几种盐类和冰的低共熔点。

表Ⅲ-2-4　几种盐类和冰的低共熔点

盐	盐的质量分数/%	最低达到温度/℃	盐	盐的质量分数/%	最低达到温度/℃
KCl	19.5	−10.7	NaCl	22.4	−21.2
KBr	31.2	−11.5	KI	52.2	−23.0
$NaNO_3$	44.8	−15.4	NaBr	40.3	−28.0
NH_4Cl	19.5	−16.0	NaI	39.0	−31.5
$(NH_4)_2SO_4$	39.8	−18.3	$CaCl_2$	30.2	−49.8

　　实验室中通常是把冷冻剂装入蓄冷桶[如图Ⅲ-2-8(a)所示],再配用超级恒温槽。由超级恒温槽的循环泵送来工作冷液,流过系统夹层后,再返回恒温槽进行温度调节。如果实验不是在恒温槽中进行,则可按图Ⅲ-2-8(b)所示的流程连接。旁路活门 D 可调节通向蓄冷桶的流量。若实验中要求更低的恒温温度,则可以把样品浸在液态制冷剂(液氮、液氨等)中,把它装入密闭容器中,用泵进行排气,降低它的蒸气压,则液体的沸点也就降低下来,因此要控制这种状态下的液体温度,只要控制液体和它成热平衡的蒸气压。

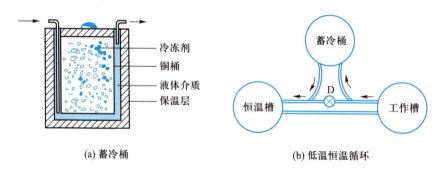

(a) 蓄冷桶　　　　　　　　　　(b) 低温恒温循环

图Ⅲ-2-8　低温恒温装置

　　空调、电冰箱等家用电器也可用来获得低温。以空调为例简单介绍其工作原理。制冷剂在室内机离心风扇的作用下,与室内空气进行热交换而成为低压制冷剂蒸气,蒸气被压缩机抽送到冷凝器,并压缩成高温高压气体后排入室外机热交换器,通过轴流风扇的作用,与室外空气进行热交换而冷凝为液态制冷剂,再经过毛细管节流、降压、降温后进入室内热交换器,在室内机热交换器中吸收热量再次成为低压制冷剂蒸气。如此周而复始地不断循环,就达到了制冷的目的。

　　1821 年,塞贝克发现在用两种不同导体组成的闭合回路中,当两个连接点温度不同时($T_1 <$
T_2),导体回路就会产生电动势(电流),这就是著名的塞贝克效应[如图Ⅲ-2-9(a)所示]。塞贝克效应的最大应用就是热电偶温度计。1834 年,法国科学家珀尔帖在塞贝克实验的基础上做了一个相反的实验:用两种不同导体组成闭合回路,并通直流电,连接处出现了一端冷、另一端热的现象,这就是著名的珀尔帖效应,显然其本质就是塞贝克效应的逆效应[如图Ⅲ-2-9(b)所示]。

普通金属导体的珀尔帖效应微弱,制冷效果不佳。例如当时曾用金属材料中导热和导电性能最好的锑-铋(Sb-Bi)热电偶做成制冷器,但其制冷效率还不到1%,因此珀尔帖效应没有得以应用。直到20世纪50年代,随着材料科学的不断发展,人们先发现一般半导体材料的珀尔帖效应远强于普通金属,进而又发现一些特殊的半导体材料有着更强的珀尔帖效应,这就促进了半导体制冷和控温技术的研究和应用。

根据珀尔帖效应,使直流电通过由两种不同的半导体材料串联而成的电偶时,电偶对的

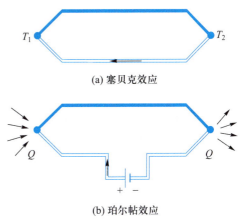

(a) 塞贝克效应

(b) 珀尔帖效应

图Ⅲ-2-9 半导体制冷原理

两端将分别产生吸热和放热现象。如果在放热端安装散热装置,吸热端就能通过热量输送制成一个制冷器。当直流电的方向改变时,又能达到制热的效果,即也可制成一个制热器。通过控制电流就可以实现控温,通过使用优良的热偶材料和合理的设计就可获得高效的控温装置。

半导体制冷和控温技术具有无泄漏、无噪声、高的控温精度、易维修等优点。此外,它可实现较大温度范围的控温,如广泛用于测定工业气氛含水量和控制化工机械、冶金工艺过程的零点仪,可实现-50~500 ℃的控温;石油产品凝固点测定仪,可在-70~200 ℃范围内逐点恒温。半导体制冷和控温技术已广泛应用于民用、生物、医学、电子和化学化工等领域。现在,应用半导体制冷和控温技术的低温恒温装置、低温冷阱和低温介质循环冷却系统等商业化产品已较多地应用于化学实验室。

第三章 压力测定技术及仪器

压力是描述系统状态的重要参数之一。许多物理化学性质,如蒸气压、沸点、熔点等都与压力密切相关。在化学热力学和动力学的研究中,压力是一个十分重要的参数,因此,正确掌握测定压力的方法和技术是十分重要的。

物理化学实验中常涉及高压(钢瓶)、常压以及真空系统(负压)。在不同的压力范围,压力的测定方法不同,所用仪器的精确度也不同。

3.1 压力的简单介绍

3.1.1 压力的定义和单位

工程上把垂直均匀作用在物体单位面积上的力称为压力,物理学中则把垂直作用在物体单位面积上的力称为压强。在国际单位制中,计量压力值的单位为"$N \cdot m^{-2}$",亦即"帕斯卡",表示符号为 Pa,简称"帕",其物理概念是指 1 N 的力作用于 1 m^2 的面积上所形成的压强(即压力)。

在工程和科学研究中,实际常用的压力单位还有以下几种:物理大气压、工程大气压、毫米水柱和毫米汞柱。各种压力单位可以按照定义互相换算(见表Ⅲ-3-1)。压力单位"帕斯卡"是国际上正式规定的单位,而"物理大气压"和"巴"两个压力单位暂时保留与"帕斯卡"一起使用。

表Ⅲ-3-1 压力单位名称表

序号	压力单位名称	符号	单位	说明	和"帕"的关系
1	帕斯卡	Pa	$N \cdot m^{-2}$	$1\ N = 1\ kg \cdot m \cdot s^{-2}$ $= 10^5\ dyn$	—
2	标准大气压(物理大气压)	atm	—	在标准状态下 760 mmHg 高 ($\rho_{Hg} = 13595.1\ kg \cdot m^{-3}$; $g = 9.80665\ m \cdot s^{-2}$)	$1\ atm = 1.01325 \times 10^5\ Pa$
3	毫米汞柱	Torr	mmHg	温度为 0 ℃ 时 1 mm Hg 柱对底面积的静压力	$1\ mmHg = 1.333224 \times 10^2\ Pa$
4	巴	bar	$10^6\ dyn \cdot cm^{-2}$	—	$1\ bar = 10^5\ Pa$
5	毫米水柱	—	mmH_2O	温度 $t = 4\ ℃$ 时的纯水	$1\ mmH_2O = 9.806383\ Pa$

3.1.2 压力的习惯表示方法

地球上总是存在着大气压力,为了便于在不同场合表示压力的数值,习惯上使用不同的压力表示方法。

（1）绝对压力。以 $p_绝$ 表示。指实际存在的压力，又叫总压力。

（2）相对压力。以 p 表示。指与大气压力（p_0）相比较得出的压力，即绝对压力与用测压仪表测定时的大气压力的差值，称为表压力。

$$p = p_绝 - p_0 \qquad\qquad (\text{Ⅲ}.3.1)$$

（3）正压力。绝对压力高于大气压力时，表压力大于 0，此时为正压力，简称压力。

（4）负压力。绝对压力低于大气压力时，表压力小于 0，此时为负压力，简称负压，又名"真空"。负压力的绝对值大小就是真空度。

（5）差压力。当任意两个压力 p_1 和 p_2 相比较，其差值称为差压力，简称压差。

实际上测压仪表大部分测定的都是压差，即将被测压力与大气压力相比较而测出两个压力之差值，以此来确定被测压力之大小。

3.2 常用测压仪表

3.2.1 液柱式测压仪表

这类仪表有以下特点：

（1）适宜于测定低于 1000 mmHg 的压力、压差或负压。

（2）测定精度较高。

（3）结构简单，使用方便。

（4）液柱式测压仪表最常用的充液为水银。但采用水银的缺点是水银有毒，且玻璃管易破碎，读数精度不易保证。

常用的液柱式压力计有 U 形管式压力计、单管式压力计、斜管式压力计，其结构虽然不同，但其测量原理是相同的。

图Ⅲ-3-1 所示为两端开口的 U 形管式压力计。其工作原理如下：

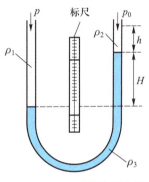

图Ⅲ-3-1 U 形管式压力计

根据液体静力学的平衡原理：

$$p + (H + h)\rho_1 g = H\rho_3 g + h\rho_2 g + p_0 \qquad\qquad (\text{Ⅲ}.3.2)$$

式中 p 为被测压力；ρ_1、ρ_2 均为充液上面的保护氖质或空气密度；ρ_3 为充液（水银、水或酒精等）密度；p_0 为大气压力；h 为充液高位面到被测压力 p 的连接口处高度；g 为重力加速度；H 为 U 形管式压力计两边液柱高度之差。

$$p - p_0 = h(\rho_2 - \rho_1)g + H(\rho_3 - \rho_1)g \qquad\qquad (\text{Ⅲ}.3.3)$$

当 $\rho_1 = \rho_2$ 时，有

$$p - p_0 = H(\rho_3 - \rho_1)g \qquad\qquad (\text{Ⅲ}.3.4)$$

从公式看，选用的充液密度越小，其 H 越大，测量灵敏度越高。由于 U 形管式压力计两边玻璃管的内径并不完全相等，因此在确定 H 值时不可用一边的液柱高度变化乘以 2，以免引入读数误差。

因为 U 形管式压力计是直读式仪表，所以都采用玻璃管，为避免毛细现象过于严重地影响测量精度，内径不要小于 10 mm，标尺分度值最小一般为 1 mm。

U 形管式压力计的读数需进行校正，主要是校正环境温度变化所造成的误差。在要求不很精确的情况下，通常只需考虑温度改变对充液密度的影响，即可对压力计读数进行温度校正，校正至 273.2 K 时的值。

$$\Delta h_0 = \Delta h_t \cdot \frac{\rho_t}{\rho_0} \qquad\qquad (\text{III}.3.5)$$

充液为汞时的 ρ_t/ρ_0 值如表Ⅲ-3-2所示。

表Ⅲ-3-2 充液为汞时的 ρ_t/ρ_0 值

T/K	273.2	278.2	283.2	288.2	293.2	298.2	303.2	308.2	313.2
ρ_t/ρ_0	1.000	0.9991	0.9982	0.9973	0.9964	0.9955	0.9946	0.9937	0.9928

3.2.2 弹性式压力计

利用弹性元件的弹性力来测定压力,是测压仪表中主要形式之一。由于弹性元件的结构和材料不同,它们的弹性位移与被测压力的关系各不相同。物理化学实验室中接触较多的为单管弹簧管式压力计(如图Ⅲ-3-2所示),压力由弹簧管固定端进入,通过弹簧管自由端的位移带动指针运动,指示出压力值。常用弹簧管的截面有椭圆形和扁圆形两种,可适用于一般压力测量;此外,还有偏心圆形等弹簧管适用于高压测定,测量范围很宽。

弹性式压力计使用时注意事项如下:

(1) 合理选择压力计量程。为了保证足够的测量精度,选择的量程应在仪表分度标尺的 1/2~3/4 范围内。

(2) 使用环境温度不超过35 ℃,超过35 ℃应给予温度校正。

(3) 测定压力时,压力计指针不应有跳动和停滞现象。

(4) 对压力计应进行定期校验。

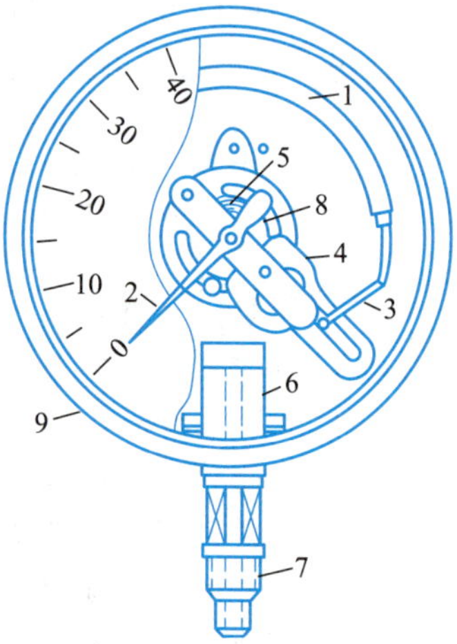

1—金属弹簧管;2—指针;3—连杆;
4—扇形齿轮;5—弹簧;6—底座;
7—测压接头;8—小齿轮;9—外壳

图Ⅲ-3-2 单管弹簧管式压力计

3.2.3 电测压力计

电测压力计由压力传感器、测量电路和电性指示器三部分组成。电测压力计有多种类型,可根据压力传感器的不同类型而区分。

1. 霍尔压力变送器

霍尔压力变送器是一种将弹性元件感受压力变化时自由端的位移通过霍尔元件转换成电压信号输出的压力计。

霍尔元件是一块半导体,它是一种电磁转换元件。下面对其测压原理作简单介绍:

把一霍尔片固定在弹性元件上,当弹性元件受压变形而产生位移时带动霍尔片运动。霍尔片放在具有均匀梯度的磁场内(不均匀磁场)。当霍尔片随压力变化而运动时,作用于霍尔片上的磁场强度发生变化,霍尔电势也随之发生变化。由于左右两对磁极的磁场方向相反,所以霍尔片在两个磁场内所形成的霍尔电势也是反向的,故总的输出电势为两个霍尔电势之差。如果一开始霍尔片处于两个磁场的正中位置,则两个霍尔电势大小相等,方向相反,总输出为零。由于弹性元件的位移带动霍尔片偏离正中位置,则因两个磁场强度不同,就有正比于位移的霍尔电势输出,这样就实现了将机械位移转变成电压信号。

2. 电位器压力变送器

电位器压力变送器常常与动圈式仪表相配合使用。其原理是,测压弹性元件受压以后发生位移带动电位器滑动触点产生位移,因而被测压力的变化就转换成了电位器阻值的变化。把该电位器与其他电阻组成一电桥,当电位器阻值变化时,电桥输出一个不平衡电压,加到动圈表头内动圈的两端,指示出压力大小。其原理见图Ⅲ-3-3。

3. 压电式压力传感器

压电式压力传感器是利用某些材料(如压电晶体、压电陶瓷钛酸钡等)的压电效应原理制成的。某些物质沿一定方向受到外力作用而变形时内部会产生极化现象,同时在表面产生电荷,当撤去外力,又重新回到不带电荷状态,这种将机械能转变为电能的现象称为顺压电现象。产生的电势与所受压力有关,只要将这种电势输出信号进行处理,就可直接反映出压力的变化。

4. 压阻式压力传感器

压阻式压力传感器是利用某些材料(如硅、锗等半导体)受外界压力应变时引起电阻率变化的原理制成的,其结构如图Ⅲ-3-4所示。传感器的敏感元件是用某些材料(如单晶硅)的压阻效应,采用 IC 工艺技术扩散成四个等值应变电阻,组成惠斯登电桥。不受压力作用时,电桥处于平衡状态;当受到压力作用时,电桥的一对桥臂电阻变大,另一对变小,电桥失去平衡。若对电桥加一恒定的电压或电流,便可检测对应于所加压力的电压或电流信号,从而达到测定气体、液体压力大小的目的。

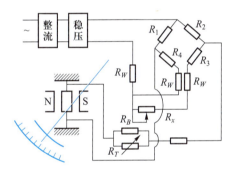

图Ⅲ-3-3 电位器压力变送器原理示意图

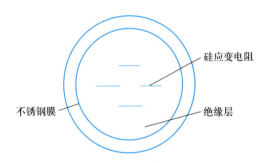

图Ⅲ-3-4 压阻式压力传感器结构示意图

压阻式压力传感器与压电式压力传感器相比,它表现出显著的特点是响应快、尺寸小、电磁脉冲干扰低。

5. 数显式低真空压力测试仪

在"饱和蒸气压测定"实验中的数显式低真空压差测定仪及在"最大泡压法测定表面张力"实验中的数显式压差测定仪,就是运用压阻式压力传感器测定实验系统与大气压间的压差。

其测压接口在仪器后面板上。使用时,先把仪器按要求连接到实验系统,要注意实验系统不能漏气。打开电源预热 10 min,选择测量单位,仪器置零;开动真空泵,仪器上显示的数字即为实验系统与大气压的压差。

3.3　气压计

测定大气压的仪器称为气压计。实验室常用的有福廷(Fortin)式气压计、固定槽式气压计和空盒气压表等类型。

3.3.1 福廷式气压计

1. 福廷式气压计结构

福廷式气压计是用一根一端封闭的玻璃管,盛水银后倒置在水银槽内,外套是一根黄铜管,玻璃管顶为真空,水银槽底部为一鞣性羚羊皮囊封袋,皮囊下部由调节螺旋支撑,转动螺旋可调节水银槽面的高低。水银槽上部有一倒置的固定象牙针,针尖处于黄铜管标尺的零点,称为基准点,黄铜标尺上附有游标尺,结构见图Ⅲ-3-5。

2. 福廷式气压计使用步骤

首先旋转底部调节螺旋,仔细调节水银槽内水银面恰好与象牙针尖接触(利用水银槽反面的白色板反光,仔细观察)。然后转动气压计旁的游标尺调节螺旋,调节游标尺,直至游标尺两边的边缘与水银面凸面相切,切点的两侧露出三角形的小孔隙,这时游标尺零分度线对应的黄铜标尺的分度即为大气压的整数部分。其小数部分借助于游标尺,从游标尺上找出一根恰好与黄铜标尺上某一分度线吻合的分度线,则该游标尺上的分度线即为小数部分的读数。

游标尺上用 10 个分度等分标尺上 19 个分度,因此,除游标尺零分度线外只可能有一条分度线与标尺分度线吻合,这样游标尺上 10 个分度相当于标尺上的一个分度(100 Pa),即游标尺上的一个分度为 100 Pa × 1/10 = 10 Pa。

记下读数后旋转底部螺丝,使水银面与象牙针脱离接触,同时记录温度和气压计仪器校正值。

3. 福廷式气压计读数校正

人们规定温度为 0 ℃,纬度为 45°,海平面上与 760 mm 水银柱高相平衡的大气压为标准大气压(760 mmHg,换算成 SI 单位为 $1.01325 × 10^5$ Pa)。然而实际测定的条件不尽符合上述规定,因此实际测得的值除了应校正仪器误差外,还需进行温度、海拔高度和纬度的校正。

(1) 仪器校正。气压计本身不够精确,在出厂时都附有仪器误差校正卡。每次观察气压读数后,首先应根据该校正卡进行校正。若仪器校正值为正值,则将气压计读数加校正值;若校正值为负值,则将气压计读数减去校正值的绝对值。气压计每隔几年应由计量单位进行校正,重新确定仪器的校正值。

(2) 温度校正。温度的变化会引起水银密度的变化和黄铜管本身长度的变化。由于水银的密度随温度的变化大于黄铜管本身长度随温度的变化,因此当温度高于 0 ℃时,气压计读数要减去温度校正值,而当温度低于 0 ℃时,气压计读数要加上温度校正值。

气压的温度校正按下式计算:

$$p_0 = \frac{1 + \beta t}{1 + \alpha t} p = \left[1 - t \left(\frac{\alpha - \beta}{1 + \alpha t} \right) \right] p \qquad (Ⅲ.3.6)$$

式中 p 为气压计读数;t 为测量时温度(℃);α 为水银在 0 ~ 35 ℃之间的平均体膨胀系数

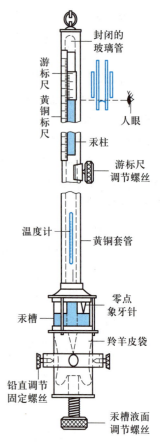

图Ⅲ-3-5 福廷式气压计
结构示意图

0.0001818 K^{-1}；β 为黄铜的线膨胀系数 0.0000184 K^{-1}；p_0 为读数校正到 0 ℃时的数值。

为了使用方便，常将温度校正值列成表（见表Ⅲ-3-3），如果测量时温度 t 及气压计读数 p 不是整数，使用该表时可采用内插法。

表Ⅲ-3-3　福廷式气压计温度校正值　　　　　　　　　　　单位：Pa

温度/℃	98657	99990	101325	102656	103990
0	0.00	0.00	0.00	0.00	0.00
1	16.00	16.00	16.00	17.33	17.33
2	32.00	33.33	33.33	33.33	33.33
3	48.00	49.33	49.33	50.66	50.66
4	63.99	65.33	66.66	66.66	67.99
5	79.99	81.33	82.66	83.99	85.33
6	95.99	97.33	98.66	99.99	101.32
7	113.32	114.66	115.99	117.32	118.66
8	129.32	130.66	131.99	134.66	135.99
9	145.32	146.65	149.32	150.65	153.32
10	161.32	162.65	165.32	167.99	169.32
11	177.32	179.98	181.32	183.98	186.65
12	193.32	195.98	198.65	201.32	203.98
13	209.32	211.98	214.65	217.31	219.98
14	225.31	227.98	230.65	234.65	237.31
15	241.31	243.98	247.98	250.65	254.65
16	257.31	261.31	263.98	267.98	270.64
17	273.31	277.31	279.98	283.98	287.98
18	289.31	293.31	297.31	301.31	305.31
19	305.31	309.31	313.31	317.31	321.31
20	321.31	325.31	329.31	334.64	338.64
21	337.30	341.30	346.64	350.64	355.97
22	353.30	358.64	362.64	367.97	371.97
23	369.30	374.63	378.63	383.97	389.30
24	385.30	390.63	395.97	401.30	406.63
25	401.30	406.63	411.96	417.30	422.63
26	417.30	422.63	427.96	434.63	439.96
27	433.30	438.63	445.30	450.63	455.96
28	449.30	454.63	461.29	467.96	473.29
29	465.29	471.96	477.29	483.96	490.62
30	481.29	487.96	494.62	499.96	506.62
31	497.29	503.96	510.62	517.29	523.96

温度/℃	98657	99990	101325	102656	103990
32	513.29	519.96	526.62	533.29	539.95
33	529.29	535.95	542.62	550.62	557.29
34	545.29	551.95	559.95	566.62	574.62
35	561.29	567.95	575.95	583.95	590.62

（3）海拔高度和纬度校正。由于重力加速度随海拔高度和纬度而改变,因此若测量大气压所在处的海拔高度为 $h(\text{m})$,纬度为 $L(°)$,则对已经过温度校正的读数 p_0 进一步进行海拔高度和纬度校正:

$$p_s = p_0(1 - 2.6 \times 10^{-3}\cos2L)(1 - 3.14 \times 10^{-7}h) \qquad (\text{Ⅲ.3.7})$$

例 江苏某地位于北纬 32°,海拔高度 10 m,室温 25 ℃时,在压力计上测得大气压为101270 Pa,该气压计的仪器校正值为+55 Pa。试计算经校正后的正确大气压。

解：仪器校正:

101270 Pa + 55 Pa = 1.01325×10^5 Pa

温度校正:由表Ⅲ-3-3查得 101325 Pa、25 ℃时,温度校正值为411.96 Pa,故温度校正:

1.01325×10^5 Pa − 411.96 Pa = 1.00913×10^5 Pa

海拔高度与纬度校正:

1.00913×10^5 Pa × $[1 - 2.6 \times 10^{-3}\cos(2 \times 32°)]$ ×

$(1 - 3.14 \times 10^{-7} \times 10) = 1.008 \times 10^5$ Pa

在一般情况下,海拔高度和纬度校正值较小,可以忽略不计。

3.3.2 固定槽式气压计

固定槽式气压计与福廷式气压计结构基本相同,只是该气压计装在体积固定的槽中,在测定时只需读取玻璃管内水银柱高度而不需调节槽内水银面的高低。当气压变动时槽内水银面的升降已计入气压计的标度内(即已有管上的刻度补偿),因此,气压计所用玻璃管和水银槽内径在制造时要严格控制,使之与铜管上的刻度标尺配合。由于不需调节水银面高度,固定槽式气压计使用方便,并且测量精度不低于福廷式气压计。其结构如图Ⅲ-3-6所示。其操作除不需调节水银槽水银面与象牙针尖相切外,其余操作与福廷式气压计相同,其读数校正亦与福廷式气压计完全相同。

3.3.3 空盒气压表

空盒气压表以随大气压变化而产生轴向移动的空盒组作为感应

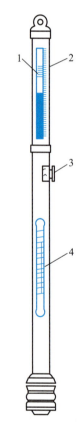

1—游标尺；2—标尺；
3—游标调整螺丝；4—温度计

图Ⅲ-3-6 固定槽式
气压计结构示意图

元件,通过拉杆和传动机构带动指针,指示出大气压值。

当大气压增加时,空盒组被压缩,通过传动机构,指针顺时针转动一定角度;当大气压减小时,空盒组膨胀,通过传动机构使指针逆向转动一定角度。

空盒气压表测量范围 $8 \times 10^4 \sim 1.067 \times 10^5$ Pa,温度在 $-10 \sim 40$ ℃,度盘最小分度值为 66.7 Pa。读数经仪器校正和温度校正后,误差不大于 200 Pa。气压表的仪器校正值为 $+93.33$ Pa。温度每升高 1 ℃,气压校正值为 -6.67 Pa。仪器刻度校正值见表Ⅲ-3-4。

表Ⅲ-3-4 仪器刻度校正值

仪器示度/ Pa	校正值/ Pa	仪器示度/ Pa	校正值/ Pa
105324.7	−106.66	91992.43	+26.66
103991.4	−53.33	90659.21	+26.66
102658.2	0	89325.99	0
101325	0	87992.76	−26.66
99991.78	+13.33	86659.54	−13.33
98658.55	+26.66	85326.32	0
97325.33	+66.67	83993.09	−26.66
95992.11	+93.33	82659.87	−53.33
94658.88	+53.33	81326.64	−79.99
93325.66	+26.66	79993.42	−106.66

例 16.5 ℃时在空盒气压表上读数为 96552.00 Pa,考虑:

仪器校正值:$+93.33$ Pa

温度校正值:$16.5 \times (-6.67 \text{ Pa}) = -109.99$ Pa

仪器刻度校正值由表Ⅲ-3-4得 $+77.87$ Pa,校正后大气压为

$$(96552.00 + 93.33 - 109.99 + 77.87) \text{ Pa} = 9.661 \times 10^4 \text{ Pa}$$

空盒气压表体积小、质量轻,不需要固定,只要求仪器工作时水平放置。但其精度不如福廷式与固定槽式气压计。

现在实验室常用的还有一种数字式气压计,使用方便,但不如水银式气压计精确。此外,温度、海拔高度和纬度对数字式气压计的影响尚未见报道,所以数字式气压计在不同的条件下使用一段时间后须用水银式气压计作校正。

3.4 真空技术简介

真空技术在化学化工、医学、电子学、气相反应动力学以及吸附系统的研究等方面都有十分广泛的应用,因而真空的获得与测量在化学实验技术上是非常重要的。

真空是指压力低于标准大气压的气态系统。一般把系统压力在 $1.013 \times 10^5 \sim 1333$ Pa 称为

粗真空,1333~0.1333 Pa 称为低真空,0.1333~1.333 × 10^{-6} Pa 称为高真空,1.333 × 10^{-6} Pa 以下称为超高真空。

3.4.1 真空的获得

用来产生真空的抽气设备称为真空泵。如果系统要获得粗真空,往往采用水泵;若要获得低真空,最常用的是机械泵,它是一种油封式的转动泵,俗称油泵或真空泵。

1. 机械泵

机械泵的抽气效率较高,但只能产生 1.333~0.1333 Pa 的低真空,可达到的极限真空为 0.1333~1.333 × 10^{-2} Pa。

常用的机械泵为旋片式机械泵(如图Ⅲ-3-7所示),是由两组机件串联而成的,每一组主要由泵腔和偏心转子组成,经过精密加工的偏心转子下面安装有带弹簧的滑片,由电动机带动,偏心转子紧贴泵腔壁旋转,滑片靠弹簧的压力也紧贴泵腔壁,滑片在泵腔中连续运转,由此使泵腔被滑片分成两个不同的空腔,其容积周期性扩大和缩小。气体从进气嘴进入,被压缩后从第一组件的排气管排入第二组机件,再由第二组机件经排气阀排出泵外。如此循环往复,使系统内压力减小。

实验室常用的机械泵抽气速率为 20 L·min^{-1}、40 L·min^{-1} 和 60 L·min^{-1}。当压力低于 0.1333 Pa 时,其抽气速率急剧下降。

旋片式机械泵的整个机件浸在真空泵油中,这种油的蒸气压很低,既可起润滑作用,又可起封闭微小的漏气孔和冷却机件的作用。

使用机械泵应注意以下几点:

(1)机械泵不能直接抽可凝性蒸气、挥发性液体等,因为这些气体进入泵后会破坏泵油的品质,降低油在泵内的密封和润滑作用,甚至会导致泵的机件生锈。因而必须在可凝性气体进泵前先通过纯化装置,例如

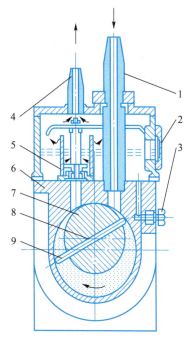

1—进气口;2—油窗;3—放油塞;
4—排气管;5—排气阀;6—定子;
7—转子;8—弹簧;9—旋片

图Ⅲ-3-7 旋片式机械泵内部结构示意图

用无水氯化钙、五氧化二磷、分子筛等吸收水汽,用石蜡吸收有机蒸气,用活性炭或硅胶吸收其他蒸气等。

(2)机械泵不能用来抽含腐蚀性物质(如氯化氢、氯气、二氧化氮等)的气体。因这类气体能迅速侵蚀泵中精密加工的机件表面,使泵漏气而不能达到所要求的真空度。遇到这种情况时,应当使气体在进泵前先通过装有氢氧化钠固体的吸收瓶,以除去腐蚀性气体。

(3)机械泵由电动机带动,使用时应注意电动机的电压。若是三相电动机带动的泵,第一次使用时注意三相电动机旋转方向是否正确。正常运转时不应有摩擦、金属碰击等异声。运转时电动机温度不能超过 50~60 ℃。

(4)机械泵的进气口前应安装一个三通旋塞,停止抽气时应使机械泵与抽空系统隔开而与大气相通,再关闭电源,这样既可保持系统的真空度,又可避免泵油倒吸。

2. 油扩散泵

要获得比 0.1333 Pa 更高的真空,通常将机械泵(作为前级泵)和扩散泵(作为次级泵)联合使用。扩散泵并不能抽除气体,它只能起浓缩气体的作用。在扩散泵中依靠被加热的某种蒸气流把抽空系统中的空气分子浓缩,然后再由机械泵抽去,使系统获得更高的真空。

常用的扩散泵有汞扩散泵和油扩散泵两种。油扩散泵的油具有蒸气压低、无毒、相对分子质量大的特点,所以实验室常使用油扩散泵。根据油扩散泵喷嘴的个数,可将其分成二级、三级、四级,又可分成直立式和卧式两种。图Ⅲ-3-8 是一种直立式三级油扩散泵剖面示意图。其工作原理如下:在油扩散泵底部加热,贮槽中的油汽化,沿中央管道上升至顶部。由于受到阻挡而在喷口高速喷出,在喷口处形成低压,对周围气体产生抽吸作用,被油蒸气夹带而下。这样在油扩散泵下部就浓集了空气分子,使分子密度增加到机械泵能够作用的范围而被抽出。而油蒸气经冷却变为液体流回贮槽中重复使用,如此循环往复,使系统内气体不断浓缩而被抽出,系统达到较高的真空度。

油扩散泵所使用的油化学性质应稳定、蒸气压小,常用低蒸气压石油馏分(俗称阿皮松油)。近年来,广泛使用稳定性较高、相对分子质量大的硅油。同时要求油扩散泵的喷口级数要多,若用相对分子质量在 3000 以上的硅油作为四级泵的工作液,其极限真空度可达 1.333×10^{-7} Pa,三级油扩散泵极限真空度可达 1.333×10^{-4} Pa。

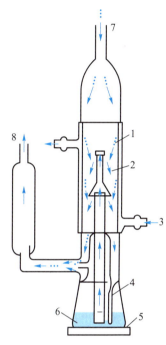

1—被抽气体;2—油蒸气;3—冷却水;
4—冷凝油回入;5—电炉;6—硅油;
7—接抽真空系统;8—接机械泵

图Ⅲ-3-8　直立式三级油扩散泵剖面示意图

使用油扩散泵的注意事项:

(1) 为了避免油的氧化,必须首先开启机械泵,使系统内压力达 1.333 Pa 后,才能开动油扩散泵。在开启油扩散泵时必须先接通冷却水,逐步加热沸腾槽,直至油沸腾正常回流。关闭泵时首先切断加热电源,待油不再回流时再关闭冷却水,关闭油扩散泵的进出口旋塞,并使机械泵通向大气,最后切断电源,停止机械泵的工作。

(2) 加热速率须控制适当,以产生足量蒸气从喷口喷出,封住喷口到泵壁的空间,以免泵底已浓集的空气反向扩散至抽空系统。加热硅油的温度过高不但会使油裂解颜色变深,而且泵底有破裂的危险。加热速率过快,将使油蒸气到达泵上部,若此时冷却不良,将导致极限真空度降低。

3.4.2　真空度的测量

测量真空度的方法很多。粗真空的测量,一般用 U 形管式压力计。对于较高真空度的系统,常使用真空规。真空规有绝对真空规和相对真空规两种。麦氏真空规为绝对真空规,即真空度可以用测量到的物理量直接计算而得。而其他如热偶真空规、电离真空规等均称为相对真空规,测得的物理量只能经绝对真空规校正后才能指示相应的真空度。

1. 麦氏真空规

麦氏真空规的测量原理基于波义耳-马略特定律,其结构如图Ⅲ-3-9所示。使用时首先打开通待测系统的旋塞 E,缓慢开启三通旋塞 T,开向辅助真空。不让汞槽中的汞面上升,待稳定后,才可以开始测量。测量时 T 开向大气使空气缓慢进入汞槽 G(可接一毛细管,使进气缓慢)。汞槽中汞慢慢上升,当达到 F 处,玻璃泡 A 中气体即和真空系统隔开。这时 BA 内的压力与系统压力相等为 p,BA 内气体体积为 V。当汞继续上升,BA 中气体不断被压缩,容积不断减小,容积的减小与压力增加的关系可近似地用波义耳定律表示。当 D 管中汞上升到 m_1m_2 线(与 B 管封闭端齐),B 管中汞在封闭端下面 h 处。此时 BA 中的气体体积为 $\bar{V}$,压力为 $p + h$,$\bar{V} = sh$(s 为已知毛细管的截面积),按波义耳定律:$pV = (p + h)\bar{V} = (p + h)sh$,因此 $p = sh^2/V - sh$。

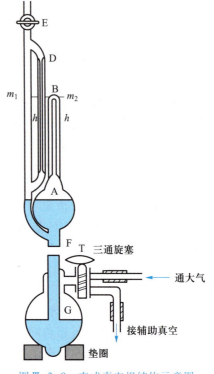

对于能测定到 1.333×10^{-4} Pa 的麦氏真空规来说,球体积 V 应在 300 mL 以上,这样 $V \gg sh$,上式可简化为

$$p = (s/V)h^2 = kh^2 \qquad (Ⅲ.3.8)$$

式中 k 为常数。测定出高度 h,就可算出系统压力。一般麦氏真空规出厂时就将测定压力的标尺附在规上,使用时可以直接读出待测系统的压力。

图Ⅲ-3-9　麦式真空规结构示意图

2. 旋转式麦氏真空规

旋转式麦氏真空规是一种小型真空规,其体积小、汞用量少、操作简便。一般可测量至 0.1333 Pa,其结构如图Ⅲ-3-10所示。使用时通过 A 与待测系统相连,然后以 A 为中心把真

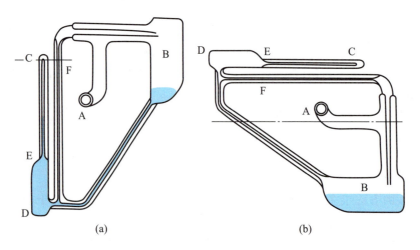

图Ⅲ-3-10　旋转式麦氏真空规结构示意图

空规旋转 90°[图Ⅲ-3-10(b)]。这时汞从容器 B 中流出,将 CD 段内体积 V 向 CE 内压缩,当汞在 F 管中上升到与 CD 管的封闭端平齐,就能读出两根毛细管的汞面高度差,按波义耳定律:

$$pV = shh \qquad\qquad (Ⅲ.3.9)$$

$$p = sh^2/V = kh^2 \qquad\qquad (Ⅲ.3.10)$$

式中 p 为待测系统压力;s 为毛细管截面积(已知);V 为 CD 段管的体积(已知);h 为常数。

实际上,仪器出厂时已把压力标尺附在规上,可以直接读出待测系统的压力。

3. 热偶真空规

热偶真空规是一种相对真空规,由加热器和热电偶组成,见图Ⅲ-3-11 所示。

热电偶的热电势由加热器的温度决定,若热偶规管与真空系统相连,加热器电流恒定,则热偶的热电势将由周围气体的压力决定。因为加热器的温度变化决定周围气体的热导率,当压力降低时气体热导率减小,温度升高热偶热电势随着增加。如果已知热电势与压力的关系,即可直接指出系统的压力。因此可以用绝对真空规对热偶真空规的表头刻度进行标定,就能利用热偶真空规测量系统真空度。热偶真空规的量程为 13.33~0.1333 Pa。

4. 电离真空规

电离真空规是一支三极管,包括阴极(灯丝)、栅极和收集极,其结构见图Ⅲ-3-12 所示。当阴极通电加热至高温,便产生热电子发射,由于栅极上有一个正的电位(相对于阴极),引起电子向栅极运动。高速运动的电子碰撞到气体分子,使气体分子电离成离子。正离子将被带负电位的收集极吸收而形成离子流,所形成的离子流大小与电离规管中气体分子的浓度(压力)成正比:

$$I_+ = SI_e p \qquad\qquad (Ⅲ.3.11)$$

$$p = (1/S)(I_+/I_e) \qquad\qquad (Ⅲ.3.12)$$

式中 p 为待测系统压力;S 为规管灵敏度;I_e 为阴极发射电流;I_+ 为离子流。

由于 S 和 I_e 为恒定参数,所以只要测出 I_+ 就可测得 p 值。电离真空规只有在待测系统的真空度低于 0.1333 Pa 时才能使用,其测量范围在 0.1333~1.333 × 10⁻⁸ Pa。

1,2—加热器;3,4—热电偶

图Ⅲ-3-11　热偶真空规结构示意图

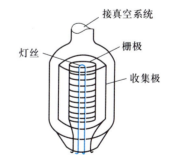

图Ⅲ-3-12　电离真空规结构示意图

5. 复合真空规

SG-3 型复合真空规是一种直读式真空测定仪,分低真空热偶规和高真空电离规两部分,其测量范围为 13.33~6.665 × 10⁻⁶ Pa。电离规部分是 0.1333~6.665 × 10⁻⁶ Pa,热偶规部分是 13.33~0.1333 Pa。其面板图如图Ⅲ-3-13 所示。

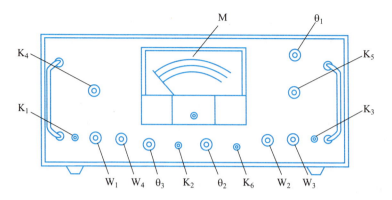

K₁—总电源开关;K₂—热偶规与电离规表头转换开关;K₃—测量、除气转换开关;K₄—热偶规转换开关;K₅—电离规转换开关;K₆—电离规管工作按钮开关;θ₁—总电源指示灯;θ₂—电离规管工作指示灯;θ₃—热偶规管工作指示灯;W₁—热偶规管加热电流调节电位器;W₂—发射电流调节电位器;W₃—零点调整电位器;W₄—满度调节电位器;M—输出表头

图Ⅲ-3-13　复合真空规面板

热偶规的操作如下:

(1)工作电流的确定。将DL-3热偶规管插入连接插座,接通仪器总电源。将开关K₂拨到"热偶"位置,将面板上开关K₄置于"电流"位置,调整电位器W₁使加热电流在110 mA左右,然后将开关K₄拨到"测量"位置,再缓慢地调节W₁使表头指针至满刻度,稳定5 min不变后将开关K₄拨到"电流"位置,表头内刻度值即为DL-3热偶规管加热电流值(因热偶电动势有滞后现象,故调整时要耐心细致)。

(2)将DL-3热偶规管启封,接入待测真空系统(必须垂直安装)。接入方式可使用适当长度的真空橡皮管或各种类型的插压密封座,对于玻璃系统可直接焊封上去。

仪器操作必须在完成以上两项工作后方可进行。

(3)仪器操作。用热偶测量导线将仪器与规管连接好,并将开关K₂拨到"热偶"位置,接通总电源,此时仪器右上角指示灯θ₁亮;将开关K₄从"热偶关"拨到"电流"位置,指示灯θ₃亮。调整电位器W₁,使加热电流符合启封时所确定的电流值,然后将开关K₄拨到"测量"位置,视表头中间一行刻度即为系统真空度。

(4)注意事项。

① 必须定期校正DL-3加热电流,以免管子老化而产生测量误差。

② 热偶规如应用于精确测定时,必须将DL-3接入标准真空校正系统,确定加热电流,得出校正曲线方能使测量误差减少到±5%。

电离规的操作:

(1)用电离规测量导线将DL-2电离规管与仪器连接好,将开关K₂拨到"电离"位置,将开关K₃拨到测量位置,接通总电源,此时仪器右上方指示灯θ₁亮,表示仪器已进入工作状态。

(2)将开关K₅从"电离关"拨到"发射"位置。按动开关K₆即听到仪器内部继电器吸动声,同时指示灯θ₂亮,表示DL-2已加热工作。调整电位器W₂,使表头指针达刻度5红线处(即发射电流为5 mA)。

（3）将开关 K_5 拨到"零调"位置,调整电位器 W_2 使表头指零位。

（4）将开关 K_5 拨到"满度"位置,调整电位器 W_3 使表头指满刻度。重复几次零调、满调。

（5）将开关 K_5 顺时针拨到适当位置,视表头最外一行刻度即为系统真空度。例如,开头 K_5 放在 10^{-6} 挡,表头指针在 4、5 位置,则真空度为 5.998×10^{-4} Pa。

（6）当系统的真空度达 1.333×10^{-3} Pa 时,若要进一步提高真空度,必须对 DL-2 进行除气,除气时只需将开关 K_3 拨到"除气"位置即可。同时将开关 K_5 降低一挡,除气完毕后将 K_3 拨回"测量"位置(除气时间不要过长)。对于圆筒形收集极除气可用高频感应加热法,玻壳去气用煤气火焰烘烤即可。

（7）注意事项。

① 规管安置状态应保持垂直方向,底座向上或向下,切勿横放。

② 当系统压力低于 0.1333 Pa 时,方能使用电离规测量,并且不宜长时间工作在 0.1333 ~ 1.333×10^{-2} Pa 范围,否则造成 DL-2 灯丝烧毁。

③ 当热偶规、电离规两部分同时工作时,欲读数,只需拨动开关 K_2 换接表头即可。

④ 仪器经过长期使用或更换内部元件时,须重新进行校正。

3.4.3 真空装置

1. 真空装置

由于科学研究对象不同,所需真空系统的设计也各不相同,但大体上由三部分构成,即真空的获得、真空的测量和真空的使用。图Ⅲ-3-14 为真空系统示意图。

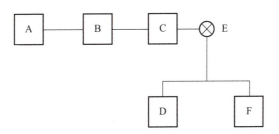

A—机械泵;B—扩散泵;C—冷阱;D—真空室;E—旋塞;F—测量系统

图Ⅲ-3-14　真空系统示意图

根据实验所要求的真空度和抽气时间,选择机械泵、管道和真空材料。如要求极限真空度为 0.1333 Pa,一般选用性能较好的机械泵或吸附泵。如要求极限真空度在 0.1333 Pa 以下,则需以机械泵为前级泵,扩散泵为次级泵联合使用。

冷阱是气体通道中的冷却装置,主要使可凝性蒸气通过冷阱冷凝为液体,以免水汽、有机蒸气、汞蒸气等进入机械泵影响泵的工作性能;同时也可把泵向真空系统扩散的蒸气冷凝下来,防止蒸气扩散返回真空系统,以便获得高的真空度。一般在扩散泵与被抽空系统之间,以及扩散泵和机械泵之间各装一冷阱。

冷阱的种类很多,最常用的一种冷阱如图Ⅲ-3-15 所示。冷阱的外部是装有冷冻剂的杜瓦瓶,常用的冷冻剂是液氮、干冰等。

图Ⅲ-3-15　冷阱

冷阱在真空装置中的作用虽然很重要,但它对气体的流动产生阻力,从而降低了真空泵的抽气速率,因而对冷阱的设计要视真空系统的管道尺寸而定。冷阱管道不能太细,以免液体堵塞;管道太短则冷凝效果降低,太长则使用不方便,所以要求冷阱大小适中。

真空系统的材料主要考虑材料的真空性质、机械性质、防腐性等。一般选用玻璃材料,吹制比较方便,且可以观察内部情况。但真空旋塞及其磨口连接部分一般只能到 1.333×10^{-4} Pa 的极限真空度,如果要求更高的真空度,则要选用金属材料。

真空旋塞是实验室常用的精细加工而成的磨口玻璃旋塞,一般采用材质轻的空心旋塞。由于温度变化引起漏气的可能性小,选用旋塞孔芯要与管道的尺寸配合,管道要尽可能短而粗,因为管道的粗细对泵的抽气速率影响很大。

为了转动灵活,避免漏气,在真空旋塞和磨口接头处需涂上真空脂。涂时要注意均匀,看上去透明,无丝状物。真空泥用来涂补玻璃管道的小沙眼和小缝隙。真空蜡用来胶合不能吻合的接头,如玻璃和金属接头。

真空脂、真空泥、真空蜡在室温下都具有较小的蒸气压。国产真空脂按使用温度不同,分为1 号、2 号、3 号真空脂等。从国外进口的阿皮松系列如阿皮松 L、阿皮松 T 等,相当于真空脂;阿皮松 Q 相当于真空泥;阿皮松 W、阿皮松 W-40 相当于真空蜡。

2. 真空检漏

真空系统的检漏与排漏是一项十分麻烦的工作。检漏的方法较多,如火花法、氮质谱仪法、荧光法,分别用于检测不同的漏气情况。

实验室中常用高频火花检漏器。使用方法如下:首先启动机械泵,数分钟后可将系统抽至13.33～1.333 Pa,然后将高频火花检漏器火花调至正常,将探头对准真空系统的玻璃移动,可以看到红色辉光放电。关闭机械泵通向系统的旋塞,5 min 后再用高频火花检漏器检查,观察其放电现象是否与 5 min 前相同,如不同则表示系统漏气。漏气现象一般易发生在玻璃接合处、弯头和旋塞。此时可关闭某些旋塞,用高频火花检漏器逐段检查,如发现某处漏气,再行检查。因为气流不断流入,在漏处可以看到明亮的火花束。若漏气处为小沙眼,可用真空泥涂封,较大漏洞,则须重新焊接。

高频检漏火花器对不同压力的低压气体产生不同的辉光颜色。随压力降低,其辉光颜色由浓紫、淡紫、红、蓝过渡到玻璃荧光。当看到玻璃壁呈淡蓝色荧光,系统没有辉光放电,表明系统压力低于 0.1333 Pa,这时可用热偶规和电离规测定系统压力。使用高频火花检漏器时,放电簧不能指向人,也不能指向金属,在某处停留时间也不宜过长,以免烧坏玻璃。

3. 真空操作注意事项

(1) 真空系统装置比较复杂,在设计时应尽可能少用旋塞,减少不必要的接头。

(2) 在实验前必须熟悉各部件的操作,注意各旋塞的转向,最好旋塞上用标记注明旋塞的转向。

(3) 真空系统的真空度越高,玻璃器壁承受的大气压力越大。大的玻璃容器都存在爆炸危险,因此较大的玻璃真空容器外部最好加网罩。由于球形容器受力均匀,故应尽可能使用球形容器。

(4) 如果液态空气进入油扩散泵中,会引起热的油爆炸,因此系统压力减到 133.3 Pa 前不要用液氮冷阱,否则液氮将使空气液化。

（5）使用机械泵,扩散泵时需严格按照泵的操作注意事项操作。

（6）开启、关闭真空旋塞时必须两手操作,一手握住旋塞套,一手缓慢旋转内塞,防止玻璃系统某些部位因受力不均匀而断裂。

（7）实验过程中和实验结束时,不要使大气猛烈冲入系统,也不要使系统中压力不平衡的部分突然接通,否则有可能造成局部压力突变,导致系统破裂或汞压力计冲汞。

第四章　溶液的黏度、密度、酸度、折射率、旋光度、相对介电常数、吸光度测定技术及仪器

4.1　黏度的测定

流体黏度是相邻流体层以不同速度运动时所存在内摩擦力的一种量度。

黏度分为绝对黏度和相对黏度。绝对黏度有两种表示方法:动力黏度和运动黏度。动力黏度(通常称黏度)是指当单位面积的流层以单位速度相对于单位距离的流层流出时所需的切向力,用 η 表示,单位是 Pa·s。运动黏度是液体的动力黏度与同温度下该液体的密度 ρ 之比,用 v 表示,单位是 $m^2 \cdot s^{-1}$。

相对黏度是某液体黏度与标准液体黏度之比,量纲为 1。

化学实验室常用玻璃毛细管黏度计测定液体黏度。此外,恩格勒黏度计、落球式黏度计、旋转式黏度计等也广泛使用。

4.1.1　毛细管黏度计

毛细管黏度计包括乌氏黏度计和奥氏黏度计。这两种黏度计测定比较精确,使用方便,可用于测定液体黏度和高聚物相对分子质量。

玻璃毛细管黏度计的使用原理如下:

测定黏度时,通常测定一定体积的流体流经一定长度垂直的毛细管所需的时间,然后根据泊肃叶公式计算其黏度:

$$\eta = \pi p r^4 t / (8Vl) \qquad (\text{III}.4.1)$$

式中 V 为时间 t 内流经毛细管的液体体积;p 为管两端的压力差;r 为毛细管半径;l 为毛细管长度。

直接由实验测定液体的绝对黏度是比较困难的。通常先测定待测液体对标准液体(如水)的相对黏度,已知标准液体的黏度就可以算出待测液体的绝对黏度。

假设相同体积的待测液体和水,分别流经同一毛细管黏度计,则有

$$\eta_{待} = \pi r^4 p_1 t_1 / (8Vl)$$

$$\eta_{水} = \pi r^4 p_2 t_2 / (8Vl)$$

两式相比得

$$\frac{\eta_{待}}{\eta_{水}} = \frac{p_1 t_1}{p_2 t_2} = \frac{hg\rho_1 t_1}{hg\rho_2 t_2} = \frac{\rho_1 t_1}{\rho_2 t_2} \qquad (\text{III}.4.2)$$

式中 h 为液体流经毛细管的高度;ρ_1 为待测液体的密度;ρ_2 为水的密度。

因此,用同一根玻璃毛细管黏度计,在相同的条件下,两种液体的黏度比即等于它们的密度

与流经时间的乘积比。若将水作为已知黏度的标准液体(其黏度和密度可查阅手册),则可通过式(Ⅲ.4.2)计算出待测液体的绝对黏度。

4.1.2　乌氏黏度计

乌氏黏度计的外形各异,但基本结构均如图Ⅲ-4-1所示,其使用方法亦相同,参看"黏度法测定高聚物相对分子质量"的实验步骤。乌氏黏度计的有关数据见表Ⅲ-4-1。

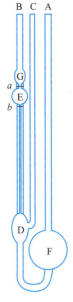

A—宽管;B—主管;C—支管;D—悬挂水平贮器;
E—测定球;F—贮器;G—缓冲球;a,b—环形测定线
图Ⅲ-4-1　乌式黏度计结构示意图

表Ⅲ-4-1　乌氏黏度计的有关数据

毛细管内径 mm	测定球容积 mL	毛细管长 mm	常数 (k)	测量范围 $10^{-6} m^2 \cdot s^{-1}$
0.55	5.0	90	0.01	1.5~10
0.75	5.0	90	0.03	5~30
0.90	5.0	90	0.05	10~50
1.1	5.0	90	0.5	20~100
1.6	5.0	90	0.5	100~500

4.1.3　奥氏黏度计

奥氏黏度计的结构如图Ⅲ-4-2所示,适用于测定低黏滞性液体的相对黏度,其操作方法与乌氏黏度计类似。但是,由于乌氏黏度计有一支管 C,测定时管 B 中的液体在毛细管下端出口处与管 A 中的液体断开,形成了气承悬液柱。这样液体流下时所受压力差 ρgh 与管 A 中液面高度无关,即与所加的待测液体的体积无关,故可以在黏度计中稀释液体。而奥氏黏度计测定时,标准液体和待测液体的体积必须相同,因为液体流下时所受的压力差 ρgh 与管 2 中液面高度有关。

4.1.4　使用玻璃毛细管黏度计注意事项

(1)黏度计必须洁净,先用经 2 号砂芯漏斗过滤后的洗液浸泡一天。如用洗液不能洗干净,则改用 5%氢氧化钠的乙醇溶液浸泡,再用水冲净,直至毛细管壁不

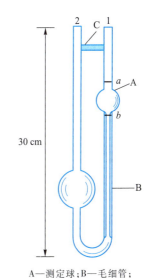

A—测定球;B—毛细管;
C—加固用的玻璃棒;a,b—环形测定线
图Ⅲ-4-2　奥式黏度计结构示意图

挂水珠,洗干净的黏度计置于 110 ℃ 烘箱中烘干。

（2）黏度计使用完毕,立即清洗,特别测高聚物的黏度时,要注入纯溶剂浸泡,以免残存的高聚物黏结在毛细管壁上而影响毛细管孔径,甚至堵塞。清洗后在黏度计内注满蒸馏水并加塞,防止落进灰尘。

（3）黏度计应垂直固定在恒温槽内,因为倾斜会造成液位差的变化,引起测量误差,同时会使液体流经时间 t 变大。

（4）液体的黏度与温度有关,测量时一般温度变化不应超过 ±0.3 ℃。

（5）可根据所测物质的黏度选择毛细管黏度计的毛细管内径,毛细管内径太细,容易堵塞,太粗则测量误差较大。一般选择测水时,水流经毛细管的时间大于 100 s,在 120 s 左右的黏度计为宜。

毛细管黏度计种类较多,除乌氏黏度计和奥氏黏度计外,还有平氏黏度计和芬式黏度计。乌氏黏度计和奥氏黏度计适用于测定相对黏度,平氏黏度计适用于石油产品的运动黏度,而芬式黏度计是平氏黏度计的改良,其测量误差小。

4.1.5 落球式黏度计

1. 落球式黏度计的测定原理

落球式黏度计尤其适用于测定具有中等黏度的透明液体。根据斯托克斯方程式:

$$F = 6\pi r \eta v \tag{Ⅲ.4.3}$$

式中 r 为球体半径; η 为液体黏度; v 为球体下落速率。在考虑浮力校正之后,重力与阻力相等时:

$$\frac{4}{3}\pi r^3 (\rho_s - \rho) g = 6\pi r \eta v \tag{Ⅲ.4.4}$$

故

$$\eta = \frac{2g r^2 (\rho_s - \rho)}{9v} \tag{Ⅲ.4.5}$$

式中 ρ_s 为球体密度; ρ 为液体密度; g 为重力加速度。

固体球在液体中运动受到黏性阻力,测定球在液体中落下一定距离 h 所需的时间 t,则落球速度为 $v = \dfrac{h}{t}$,代入式(Ⅲ.4.5)得

$$\eta = \frac{2g r^2 t}{9h}(\rho_s - \rho) \tag{Ⅲ.4.6}$$

当 h 和 r 为定值时则得

$$\eta = kt(\rho_s - \rho) \tag{Ⅲ.4.7}$$

式中 k 为仪器常数,可用已知黏度的液体测得。

落球法测定相对黏度的关系式为

$$\frac{\eta_1}{\eta_2} = \frac{(\rho_s - \rho_1) t_1}{(\rho_s - \rho_2) t_2} \tag{Ⅲ.4.8}$$

式中 ρ_1、ρ_2 分别为液体 1 和 2 的密度; t_1、t_2 分别为球在液体 1 和 2 中落下一定距离所需的时间。

2. 落球式黏度计的测定方法

落球式黏度计如图Ⅲ-4-3所示,其测定方法如下:

(1)用游标卡尺量出钢球的平均直径,计算球的体积。称量若干个钢球,由平均体积和平均质量计算钢球的密度 ρ_s。

(2)将标准液体(如甘油)注入落球管内并高于上刻度线 a。将落球管放入恒温槽内,使其达到热平衡。

(3)钢球从黏度计上圆柱管落下,用停表测定钢球由上刻度线 a 落到下刻度线 b 所需时间。重复4次,计算平均时间。

(4)将落球式黏度计处理干净,按照上述方法用待测液体进行测定。

(5)标准液体的密度和黏度可从手册中查得,待测液体的密度用密度瓶法测得。

落球式黏度计测量范围较宽,用途广泛,尤其适合于测定较高透明度的液体。但对钢球的要求较高,钢球要光滑而圆,另外要防止球从圆柱管下落时与圆柱管的壁相碰,造成测量误差。

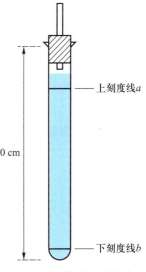

上刻度线 a

30 cm

下刻度线 b

图Ⅲ-4-3 落球式黏度计

4.2 密度的测定

密度的定义为质量除以体积,用 ρ 表示,其单位是 $kg \cdot m^{-3}$。

物质的密度与物质的本性有关,且受外界条件(如温度、压力等)的影响。压力对固体、液体密度的影响可以忽略不计,但温度对密度的影响却不能忽略。因此,在表示密度时,应同时标明温度。

在一定的条件下,物质的密度与某种参考物质的密度之比称为相对密度。通过参考物质的密度,可以把相对密度换算成密度。

密度的测定可用于鉴定化合物纯度,区别组成相似而密度不同的化合物。本节重点介绍液体密度的测定,适当介绍固体密度的测定。

4.2.1 液体密度的测定

1. 密度计法

市售的成套密度计是在一定温度下标度的,根据液体相对密度的大小,选择一支密度计,在密度计所示的温度下插入待测液体中,从液面处的刻度可以直接读出该液体的相对密度。密度计测定液体的相对密度,操作简单方便,但不够精确。

2. 密度瓶法

密度瓶法分为常量法和小量法两种。

(1)常量法:取一清洁干燥的 10 mL 容量瓶,在分析天平上称量后注入待测液体至容量瓶刻度,再称量。将两次质量之差除以 10 mL,即得该液体在室温下的密度。

(2)小量法:一般用密度管测定易挥发性液体的密度。将密度管(见图Ⅲ-4-4)洗净、干燥后在天平上称量得 m_0。将待测液体由 B 支管注入,使其充满整个密度管。盖上 A、B 两支管的磨口小帽,将密度管吊浸在恒温槽中恒温 5~10 min,然后拿掉两小帽,将密度管 B 端略倾斜抬起,用滤纸从 A 支管吸去管内多余液体,以调节 B 支管液面至刻度 s。从恒温槽中取出密度管,并将两个小帽套上。用滤纸吸干管外面的水,称量为 m。同样用上述方法称出水的质量 m_{H_2O}。

在某温度时待测液体的密度为

$$\rho = \frac{m - m_0}{m_{H_2O} - m_0} \cdot \rho_{H_2O} \tag{III.4.9}$$

小量法也可以用密度瓶测定。将密度瓶(见图Ⅲ-4-5)洗净、烘干,在分析天平上称量为 m_0。然后向瓶中注入蒸馏水,盖上瓶塞放入恒温槽中恒温 15 min,用滤纸或清洁的纱布擦干密度瓶外面的水,再称量得 m_{H_2O}。

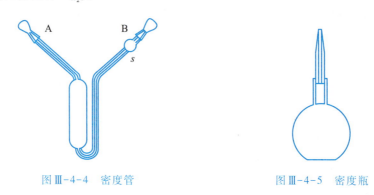

图Ⅲ-4-4　密度管　　　　　　　　图Ⅲ-4-5　密度瓶

同样,按上述方法测定待测液体的质量 m,待测液体的密度按式(Ⅲ.4.9)计算。

3. 落滴法

此法对于测定很少液体的密度特别有用,准确度比较高,可用来测定溶液中浓度的微小变化,在医院中可用于测定血液组成的改变,也可用于同位素重水分析。它的缺点是液滴滴下来的介质难于选择,因此影响了它的应用范围。

根据斯托克斯方程式,一个微小液滴在一个不溶解液滴的介质中降落,当降落速率 v 恒定时,满足公式:

$$v = \frac{2gr^2(\rho - \rho_0)}{9\eta} \tag{III.4.10}$$

式中 g 为重力加速度;r 为液滴半径;ρ 为液滴密度;ρ_0 为介质密度;η 为介质黏度。

如果使半径为 r 的液滴降落,通过一定距离 s,降落时间为 t,则 $v = s/t$,代入式(Ⅲ.4.10),则有

$$\frac{s}{t} = \frac{2gr^2(\rho - \rho_0)}{9\eta} \tag{III.4.11}$$

若式中 s 和 r 为定值,则得

$$\frac{1}{t} = k(\rho - \rho_0) \tag{III.4.12}$$

从式(Ⅲ.4.12)可看出,$1/t$ 与样品的密度成正比,如果测出几个已知密度样品的 $1/t$,作出 $1/t - \rho$ 直线,然后测定未知样品的 $1/t$,则可从直线得到未知样品的密度。

测量液体的密度还有振动管法、放射性同位素法、声速法等。其中振动管法是当前工业中广

泛使用的一种方法。该法利用电磁引发 U 形玻璃管产生振荡,其振动频率会因管内液体密度的不同发生变化,通过测定振动频率即可获得待测液体密度数值。此外,不少表面张力仪还附带了密度测量配件,使用标准硅棒通过浮力法来测定液体的密度。相对传统的密度瓶法,这些新方法测试密度更为快速、方便。

4.2.2 利用液体的密度测定固体的密度

1. 浮力法

测定固体密度比较困难,常用浮力法测定。其原理是纯固体的晶体悬浮在液体中时既不能浮在液面,也不能沉在底部,如图Ⅲ-4-6所示。此时,固体的密度与该液体的密度相等,只需测出液体的密度,便可知该固体的密度。其实验方法如下:

首先选择合适的液体 A,使晶体浮在液面(液体 A 的密度大于晶体的密度)。再选择液体 B,使晶体沉在底部(液体 B 的密度小于晶体的密度),最后准备液体 A 和液体 B 的混合液,使晶体悬浮在其中。测定混合液密度,即为该固体的密度。必须注意,固体在液体 A 和液体 B 中不发生溶解、吸附现象。

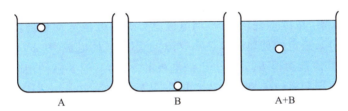

A   B   A+B

图Ⅲ-4-6　浮力法测定固体的密度

2. 密度瓶法

固体密度的测定也可用密度瓶。其方法是首先称出空密度瓶的质量 m_0,再向瓶内注入已知密度的液体(该液体不能溶解待测固体,但能润湿待测固体),盖上瓶塞。置于温恒槽中恒温15 min,用滤纸小心吸去密度瓶塞子上毛细管口溢出的液体,取出密度瓶擦干,称出质量 m_1。倒去液体,吹干密度瓶,将待测固体放入瓶内,恒温后称得质量 m_2。然后向瓶内注入一定量上述已知密度的液体。将瓶放在真空干燥器内,用油泵抽气 3~5 min,使吸附在固体表面的空气全部被抽走,再往瓶中注入上述液体,并充满密度瓶。将瓶放入恒温槽中恒温,然后称得质量 m_3,则固体的密度可由下式计算:

$$\rho_s = \frac{m_2 - m_0}{(m_1 - m_0) - (m_3 - m_2)} \cdot \rho \qquad (\text{Ⅲ.4.13})$$

4.3 酸度的测定

酸度计又称 pH 计,是测定溶液 pH 的常用仪器,其基本结构由电极和电计两部分组成。电极是酸度计的检测部分,电计是酸度计的指示部分。酸度计种类较多,它们主要是利用一对电极测定不同 pH 溶液中的电动势。这对电极中,一根为指示电极,其电极电势随着被测溶液的 pH 而变化,通常使用玻璃电极。另一根电极为参比电极,其电极电势与被测溶液的 pH 无关,通常使用甘汞电极。

4.3.1 酸度计的测量原理

当玻璃电极与甘汞电极和被测溶液组成电池时,就能测得电池的电动势 E,求出溶液的 pH。

$$Ag(s) \mid AgCl(s) \mid HCl(0.1 \text{ mol} \cdot L^{-1}) \underset{\text{玻璃膜}}{\mid} 溶液(pH = x) \mid KCl (1 \text{ mol} \cdot L^{-1}) \mid Hg_2Cl_2(s) \mid Hg(l)$$

在 298 K 时,有

$$E = \varphi_{甘汞} - \varphi_{玻} = 0.2801 \text{ V} - \left(\varphi_{玻}^{\ominus} - \frac{RT}{F} \times 2.303 \times \text{pH}\right)$$

$$= 0.2801 \text{ V} - (\varphi_{玻}^{\ominus} - 0.05916 \text{ V} \times \text{pH})$$

经整理后得

$$\text{pH} = \frac{E - 0.2801 \text{ V} + \varphi_{玻}^{\ominus}}{0.05916 \text{ V}}$$

由于玻璃电极玻璃膜内外溶液的 pH 不同,薄膜与溶液发生离子交换,因而产生膜电位,即

$$\varphi_{玻} = \varphi_{内参} + \varphi_{膜} = \varphi_{玻}^{\ominus} - \frac{RT}{F} \times 2.303 \times \text{pH} = \varphi_{玻}^{\ominus} - 0.05916 \text{ V} \times \text{pH}$$

由于玻璃膜内氢离子浓度不变,所以玻璃电极电势亦即电池电动势随待测氢离子的活度不同而变化。式中 $\varphi_{玻}^{\ominus}$ 对某给定的玻璃电极是常数,对于不同玻璃电极,其 $\varphi_{玻}^{\ominus}$ 值也未尽相同。原则上若用已知 pH 的缓冲溶液测得 E,就能求出该电极的 $\varphi_{玻}^{\ominus}$ 值。但实际使用时,每次先用已知 pH 的溶液,在酸度计上进行调整使 E 和 pH 满足上式,然后再来测定未知液体的 pH,而不必计算出 $\varphi_{玻}^{\ominus}$ 的具体数值。

酸度计种类很多,如 25 型酸度计、pHS-2 型酸度计、pHS-3 型酸度计等,上述酸度计均使用玻璃电极和甘汞电极,而 pHS-3D 型数字显示酸度计使用的一对电极是复合电极。

4.3.2 pHS-3D 型酸度计

pHS-3D 型酸度计可测定溶液的 pH、mV 值和温度,具有温度自动补偿功能,且电极无须补充氯化钾溶液。

pHS-3D 型酸度计所采用的是将一对电极(玻璃电极和 Ag-AgCl 参比电极)合并而制成的复合电极,其结构如图Ⅲ-4-7 所示。

该电极的电极球泡由对 pH 敏感的特殊玻璃吹制而成,呈球形,直径为 5~10 mm,膜厚为 0.1 mm 左右,内阻 ≤250 MΩ。电极支持杆的膨胀系数与电极球泡玻璃一致,是由电绝缘性优良的铝玻璃制成。内参比电极为 Ag-AgCl 电极,内参比溶液是 pH=7 的含有氯离子的电解质溶液,为中性磷酸盐和氯化钾的混合溶液。外参比电极为 Ag-AgCl 电极,外参比溶液为 3.3 mol·L⁻¹氯化钾溶液,经氯化银饱和,加适量琼脂,使溶液呈凝胶状,不易流失。液接界是沟通外参比溶液和被测溶液的连接部件,其电极导线为聚乙烯金属屏蔽线,内芯与内参比电极连接,屏蔽层与外参比电极连接。

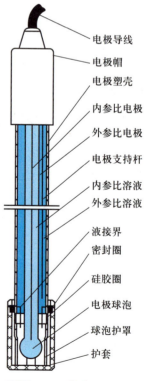

电极导线
电极帽
电极塑壳
内参比电极
外参比电极
电极支持杆
内参比溶液
外参比溶液
液接界
密封圈
硅胶圈
电极球泡
球泡护罩
护套

图Ⅲ-4-7 复合电极结构

1. pHS-3D 型酸度计的调节功能

（1）定位调节。由于不同玻璃电极的 $\varphi_{玻}^{\ominus}$ 不尽相同，存在不对称电势，当内外参比溶液均相同时，理论上电池电动势应为零，实际上有几毫伏到几十毫伏的电势差存在，这说明玻璃膜内外两界面是不对称的，这一电势差称为不对称电势，主要与玻璃球材质、吹制工艺、玻璃球表面被侵蚀或沾污等因素有关。为了消除这种不对称电势，使测量标准化的过程称为定位。用已知 pH 的缓冲溶液测得 E 值，可求 $\varphi_{玻}^{\ominus}$。实际上操作时利用酸度计的定位旋钮调整到已知的缓冲溶液的 pH，就实现了定位，消除了不对称电势及液接界电势的影响。

（2）斜率调节。pH 电极的实际斜率与理论值 $2.303RT/F$ 总有一定偏差，大多低于理论值。使用时间长，电极老化，偏差更大。因此应对电极的斜率进行补偿，使测量标准化。

（3）温度补偿调节。电池电动势与溶液的温度成正比，因此在仪器中设置温度补偿器，使电极在不同温度条件下，产生相同的电位变化。温度补偿调节有手动温度补偿和自动温度补偿两种。手动温度补偿是通过手动调节仪器放大器的反馈量来实现补偿；自动温度补偿是在仪器中加一支温度电极，将温度电极浸置溶液中，改变放大器的增益达到自动补偿的目的。上述补偿只能补偿斜率项 $2.303RT/F$。受温度影响的还有玻璃电极标准电势、参比电极电势、液接界电势等，它们与温度并非严格的线性关系，因此，不管手动温度补偿还是自动温度补偿，都不能充分地消除温度的影响。要想得到精密准确的测定结果，样品溶液与标准溶液应在相同的温度下测定。

2. pHS-3D 型酸度计的测量步骤

（1）插上电源，按下开关使仪器预热 30 min。

（2）将复合电极在蒸馏水中洗净，并用滤纸吸干，插入插座中。

（3）插入温度电极，测量缓冲溶液的温度，并将温度电极浸在缓冲溶液中（或者拔下温度电极，将温度补偿旋钮调节至该温度值）。

（4）将复合电极浸入 pH = 7 的缓冲溶液中，搅动后静止放置，调节定位旋钮，使仪器稳定显示该缓冲溶液在此温度下的 pH，如 pH = 7 的缓冲溶液在 20 ℃ 时 pH = 6.88（具体数值查仪器面板上的表格）。

（5）取出复合电极，用蒸馏水洗净，并用吸水纸吸干电极。将复合电极插入 pH = 4（或 pH = 9）的缓冲溶液中，搅动后静止放置，调节斜率旋钮使仪器稳定显示该缓冲溶液在此温度下的 pH（具体数值查仪器面板上的表格，如 pH = 4 的缓冲溶液在 20 ℃ 时 pH = 4）。

（6）重复步骤（4）、（5），使电极在两种缓冲溶液中稳定显示出相应数值，仪器标定即完成。

（7）将电极取出，洗净并吸干后浸入被测溶液中，搅动后静止放置，读取显示器上的数值，即为被测溶液的 pH（进行高精度测定时，测定和标定应在相同温度下进行）。

3. 注意事项

（1）仪器标定校准次数取决于样品、电极性能及对测量精度的要求，高精度测定应及时标定，并使用新鲜配制的标准溶液；一般精度测定（$\leqslant \pm 0.1$ pH）时，经一次标定可连续使用一周左右。在下列情况下必须重新标定：

① 长期未用的电极和新换电极；

② 测量浓酸（pH<2）或浓碱（pH>12）以后；

③ 测量含有氟化物的溶液和较浓的有机液以后；

④ 被测溶液温度与标定时温度相差过大时。

（2）仪器用已知 pH 的标准缓冲溶液进行标定时，为了提高测定精密度，缓冲溶液的 pH 要可靠，且其 pH 越接近被测值越好。一般 pH 的测定与标准溶液的 pH 之间不超过 3，即测定酸性溶液时使用 pH＝4 的缓冲溶液作斜率标定，测定碱性溶液时使用 pH＝9 的缓冲溶液作斜率标定。

（3）新的或长期未使用的复合电极，使用前应在 3.3 mol·L^{-1} 氯化钾溶液中浸泡约 8 h，电极应避免长期浸在蒸馏水中，并防止和有机硅油接触。

（4）电极的玻璃球不能与硬物接触，任何破损和擦毛都会使电极失效。pH 电极长期使用会逐渐老化、响应慢、斜率偏低、读数不准，电极使用周期为 1~2 年。

（5）脱水性强的溶液如无水乙醇、浓硫酸会引起电极球泡玻璃膜表面失水、破坏电极的功能，强碱性溶液也会腐蚀玻璃膜而使电极失效，测定这类溶液应迅速操作，测定后立即用蒸馏水洗涤干净。

（6）电极球泡被污染或老化，可将电极用 0.1 mol·L^{-1} 稀盐酸浸泡清洗，或将电极下端浸泡在 4% HF 溶液（氢氟酸）中 3~4 s，用蒸馏水洗净，然后在氯化钾溶液中浸泡，使之复新。

玻璃电极的玻璃球和液接界被污染后，视被污染情况选用不同的清洗剂。如被无机金属氧化物污染，用低于 1 mol·L^{-1} 的稀酸清洗；被有机油类污染，选用弱碱性的稀洗涤剂清洗；被树脂高分子物质污染，选用稀酒精或丙酮清洗；被颜料类物质污染，选用稀漂白液清洗；被蛋白质血球沉淀物污染，选用酸性酶溶液（如食母生片）清洗。

目前，酸度计测定的自动化程度越来越高。例如，梅特勒-托利多实验室酸度计（FE20）将复合电极与测温探头合并，只需将电极分别浸入两种缓冲溶液中，在自动温度补偿模式下按"校准"键，即可实现零点校正和斜率校正；将该电极浸入待测溶液中，按"读数"键，即可测出该溶液的 pH。

4.4　折射率的测定

4.4.1　物质的折射率与物质的浓度的关系

折射率是物质的重要物理常数之一，测定物质的折射率可以定量地求出该物质的浓度或纯度。许多纯的有机物质具有一定的折射率，如果纯物质中含有杂质，其折射率会偏离纯物质的折射率，杂质越多，偏离越大。纯物质溶解在溶剂中，其折射率也发生变化，如蔗糖溶解在水中，其浓度越大，折射率越大，所以通过测定蔗糖水溶液的折射率，就可以定量地测出蔗糖水溶液的浓度。异丙醇溶解在环己烷中，浓度越大其折射率越小。折射率的变化与溶液的浓度、测定温度、溶剂、溶质的性质及它们的折射率等因素有关。一般情况下，当其他条件固定时，如果溶质的折射率小于溶剂的折射率时，浓度越大，折射率越小。反之亦然。

通过测定物质的折射率，可以测定该物质的浓度，其方法如下：

（1）制备一系列已知浓度的样品，分别测定各浓度样品的折射率。

（2）以浓度 c 对折射率 n_D^t 作图得到工作曲线。

（3）测定未知浓度样品的折射率，在工作曲线上可以查得未知浓度样品的浓度。

用折射率测定样品的浓度，所需样品量少、操作简单方便、测定准确。

通过测定物质的折射率，还可以算出某些物质的摩尔折射度，反映出极性分子的偶极矩，从而有助于研究物质的分子结构。

实验室常用的阿贝（Abbe）折射仪，既可以测定液体物质的折射率，也可以测定固体物质的折射率，同时还可以测定蔗糖溶液的浓度。其结构外形如图Ⅲ-4-8所示。

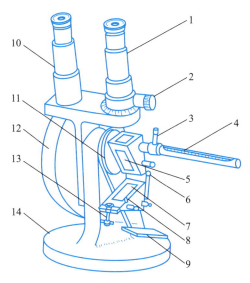

1—测量望远镜；2—消色散手柄；3—恒温水入口；4—温度计；5—测量棱镜；6—铰链；7—辅助棱镜；
8—加液槽；9—反射镜；10—读数放大镜；11—转轴；12—刻度盘罩；13—闭合旋钮；14—底座

图Ⅲ-4-8　阿贝折射仪结构外形示意图

4.4.2　阿贝折射仪的结构原理

当一束单色光从介质Ⅰ进入介质Ⅱ（两种介质的密度不同）时，光线在通过界面时改变了方向，这一现象称为光的折射，如图Ⅲ-4-9所示。

根据折射定律，入射角 i 和折射角 r 的关系为

$$\frac{\sin i}{\sin r} = \frac{n_{\mathrm{Ⅱ}}}{n_{\mathrm{Ⅰ}}} = n_{\mathrm{Ⅰ,Ⅱ}} \qquad (Ⅲ.4.14)$$

式中 $n_{\mathrm{Ⅰ}}$、$n_{\mathrm{Ⅱ}}$ 分别为介质Ⅰ和介质Ⅱ的折射率；$n_{\mathrm{Ⅰ,Ⅱ}}$ 为介质Ⅱ对介质Ⅰ的相对折射率。

若介质Ⅰ为真空，因规定 $n = 1.00000$，故 $n_{\mathrm{Ⅰ,Ⅱ}} = n_{\mathrm{Ⅱ}}$，称为绝对折射率。但介质Ⅰ通常为空气，空气的绝对折射率为1.00029，这样得到的各物质的折射率称为常用

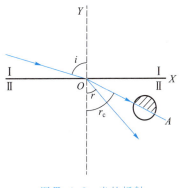

图Ⅲ-4-9　光的折射

折射率，也可称为对空气的相对折射率。同一种物质的两种折射率表示法之间的关系为

$$绝对折射率 = 常用折射率 × 1.00029$$

由式（Ⅲ.4.14）可知，当 $n_{\mathrm{Ⅰ}} < n_{\mathrm{Ⅱ}}$ 时，折射角 r 则恒小于入射角 i。当入射角增大到90°时，折射角也相应增大到最大值 r_c，r_c 称为临界折射角。此时介质Ⅱ中从 OY 到 OA 之间有光线通过，为明亮区，而 OA 到 OX 之间无光线通过，为暗区，临界折射角 r_c 决定了半明半暗分界线的位置。当入射角 i 为90°时，式（Ⅲ.4.14）可写为

$$n_{\mathrm{Ⅰ}} = n_{\mathrm{Ⅱ}} \sin r_c \qquad (Ⅲ.4.15)$$

因此,在固定一种介质时,临界折射角 r_c 的大小与被测物质的折射率呈简单的函数关系。阿贝折射仪就是根据这个原理而设计的,其光学系统示意图如图Ⅲ-4-10所示。

阿贝折射仪的主要部分由两块折射率为 1.75 的直角玻璃棱镜构成。辅助棱镜的斜面是粗糙的毛玻璃,测量棱镜是光学平面镜。两者之间有 0.1~0.15 mm 厚的空隙,用于装待测液体,并使液体展开成一薄层。当光线经过反光镜反射至辅助棱镜的粗糙表面时,发生漫散射,以各种角度透过待测液体,因而从各个方向进入测量棱镜而发生折射。其折射角都落在临界角 r_c 之内,因为棱镜的折射率大于待测液体的折射率,因此入射角从 0°~90° 的光线都通过测量棱镜发生折射。具有临界折射角 r_c 的光线从测量棱镜出来反射到目镜上,此时若将目镜十字线调节到适当位置,则会看到目镜上呈半明半暗状态。折射光都应落在临界折射角以内,成为亮区,其他为暗区,构成了半明半暗分界线。

由式(Ⅲ.4.15)可知,若棱镜的折射率 $n_{棱}$ 为已知,只要测定待测液体的临界折射角 r_c,就能求得待测液体的折射率 $n_{液}$。事实上测定 r_c 值很不方便,当折射光从棱镜出来进入空气又产生折射,折射角为 r_c'。$n_{液}$ 与 r_c' 间有如下关系:

$$n_{液} = \sin\beta\sqrt{n_{棱}^2 - \sin^2 r_c'} - \cos\beta\sin r_c' \quad (Ⅲ.4.16)$$

式中 β 为常数;$n_{棱} = 1.75$。

测出 r_c' 即可求出 $n_{液}$。由于设计折射仪时已经把读数 r_c' 换算成 $n_{液}$ 值,只要找到半明半暗分界线使其与目镜中的十字线吻合,就可以从标尺上直接读出液体的折射率。

阿贝折射仪的标尺上除标有 1.300~1.700 折射率数值外,在标尺旁边还标有 20 ℃ 时蔗糖溶液的浓度的读数,可以直接测定蔗糖溶液的浓度。

在指定的条件下,液体的折射率因所用单色光的波长的不同而不同。若用普通白光作光源(波长 4000~7000 Å),由于发生色散而在半明半暗分界线处呈现彩色光带,使明暗交界不清楚,故在阿贝折射仪中还装有两个各由三块棱镜组成的阿密西(Amici)棱镜作为消色散棱镜(又称补偿棱镜)。通过调节消色散棱镜,使折射棱镜出来的色散光线消失,使明暗分界线完全清楚,这时所测液体的折射率相当于用钠光 D 线(5890 Å)所测得的折射率 n_D。

4.4.3 阿贝折射仪的使用方法

将阿贝折射仪放在光亮处,但避免阳光直接暴晒。用超级恒温槽将恒温水通入棱镜夹套内,其温度以折射仪上温度计读数为准。

扭开测量棱镜和辅助棱镜的闭合旋钮,并转动镜筒,使辅助棱镜斜面向上,若测量棱镜和辅助棱镜表面不清洁,可滴几滴丙酮,用擦镜纸顺单一方向轻擦镜面(不能来回擦)。

用滴管滴入 2~3 滴待测液体于辅助棱镜的毛玻璃面上(滴管切勿触及镜面),合上棱镜,扭紧闭合旋钮。若液体样品易挥发,动作要迅速,或将两棱镜闭合,从两棱镜合缝处的一个加液小

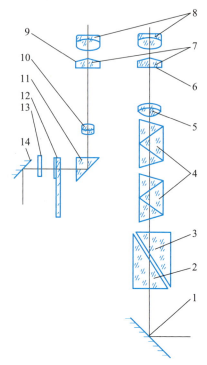

1—反光镜;2—辅助棱镜;3—测量棱镜;
4—消色散棱镜;5—物镜;6,9—分划板;
7,8—目镜;10—物镜;11—转向棱镜;
12—照明度盘;13—毛玻璃;14—小反光镜

图Ⅲ-4-10 光学系统示意图

孔中注入样品(特别注意不能使滴管折断在孔内,以致损伤棱镜镜面)。

转动镜筒使之垂直,调节反光镜使入射光进入棱镜,同时调节目镜的焦距,使目镜中十字线清晰明亮。再调节读数螺旋,使目镜中呈半明半暗状态。

调节消色散棱镜至目镜中彩色光带消失,再调节读数螺旋,使明暗界面恰好落在十字线的交叉处。如此时又呈现微色散,必须重调消色散棱镜,直到明暗界面清晰为止。

从望远镜中读出标尺的数值即 n_D,同时记下温度,则 n_D^t 为该温度下待测液体的折射率。每测一个样品需重测 3 次折射率,3 次误差不超过 0.0002,然后取平均值。

测定完后,在棱镜面上滴几滴丙酮,并用擦镜纸擦干。最后用两层擦镜纸夹在两镜面间,以防镜面损坏。

有腐蚀性的液体如强酸、强碱及氟化物,不能使用阿贝折射仪测定。

4.4.4　阿贝折射仪的校正

折射仪的标尺零点有时会发生移动,因而在使用阿贝折射仪前需用标准物质校正其零点。

折射仪出厂时附有一已知折射率的"玻块",一小瓶 α-溴萘。滴 1 滴 α-溴萘在玻块的光面上,然后把玻块的光面附着在测量棱镜上,不需合上辅助棱镜,但要打开测量棱镜的小窗,使光线从小窗口射入,就可进行测定。如果测得的值与玻块的折射率值有差异,此差值为校正值;也可以用钟表螺丝刀旋动镜筒上的校正螺丝,使测得值与玻块的折射率相等。

这种校正零点的方法,也是使用该仪器测定固体折射率的方法,只要将被测固体代替玻块进行测定。

实验室中一般用纯水作标准物质($n_D^{25} = 1.3325$)来校正零点。在精密测量中,须在所测量的范围内用几种不同折射率的标准物质进行校正,考察标尺刻度间距是否正确,把一系列的校正值画成校正曲线,以供测定对照校正。

4.4.5　温度和压力对折射率的影响

液体的折射率是随温度变化而变化的。对于多数液态的有机化合物,温度每升高 1 ℃,其折射率下降 $3.5 \times 10^{-4} \sim 5.5 \times 10^{-4}$。在 15~30 ℃ 温度区间,温度每升高 1 ℃,纯水的折射率下降 1×10^{-4}。若测定时要求准确度为 $\pm 1 \times 10^{-4}$,则温度应控制在 $(t \pm 0.1)$℃,此时阿贝折射仪需要与超级恒温槽配套使用。

压力对折射率有影响,但不明显,只有在很精密的测量中,才考虑压力的影响。

4.4.6　阿贝折射仪的保养

仪器应放置在干燥、空气流通的室内,防止受潮后光学零件发霉。

仪器使用完毕后要做好清洁工作,并将仪器放入箱内,箱内放有干燥剂硅胶。

经常保持仪器清洁,严禁油手或汗手触及光学零件。若光学零件表面有灰尘,可用高级麂皮或脱脂棉轻擦后,再用洗耳球吹去灰尘。若光学零件表面有油垢,可用脱脂棉蘸少许汽油轻擦后再用二甲苯或乙醚擦干净。

仪器应避免强烈振动或撞击,以防止光学零件损伤而影响精度。

4.5　旋光度的测定

许多物质具有旋光性,如石英晶体,酒石酸晶体,蔗糖、葡萄糖、果糖的溶液等。当平面偏振光线通过具有旋光性的物质时,它们可以将偏振光的振动面旋转某一角度。使偏振光的振动面向左旋的物质称左旋物质,向右旋的称右旋物质。因此,通过测定物质的旋光度的方向和大小,可以鉴定物质。

4.5.1　旋光度与物质浓度的关系

旋光物质的旋光度,除了取决于旋光物质的本性外,还与测定温度、光经过物质的厚度、光源的波长等因素有关。若被测物质是溶液,当光源的波长、温度、厚度恒定时,其旋光度与溶液的浓度成正比。

1. 测定旋光物质的浓度

先将已知浓度的样品按一定比例稀释成若干不同浓度的样品,分别测出其旋光度。然后以浓度为横轴,旋光度为纵轴,绘成 α-c 曲线。然后取未知浓度的样品测定其旋光度,根据所测旋光度,在 α-c 曲线上查出该样品的浓度。

2. 根据物质的比旋光度测出物质的浓度

由于实验条件的不同,物质的旋光度有很大的差异,所以提出了物质的比旋光度。规定以钠光 D 线作为光源,样品管长为 10 cm,温度为 20 ℃,浓度为每立方厘米中含有 1 g 旋光物质时所产生的旋光度,即为该物质的比旋光度,通常用符号 $[\alpha]_t^D$ 表示。D 表示光源,t 表示温度。

$$[\alpha]_t^D = \frac{10\alpha}{L \cdot c} \qquad\qquad (Ⅲ.4.17)$$

比旋光度是度量旋光物质旋光能力的一个常数。

根据被测物质的比旋光度,可以测出该物质的浓度,其方法如下:

(1) 从手册上查出被测物质的比旋光度 $[\alpha]_t^D$。

(2) 选择一定长度(最好 10 cm)的旋光管。

(3) 在 20 ℃时测出未知浓度样品的旋光度,代入式(Ⅲ.4.17)即可求出浓度 c。

测定旋光度的仪器称为旋光仪。

4.5.2　旋光仪的构造和测定原理

普通光源发出的光称为自然光,其光波在垂直于传播方向的一切方向上振动。如果我们借助某种方法,从这种自然聚集体中挑选出只在某一平面内的方向上振动的光线,这种光线称为偏振光。尼柯尔(Nicol)棱镜就是用来获得偏振光的光学器件。旋光仪的主体是两块尼柯尔棱镜,尼柯尔棱镜是将方解石晶体沿一对角面剖成两块直角棱镜,再由加拿大树脂沿剖面黏合起来制成的,如图Ⅲ-4-11 所示。

当光线进入棱镜后,分解为两束相互垂直的平面偏振光,一束折射率为 1.658 的寻常光,一束折射率为 1.486 的非寻常光,这两束光线到达方解石与加拿大树脂黏合面上时,折射率为 1.658 的一束光线就被全反射到棱镜的底面上(因加拿大树脂的折射率为 1.550)。若底面是黑色涂层,则折射率为 1.658 的寻常光将被吸收,折射率为 1.468 的非寻常光则通过树脂而不产生全反射现象,就获得一束单一的平面偏振光。用于产生偏振光的棱镜称为起偏镜,从起偏镜出来的偏振光仅限于在一个平面上振动。假如再有另一个尼柯尔棱镜,其透射面与起偏镜的透射面平行,则起偏镜出来的一束光线也必能通过第二个棱镜,第二个棱镜称为检偏镜。若起偏镜与检偏镜的透射面相互垂直,则由起偏镜来的光线完全不能通过检偏镜。如果起偏镜和检偏镜的两个透射面的夹角(θ 角)在 0°~90°,则由起偏镜来的光线部分透过检偏镜,如图Ⅲ-4-12 所示。一束振幅为 E 的 OA 方向的平面偏振光,可以分解成为互相垂直的两个分量,其振幅分别为 $E \cdot \cos\theta$ 和 $E \cdot \sin\theta$。但只有与 OB 重合的具有振幅 $E \cdot \cos\theta$ 的偏振光才能透过检偏镜,透过检偏镜的振幅为 $OB = E \cdot \cos\theta$,由于光的强度 I 正比于光的振幅的平方,因此:

$$I = OB^2 = E^2 \cdot \cos^2\theta = I_0 \cdot \cos^2\theta \qquad (\text{III}.4.18)$$

式中 I 为透过检偏镜的光的强度;I_0 为透过起偏镜的光的强度。当 $\theta = 0°$ 时,$E \cdot \cos\theta = E$,此时透过检偏镜的光最强。当 $\theta = 90°$ 时,$E \cdot \cos\theta = 0$,此时没有光透过检偏镜,光最弱。旋光仪就是利用透光的强弱来测定旋光物质的旋光度的。

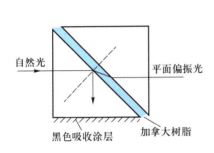

图Ⅲ-4-11　尼柯尔棱镜的起偏原理

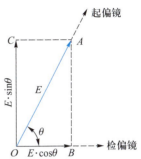

图Ⅲ-4-12　偏振光强度

旋光仪的结构如图Ⅲ-4-13 所示。图中,S 为钠光光源,N_1 为起偏镜,N_2 为一石英片,N_3 为检偏镜,P 为旋光管(盛放待测溶液),A 为目镜的视野。N_3 上附有刻度盘,当旋转 N_3 时,刻度盘随同转动,其旋转的角度可以从刻度盘上读出。

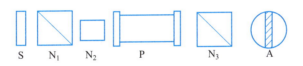

图Ⅲ-4-13　旋光仪的结构示意图

若转动 N_3 的透射面与 N_1 的透射面相互垂直,则在目镜中观察到视野呈黑暗。若在旋光管中盛以待测溶液,由于待测溶液具有旋光性,必须将 N_3 相应旋转一定的角度 α,目镜中才会又呈黑暗,α 即为该物质的旋光度。但人们的视力对鉴别二次全黑相同的误差较大(可差 $4° \sim 6°$),因此设计了一种三分视野或二分视野,以提高人们观察的精确度。

为此,在 N_1 后放一块狭长的石英片 N_2,其位置恰巧在 N_1 中部。石英片具有旋光性,偏振光经 N_2 后偏转了一角度 α,在 N_2 后观察到的视野如图Ⅲ-4-14(a)所示。OA 是经 N_1 后的振动方向,OA' 是经 N_1 后再经 N_2 后的振动方向,此时左右两侧亮度相同,而与中间不同,α 角称为半荫角。如果旋转 N_3 的位置使其透射面 OB 与 OA' 垂直,则经过石英片 N_2 的偏振光不能透过 N_3。目镜视野中出现中部黑暗而左右两侧较亮,如图Ⅲ-4-14(b)所示。若旋转 N_3 位置使 OB 与 OA 垂直,则目镜视野中部较亮而两侧黑暗,如图Ⅲ-4-14(c)所示。如调节 N_3 位置使 OB 的位置恰巧在图Ⅲ-4-14(c)和(b)的情况之间,则可以使视野三部分明暗相同,如图Ⅲ-4-14(d)所示。此时 OB 恰好垂直于半荫角的角平分线 OP。由于人们视力对选择明暗相同的三分视野易于判断,因此在测定时先在 P 旋光管中盛无旋光性的蒸馏水,转动 N₃,调节三分视野明暗度相同,此时的度数作为仪器的零点。当 P 旋光管中盛具有旋光性的溶液后,由于 OA 和 OA′ 的振动方向都被转动过某一角度,只要相应地把检偏镜 N₃ 转动某一角度,就能使三分视野的明暗度相同,所得读数与零点之差即为待测溶液的旋光度。测定时若需将检偏镜 N₃ 顺时针方向转某一角度,使三分视野明暗相同,则待测物质为右旋。反之则为左旋,常在角度前加负号表示。

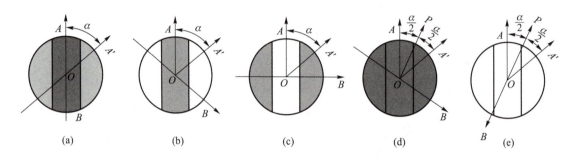

图Ⅲ-4-14　旋光仪的测定原理

若调节检偏镜 N₃,使 OB 与 OP 重合,如图Ⅲ-4-14(e)所示,则三分视野的明暗也应相同,但是 OA 与 OA′ 在 OB 上的光的强度比 OB 垂直 OP 时大,三分视野特别亮。由于人们的眼睛对弱亮度变化比较灵敏,调节亮度相等的位置更为精确。所以总是选取 OB 与 OP 垂直的情况作为旋光度的标准。

使用旋光仪测定旋光度的步骤如下:

(1) 旋光仪零点校正。把旋光管一端的管盖旋开(注意盖内玻片,以防摔碎),洗净旋光管,用蒸馏水充满,使液体在管口形成一凸出的液面,然后沿管口将玻片轻轻推入盖好(旋光管内不能有气泡,以免观察时视野模糊)。旋紧管盖,用干净纱布擦干旋光管外面及玻片外面的水渍。把旋光管放入旋光仪中,打开电源,预热仪器数分钟。旋转刻度盘直至三分视野中明暗度相同为止,以此为零点。

(2) 旋光度的测定。把具有旋光性的待测溶液装入旋光管,按上法进行测定,记下测得的旋光度数据。

4.5.3　自动指示旋光仪结构及测定原理

国产自动指示旋光仪的三分视野检测与检偏镜角度的调整,是采用光电检测器,通过电子放大及机械反馈系统自动进行的,最后用数字显示。这种仪器具有体积小、灵敏度高、读数方便、减少人为观察三分视野明暗度相同时产生的误差的优点,对低旋光度样品也能适用。

W22-2 型自动数字显示旋光仪,其结构原理如图Ⅲ-4-15 所示。

该仪器以 20 W 钠光灯作光源,由小孔光栅和物镜组成一个简单的光源平行光管,平行光经偏振镜(Ⅰ)变为平面偏振光,当偏振光经过有法拉第效应的磁旋线圈时,其振动面产生 50 Hz 的一定角度的往复摆动。通过样品后偏振光振动面旋转一个角度,光线经过偏振镜(Ⅱ)投射到光电倍增管上,产生交变的电信号,经功率放大器放大后显示读数。仪器示数平衡后,伺服电动机通过涡轮涡杆将偏振镜(Ⅰ)反向转过一个角度,补偿了样品的旋光度,仪器回到光学零点。

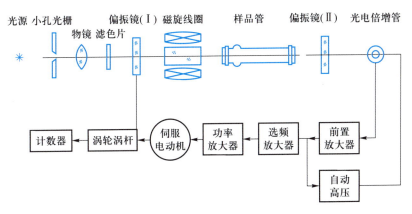

图Ⅲ-4-15　W22-2型自动数字显示旋光仪结构原理示意图

4.5.4　影响旋光度测定的因素

1. 溶剂的影响

旋光物质的旋光度主要取决于物质本身的构型,还与光线透过物质的厚度、测定时所用的光的波长及温度有关。若待测物质是溶液,则影响因素还包括物质的浓度,溶剂可能也有一定的影响,因此在不同的条件下,旋光物质旋光度的测定结果往往不一样。由于旋光度与溶剂有关,故测定比旋光度$[\alpha]_t^D$时,应说明使用什么溶剂,如不特别说明,则认为以水为溶剂。

2. 温度的影响

温度升高会使旋光管长度增加,降低液体的密度。温度的变化还可能引起分子间缔合或解离,使分子本身旋光度发生改变。一般来说,温度效应的表达式如下:

$$[\alpha]_t^\lambda = [\alpha]_{20}^D + Z(t - 20) \qquad (Ⅲ.4.19)$$

式中Z为温度系数;t为测定时的温度。

各种物质的Z值不同,一般均在$-0.04 \sim -0.01\ \text{℃}^{-1}$。因此,测定时必须恒温,在旋光管上装恒温夹套,与超级恒温槽配套使用。

3. 浓度和旋光管长度的影响

在固定的实验条件下,旋光物质的旋光度通常与旋光物的浓度成正比,因为视比旋光度为一常数。但是旋光度和溶液的浓度之间并非严格地呈线性关系,所以旋光物质的比旋光度严格地说并非常数。在给出$[\alpha]_t^D$时,必须说明测定浓度。在精密的测定中比旋光度和浓度之间的关系一般可用拜奥特(Biot)提出的三个方程式之一表示:

$$[\alpha]_t^\lambda = A + Bq \qquad (Ⅲ.4.20)$$

$$[\alpha]_t^\lambda = A + Bq + Cq^2 \qquad (Ⅲ.4.21)$$

$$[\alpha]_t^\lambda = A + \frac{Bq}{C + q} \qquad (Ⅲ.4.22)$$

式中q为溶液的浓度;A、B、C均为常数。式(Ⅲ.4.20)代表一条直线,式(Ⅲ.4.21)为一抛物线,式(Ⅲ.4.22)为双曲线。常数A、B、C可从不同浓度的几次测定中加以确定。

旋光度与旋光管的长度成正比。旋光管一般有10 cm、20 cm、22 cm三种长度。使用10 cm的旋光管计算比旋光度比较方便,但对旋光能力较弱或者较稀的溶液,为了提高准确度,降低读数的相对误差,可用 20 cm 或 22 cm 的旋光管。

4.6 相对介电常数的测定

4.6.1 相对介电常数与浓度的关系

相对介电常数是一个重要的物理量,其定义为

$$\varepsilon_r = \frac{C}{C_0} \tag{III.4.23}$$

式中 C_0 为电容器两板极间处于真空时的电容量;C 为充以电解质时的电容量。对溶液而言,相对介电常数与溶液的浓度有关。对于稀溶液,可近似表示为

$$\varepsilon_{r溶} = \varepsilon_1(1 + \alpha x_2) \tag{III.4.24}$$

式中 ε_1 为溶剂的相对介电常数;$\varepsilon_{r溶}$、x_2 分别为溶液的相对介电常数和溶质的摩尔分数;α 为常数。

由式(III.4.24)可以看出稀溶液的相对介电常数与浓度呈线性关系。

4.6.2 电解质稀溶液浓度的测定

(1)配制一系列已知浓度的电解质溶液,并分别测定其相对介电常数。

(2)以 $\varepsilon_{r溶}$ - x_2 作图。

(3)测定未知浓度样品的相对介电常数 ε_r,在 $\varepsilon_{r溶}$ - x_2 图上,查出该样品的溶质的摩尔分数。

测定相对介电常数的仪器采用小电容测定仪,如 ZJ-3J 型介电常数测定仪、PCM-1A 型小电容测定仪等,该类仪器体积小、操作方便,且数字显示。

4.6.3 精密小电容测定仪

该类仪器由电容池、信号放大器、桥路放大器、指示放大器、数字显示器、电源组成。实验中要获得溶液的相对介电常数,可通过对其电容的测定而达到。溶液的电容测定需配置一个特殊设计的电容池,如图 III-4-16 所示。

电容测定仪测定原理如图 III-4-17 所示。

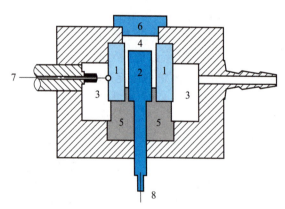

1—外电极;2—内电极;3—恒温室;4—样品室;5—绝缘板;
6—池盖;7—外电极接线;8—内电极接线

图 III-4-16 电容池

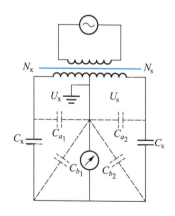

图 III-4-17 电容测定仪测定
原理示意图

电容的平衡条件是

$$C_x / C_s = u_s / u_x \qquad (\text{III}.4.25)$$

测定 C_x 的精密度取决于作比较用的标准元件 C_s 和比臂分压比 u_s / u_x。C_x 为电容池两极间实测电容，C_s 为标准的差动电容。调节 C_s，只有当 $C_s = C_x$ 时，$u_s = u_x$，此时指示放大器输出趋于零，C_s 值可读出，C_x 值便可求得。

在小电容测定仪测定电容时，除电容池两极间的电容 C_c 外，整个测试系统中还有分布电容 C_d 的存在，所以实测电容应为 C_c 和 C_d 之和，即

$$C_x = C_c + C_d \qquad (\text{III}.4.26)$$

C_c 随待测物质而异，而 C_d 对同一台仪器（包括所配的电容池）来说是一定值，故需先测出 C_d 值，并在以后每次测定中扣除 C_d 值，才能得到待测物质的电容 C_c。其测定方法为：先测定一已知相对介电常数为 $\varepsilon_{标}$ 的标准物质的电容 $C'_{标}$，则

$$C'_{标} = C_{标} + C_d \qquad (\text{III}.4.27)$$

而不放样品时所测电容 $C'_{空气}$ 为

$$C'_{空气} = C_{空气} + C_d \qquad (\text{III}.4.28)$$

两式相减得

$$C'_{标} - C'_{空气} = C_{标} - C_{空气} \qquad (\text{III}.4.29)$$

已知物质相对介电常数 ε_r 等于电解质的电容与真空时的电容之比，如果把空气的电容近似看作真空时的电容，则可得

$$\varepsilon_{r标} = C_{标} / C_{空气} \qquad (\text{III}.4.30)$$

所以式（III.4.29）变为

$$C'_{标} - C'_{空气} = \varepsilon_{r标} \cdot C_{空气} - C_{空气} = (\varepsilon_{r标} - 1) C_{空气} \qquad (\text{III}.4.31)$$

$$C_{空气} = (C'_{标} - C'_{空气}) / (\varepsilon_{r标} - 1) \qquad (\text{III}.4.32)$$

从而求出

$$C_d = C'_{空气} - C_{空气}$$

式中 $C'_{空气}$ 为实测的二板极间空气电容；$C_{空气}$ 是通过式（III.4.32）计算出的电容。

目前许多实验室使用的 PCM-1A 型数字式电容测量仪、ZJ-3J 型介电常数测定仪均属该类仪器。

4.6.4　PCM-1A 型数字式电容测量仪的使用方法

（1）将仪器电源线接上电源，揿下小电容测定仪背后的电源开关，使仪器预热 10 min。

（2）按校零揿钮，使数字显示屏显示为 0。

（3）将电容池的两极分别接入 PCM-1A 型数字式电容测量仪的电极接头处。

（4）用洗耳球吹干电容池电极及底座，将电容池电极放回底座中，此时测得数值为空气实测电容值 $C'_{空气}$。

（5）用移液管或移液枪量取 3 mL 被测溶液，注入电容池底座中，放入电容池电极，此时测得数值即为被测溶液的实际测定的电容值 C_x。

（6）用针筒抽出电容池底座中的样品，用洗耳球吹干电容池，使数字显示值为空气的电容 $C'_{空气}$。

4.6.5 实验注意事项

水是极性分子,相对介电常数很大,所以要防止被测样品吸水。在测定时把电容池电极及时放回电容池中,既防止样品吸水,又防止样品挥发。

要保持小电容池清洁干燥,测定样品后一定要用洗耳球吹干,待数字显示恢复到空气的电容 $C'_{空气}$ 后才可进行其他样品的测定。

4.7 吸光度的测定

在电磁波谱中,紫外可见光波长为 4~800 nm,其中 4~200 nm 为远紫外光区,又称真空紫外光区。要测定这一区域的仪器的光路系统必须抽真空,防止潮湿空气、氧气、氯气及二氧化碳等对这一段电磁波产生吸收而干扰。波长 200~400 nm 为近紫外光区,玻璃对 300 nm 以下的电磁波辐射产生强烈吸收,故采用石英比色皿。波长 400~800 nm 称可见光区。本节主要介绍紫外光栅分光光度计,其波长范围在 220~800 nm。

4.7.1 吸光度与浓度的关系

溶液中的物质在光的照射下,其原子和分子中的电子吸收光的能量,发生能级跃迁。物质对光的吸收具有选择性,不同的物质有各自的吸收光带,所以一束光通过某一物质时,只有某些波长的光会被吸收。在一定波长下,溶液中某一物质的浓度与光能量的减弱程度有一定的比例关系,符合比色原理,根据朗伯-比尔(Lambert-Beer)定律可知,溶液的吸光度与吸光物质的浓度及吸光层厚度成正比,即

$$A = \lg \frac{I_0}{I} = \kappa l c$$

4.7.2 溶液浓度的测定

(1)吸收曲线的测定。在不同波长下测定被测样品的吸光度 A,以吸光度 A 对波长 λ 作图,图中最大吸收峰波长即为该样品的特征吸收峰波长。

(2)工作曲线的测定。配制一系列已知浓度的样品,分别在特征吸收峰波长下测定吸光度值,以 $A-c$ 作图,得到该样品的工作曲线。

(3)在特征吸收峰波长下测定未知浓度样品的吸光度,对照工作曲线,求得样品的浓度。

可使用分光光度计测定吸光度值。国产分光光度计的种类和型号较多,实验室常用的有 72 型、721 型、722 型、752 型等。752 型为紫外光栅分光光度计,既可在波长为 200~400 nm 的近紫外光区测定,又可在波长为 400~800 nm 的可见光区测定。

4.7.3 752 型紫外光栅分光光度计

(1)结构原理。752 型紫外光栅分光光度计由光源室、单色器、样品室、光电管暗盒、电子系统及数字显示器等部件组成,其工作原理如图Ⅲ-4-18 所示,内部光路如图Ⅲ-4-19 所示。

从钨灯或氢灯发出的连续辐射经滤色片选择、聚光镜聚光后投向单色器入射狭缝,此入射狭缝正好处于聚光镜及单色器内准直镜的焦平面上,因此进入单色器的复合光通过平面反射镜反射及准直镜准直变成平行光射向色散元件光栅;光栅将入射的复合光通过衍射作用形成按照一定顺序均匀排列的连续单色光谱,此时单色光谱重新回到准直镜上,由于仪器出射狭缝设置在准直镜的焦面上,这样,从光栅色散出来的光谱经准直镜后利用聚光原理成像在出射狭缝上;出射狭缝选出指定带宽的单色光通过聚光镜落在样品室被测样品中心,样品吸收后透射的光经光门

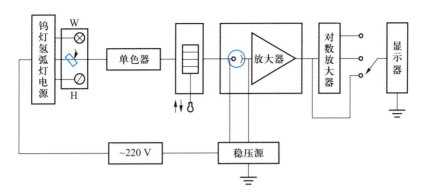

图Ⅲ-4-18　752型紫外光栅分光光度计的工作原理示意图

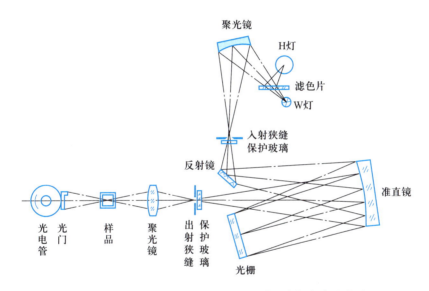

图Ⅲ-4-19　752型紫外光栅分光光度计的内部光路示意图

射向光电管阴极面。根据光电效应原理,会产生一股微弱的光电流。此光电流经微电流放大器的电流放大,送到数字显示器显示,测出 I 值。另外,微电流放大器放大的电流通过对数放大器以实现对数转换,使数字显示器显示 A 值。根据朗伯-比尔定律,样品浓度与吸光度成正比,则可根据不同的需要,直接测出被测样品的浓度 c。

（2）操作步骤。752型紫外光栅分光光度计的仪器面板如图Ⅲ-4-20所示。

① 将灵敏度旋钮调至"1"挡(放大倍数最小)。

② 按电源开关,钨灯点亮,若测试不需紫外部分,仪器预热即可使用。若需用紫外部分则按"氢灯"开关,氢灯电源接通,再按氢灯触发按钮,氢灯点亮,仪器预热 30 min(仪器背后有一只钨灯开关,如不需用钨灯时,可将其关闭)。

③ 选择开关置于"T"。

④ 打开样品室盖,调节"0%"旋钮,使数字显示为"000.0"。

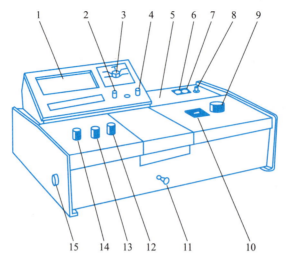

1—数字显示器；2—吸光度调零旋钮；3— 选择开关；4—浓度旋钮；5—光源室；6—电源开关；

7—氢灯电源开关；8—氢灯触发按钮；9—波长手轮；10—波长刻度窗；11—样品架拉手；

12—100%T旋钮；13— 0%T旋钮；14—灵敏度旋钮；15—干燥器

图Ⅲ-4-20　752型紫外光栅分光光度计的仪器面板示意图

⑤ 将波长置于所需测的波长。

⑥ 将装有参比溶液和被测溶液的比色皿置于比色皿架中。

⑦ 盖上样品室盖，将参比溶液比色皿置于光路，调节透射率"100%"旋钮，使数字显示为"100.0"。如果显示不到"100.0"，则可适当增加灵敏度旋钮的挡数以调节至"100.0"；同时应重复操作（4），调节"0%"旋钮，使数字显示为"000.0"。最后盖上样品室盖，将被测溶液置于光路，数字显示值即为溶液的透射率。

⑧ 若需测定吸光度，则在完成④～⑦调节后，再将选择开关置于"A"，此时数字显示为"0.000"。最后将被测溶液置于光路，数字显示值即为溶液的吸光度。

⑨ 浓度c的测定：将选择开关由"A"旋至"C"，先将已知标定浓度的溶液置于光路，调节浓度旋钮使数字显示为标定值，最后将被测溶液置于光路，即可显示出相应的浓度值。

（3）操作注意事项。

① 测定波长在360 nm以上时，可用玻璃比色皿，测定波长在360 nm以下时，需用石英比色皿。比色皿外部要用擦镜纸单向擦干，不能用手触摸光面的表面。

② 每套仪器配套的比色皿不能与其他仪器的比色皿单个调换。因损坏需增补时，应经校正后才可使用。

③ 每次更换波长，必须重新进行透射率0%和100%调节。

④ 开启关闭样品室盖时，需轻轻地操作，防止损坏光门开关。

⑤ 不测量时，应使样品室盖处于开启状态，否则会使光电管疲劳，数字显示不稳定。

⑥ 如大幅调整波长时，需等数分钟才能工作。因为光能量变化急剧，使光电管受光后响应缓慢，需一段光响应平衡时间。

⑦ 保持仪器洁净、干燥。

4.7.4　UNICO7200 型分光光度计

UNICO7200 型分光光度计(见图Ⅲ-4-21)的工作原理与 752 型紫外光栅分光光度计相似,但该仪器未配备氢灯,只能检测可见光范围(325～1000 nm)的吸光度。因为应用了最新计算机处理技术,具有自动调校 $0\%T$ 和 $100\%T$ 等控制功能,使操作更为便捷。

其操作步骤如下:

① 打开电源,仪器自检,预热 20 min。

② 打开样品室盖,将 $0\%T$ 校具(黑体)、参比液比色皿、样品液比色皿依次放入比色皿槽中,关闭样品盖。

③ 旋转"WAVELENGTH"旋钮,将波长调至所需波长。

④ 将黑体置于光路中,按"MODE"键调至"TRANSMITTANCE"(透过率)模式,按"$0\%T$"键,仪器自动校正后显示为 0.000。

⑤ 将参比液比色皿置于光路,按"100%"键,仪器自动校正后显示为 100.0。

⑥ 按"MODE"键调至"ABSORBANCE"(吸光度)模式,仪器显示为 0.000。

⑦ 将样品液比色皿置于光路,此时显示的数值即为样品液的吸光度数值。

UNICO7200 型分光光度计的操作注意事项与 752 型紫外光栅分光光度计相似,但因其光路靠黑体来遮挡,不测量时尽量将黑体置于光路位置,避免光电管疲劳。

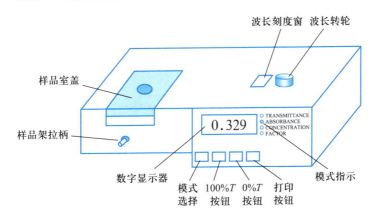

图Ⅲ-4-21　UNICO7200 型分光光度计

第五章　电化学测量技术及仪器

电化学测定技术在物化实验中占有重要地位,常用来测定电解质溶液的热力学函数。在平衡条件下,电势的测定可应用于活度系数、溶度积、pH 等的测定。在非平衡条件下,电势的测定常用于定性分析、定量分析、扩散系数的测定以及电极反应动力学与机理的研究等。

电化学测定技术的内容丰富多彩,除了传统的电化学研究方法外,目前利用光、电、声、磁、辐射等实验技术来研究电极表面,逐渐形成一个非传统的电化学研究方法的新领域。

作为基础物理化学实验课程中的电化学部分,本章主要介绍传统的电化学测定与研究方法。只有掌握了这些基本方法,才有可能理解和运用近代研究方法。

5.1　电导的测定及仪器

5.1.1　电导及电导率

电解质的电导是熔融盐和碱的一种性质,也是盐、酸液和碱水溶液的一种性质。电导不仅可反映电解质溶液中离子存在的状态及运动的信息,而且由于稀溶液中电导与离子浓度之间的简单线性关系,还可被广泛用于分析化学与化学动力学过程的研究。

电导是电阻的倒数,因此,电导值实际上是测定电阻值后再通过换算得到的。由于离子在电极上会发生放电,溶液电导测定过程中会产生极化,因而测定电导时要使用频率足够高的交流电,以防止电解产物的产生;所用的电极镀铂黑以减少超电位,并且使电导的最后读数是在零电流时记取,这也是超电位为零的位置。

对于化学家来说,更感兴趣的物理量是电导率:

$$\kappa = G\,\frac{l}{A} \tag{Ⅲ.5.1}$$

式中 l 为测定电解质溶液时两电极间距离,单位为 m;A 为电极面积,单位为 m^2;G 为电导,单位为 S(西门子);κ 为电导率,指电极面积为 1 m^2、两电极相距 1 m 时溶液的电导,单位为 $S \cdot m^{-1}$(西门子每米)。

电解质溶液的摩尔电导率 Λ_m 是指把含有 1 mol 电解质的溶液置于相距为 1 m 的两个电极之间的电导,摩尔电导率的单位为 $S \cdot m^2 \cdot mol^{-1}$。若溶液浓度为 $c(mol \cdot L^{-1})$,则含有 1 mol 电解质的溶液的体积为 $10^{-3} m^3/C$,则有

$$\Lambda_m = \kappa \cdot \frac{10^{-3}}{c} \tag{Ⅲ.5.2}$$

若用同一仪器依次测定一系列液体的电导,由于电极面积(A)与电极间距离(l)保持不变,则相对电导就等于相对电导率。

5.1.2 电导的测定及仪器

1. 交流电桥法

测定电解质溶液电导时,可用交流电桥法,其简单原理如图Ⅲ-5-1所示。

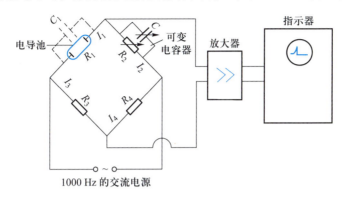

图Ⅲ-5-1 交流电桥装置示意图

将待测溶液装入具有两个固定的镀有铂黑的铂电极的电导池中,电导池内溶液的电阻为

$$R_x = \frac{R_2 R_3}{R_1} \tag{Ⅲ.5.3}$$

因为电导池的作用相当于一个电容器,故电桥电路就包含一个可变电容C,调节电容C来平衡电导池的容抗。将电导池接在电桥的一臂,以1000 Hz的振荡器作为交流电源,以示波器作为零电流指示器(不能用直流检流计),在寻找零点的过程中,电桥输出信号十分微弱,因此示波器前加一放大器,得到R_x后,即可换算成电导。

2. DDS-11型电导率仪

DDS-11型电导率仪是早期用于测定电解质溶液电导率的仪器,它的测定范围广,操作简便,当配上适当的组合单元后,可达到自动记录的目的。

(1)测定原理。由图Ⅲ-5-2可知:

$$E_m = ER_m/(R_m + R_x) = ER_m/(R_m + Q/\kappa) \tag{Ⅲ.5.4}$$

由式(Ⅲ.5.4)可知,当E、R_m和Q均为常数时,由电导率κ的变化必将引起E_m作相应变化,所以测定E_m的大小,也就测得液体电导率的数值。

(2)测定范围。

① 测定范围0~10^5 μS·cm^{-1},分12个量程。② 配套电极 DJS-1型光亮电极;DJS-1型铂黑电极;DJS-10型铂黑电极。③ 量程范围与配套电极列在表Ⅲ-5-1中。

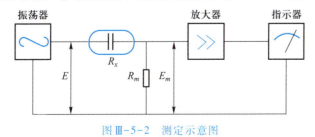

图Ⅲ-5-2 测定示意图

表Ⅲ-5-1　量程范围及配套电极

量程	电导率/(μS·cm^{-1})	测量频率	配套电极
1	0~0.1	低周	DJS-1 型光亮电极
2	0~0.3	低周	DJS-1 型光亮电极
3	0~1	低周	DJS-1 型光亮电极
4	0~3	低周	DJS-1 型光亮电极
5	0~10	低周	DJS-1 型光亮电极
6	0~30	低周	DJS-1 型铂黑电极
7	0~10^2	低周	DJS-1 型铂黑电极
8	0~3×10^2	低周	DJS-1 型铂黑电极
9	0~10^3	高周	DJS-1 型铂黑电极
10	0~3×10^3	高周	DJS-1 型铂黑电极
11	0~10^4	高周	DJS-1 型铂黑电极
12	0~10^5	高周	DJS-10 型铂黑电极

（3）使用方法。DDS-11A 型电导率仪的操作步骤如下：

① 未开电源前，观察表头指针是否指在零，如不指零，则应调整表头上的调零螺丝，使表针指零。

② 将校正、测量开关拨在"校正"位置。

③ 将电源插头先插在仪器插座上，再接电源。打开电源开关，并预热几分钟，待指针完全稳定下来为止。调节校正调节器，使电表满度指示。

④ 根据溶液电导率的大小选用低周或高周，将开关指向所选择频率（参见表Ⅲ-5-1）。

⑤ 将量程选择开关拨到所需要的测量范围。如预先不知道待测溶液的电导率范围，应先把开关拨在最大测量挡，然后逐挡下调。

⑥ 根据溶液电导率的大小选用不同电极，使用 DJS-1 型光亮电极和 DJS-1 型铂黑电极时，把电极常数调节器调节在与配套电极的常数相对应的位置上。例如，配套电极常数为 0.95，则电极常数调节器上的白线调节在 0.95 的位置处。如选用 DJS-10 型铂黑电极，这时应把调节器调在 0.95 位置上，再将测得的读数乘以 10，即为待测溶液的电导率。

⑦ 电极使用时，用电极夹夹紧电极的胶木帽，并通过电极夹把电极固定在电极杆上，将电极插头插入电极插口内。旋紧插口上的紧固螺丝，再将电极浸入待测溶液中。

⑧ 将校正、测量开关拨在"校正"，调节校正调节器使指示在满刻度。

⑨ 将校正、测量开关拨向测量，这时指示读数乘以量程开关的倍率，即为待测溶液的实际电导率。例如，量程开关放在 0~10^3 μS·cm^{-1} 挡，电表指示为 0.5，则被测溶液电导率为 0.5 × 10^3 μS·cm^{-1} = 500 μS·cm^{-1}。

⑩ 量程开关指向黑点时，读表头上刻度为 0~1.0 μS·cm^{-1} 的数值；量程开关指向红点时，读表头上刻度为 0~3 的数值。

⑪ 当用 0~0.1 μS·cm⁻¹ 或 0~0.3 μS·cm⁻¹ 这两挡测定纯水的电导率时,在电极未浸入溶液前,调节电容补偿器,使电表指示为最小值(此最小值是电极铂片间的漏电阻,由于此漏电阻的存在,使调节电容补偿器时电表指针不能达到零点),然后开始测定。

(4)注意事项。

① 电极的引线不能潮湿,否则测定不准。

② 高纯水被盛入容器后要迅速测定,否则空气中 CO_2 溶入水中,引起电导率的很快增加。

③ 盛待测溶液的容器需排除离子的沾污。

④ 每测一份样品后,电极要用蒸馏水冲洗,用吸水纸吸干时,切忌擦及铂黑,以免铂黑脱落,引起电极常数的改变。可用待测溶液淋洗三次后再进行测定。

3. DDS-11A(T)数字电导率仪

DDS-11A(T)数字电导率仪采用相敏检波技术和纯水电导率温度补偿技术。该仪器特别适用于纯水、超纯水电导率的测定。

(1)主要技术性能。

测量范围:0~2 S·cm⁻¹;

精确度:±1% (F·s);

温度补偿范围:1~18 MΩ·cm 纯水。

(2)仪器的使用。

① 接通电源,预热 30 min。

② 将温度补偿电位器旋钮刻度线对准 25 ℃,按下"校正"键,调节"校正"电位器,使显值与所配用电极常数相同。例如,电极常数为 1.08,调节仪器数显为 1.080;电极常数为 0.86,调节仪器数显为 0.860;若电极常数为 0.01、0.1 或 10 的电极,必须将电极上所标常数值除以标称值。例如,电极上所标常数为 10.5,则调节仪器数显为 1.050。即

$$\frac{10.5(电极常数值)}{10(电极常数标称值)} = 1.050$$

调节"校正"电位器时,电导电极需浸入待测溶液。

③ 测定时,按下相应的量程键,仪器读数即是被测溶液的电导率值。

若电极常数标称值不是 1,则所测的读数应与标称值相乘,所得结果才是被测溶液的电导率值。

例如,电极常数标称值 0.1,测定时,数显值为 1.85 μS·cm⁻¹,则此溶液实际电导率值是

$$1.85\ \mu S·cm^{-1} \times 0.1 = 0.185\ \mu S·cm^{-1}$$

电极常数标称值是 10,测定时数显值为 284 μS·cm⁻¹,则此溶液实际电导率值是

$$284\ \mu S·cm^{-1} \times 10 = 2840\ \mu S·cm^{-1} = 2.84\ mS·cm^{-1}$$

④ 温度补偿的使用。

(a)根据所测纯水的纯度(MΩ·cm),将纯水补偿转换开关置于相应挡位,温度补偿置于 25 ℃。

(b)按下校正键,调节校正旋钮,按电极常数调节仪器数显值。

(c)按下相应量程,调节温度补偿器至纯水实际温度值,仪器数显值即换算成 25 ℃时纯水的电导率值。

（3）使用注意事项。

① 电极的引线、连接杆不能受潮、沾污。

② 在量程转换开关转换时，一定要对仪器重新校正。

③ 电极选用一定要按表Ⅲ-5-2 的规定，即低电导时（如纯水）用光亮电极，高电导时用铂黑电极。

④ 应尽量选用读数接近满度值的量程测定，以减少测量误差。

⑤ 校正仪器时，温度补偿电位器必须置于 25 ℃ 位置。

⑥ 温度补偿电位器置于 25 ℃，纯水补偿转换开关保持不变，各量程的测定结果均未温度补偿。

表Ⅲ-5-2　电极选用表

量程	开关（K_1）	测量范围/（$\mu S \cdot cm^{-1}$）	采用电极
0~2		0~2	$J = 0.01$ 或 0.1 电极
0~20	$\mu S \cdot cm^{-1}$	0~20	$J = 1$ 光亮电极
0~200		0~200	DJS-1 铂黑电极
0~2		0~2 × 10^3	DJS-1 铂黑电极
0~20	$mS \cdot cm^{-1}$	0~2 × 10^4	DJS-1 铂黑电极
0~20		0~2 × 10^5	DJS-10 铂黑电极
0~200		0~2 × 10^6	DJS-10 铂黑电极

4. FE30 型电导率仪（METTLER TOLEDO）

（1）主要技术性能。

温度范围：0.0~100.0 ℃；

温度精度：±0.3 ℃；

电导率范围：0.00 $\mu S \cdot cm^{-1}$ ~199.9 $mS \cdot cm^{-1}$；

电导率精度：±0.5% 量程。

（2）仪器的使用。

① 打开电源，仪器预热 20 min。

② 用去离子水或电导水清洗电极，擦干外壁，轻轻吸掉内壁上水，浸入电导率标准溶液中。

③ 参数设置。按"设置"键，进入设置状态，按"读数"键切换需设置的参数，按"模式"键选择具体数值，按"读数"键保存并进入下一项。第一项（标准溶液系列）选择"1"（右下角）；第二项（标准溶液电导率）选择"1413 $\mu S \cdot cm^{-1}$"；第三项（温度系数）设置为"1.88 %/℃"或者"0 %/℃"（前者进行温度校正，后者不进行温度校正）；第四项（标准温度）选择"25 ℃"；第五项及以后默认即可。设置完毕，按"读数"键退出设置状态。

④ 长按"读数"键，根据需要切换为自动（显示"A"）或者手动模式（不显示"A"）。

⑤ 按"校准"按钮，仪器自动进行校正。在自动模式下，校正结束，仪器自动退回到主界面；在手动模式下，待出现"Γ"后，需按"读数"键才能退出校正模式。按"读数"键，测定标准溶液电

导率数值。

⑥ 取出电极,用去离子水或电导水冲洗干净,外壁用吸水纸擦干,内壁可轻轻吸干(或用待测溶液淋洗3次),然后浸入待测溶液中。

⑦ 按下"读数"键,待显示的电导率及温度稳定后,记下当前电导率和温度。

⑧ 取出电极,用去离子水冲洗后备用。

（3）使用注意事项。

① 待测溶液要淹没电导池电极测量端,若部分电极露出液面会导致所测电导率偏小,同时温度显示也不正确。

② 待电极在待测溶液中放置几分钟,显示的温度稳定后再读数,否则数值与真实值会出现偏差。若设置了温度校正(温度系数不为零),电导率仪会将显示温度的电导率自动校正为25 ℃时的电导率,温度不准确会导致校正值相应出现误差。

③ 如要实时监控电导率随时间的变化,不能使用"自动"模式,需要切换到"手动"模式,否则因为自动模式下显示的电导率会停留于某一数值,影响观察和记录。

5.2 原电池电动势的测定

原电池电动势是指当外电流为0时两电极间的电势差。而有外电流时,这两极间的电势差称为电池电压:

$$U = E - IR \qquad (\text{Ⅲ}.5.5)$$

因此,电池电动势的测定必须在可逆条件下进行,否则所得电动势没有热力学意义。可逆条件必须满足:(1)电极上的化学反应可向正、反两个方向进行;(2)不论是充电还是放电,所通过的电流必须十分微小,电池在接近平衡状态下工作。可逆电池电动势与参与平衡的电极反应的各溶液活度之间的关系完全由该反应的能斯特方程决定。

5.2.1 测定基本原理

利用对消法可以准确测定原电池的电动势。对消法测电动势的基本电路如图Ⅲ-5-3所示。通过"校正"步骤可实现图中整个AB线的电势差等于标准电池的电势差。标准电池的负端与A相连(即与工作电池呈对消状态),而正端串联一个检流计,通过并联直达B端。调节可调电阻R,使检流计指零,即无电流通过,这时AB线上的电势差就等于标准电池电势差。

测未知电池时,负极与A相连接,而正极通过检流计连到探针C上,将探针C在电阻线AB上来回滑动,直到找出使检流计电流为零的位置。这时:

$$E_x = E_{\text{s.c.}} \frac{AC}{AB} \qquad (\text{Ⅲ}.5.6)$$

5.2.2 液体接界电势与盐桥

1. 液体接界电势

当原电池含有两种电解质界面时,便产生一种称为液体接界电势的电动势,它干扰电池电动势的测定。常用"盐

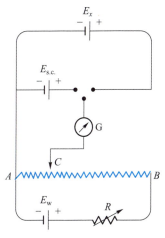

图Ⅲ-5-3 对消法测电动势
的基本电路

桥"来减小液体接界电势。盐桥是指在玻璃管中灌注盐桥溶液,把玻璃管插入两个互相不接触的溶液中,使其导通。

2. 盐桥溶液

盐桥溶液中含有高浓度的盐溶液,甚至是饱和溶液,当饱和的盐溶液与另一种较稀溶液相接界时,主要是盐桥溶液向稀溶液扩散,因此减小了液体接界电势。

选择盐桥溶液中的盐,必须考虑其正、负离子的迁移速率,以迁移速率接近为宜,通常采用氯化钾溶液。

盐桥溶液还必须不与两端的电池溶液发生反应。例如,电池中使用硝酸银溶液,则盐桥溶液就不能用氯化钾溶液,而选择硝酸钾或者硝酸铵溶液较为合适,因为这些溶液中正、负离子的迁移速率比较接近。

盐桥溶液中常加入琼胶作为胶凝剂。由于琼胶含有高蛋白,所以盐桥溶液须新鲜配制。

5.2.3 电极与电极制备

原电池由两个"半电池"所组成,每一个半电池都由一个电极和相应的溶液组成。原电池的电动势则是组成此电池的两个半电池的电极电势的差值。通过被测电极与参比电极组成电池,测此电池电动势,然后根据参比电极的电势就可求出被测电极的电极电势,因此在测定电动势过程中需注意参比电极的选择。下面介绍几种电极:

1. 只有一个相界面的电极,如气体电极、金属电极

(1)标准氢电极。标准氢电极是氢气与氢离子组成的电极,把镀有铂黑的铂片浸入 $a_{H^+} = 1$ 的溶液中,并以 $p_{H_2} = p^\ominus$ 的干燥氢气不断冲击到铂电极上,就构成了标准氢电极,其结构如图Ⅲ-5-4所示。

$$Pt(s) \mid H_2(p = p^\ominus) \mid H^+(a_{H^+} = 1)$$

国际上统一规定标准氢电极的电极电势为零。任何电极都可以与标准氢电极组成电池,但是标准氢电极对氢气纯度要求高,操作比较复杂,氢离子活度必须十分精确,而且氢电极十分敏感,受外界干扰大,用起来十分不方便。

(2)金属电极。其结构简单,只要将金属浸入含有该金属离子的溶液中就构成了半电池。如银电极就属于金属电极:

$$Ag(s) \mid Ag^+(a)$$

电极反应为

$$Ag^+ + e^- \longrightarrow Ag$$

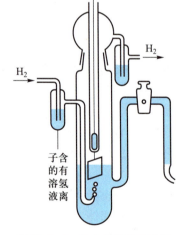
含有
氢离
子的
溶液

图Ⅲ-5-4　氢电极结构示意图

银电极的制备方法如下:购买商品银电极(或银棒)后,先用丙酮溶液洗去银电极表面的油污,或用细砂纸打磨光亮,然后用蒸馏水冲洗干净;按图Ⅲ-5-5接好线路,选择电流密度为 $3 \sim 5 \ mA \cdot cm^{-2}$,镀银30 min,得到银白色紧密银层的镀银电极,用蒸馏水冲洗干净,即可作为银电极使用。

2. 甘汞电极、银-氯化银电极等参比电极

(1)甘汞电极。甘汞电极是实验室中常用的参比电极,具有装置简单、可逆性高、制作方便、电极电势稳定等优点,其构造形状有单液接、双液接两种,如图Ⅲ-5-6所示。不管哪一种形状,在玻璃容器的底部都装入少量的汞,然后装汞和甘汞的糊状物,再注入氯化钾溶液,将作为导体的铂丝插入,即构成甘汞电极。

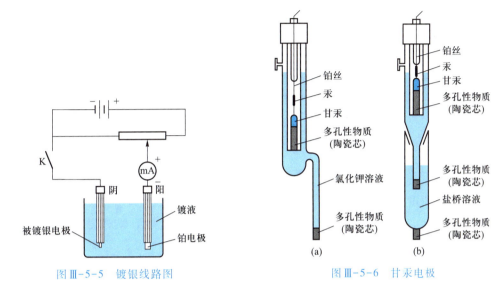

图Ⅲ-5-5　镀银线路图

图Ⅲ-5-6　甘汞电极

甘汞电极表示形式如下:

$$Hg(l) \mid Hg_2Cl_2(s) \mid KCl(a)$$

电极反应为

$$Hg_2Cl_2(s) + 2e^- \longrightarrow 2Hg(l) + 2Cl^-(a_{Cl^-})$$

$$\varphi_{甘汞} = \varphi_{甘汞}^{\ominus} - \frac{RT}{F}\ln a_{Cl^-} \tag{Ⅲ.5.7}$$

从式中可见,$\varphi_{甘汞}$仅与温度和氯离子活度 a_{Cl^-} 有关,即与氯化钾溶液浓度有关。甘汞电极有 $0.1\ mol \cdot L^{-1}$、$1.0\ mol \cdot L^{-1}$ 和饱和氯化钾甘汞电极,其中以饱和氯化钾甘汞电极最为常用(使用时电极内溶液中应保留少许氯化钾晶体以保证溶液的饱和)。不同甘汞电极的电极电势与温度的关系见表Ⅲ-5-3。

表Ⅲ-5-3　不同甘汞电极的电极电势与温度的关系

氯化钾溶液浓度/(mol·L^{-1})	电极电势 $\varphi_{甘汞}$/V
饱和	$0.2412 - 7.6 \times 10^{-4}(t/{}^{\circ}C - 25)$
1.0	$0.2801 - 2.4 \times 10^{-4}(t/{}^{\circ}C - 25)$
0.1	$0.3337 - 7.0 \times 10^{-5}(t/{}^{\circ}C - 25)$

(2)银-氯化银电极。银-氯化银电极是实验室中另一种常用的参比电极,属于金属-难溶盐-负离子型电极。其电极反应及电极电势表示如下:

$$AgCl(s) + e^- \longrightarrow Ag(s) + Cl^-(a_{Cl^-})$$

$$\varphi_{Cl^- \mid AgCl \mid Ag} = \varphi_{Cl^- \mid AgCl \mid Ag}^{\ominus} - \frac{RT}{F}\ln a_{Cl^-} \tag{Ⅲ.5.8}$$

从式中可见，$\varphi_{Cl^-|AgCl|Ag}$ 也只与温度和溶液中氯离子活度有关。

氯化银电极的制备方法很多，较简单的方法是：将 Ag 电极在镀银溶液中镀上一层纯银后，将它作为阳极，铂丝作为阴极，在 1 mol·L^{-1} HCl 溶液中电镀一层 AgCl；把此电极浸入 HCl 溶液，就成了 Ag-AgCl 电极。制备 Ag-AgCl 电极时，在相同的电流密度下，镀银与镀氯化银的时间比控制在 3：1 最为合适。

3. 氧化还原电极

将惰性电极插入含有两种不同价态的离子溶液中也能构成电极，如醌氢醌电极。

$$C_6H_4O_2 + 2H^+ + 2e^- \longrightarrow C_6H_4(OH)_2$$

其电极电势为

$$\varphi = \varphi_{醌氢醌}^{\ominus} - \frac{RT}{2F}\ln \frac{a_{氢醌}}{a_{醌}\, a_{H^+}^2} \qquad (\text{III}.5.9)$$

醌、氢醌在溶液中浓度很小，且浓度相等，即

$$a_{氢醌} = a_{醌}$$

$$\varphi = \varphi_{醌氢醌}^{\ominus} + \frac{RT}{F}\ln a_{H^+} \qquad (\text{III}.5.10)$$

4. 旋转圆盘电极

旋转圆盘电极（rotating disk electrode，RDE）结构如图Ⅲ-5-7 所示。把电极材料加工成圆盘后，用黏合剂将它封入高聚物（如聚四氟乙烯）圆柱体的中心，圆柱体底面与研究电极表面在同一平面内，精密加工抛光。研究电极与圆柱中心轴垂直，处于轴对称位置。电极用电动机直接耦合或传动机构带动，使电极无振动地绕轴旋转，从而使电极下的溶液产生流动，缩短电极过程达到稳定状态的时间，在电极上建立均匀而稳定的表面扩散层，电极上的电流分布也比较均匀稳定。

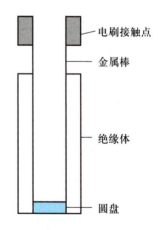

圆盘电极的旋转，引起了溶液中的对流扩散，加强了电活性物质的传质，使电流密度比静止的电极提高 1~2 个数量级，所以用 RDE 研究电极动力学，可以提高相同数量级的速度范围。

对于 25 ℃水溶液，计算可得扩散电流密度为

$$i_d = -0.62nFD^{2/3}\nu^{-1/6}\omega^{1/2}(c_b - c_s) \qquad (\text{III}.5.11)$$

极限扩散电流密度为

$$(i_d)_{lim} = -0.62nFD^{2/3}\nu^{-1/6}\omega^{1/2}c_b \qquad (\text{III}.5.12)$$

式中 F 为法拉第常数；D 为扩散系数；ν 为溶液的运动黏度（即黏度/密度）；ω 为圆盘电极旋转角速度；n 为电极反应的电子得失数；c_b、c_s 分别表示反应物（或产物）的溶液浓度和电极表面浓度。

从计算式可以看出，旋转圆盘电极的应用较广，它可以测定离子扩散系数 D、电极反应得失电子数 n、电化学过程的速率常数和交换电流密度等动力学参数。

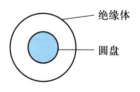

图Ⅲ-5-7　旋转圆盘电极结构示意图

5.2.4 标准电池

标准电池是电化学实验中的基本校验仪器之一,在20 ℃时电池电动势为1.0186 V,其构造如图Ⅲ-5-8所示。电池由一H形管构成,负极为含镉(Cd)12.5%的镉汞齐,正极为汞和硫酸亚汞糊状物,两极之间盛以 $CdSO_4$ 饱和溶液,管的顶端加以密封。电池反应如下:

负极: $Cd(汞齐) \longrightarrow Cd^{2+} + 2e^-$

$$Cd^{2+} + SO_4^{2-} + \frac{8}{3}H_2O \longrightarrow CdSO_4 \cdot \frac{8}{3}H_2O(s)$$

正极: $Hg_2SO_4(s) + 2e^- \longrightarrow 2Hg(l) + SO_4^{2-}$

总反应: $Cd(汞齐) + Hg_2SO_4 + \frac{8}{3}H_2O \longrightarrow 2Hg(l) + CdSO_4 \cdot$

$\frac{8}{3}H_2O$

标准电池的电动势很稳定,重现性好。做标准电池的各物质均极纯,按规定配方工艺制作的标准电池电动势值基本一致。标准电池经检定后,给出20 ℃下的电动势值,其温度系数很小。但实际测定时温度为 $t(℃)$,其电动势按下式进行校正:

$$E_t = E_{20} - 4.06 \times 10^{-5}(t/℃ - 20) - 9.5 \times 10^{-7}(t/℃ - 20)^2$$

使用标准电池时,应注意以下几个方面:

(1) 使用温度范围为4~40 ℃。

(2) 正、负极不能接错。

(3) 不能振荡、倒置,携取要平稳。

(4) 不能用万用表直接测量标准电池的电极电势。

(5) 标准电池只是校验仪器,不能作为电源使用,测量时间必须短暂,间歇按键,以免电流过大,损坏电池。

(6) 必须按规定时间进行计量校正。

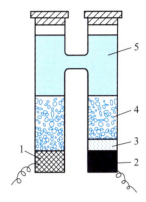

1—含镉12.5%的镉汞齐;2—汞;
3—硫酸亚汞糊状物;4—硫酸镉晶体;
5—硫酸镉饱和溶液

图Ⅲ-5-8 标准电池

5.3 常用电气仪表

电气测量指示仪表种类繁多,实验室常用的有检流计、稳压电源、稳流电源、电位差计等。下面分别对这些电气仪表作一简介。

5.3.1 磁电系直流检流计

磁电系直流检流计是一种用来测定微小电流的仪表,它的灵敏度很高,常用来检查电路中有无电流通过,可用作直流电位差计和直流电桥中的指零仪器。

1. 检流计的结构及特点

磁电系直流检流计是一种具有特殊结构的磁电系测定仪表,它需要有高的灵敏度,不采用轴承装置,因轴和轴承之间的摩擦对测定会有影响,所以多采用悬丝将动圈悬挂起来,并利用光点反射的方法来指示仪表活动部分的偏转。

图Ⅲ-5-9(a)为磁电系直流检流计结构示意图。动圈由悬丝悬挂起来。悬丝用黄金或紫铜制成,除了用来产生小的反作用力矩外,还作为把电流引入动圈的引线,动圈的另一电流引线是金属皮,在动圈上端装有反射小镜,利用反射小镜对光线的反射来指示活动部分的偏转。图Ⅲ-5-9(b)就是这种光标读数装置的示意图,在离反射小镜一定距离处安装一标尺,由小灯将一狭窄光束投向小镜,经小镜反射到标尺上,形成一条细小光带,指示出活动部分的偏转大小。这种检流计灵敏度很高,极易受外界振动的影响,使用时应将它放在稳固的位置或坚实的墙壁上,所以也称为墙式检流计,如国产 AC4 型检流计。

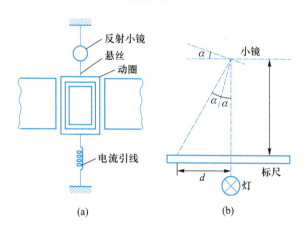

图Ⅲ-5-9 磁电系直流检流计结构示意图(a)和光标读数装置示意图(b)

目前,实验室中使用较广的是便携式检流计。这种检流计的活动部分被上下固定连接在两根细薄的金属丝(游丝)上,其读数有的用指针指示,有的用光标指示。

2. 检流计的主要技术特性及参数选择

(1)活动部分运动特性及外临界电阻。磁电系直流检流计的活动部分本身具有一定的惯性,在测定过程中,它不能立刻静止达到平衡位置,而有一个运动过程,这一运动过程与阻尼大小有关。

检流计在无阻尼或阻尼很小时,活动部分将围绕平衡位置摆动,经过相当长的时间才逐渐达到平衡位置,此种状态称为"欠阻尼"状态;在阻尼很大时,则检流计的活动部分将无摆动地迅速到达平衡位置,称为"过阻尼"运动状态;如果阻尼由小增大到某一数值时,活动部分不再摆动,而是逐渐趋于平衡位置,这种状态称为"临界阻尼"运动状态。从理论上可以证明,在临界阻尼的运动状态下,活动部分到达最后平衡位置所需时间最短。

值得注意的是,磁电系直流检流计阻尼力矩的大小与外接电路的电阻大小有关。由于动圈与外接测定电路形成闭合回路,当仪表的动圈在磁场中运动时,会产生感应电动势,它作用在此闭合回路中产生感应电流,此电流与永久磁铁的磁场作用而产生阻尼力矩,该阻尼力矩与动圈外测定电路的电阻大小有关。当外接电阻的数值使检流计恰好工作在临界阻尼状态下,该外接电阻数值称为外临界电阻。

检流计外临界电阻是检流计的一个重要参数,通常在铭牌上标明。在选用检流计作为指零仪器时,要保证检流计在稍微欠阻尼的情况下运动,就必须使所选择的检流计的外临界电阻略微比实际连接在检流计两端的电阻数值小一些。如果没有适当外临界电阻的检流计,应接入分流器或附加电阻以相匹配。

（2）电流灵敏度及电流常数。检流计灵敏度通常以检流计活动部分的偏转角的增量 Δ_α 与被测定的增量 Δ_I 的比值来表示。如检流计对电流灵敏度为

$$S_i = \frac{\Delta_\alpha}{\Delta_I} = \frac{\alpha}{I} \quad （分度／\mu A） \tag{Ⅲ.5.13}$$

式中 S_i 为电流灵敏度；α 为偏转格数；I 为流过检流计的电流值。

通常在检流计的铭牌上标明的不是灵敏度，而是灵敏度的倒数，它表明检流计活动部分每单位偏转格数或位移所流过线圈的被测定的电流值，称为检流计的电流常数，用 C_i 表示：

$$C_i = \frac{1}{S_i} = \frac{I}{\alpha} \quad （A／分度） \tag{Ⅲ.5.14}$$

在选取检流计时，应视测定的具体情况选取合适的灵敏度。若检流计灵敏度选得太高，则测定时因平衡困难而费时；若灵敏度过低，则有可能达不到所要求的测定精度。

（3）阻尼时间。阻尼时间是检流计在临界阻尼状态下工作时，由最大偏转状态切断电流开始，到指示器回到零位所需要的时间。

3. 国产检流计的主要技术特性

我国生产的检流计型号很多，现列出 AC9 型和 AC15 型检流计的主要技术参数以供参考（见表Ⅲ-5-4 和表Ⅲ-5-5）。

表Ⅲ-5-4　AC9 型检流计的主要技术参数

型号	内阻/Ω	外临界电阻/Ω	电流常数/ （A·分度$^{-1}$）	阻尼时间/s
AC9/1	<1500	$<1 \times 10^5$	$<3 \times 10^{-10}$	<6
AC9/2	<1000	$<1 \times 10^4$	$<1.5 \times 10^{-9}$	<6
AC9/3	<100	$<1 \times 10^3$	$<3 \times 10^{-9}$	<6
AC9/4	<50	<500	$<5 \times 10^{-9}$	<6
AC9/5	<30	<40	$<1 \times 10^{-8}$	<6

表Ⅲ-5-5　AC15 型检流计的主要技术参数

型号	内阻/Ω	外临界电阻/Ω	电流常数/ （A·分度$^{-1}$）	临界阻尼时间/s
AC15/1	1500	1×10^5	3×10^{-10}	4
AC15/2	500	1×10^4	1.5×10^{-9}	4
AC15/3	100	1×10^3	3×10^{-9}	4
AC15/4	50	500	5×10^{-9}	4
AC15/5	30	40	1×10^{-8}	4
AC15/6-1	50	500	5×10^{-9}	4
AC15/6-2	500	1×10^4	1.5×10^{-9}	4

4. 检流计的使用与维护

（1）在搬动检流计时，应将活动部分用止动器锁住，分流器开关放在短路档。无分流器开关的检流计，可用止动器或一根导线将接线柱两端短路。

（2）在使用时应按正常使用位置安放好，对于装有水平仪的检流计应先调好水平位置，再检查检流计，看其偏转是否正常，有无卡滞现象，检查后，再接入测定电路中使用。

（3）在测量范围未知的情况下使用检流计，应配置一个万用分流器或串联一个电阻很大的保护电阻（如几兆欧姆）进行测试。当确信不会损坏检流计时，再逐渐提高检流计灵敏度。

（4）决不允许用万用表、欧姆表去测定检流计的内阻，避免通入过大电流烧坏检流计。

（5）在接通电源时，应使电源开关所指示的位置与所使用电源电压值一致（特别注意不要将 220 V 的电源插入 6 V 插座内）。

（6）如发现标尺上找不到光点影像时，可将检流计分流器旋钮置于"直接"处，并将检流计轻微摆动，如有光点掠过，则可调节零点调节器，将光点调至标尺零点。如无光点掠过，则应先检查灯泡是否烧坏（打开小门即可），若灯泡未烧坏，则可能是悬丝断，需要更换悬丝。

（7）更换新灯泡后需要对光。可前后、左右调整灯座的相对位置，直到标尺上获得清晰光点，然后将灯座固定，盖上小门。

（8）测定检流计参数时，应遵循实验条件。

① 环境温度为（20 ± 5）℃，相对湿度小于80%。

② 除地磁场外，附近不应有铁磁性物质和外磁场。

③ 周围环境不应有剧烈震动。

（9）测定检流计参数时按图Ⅲ-5-10及下述方法进行。

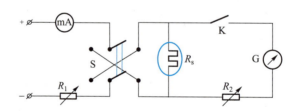

G—被测检流计；mA—1 级毫安表；R_s—0.1 Ω、1 Ω 或 10 Ω 的 0.02 级标准电阻；

R_1、R_2—电阻箱；S—电流方向转换开关；K—开关

图Ⅲ-5-10　测定检流计参数线路图

① 外临界电阻的测定。调节 R_1 使检流计光点偏转至标尺左边或右边的一半（即左或右 25处），再调节 R_2，使检流计活动部分的运动状态成周期性振荡，然后将电阻逐渐减少，直到光点回到标尺零位，此时 R_2 的电阻值即为外临界电阻。

② 分度值的测定。检流计在外临界状态下，调节 R_1，使光点稳定在标尺两极限分度线左右（左 50 或右 50 处），按下列公式计算电流分度值：

$$C_I = \frac{IR_s}{\alpha(R_g + R_2 + R_s)} \quad （A/分度） \tag{Ⅲ.5.15}$$

式中 I 为输入电流（A）；R_s 为标准电阻额定值（Ω）；α 为检流计光点由零位向两边所偏转的分度平均值；R_g 为被测检流计内阻（Ω）；R_2 为检流计外临界电阻（Ω）。

然后使检流计依次稳定在标度尺的 1/2 和 1/4 处,并读出它们所需要的电流值,再按上式计算检流计分度值。

③ 阻尼时间的测定。预先调整检流计光点为满偏度,然后断开电源。阻尼时间的计算,从电源断开起,到光点离零位不超过 1 分度为止。此项测定必须使检流计在临界阻尼状态下进行。

5.3.2　直流稳压电源

化学实验中,大多数仪器和仪表都采用直流电源,它通常是由交流电经整流器整流而获得的。由于交流电网上 220 V 电压往往不稳定,低时只有 180 V,高时可达 240 V,因而整流后直流电压也不稳定。同时由于整流滤波设备存在内阻,当负载电流变化时,输出电压也会变化。因而为了得到一稳定的输出电压,实验室中直流电源一般采用直流稳压。

1. 直流稳压电源的原理

常采用串联负反馈电路的直流稳压电源。电路中,将一个可变电阻 R 和 R_{fz} 串联,通过改变 R 两端的压降来实现稳压的目的,如图Ⅲ-5-11(a)所示。

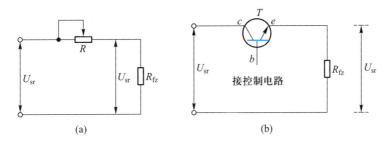

图Ⅲ-5-11　最简单的稳压方法

当输入电压 U_{sr} 增加时,若将可变电阻 R 的阻值增加,可将输入电压 U_{sr} 的增加量全部承担下来,使输出电压能维持不变。当输入电压 U_{sr} 不变,而负载电流增加时,可相应减小 R 的阻值,使 R 上的压降不变,维持输出电压不变。这就是直流稳压电源稳压的基本原理。

若用晶体管 T 代替可变电阻 R,如图Ⅲ-5-11(b)所示,阻值的改变利用负反馈的原理,即以输出电压的变化量控制晶体管集电极与发射极之间的电阻值。由于该晶体管作调整用,故称为调整管。这种将调整管与负载串联的稳压电源,称为串联型晶体管稳压电源。

直流稳压电源一般都由变压器、整流滤波、调整元件、比较放大、基准电源和取样电阻六个主要部分组成,如图Ⅲ-5-12 所示。其工作过程是当输出电压 U_{sc} 发生变化时,通过电阻分压器"取信号"与基准电源比较,放大器将误差信号放大,送到调整管基极,调整其电压,以达到稳定输出电压的目的。

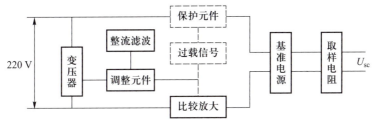

图Ⅲ-5-12　直流稳压电源的组成

2. 直流稳压电源的主要技术指标

直流稳压电源的技术指标可分为两部分。一部分是特性指标,如输出电流、输出电压及电压调节范围等;另一部分是质量指标,反映了稳压电源的优劣,包括稳定度、等效内阻(输出电阻)、纹波电压及温度系数等。

5.3.3 直流电位差计

直流电位差计是一种用比较法进行测定的校量仪器。

1. 直流电位差计的工作原理

(1) 原理电路。直流电位差计原理电路图如图Ⅲ-5-13所示。通常电阻 R_n、R_a、转换开关及相应接线端都装在仪器内部,标准电池 $E_{s.c.}$、调节电阻 R、工作电源 E_w 和检流计 G 是辅助部分,它们可以装在仪器内部,也可外附。

由工作电源 E_w、调节电阻 R、电阻 R_n、R_a 组成的电路称为工作电路。在补偿时,通过电阻 R_a 及 R_n 的电流 I 为直流电位差计的工作电流。

标准电池是用来校准工作电流的。当把开关 K 倒向位置"1"时,检流计 G 接到标准电池 $E_{s.c.}$ 一边,调节电阻 R,使通过检流计的电流为零,这时表示标准电池 $E_{s.c.}$ 的电动势和固定电阻 R_n 上的电压降相互补偿,故 $E_{s.c.} = IR_n$。由于 $E_{s.c.}$、R_n 都是已知的,因此相应的工作电流为

$$I = \frac{E_{s.c.}}{R_n} \qquad (Ⅲ.5.16)$$

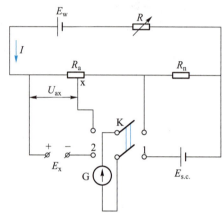

图Ⅲ-5-13　直流电位差计原理电路图

然后将开关 K 倒向位置"2",这时检流计 G 接到被测电动势一边,调节 R_a 上滑动触头 x,使检流计再次指零,由于滑动触头 x 位置的变化并不影响工作电路中的电阻大小,所以工作电流 I 是保持不变的,这样就是使被测电动势 E_x 与已知电阻 R_a 段 ax 上电压 U_{ax} 相补偿(故也称 U_{ax} 为补偿电压),所以有

$$E_x = U_{ax}$$

$$E_x = IR_{ax} = \frac{E_{s.c.}}{R_n}R_{ax} \qquad (Ⅲ.5.17)$$

式中 R_{ax} 为 R_a 的 ax 段电阻值。

由于标准电池 $E_{s.c.}$ 的电动势是稳定的,因而选用一定大小的 R_n 就使得工作电流有一定的额定值。在这种情况下,电阻 R_a 上的分度可用电压来标明,从而可直接读出被测电动势 E_x 的大小。

(2) 测量步骤。在用直流电位差计测定电动势的过程中,其测量步骤必须分为两步:

① 调节工作电流。开关 K 接到标准电池 $E_{s.c.}$ 一方,调节电阻 R 来调节工作电流,使检流计偏转为零。

② 测定被测电动势。开关 K 接到 E_x 一方,这时只能调节电阻 R_a 上的滑动触头 x,以使检流计指零,读出被测量的大小。切不可再去变动调节电阻 R 的位置,以免引起工作电流的改变。

(3) 测定特点。

① 直流电位差计达到平衡时,不使被测对象产生电流,因此在被测电源的内部就没有电压降,测得结果是被测电源的电动势,而不是端电压。

② 准确度高。直流电位差计测定的准确度取决于标准电池和电阻的准确度,而这二者都可以做得很准确。所以检流计的灵敏度很高时,用直流电位差计测定电动势的准确度是很高的。

2. 怎样看直流电位差计的线路

前面介绍了直流电位差计的原理电路,实际的直流电位差计电路较为复杂,对于高精度的直流电位差计更是如此。为了能看懂有关直流电位差计的电路,我们必须在直流电位差计的原理电路上熟悉它的三个组成部分。

(1)工作电流回路。它一般由工作电源、工作电流调节变阻器 R、校准工作电流的固定电阻 R_n 和测定未知电动势 E_x 时所用的可调电阻 R_a 所组成。

(2)校准工作电流回路。它由标准电池 $E_{s.c.}$、双刀双掷开关 K、检流计 G 和校准工作电流的固定电阻 R_n 组成。

(3)测定回路。它包括待测电动势 E_x、双刀双掷开关 K、检流计 G 和可调电阻 R_a 的一部分或全部(视被测电动势 E_x 的大小而定)。

为了能掌握直流电位差计的线路,必须记住电位差计上述三个组成部分中所包含的特有元件,在看任一回路时,都不要混入其他回路的特有元件。只要遵循这一点再反复多次查看,就能看懂要了解的线路。

3. UJ25 型直流电位差计

UJ25 型直流电位差计适用于测定内阻较大的电源电动势以及较大的电阻上的电压降等。由于工作电流小,线路电阻大,在测定过程中工作电流变化很小,故需用高灵敏度的检流计。

UJ25 型直流电位差计面板如图Ⅲ-5-14 所示。面板上有 13 个端钮,供接"工作电源""标准电池""电计""未知"和"屏蔽"之用。左下方有"标准(N)""未知(X₁、X₂)""断"转换开关。"粗""细""短路"为电计按钮。右下方是"粗""中""细""微"四个调节工作电流的旋钮。其上方是两个(A、B)标准电动势温度补偿旋钮。左面 6 个大旋钮,都有一个小窗孔,被测电动势值由此示出。使用方法如下:

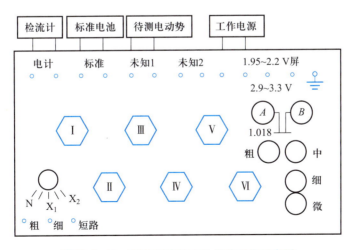

图Ⅲ-5-14　UJ25 型直流电位差计面板示意图

279

（1）在使用前，应将（N、X_1、X_2）转换开关置于断的位置，并将下方三个电计按钮全部松开，然后依次接上工作电源、标准电池、检流计及被测电池。

（2）温度校正标准电池电动势值。镉汞标准电池的温度校正公式为

$$E_t = E_0 - 4.06 \times 10^{-5}(t/℃ - 20) - 9.5 \times 10^{-7}(t/℃ - 20)^2 \qquad (Ⅲ.5.18)$$

式中 E_t 为温度 t 时标准电池电动势；t 为环境温度（℃）；E_0 为标准电池 20 ℃时的电动势。调节温度补偿旋钮（A、B），使数值为校正后的标准电池电势值。

（3）将（N、X_1、X_2）转换开关放在"N"（标准）位置上，按"粗"电计按钮，依次旋动"粗""中""细""微"旋钮，调节工作电流，使检流计指示零，然后再按"细"电计按钮，重复上述操作。注意按电计按钮时，不能长时间按住不放，需按和松交替进行防止被测电池、标准电池长时间有电流通过。

（4）将（N、X_1、X_2）转换开关放在"X_1"或"X_2"（未知）的位置，从大到小依次调节各大旋钮，使电计在按"粗"时检流计示零，再按"细"电计按钮，重复上述操作直至调节至检流计示零。读下大旋钮下方小孔示数，即为被测电池电动势值。

4. SDC-Ⅱ型数字电位差综合测试仪

SDC-Ⅱ型数字电位差综合测试仪是新一代数字化电位差计，可完全替代 UJ25 型、UJ23 型、UJ21 型等传统产品和与之配套的电源，光电检流计、变阻箱等配套设备，此仪器除实现了数字电位显示和数字检零外，仍保留原电位差计的"补偿法对比测定"方式，仪器内带基准电位，为无标准电池场合检测提供了方便。

SDC-Ⅱ型数字电位差综合测试仪面板如图Ⅲ-5-15 所示。左上方"电位指示"显示当前设置的电势数值，可通过左下方不同量程的电位旋钮进行调节；"校零指示"显示的是电位指示值与实际值的差值，若差值过大，则显示"OUL"。右上方有"归零"键，用于校正工作电流，右边中部有"内标""断""测量"和"外标"测量选择转换开关，右下方有"测量"和"外标"插孔，用于连接待测电池和外标用标准电池。此仪器可以采用内标法或外标法校正工作电流，外标法需要外接标准电池，内标法不需要。使用方法如下：

（1）打开电源开关，仪器预热 15 min。

（2）校正工作电流。

① 内标法校正。调节不同量程电位旋钮，使电位指示为 1.00000 V。将测量选择开关从"断"转至"内标"位置，按下"归零"键，此时"校零指示"显示为"0000"。再将测量选择开关转至"断"位置。

② 外标法校正。用测试线将标准电池接入"外标"插孔（注意正、负不能接反），根据标准电池温度校正公式计算当前温度下标准电池电势值，调节不同量程电位旋钮，使"电位指示"显示该标准电池电势数值。将测量选择开关从"断"转至"外标"位置，按下"归零"键，此时"校零指示"显示为"0000"。再将测量选择开关转至"断"位置。

（3）测量待测电池电动势。用测试线把待测电池接入"测量"插孔（注意正、负不能接反），将测量选择开关从"断"转至"测量"位置，调节不同量程电位旋钮，使"校零指示"显示为"0000"，再将测量选择开关转至"断"位置。此时"电位指示"显示的数值即为待测电池的电动势数值。［为了减少测量时电池长时间有电流通过带来的影响，若待测电池电动势未知，可以从最大量程电位旋钮开始依次调节为某一电动势，再将测量选择开关从"断"转至"测量"位置，若"校

零指示"显示为"OUL",把测量选择开关转至"断",继续按顺序调节。若"校零指示"显示为某一数值,则先把测量选择开关转至"断",调节各量程旋钮使"电位指示"值在原来基础上扣掉"校零指示"值(注意该数值并非整数,其最后一位与"电位指示"中最后一位数量级相同),重新将测量选择开关从"断"转至"测量"位置,根据"校零指示"显示的差值进一步调整,直至显示为"0000"。]

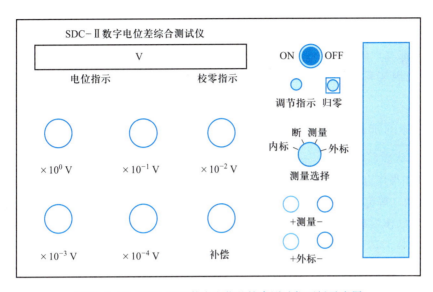

图Ⅲ-5-15 SDC-Ⅱ型数字电位差综合测试仪面板示意图

5. 直流电位差计使用注意事项

(1)选择合适的直流电位差计。若测定内阻比较低的电动势(如热电偶电势),宜选用低阻直流电位差计,同时相应地选用外临界电阻较小的检流计。若测定的是内阻较大的电池电动势,则选用高阻直流电位差计,同时应选用外临界电阻较大的检流计。

(2)工作电源要有足够容量,以保证工作电流的恒定不变。

(3)接线时应注意极性与所标符号一致,不可接错。否则在测定时,会使标准电池和检流计受到损坏。

(4)对被测电动势应先确定极性及估计其电动势的大约数值,才可以用直流电位差计进行测定。

(5)在变动调节旋钮时,应在断开按钮的前提下进行。否则会使标准电池逐渐损坏,影响测量结果的准确性。

5.3.4 高阻抗电位差计

对消法测定电池电动势测量装置由电位差计(如 UJ25 型直流电位差计)、检流计、工作电源、标准电池和待测电池组成,系统结构虽较复杂,但其优点是有助于对基本物理概念的理解。除了利用对消法外,使用高阻抗电位差计可以更方便地测定原电池的电动势。后者在测定线路上串联了 100 MΩ 级的阻抗,使得电路上的电流小至 10^{-14} A,满足了可逆电池的测量条件。高阻抗电位差计是一种测定电池电动势的新技术,是发展的必然趋势。

第六章　流动法实验技术及仪器

流体分为可压缩流体和不可压缩流体两类。流体的加料控制和流量的测定在科学研究和工业生产上都有广泛应用。流动法所需设备和技术要求比较高;加料方式、加料控制、流量的测定方法,也因实验的要求不同而有所不同。本章仅就实验室流动系统的实验技术作简单的介绍。

6.1　流体的加料方式

6.1.1　气体的加料方式

实验室常用带压力的气源,一般借用高压钢瓶的压力把气体输送到反应系统内,如氢气、氧气、氮气、氨气、乙炔气等都可采用这种方式。有时用电解法制备氢气、氧气,或用启普发生器产生二氧化碳气、硫化氢气作为常压气源,这些气体也可经压缩泵提高气体压力后输入反应系统内。

6.1.2　液体的加料方式

(1)注射器加料法。在催化反应的研究和气相色谱研究的反应系统中,往往需加入微量或少量的液体,通常采用注射器加料。为了均匀地注入,可用电动机推进器推动注射活塞均匀下降,如图Ⅲ-6-1所示。这种加料方式设备简单,且不受系统压力的影响,但要防止易挥发性的液体从注射器磨口处挥发。因此在磨口处不断滴入加料液体,以减少这种影响。

(2)加料管和柱式进料泵。加料管一般用滴液漏斗,调节漏斗旋塞,控制加料速度。由于加料速度随着管内液面的高度变化而变化,因此在使用过程中,需经常调节旋塞,以维持恒定的加料速度,也可以在管内液面上加一恒定压力来稳定加料速度。

柱式计量泵适用于压力系统的流体进料,其工作原理如图Ⅲ-6-2所示。通过电动机使柱塞反复来回进出 B 室,当柱塞向外拉时,使 B 室为负压,此时钢珠①上浮,而钢珠②紧贴上板孔,液体由 A 室被抽至 B 室,C 室液体不能返流回 B 室。当柱塞推入时,钢珠①紧贴下板孔,阻止 B 室内液体返回 A 室,而钢珠②因 B 室增压而上浮,液体由 B 室流入 C 室。柱塞反复进出 B 室,形成一种脉冲式加料。如果用两台柱塞泵并联组合工作,则可得较平稳的连续进料。目前国内生产的各种型号双柱塞微量计量泵中,两个柱塞分别正反向交替运动,四通换向阀与柱塞换向时同步动作,达到介质自动切换,完成液体连续输送。SY-09胶管蠕动泵为四泵头叠联装置,选用不同规格胶管分别装入四个泵头之中,即可得到不同流量。它可单独或同时输液,流量连

1—电动机推进器;2—进料口/标定口;
3—活塞;4—同步电动机

图Ⅲ-6-1　注射器式加料器
结构示意图

续可调,流量为 $1\sim100\ \mathrm{mL\cdot h^{-1}}$,其最大工作压力为 $1.961\times10^5\ \mathrm{Pa}$。

（3）挥发式加料器。又称饱和器。此加料器可根据实验的要求自行设计。图Ⅲ-6-3 为一种类型的挥发式加料器结构示意图,该加料器可与超级恒温槽配套使用,使夹套内水恒温。气体从 a 处进入,由 b 处带走器内的液体蒸气。只要在恒温下控制通入气体的流量,所带走的蒸气量就恒定,可以控制进料量和气液比。蒸气从 b 处进入反应系统,达到了液体加料的目的。这种加料器适用于蒸气压较大的液体,当反应物由气体和液体组成时,使用更方便。

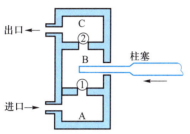

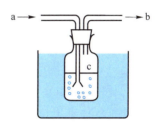

图Ⅲ-6-2　柱式计量泵工作原理　　　　图Ⅲ-6-3　挥发式加料器结构示意图

气液比的计算如下:假设通入气体的流量为 $q_{气}(\mathrm{mL\cdot min^{-1}})$,气体经挥发器带走器内液体蒸气,流量增大至 $(q_{气}+q_{液})$,$q_{液}$ 为流量增值,系统压力为 p_0,实验恒温温度为 T,液体在 T 时饱和蒸气压为 p_s,n 为气液物质的量之比。根据气体分压定律:

$$\frac{n_{液}}{n_{气}+n_{液}}=\frac{p_s}{p_0} \tag{Ⅲ.6.1}$$

根据分体积定律:

$$\frac{n_{液}}{n_{气}+n_{液}}=\frac{q_{液}}{q_{气}+q_{液}} \tag{Ⅲ.6.2}$$

从上两式可得

$$\frac{q_{液}}{q_{气}+q_{液}}=\frac{p_s}{p_0} \tag{Ⅲ.6.3}$$

$$n=\frac{n_{气}}{n_{液}}=\frac{q_{气}}{q_{液}} \tag{Ⅲ.6.4}$$

将式(Ⅲ.6.4)代入式(Ⅲ.6.3)得

$$p_s=\frac{p_0}{1+n} \tag{Ⅲ.6.5}$$

若需要控制一定的气液比 n,只要在一定系统压力 p_0 时控制液体的饱和蒸气压 p_s。液体的饱和蒸气压与温度有关,因此控制液体的温度即可以控制气液比。

应用挥发式加料器要求使用的气体不溶于进料的液体。在实验时常要求检查挥发式加料器所控制的气液比是否与公式计算相符。其方法是将饱和器恒温后,通入一恒定流量的气体,使带出的液体蒸气进入已经预先称量的装有过量硅胶的吸附管。为了使吸附完全,用冰盐水冷却吸附管,并记录通气时间,经一定时间后再称量吸附管,其增量即为收集液体的质量。与计算值比较,二者相符则证明饱和器符合要求;若低于理论计算值,说明液体蒸发未达饱和状态。可通过提高气体的预热温度、增加饱和器的数量、增加液层高度或降低气体流速、增加气体与液体的接触时间等方法以改善饱和状态，使之与理论计算值相符。

6.2 流体的稳压

6.2.1 稳压阀

稳压阀是实验室常用的稳压装置，其工作原理如图Ⅲ-6-4所示。稳压阀的腔 A 与腔 B 通过连动杆与孔的间隙相通，右旋调节手柄至一定位置时，系统达到平衡。如果进气口压力有微小的上升，则腔 B 的压力随之增加，波纹管向右伸张，压缩压簧，阀针同时右移，减少了阀针与阀针座的间隙，气流阻力增大，则出气口压力保持原有的平衡压力；同样进气口压力有微小下降时，系统也将自动恢复平衡状态，达到稳压效果。

使用稳压阀时应注意进气口压力一般不超过 5.884×10^5 Pa，出气口压力一般在 $9.807 \times 10^4 \sim 1.961 \times 10^5$ Pa，其效果较好。使用的气源应干燥、无腐蚀性，气源压力应比输出压力高出约 4.903×10^4 Pa。不能把气体进出口接反，以免损坏波纹管。在停止工作时应把调节手柄左旋，使稳压阀处于关阀状态，防止压簧失效。

6.2.2 针形阀

针形阀是一种调节气体流速、控制气体流量的微量调节阀，也可用于液体流量的控制。针形阀主要由阀针、阀体和调节螺旋组成，其工作原理如图Ⅲ-6-5所示。阀针与阀体相对固定，只有调节螺旋使阀针或阀体可相对转动。当调节螺旋右转时，阀针旋入进气孔道，则进气孔道的孔隙变小，气体阻力增大，流量减小。当调节螺旋左旋时，则进气孔道的孔隙增大，气体阻力减小，流量增大。

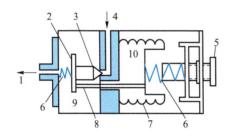

1—出气口；2—阀针座；3—阀针；4—进气口；5—调节手柄；
6—压簧；7—波纹管；8—连动杆；9—腔 A；10—腔 B
图Ⅲ-6-4 稳压阀工作原理

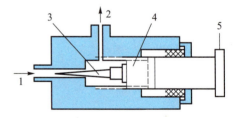

1—进气口；2—出气口；3—阀针；
4—阀体；5—调节螺旋
图Ⅲ-6-5 针形阀工作原理

6.2.3 稳压装置

实验室中常用的最简单的气体稳压装置如图Ⅲ-6-6所示，当低压气体流经针形阀，并调至一定流量后，一部分气体经稳压管的支管底部冒泡排空，另一部分经缓冲管和流量计进入系统。只要保持气体在稳压管底部均匀地冒泡，就可以使气体处于稳压状态，改变水准瓶的高低，可以调节气体流量大小。缓冲管是用内径小于 1 mm、长 1.5 m 左右的玻璃毛细管弯曲而成的，其作用是抵消在稳压管中气泡逸出时气体流速的波动，以保持气流稳定，也可以用大的缓冲瓶代替。

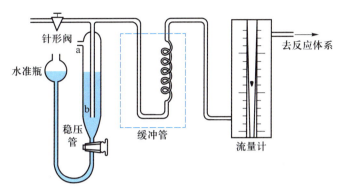

图Ⅲ-6-6 气体稳压系统装置示意图

6.3 气体流量的测定

流量计是测量管路中流体流量(单位时间内通过的流体体积)的仪表。气体的流量可以用流量计测定。实验室中常用的流量计有毛细管流量计、转子流量计、皂膜流量计、湿式气体流量计和质量流量计/质量流量控制器等。

6.3.1 毛细管流量计

毛细管流量计又称锐孔流量计,其结构如图Ⅲ-6-7所示。毛细管流量计测定气体流量的原理如下:气体流经毛细管时,由于毛细管(锐孔)的节流作用,其流量增大,压力减小,气体在毛细管前后存在压力差,以 U 形管式压力计两侧的液面差 Δh 表示。若 Δh 值恒定,表示流量恒定。当锐孔足够小或毛细管长度与半径之比等于或大于 100 时,流量 q 和压力差 Δh 之间呈线性关系:

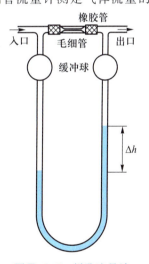

$$q = f\Delta h\rho/\eta \qquad (Ⅲ.6.6)$$
$$f = \pi r^4/(8L) \qquad (Ⅲ.6.7)$$

式中 f 为毛细管特征系数;r 为毛细管半径;L 为毛细管长度;ρ 为流量计所盛液体的密度;η 为气体黏度系数。

从上两式可知,当流量 q 和毛细管长度 L 一定时,毛细管半径越小,Δh 越大。因此根据所测量流量范围,可以选用不同孔径的毛细管。

U 形管式压力计中液体可采用蒸馏水、硫酸、石蜡油、水银、高沸点的有机液体等。在液体中可加入少量有色物质使其显

图Ⅲ-6-7 锐孔流量计结构示意图

色,便于读数。所选择的上述某种液体应与被测气体不相溶、不发生化学变化。对于流量小的被测气体常采用密度小的液体,反之亦然。

当流量计的毛细管及 U 形管中的液体量一定时,对于不同的被测气体,其流量 q 与 Δh 呈不同的线性关系。对于同一种被测气体,当毛细管更换后,其 q 与 Δh 的线性关系也与原来不同,必须通过实验标定 q 与 Δh 的线性关系,实验室常用皂膜流量计来进行标定。使用毛细管流量

计时应保持其清洁、干燥,否则会影响测量的准确性。

6.3.2　转子流量计

转子流量计是一根垂直的略呈锥形的玻璃管,内有一转子,锥形玻璃管截面积自上而下逐渐缩小,流体由下而上流过,由转子位置的高低测定流体的流量大小。转子流量计和锐孔流量计都是以节流作用为依据的,但锐孔流量计的孔截面积不变,流量与压力差成正比。而转子流量计压力差不变,流量与转子的位置成比例。当流体由下而上流经锥形玻璃管时,通过环隙所产生的阻力与转子净重平衡时,转子停留在一定位置,当流量增大时,转子位置升高,转子与锥形玻璃管间的环隙面积也随之增大,并重新达到受力平衡。所以利用转子在锥形玻璃管内平衡位置随流量变化的特性可测定流体的流量。

转子流量计测定的流量范围较宽,可以从每分钟几十毫升到几十升。测定小流量时,转子选用胶木、塑料;测定大流量时,选用不锈钢转子。

转子流量计锥形玻璃管上的刻度是对某一种流体流量刻划的,一般采用空气作标定介质,标定温度为 20 ℃,压力为 1.013×10^5 Pa。当实际测定时温度、压力可能不同,这需要进行换算。

若被测气体仅是温度、压力有变化,其校正式为

$$q_2 = q_1 \sqrt{\frac{p_1 T_1}{p_2 T_2}} \qquad\qquad (\text{Ⅲ.6.8})$$

式中 q_2 为被测气体流量（$m^3 \cdot s^{-1}$）;q_1 为标定时气体流量（$m^3 \cdot s^{-1}$）;p_1、T_1 分别为标定时气体的压力（Pa）和温度（K）;p_2、T_2 分别为被测气体的压力（Pa）和温度（K）。

当被测气体的种类改变时,若被测气体黏度与标定介质相近,流量系数视为常数,可用下式换算:

$$q_2 = q_1 \sqrt{\frac{\rho_1 (\rho_f - \rho_1)}{\rho_2 (\rho_f - \rho_2)}} \qquad\qquad (\text{Ⅲ.6.9})$$

式中 ρ_1 为标定气体的密度;ρ_2 为被测气体的密度;ρ_f 为转子的密度。

转子流量计必须垂直安装,开动控制阀时需缓慢以防止损坏仪表,保持仪表清洁,严禁沾污仪表。

6.3.3　皂膜流量计

皂膜流量计是实验室中常用的测定尾气、标定流量的一种流量计,其结构十分简单,可用滴定管改装而成,如图Ⅲ-6-8所示。橡胶头内装有肥皂液,当测定气体流经流量计时,用手将橡胶头捏起,使气体将肥皂液吹起,在管内形成一圈圈均匀的肥皂薄膜,沿着管壁上升,以秒表记录皂膜移动一定体积所需时间,即可标出该气体的流速。皂膜流量计与毛细管流量计和转子流量计不同,它是间歇式的流量计,只限于对一定时间内流过的气体体积的测定,换算为单位时间的体积即得到流量。皂膜流量计可用于标定其他测量范围小于 100 mL · min^{-1} 的流量计,操作方便,准确性好。

6.3.4　湿式气体流量计

湿式气体流量计属于容积式流量计,是实验室常用的一种仪器,其结构主要由圆鼓形壳体、转鼓、传动记录器组成。转鼓是由圆筒及四个弯曲形状的叶片构成,四个叶片构成体积相等的 A、B、C、D 四个气室,如图Ⅲ-6-9所示。转鼓的下半部浸没在水中,充水量由水位器指示,气体

由中间进气管进入气室,迫使转鼓转动,而气体从顶部排出。通过传动记录器可记录转动次数,并由指针显示体积,用秒表记录时间,则可求出气体流量。使用前应调整好仪器水平位置,并使湿式气体流量计内水的液面到指示高度。待测气体应不溶于水,不腐蚀流量计部件,实验过程中应记录气体流经流量计时的温度。

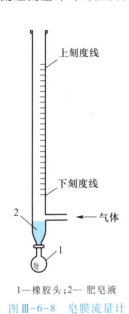

1—橡胶头;2—肥皂液

图Ⅲ-6-8　皂膜流量计

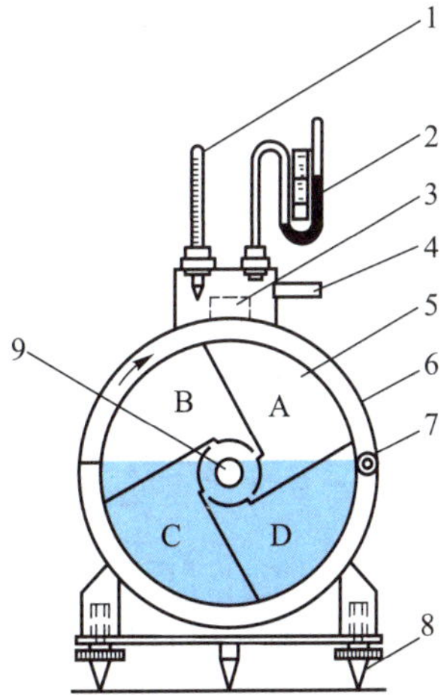

1—温度计;2—压差计;3—水平仪;4—排气管;
5—转鼓;6—壳体;7—水位器;8—可调支脚;
9—进气管

图Ⅲ-6-9　湿式气体流量计结构简图

6.3.5　质量流量计/质量流量控制器

质量流量计(MFC)是当前科研和工业上应用广泛的新一代流量测量仪表。最早的质量流量计是基于流体质量流量对振动管振荡的调制作用即科里奥利力现象来测量的,称为科氏力质量流量计,一般由传感器和变送器组成。通常在传感器内部有两根平行的流量管,中部装有驱动线圈,两端装有检测线圈,变送器提供的激励电压加到驱动线圈上时,振动管作往复周期振动,工业过程的流体介质流经传感器的振动管,就会在振管上产生科里奥利力效应,使两根振管扭转振动,安装在振管两端的检测线圈将产生相位不同的两组信号,这两个信号的相位差与流经传感器的流体质量流量成比例关系,可算出流经振管的质量流量。后期基于流体流动造成的热量(温度)变化、马格努斯效应等又发展出热式、压差式等多种质量流量计。质量流量计本身只能测量质量流量,若配备了电磁调节阀或压电阀,则构成质量流量控制器(MFM),可以同时对气体或液体的质量流量进行精密测量和控制。图Ⅲ-6-10为一种常用的D07-7B型质量流量控制器内部结构示意图,由流量传感器、分流器通道、流量放大电路、调节阀和PID控制电路等部件构成。流量传感器采用毛细管传热温差量热法原理测量气体的质量流量(无需温度压力补偿)。将传感器加热电桥测得的流量信号送入放大器放大,放大后的流量检测电压与设定电压进行比较,再将差值信号放大后去控制调节阀,闭环控制流过通道的流量使之与设定的流量相等。

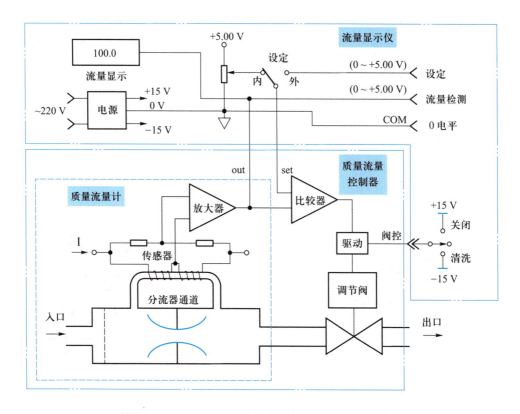

图Ⅲ-6-10　D07-7B 型质量流量控制器内部结构示意图

6.4　流量计的校正

6.4.1　湿式气体流量计的校正

湿式气体流量计一般用标准容量瓶进行校正,标准容量瓶的体积为 V_S,与之对应的湿式气体流量计体积示值为 V_A,两者差值为 ΔV。当流量计指针旋转一周时,刻度盘上总体积为 5 L。用 1 L 容量瓶进行 5 次校正,流量计总体积示值为 $\sum V_A$,则平均校正系数为

$$C = \sum \Delta V / \sum V_A$$

因此经校正后,湿式气体流量计使用中的实际体积流量 V_R 与流量计示值 V_A' 之间关系为

$$V_R = V_A' + C V_A'$$

湿式气体流量计的校正装置如图Ⅲ-6-11 所示。其校正步骤如下:开启三通旋塞,使容量瓶和大气相通,而与湿式气体流量计断开。转动湿式气体流量计支脚螺丝,直至水平仪内气泡居中为止。向流量计内注入水,水的位置高低必须保持水位器中液面与针尖重合,向平

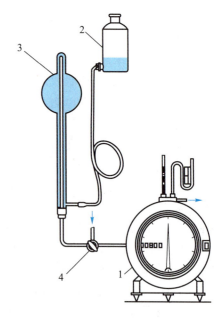

1—湿式气体流量计;2—平衡瓶;
3—标准容量瓶;4—三通旋塞

图Ⅲ-6-11　湿式气体流量计的校正装置

衡瓶内注入水后,提高其位置,使容量瓶水面与上刻度线重合。此时可作校正实验。先转动三通旋塞,使容量瓶与湿式气体流量计接通,缓慢放下平衡瓶,使容量瓶液面与下刻度线重合,气体体积恰好为 1 L。然后记下流量计的体积读数、温度和压力。

湿式气体流量计指针旋转一圈为 5 L,故依次对每升重复上述操作一次,共得 5 组数据,求其平均校正系数。

6.4.2 转子流量计的校正

转子流量计的校正装置如图Ⅲ-6-12 所示。其校正步骤如下:先将缓冲罐上的放空阀完全打开,同时关闭出气阀,然后启动空气压缩机,待空气压缩机运行正常后,旋转三通旋塞使转子流量计与系统相通。缓慢调节放空阀,使气体流量调到所需数值,湿式气体流量计运转数周后,可以开始测定,读取转子流量计示数,用秒表和湿式气体流量计测定流量值。转子流量计也可用皂膜流量计校正,将校正装置中的湿式流量计换为皂膜流量计即可。

在转子流量计测量范围内,测取 5~6 组数据。

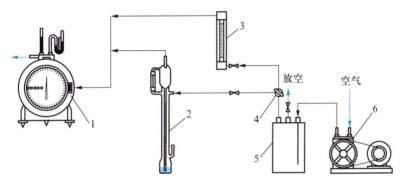

1—湿式气体流量计;2—毛细管流量计;3—转子流量计;4—三通旋塞;
5—缓冲罐;6—空气压缩机

图Ⅲ-6-12 转子流量计/毛细管流量计的校正装置

6.4.3 毛细管流量计校正

毛细管流量计的校正装置与转子流量计是并联的,因此实验方法完全相同。实验室中常用的最简单的方法是用皂膜流量计进行校正。

在实验过程中注意如下事项:

(1)要常注意湿式气体流量计的水位器和水平仪,不符合要求时要随时调整,以保证测定准确。

(2)校正物质是可压缩流体,所以校正时要记录温度和压力。

(3)在使用空气压缩机前一定要打开放空阀,并用其调节进入系统的气体流量。

(4)管道连接要严密,防止漏气,否则不能准确测定。

第七章　热分析实验技术及仪器

顾名思义,热分析是一种对热进行分析的方法。其确切的定义为:在程序控制温度下,测量物质的物理性质随温度变化的函数关系的一类技术称为热分析。根据所测物质的物理性质的不同,热分析技术可分为 10 多种,如表Ⅲ-7-1 所示。

目前,热分析的内容已相当广泛,它是多种学科共同使用的一种技术。本章结合基础物理化学实验,简单介绍 DTA、DSC、TG(DTG)等热分析方法的基本原理和技术。

表Ⅲ-7-1　热分析技术分类

物理性质	技术名称	简　称	物理性质	技术名称	简　称
质量	热重法	TG	机械特性	机械热分析	TMA
	导数热重法	DTG		动态热	
	逸出气检测法	EGD	声学特性	热发声法	—
	逸出气分析法	EGA		热传声法	
温度	差热分析法	DTA	光学特性	热光学法	—
焓	示差扫描量热法 *	DSC	电学特性	热电学法	—
尺度	热膨胀法	TD	磁学特性	热磁学法	—

* DSC 分类:功率补偿型 DSC 和热流型 DSC。

7.1　差热分析法(DTA)

7.1.1　DTA 的基本原理

物质在物理变化和化学变化过程中往往伴随着热效应,放热或吸热现象反映出物质热焓发生了变化。差热分析法(differential thermal analysis)就是利用这一特点测定样品和参比物之间温差与温度或时间的函数关系。差热分析法可以获得两条曲线,一条是温度曲线,另一条为温差曲线。差热分析法的原理如图Ⅲ-7-1 所示。将样品和参比物分别放入坩埚,置于电炉中程序升温,改变样品和参比物的温度。若参比物和样品的热容相同,样品无热效应时,二者的温差近似为 0,此时得到一条平滑的基线。随着温度的增加,如样品发生了化学或物理变化,便产生了热效应,而参比物未产生热效应,二者之间便产生了温差,在 DTA 曲线中表现为峰,温差越大,峰也越大,而温差变化的次数与峰的数目相同。正、负热效应的出峰方向相反,一旦确定了电炉中样品和参比物的位置,放热峰及吸热峰的方向也就确定了。图Ⅲ-7-2 是典型的 DTA 曲线。

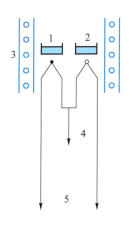

1—样品;2—参比物;3—电炉;
4—温度 T;5—温差 ΔT

图Ⅲ-7-1　差热分析法原理示意图

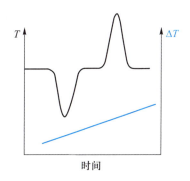

图Ⅲ-7-2　典型的 DTA 曲线

7.1.2　DTA 仪器结构

DTA 分析仪种类繁多,一般由五部分组合而成,包括温度程序控制单元、可控硅加热单元、差热放大单元、记录装置和电炉。图Ⅲ-7-3 是典型的 DTA 装置的示意图。仪器结构原理如下:

(1)温度程序控制单元和可控硅加热单元。温度控制系统由程序信号发生器、微伏放大器、PID 调节器和可控硅执行元件五部分组成,如图Ⅲ-7-4 所示。程序信号发生器按给定的程序方式(升温、恒温、降温、循环)给出毫伏信号。若温控热电偶的热电势与程序信号发生器给出的毫伏值有偏差时,说明炉温偏离给定值。此时,偏差值经微伏放大器放大后送入 PID 调节器,再经可控硅触发器导通可控硅执行元件,调整电炉的加热电流,从而使炉温改变,偏差消除,达到使炉温按一定速率上升、下降或保持恒定的目的。

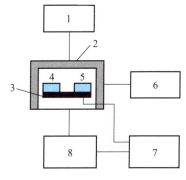

1—气氛控制;2—电炉;3—温度感敏器;
4—样品;5—参比物;6—炉腔程序控温;
7—记录仪;8—微伏放大器

图Ⅲ-7-3　典型的 DTA 装置示意图

(2)差热放大单元。差热信号放大器用以放大温差电势,以便于记录。由于差热分析中差热信号很小,一般只有几微伏到几十微伏,因此差热信号在输入记录装置前必须放大,以减小误差,如图Ⅲ-7-5 所示。将差热信号(ΔT)通过斜率调整电路送入由微伏放大器和 5G23 集成电路组成的高增益放大电路,然后经过转换开关送至计算机中,由程序记录差热曲线。

在差热分析过程中,如果升温时样品没有热效应,则温差电势始终为零,差热曲线为一直线,称为基线。然而,由于两个热电偶的热电势、热容以及坩埚的形状和位置等不可能完全对称,在温度变化时仍有不对称电势产生。此电势随温度升高而变化,造成基线漂移。此外,基线漂移还和样品杆的位置、坩埚位置、坩埚的几何尺寸等因素有关。

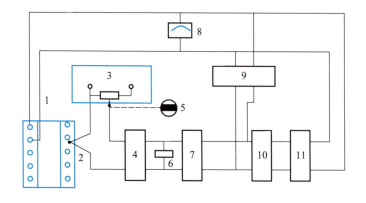

1—电炉；2—温控热电偶；3—程序信号发生器；4—微伏放大器；5—TD-I 电动机；

6—偏差指示；7—PID 调节器；8—电炉指示；9—炉压反馈电路；

10—可控硅触发器；11—可控硅执行元件

图Ⅲ-7-4　温度控制系统示意图

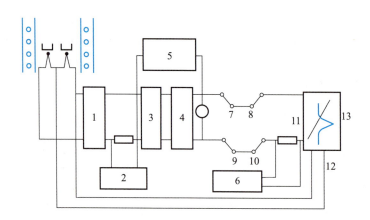

1—斜率调整电路；2—调零电路；3—微伏放大器；4—5G23 集成电路；

5—量程转换电路；6—基线位移电路；7,8,9,10—DTA；

11—蓝笔；12—红笔；13—记录仪

图Ⅲ-7-5　差热信号放大器示意图

7.1.3　实验操作条件选择

　　差热分析法操作简单，但在实际工作中往往发现同一样品在不同仪器上测定，或不同的人在同一仪器上测定时，所得到的差热曲线结果有差异。峰的最高温度、形状、面积和峰值大小都会发生一定变化。其主要原因是在热分析仪器中的传热情况较复杂，一般来讲，主要受到仪器和样品的影响。只要严格控制测试条件，便可获得较好的重现性。

　　（1）气氛和压力的选择。气氛和压力可以影响样品化学反应和物理变化的平衡温度和峰形，甚至导致不同的变化历程。因此，必须根据样品的性质和研究需要选择适当的气氛和压力。如果样品易氧化，而我们又不希望其发生氧化过程，则应通入 N_2、Ar、Ne 等惰性气体保护。

（2）升温速率的影响和选择。升温速率不仅影响峰温的位置，而且影响峰面积的大小。一般来说，在较快的升温速率下峰面积变大，峰变尖锐。但快的升温速率使样品的变化偏离平衡条件的程度也大，因而易使基线漂移；更主要的是，可能导致相邻两个峰重叠，使分辨率下降。较慢的升温速率，基线漂移小，系统接近平衡条件，可得到宽而浅的峰，也能使相邻两峰更好地分离，提高分辨率，但测定时间长，需要仪器的灵敏度高。一般情况下选择 $5 \sim 12 \, ℃ \cdot min^{-1}$ 为宜。

（3）样品的处理及用量。样品的用量增加，峰面积会增加，并使漂移程度增大，峰温位置也会随之改变；且易使相邻两峰重叠，降低了分辨率。一般来说，样品量小，DTA 曲线出峰明显，分辨率高，基线漂移小，但样品量过少，会使本来很小的峰不能被检测到。样品的粒度也会影响DTA 曲线，一般在 100 ~ 200 目左右，颗粒小可以改善导热条件，但太细可能会破坏样品的结晶度。

参比物的颗粒及装填情况、紧密程度应与样品一致，以减少基线的漂移。

（4）参比物的选择。要获得平稳的基线，参比物的选择很重要。要求参比物在加热或冷却过程中不发生任何变化，在整个升温过程中选择比热容、导热系数、粒度尽可能与样品一致或相近的参比物。

常用 $\alpha - Al_2O_3$ 或煅烧过的 MgO 或石英砂作参比物。如果分析样品为金属，也可以用金属镍粉作参比物。如果样品与参比物的热性质相差很远，则可用稀释样品的方法解决，主要是降低反应猛烈程度；如样品加热过程中有气体产生时，稀释可以减少气体大量出现，以免使样品冲出。选择的稀释剂不能与样品有任何化学反应或催化反应，常用的稀释剂有 SiC、铁粉、Fe_2O_3、玻璃珠、Al_2O_3 等。

选择不同的实验条件会影响差热曲线，除上述因素外还有许多因素，如坩埚的材料、大小和形状，炉子的形状、尺寸和加热方式，热电偶的材质以及热电偶插在样品和参比物中的位置等。样品支持器和均温块的结构和材质也是影响 DTA 曲线的因素，选用低导热系数的材料（如陶瓷）制成的均温块对吸热过程有较好的分辨率，高导热系数的材料（如金属）制成的均温块对放热过程有较好的分辨率。

7.1.4　DTA 曲线转折点温度和 DTA 峰面积的测定

（1）DTA 曲线转折点温度的确定。如图Ⅲ-7-6 所示，由每个 DTA 信号峰可得到下列几种特征温度：① 曲线偏离基线点 T_a；② 曲线的峰值温度 T_p；③ 曲线陡峭部分的切线与基线的交点 $T_{e,o}$（外推始点，extrapolated onset），其中 $T_{e,o}$ 最接近热力学平衡温度。

（2）DTA 峰面积的确定。一般有四种测定方法：① 市售差热分析仪附有积分仪，可以直接读数或自动记录下差热峰的面积；② 如果样品差热峰的对称性好，可作等腰三角形处理，用峰高乘以半峰宽（峰高 1/2 处的宽度）的方法求面积；③ 剪纸称量法，若记录纸质量较高，厚薄均匀，可将差热峰剪下来，在分析天平上称其质量，其数值可以代表峰面积；④ 目前，新型的差热分析仪都由计算机程序控制和记录数据，并可用自带数据分析软件直接对信号峰积分，求出峰面积。

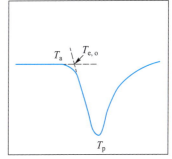

图Ⅲ-7-6　DTA 曲线转折点温度

7.2 示差扫描量热法(DSC)

在用差热分析测定样品的过程中,当样品产生热效应(熔融、分解、相变等)时,由于样品内的热传导,样品的实际温度已不是程序升温所控制的温度(如在升温时)。由于样品的放热或吸热,促使温度升高或降低,因而进行热量的定量测定是困难的。要获得比较正确的热效应,可采用示差扫描量热法(differential scanning calorimetry)。

示差扫描量热是在温度程序控制下测定输给样品和参比物的功率差与温度关系的一种技术,可分为功率补偿型 DSC 和热流型 DSC 两种。

7.2.1 功率补偿型 DSC

功率补偿型 DSC 的仪器装置和 DTA 的仪器装置相似,所不同的是在样品和参比物的容器下装有两组补偿电热丝,分别加热,如图Ⅲ-7-7 所示。

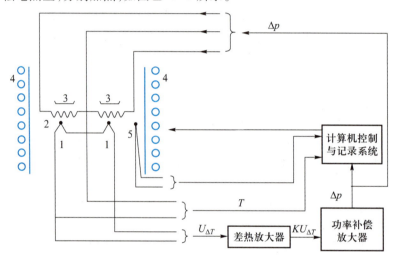

1—温差热电偶;2—补偿电热丝;3—坩埚;4—电炉;5—控温热电偶

图Ⅲ-7-7　功率补偿型 DSC 原理示意图

功率补偿型 DSC 使用时,无论样品吸热或放热,样品和参比物温度都处于动态零位平衡状态,使 ΔT 等于 0,这是它与 DTA 技术最本质的区别。而实现 ΔT 等于 0,其方法就是通过功率补偿。在加热过程中,样品发生变化产生热效应,使样品的温度与参比物温度之间出现温差(ΔT),通过差热放大电路和差动热量补偿放大器,使流入补偿电热丝的电流发生变化。当样品吸热时,补偿放大使样品一边的电流增大;当样品放热时,补偿放大使样品一边的电流减小,直至两边热量平衡,始终保持 $\Delta T = 0$。换句话说,样品在热反应时发生热量变化,由于及时输入电功率而得到补偿,所以实际记录的是样品和参比物下面两只补偿电热丝的热功率之差随时间 t 的变化关系($\mathrm{d}H/\mathrm{d}t - t$)。如果升温速率恒定,记录的也就是热功率之差随温度 T 的变化关系($\mathrm{d}H/\mathrm{d}t - T$),见图Ⅲ-7-8。

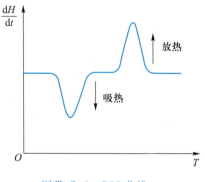

图Ⅲ-7-8　DSC 曲线

热效应数值即为其峰面积 S 与仪器常数 K 的乘积:

$$\Delta H = \int_{t_0}^{t} \frac{\mathrm{d}H}{\mathrm{d}t} \mathrm{d}t = K \int_{t_0}^{t} \frac{\mathrm{d}S}{\mathrm{d}t} \mathrm{d}t \qquad (\text{III}.7.1)$$

功率补偿型 DSC 的主要特点是,样品和参比物分别具有独立的加热器和传感器。整个仪器由两个控制系统进行监控,其中一个控制温度,使样品和参比物在预定的速率下升温或降温;另一个用于补偿样品和参比物之间所产生的温差,这个温差是由样品的放热和吸热效应所产生的。通过功率补偿使样品和参比物的温度保持相同,这样就可以通过补偿的功率直接求算热流率。功率补偿型 DSC 方程为

$$\frac{\mathrm{d}H}{\mathrm{d}t} = -\frac{\mathrm{d}Q}{\mathrm{d}t} + (c_s - c_r) \frac{\mathrm{d}T_y}{\mathrm{d}t} - R_x c_s \frac{\mathrm{d}^2 Q}{\mathrm{d}t^2} \qquad (\text{III}.7.2)$$

式中 $\mathrm{d}H/\mathrm{d}t$ 是样品焓变率;c_s、c_r 分别为样品和参比物的热容;$\mathrm{d}Q/\mathrm{d}t$ 是样品和参比物的热流量差,即功率差:

$$-\frac{\mathrm{d}Q}{\mathrm{d}t} = -\left(\frac{\mathrm{d}Q_s}{\mathrm{d}t} - \frac{\mathrm{d}Q_r}{\mathrm{d}t} \right) \qquad (\text{III}.7.3)$$

式中 Q_s、Q_r 分别代表样品和参比物的热流量。

第二项是 DSC 基线漂移,它由样品和参比物热容差和升温速率所决定,$\dfrac{\mathrm{d}T_y}{\mathrm{d}t}$ 是升温速率。第三项中 $\dfrac{\mathrm{d}^2 Q}{\mathrm{d}t^2}$ 为功率补偿型 DSC 的斜率。

由上面的方程可以看出,$\mathrm{d}H/\mathrm{d}t$ 与 $\mathrm{d}Q/\mathrm{d}t$ 有关,可直接用 DSC 峰面积来计算 ΔH。如果事先用已知相变热的样品标定仪器常数,那待测样品的峰面积 S 乘以仪器常数就可得到 ΔH 的绝对值。仪器常数的标定方法如下:通过测定锡、铅、铟等纯金属的熔化过程,从其熔化热的文献值即可求得仪器常数 K。

7.2.2 热流型 DSC

热流型 DSC 通常也被认为是定量的 DTA,它的仪器构造如图 III-7-9 所示。样品和参比都在同一个加热板上加热,通过热流检测器(一种热阻)可以测出参比物和样品之间的温差,再根据热阻与温差的关系可以转换为热流差,从热流差与时间的积分计算热效应的数值。和功率补偿型 DSC 不同,热流型 DSC 使用时,当样品吸热或放热时,样品和参比物温度会出现差别,与 DTA 相似。热流型 DSC 仪器通常既可作 DSC,也可作 DTA,其仪器的操作也与差热分析仪基本一样。

7.2.3 DTA 和 DSC 应用讨论

DTA 曲线是以 ΔT 为纵坐标,时间 t 或温度 T 为横坐标。DSC 曲线是以 $\mathrm{d}H/\mathrm{d}t$ 为纵坐标,时间 t 或温度 T 为横坐标。它们的共同特点是峰的位置、形状和峰的数目与物质的性质有关,故可以定性地用来鉴定物质;峰面积的大小与反应热焓有关,即 $\Delta H = KS$,K 为仪器常数,S 为峰面积。对 DTA 曲线来说,K 是与温度、仪器和操作条件有关的比例常数;而对 DSC 曲线来说,K 是与温度无关的比例常数。用 DTA 进行定量分析时,如果曲线中出现重叠峰,对每个不同峰面积

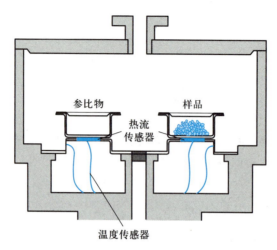

参比物　　　　样品

热流
传感器

温度传感器

图 Ⅲ-7-9　热流型 DSC 仪器构造示意图

计算总的 ΔH 时,采用不同 K 值计算各峰的 ΔH;而使用 DSC 进行定量分析时,由于 K 值不随温度变化,只需一个 K 值。这说明在定量分析中 DSC 优于 DTA。目前,DSC 热分析技术得到广泛应用,基本取代了 DTA 技术。

DTA 和 DSC 在化学领域中和工业中的各种应用,见表 Ⅲ-7-2 和表 Ⅲ-7-3。

不论是差热分析仪还是示差扫描量热仪,在使用时需注意两点:

(1) 首先确定测定温度,选择合适的坩埚,500 ℃ 以下用铝坩埚,500 ℃ 以上用氧化铝坩埚,还可根据需要选择镍、铂等坩埚。

(2) 在升温过程中能产生大量气体的样品、会引起爆炸的样品、具有腐蚀性的样品都不能测定。

表 Ⅲ-7-2　DTA 和 DSC 在化学领域中的应用

材料	研究的类型	材料	研究的类型
催化剂	相组成、分解反应、催化剂鉴定	金属和非金属氧化物	反应热
聚合材料	相图、玻璃化转变、降解、熔化和结晶	煤和褐煤	聚合热
脂和油	固相反应	木材和有关物质	升华热
润滑脂	反应动力学	天然产物	转变热
配位化合物	脱水反应	有机化合物	脱溶剂化反应
糖类	辐射损伤	黏土和矿物	脱溶剂化反应
氨基酸和蛋白质	催化剂	金和合金	固-气反应
金属盐水合物	吸附热	铁磁性材料	居里点测定
土壤	固化点测定	生物材料	纯度、热稳定性、氧化稳定性、玻璃转变测定
液晶材料	转变热		

表Ⅲ-7-3 DTA 和 DSC 在工业中的应用

测定或估计	陶瓷	冶金陶瓷	化学	弹性体	爆炸物	法医化学	燃料	玻璃	油墨	金属	油漆	药物	黄磷	塑料	石油	肥皂	土壤	织物	矿物
鉴定	√*		√	√	√	√	√		√	√		√	√	√	√	√	√	√	√
组分（定量）	√	√	√	√	√	√		√	√	√		√	√	√	√	√	√	√	√
相图	√	√	√					√	√			√	√	√					√
溶剂保留			√	√	√	√			√									√	
水化脱水	√		√			√						√					√	√	
热稳定			√	√	√		√		√		√	√	√					√	√
氧化稳定			√	√	√				√	√	√				√				
聚合作用				√		√			√		√	√		√					
固化				√	√	√					√			√	√				
纯度			√			√						√			√				
反应性		√	√					√	√	√	√	√	√						√
催化活性	√	√	√				√	√											√
玻璃转变				√	√									√	√			√	
辐射效应	√	√				√	√	√	√	√		√						√	√
热化学常数	√	√	√	√	√	√	√	√	√	√	√	√	√	√	√	√	√	√	√

*"√"表示 DTA 或 DSC 可用于该测定。

7.3 热重法（TG 和 DTG）

7.3.1 热重法的基本原理

热重法是在程序控制温度下连续测定样品质量随温度（或时间）变化的一种方法。许多物质在加热过程中常伴随质量的变化，这种变化过程有助于研究晶体性质的变化，如物质的蒸发、升华和吸附等物理变化过程，也有助于研究物质的脱水、分解、氧化、还原等化学变化过程。

进行热重分析的基本仪器为热天平。热天平一般包括天平、电炉、程序控温系统、记录系统等部分。有的热天平还配有通入气氛或真空装置。典型的热天平结构示意图如图Ⅲ-7-10。

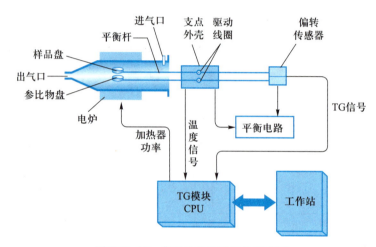

图Ⅲ-7-10　典型的热天平结构示意图

通常热重法分为两大类:静态法和动态法。静态法又可分为等压质量变化和等温质量变化两种。等压质量变化的测定是指一物质在恒定分压下的质量变化与温度 T 的函数关系,以质量变化为纵坐标,温度 T 为横坐标。等温质量变化的测定是指一物质在恒温下的质量变化与时间 t 的函数关系,以质量变化为纵坐标,以时间为横坐标。动态法是在程序升温的情况下,测定物质的质量变化与时间的函数关系。

以质量的变化数值 dm 对时间 t 或温度 T 作图,得热重曲线(TG 曲线),见图Ⅲ-7-11 中曲线 a。若以物质的质量变化速率 dm/dt 对温度 T 作图,即得微分热重曲线(DTG 曲线),见图Ⅲ-7-11 中曲线 b。DTG 曲线上的峰代替 TG 曲线上的阶梯,峰面积正比于样品质量减少量。DTG 曲线可以通过微分 TG 曲线得到,也可以用适当的仪器直接测得,DTG 曲线比 TG 曲线更具优越性,它提高了TG 曲线的分辨力。

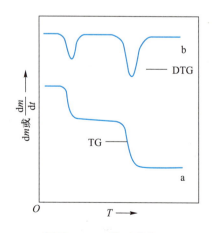

图Ⅲ-7-11　热重曲线

7.3.2　仪器结构、操作与影响因素

1. Labsys 型 TG-DSC 分析仪的热天平结构

热天平由万分之一精度的减码天平、管式电阻炉、气路装置、温控加热单元和温度读数装置等主要部件组成,其结构如图Ⅲ-7-10 所示。

2. 仪器操作

(1) 先打开冷却水和载气(约 40 mL·min⁻¹),再打开热分析仪的电源。

(2) 将坩埚放在电子天平上称量,去皮后再将样品放入坩埚中,精确称量,控制其质量在 4~10 mg 范围内;在另一只坩埚中称量质量大致相等的参比物(如 α-Al_2O_3)。

(3) 加热电炉升起后将样品坩埚放在支架的外侧,参比坩埚放在支架的内侧,等支架静止后放下加热电炉。

(4) 打开程序 collection. exe,在 display 选项中打开即时观测窗口,在 experiment 选项中开始一个新的测试,设置升温程序(注意:开始温度与炉体实际温度相差不要超过 1 ℃,在开始升温前要经历一段稳定时间),然后开始实验。

(5) 测定结束后用 processing. exe 程序对所得数据进行分析,求出 TG 曲线上每个失重区间的质量变化。

(6) 实验结束后要等到炉体温度冷却至 100 ℃ 以下,方可停水停气。

3. 影响热重分析的因素

热重分析的实验结果受到许多因素的影响,基本可分为三类:一是仪器因素,包括电炉的几何形状、坩埚的材料等;二是实验条件因素,包括升温速率、炉内气氛等;三是样品因素,包括样品用量、粒度、装样的紧密程度、样品的导热性等。

(1) 仪器因素。在热重法测定中,往往会发生热重基线漂移的现象,造成一种样品质量损失或质量增加的假象。这种漂移主要与加热电炉内气体的浮力和对流作用有关。当样品受热时,周围的气体因温度升高而膨胀,造成密度变小。结果气体对样品支持器及样品的浮力也随之减小,在热天平上表现为质量增加。与浮力效应同时存在的是对流的影响。由于天平系统置于常温之下,而样品周围的气体受热变轻形成向上的热空气,这种热空气对流在天平上引起样品的表观质量损失。假如加热电炉顶有出气通道,这种空气对流造成的影响尤为显著,如果气体外溢受阻,上升气流会置换上部温度较低的气体,而下降的气流对样品支架进行冲击,产生表观质量的增加。现有先进的热分析仪器可以在测试前先作空白试验,得到基线,然后在测试样品时作基线校正,即可消除或减小基线漂移的影响。

坩埚和支架对 TG 曲线也有影响,坩埚的大小和形状与样品的装填量有关,当样品量多时,使用的坩埚深而大,造成气体产物的扩散困难,容易使 TG 曲线终止温度向高温端偏移。一般选用坩埚要轻、传热好、有利于克服气体产物扩散困难和传热不畅造成的滞后对 TG 曲线的影响。应该选择对样品、中间产物、最终产物和气氛没有反应活性和催化活性的材料作为坩埚的材料。

(2) 实验条件因素。样品的升温是靠热量经过气体介质、坩埚再传递至样品而实现的,在加热炉和样品之间形成了温差;同时由于样品的性质、尺寸及样品本身的物理化学变化引起的热焓的变化,样品内部形成了温度梯度。当升温速率增加,这种温差也会随之增大,结果导致 TG 曲线的起始温度和终止温度偏高。而且,对于多次变化的样品,采用高升温速率会使得第一个变化

区还没结束,第二个变化区已开始,从而相邻的两个变化区重叠在一起,使其分辨率降低。应根据实际情况选择合适的升温速率,通常的升温速率为 $5 \sim 10 \ \text{℃} \cdot \text{min}^{-1}$。实验气氛对 TG 测定也有显著的影响,如用热重法研究 $CaCO_3$ 的分解,分别在真空、空气和 CO_2 中测定,其分解温度最多可相差近 600 ℃。一般来讲,应选择对反应过程无影响的气氛。

（3）样品因素。样品用量对 TG 结果影响较大,主要表现为样品用量多时,样品内部形成的温差也大,当表面达到分解温度后,要过一定时间才能使内部也达到分解温度。一般而言,样品用量增加会使 TG 曲线向高温方向偏移;样品用量增加也会使得两相邻质量变化过程的分辨率降低。当样品用量在热天平灵敏度范围之内时,样品用量尽量少为宜。样品粒度对热传导、气体扩散有较大影响。粒度越小,比表面积越大,TG 曲线上失重起始温度（T_i）和终了温度（T_f）降低,且反应区间变小。但粒度太小,由于样品的表面效应和小尺寸效应,会使得其 T_i 远低于正常值,从而使测定失去意义。

热重法可以对样品的组分进行定量分析,具有样品不需预处理、分析不用试剂、操作和数据处理简单方便等优点,其唯一要求是:TG 曲线相邻的两个质量损失过程之间必须形成一个平台,且该平台越明显则计算误差越小。

7.3.3 热重分析的应用

热重分析可以通过简单的测定获得大量的数据,因而在化学、冶金、地质和生物学等方面有着广泛应用。但热重分析不能独立地解决许多问题,若将其与磁性质、红外光谱、质谱、X 射线衍射、穆斯堡尔谱等方法联合使用,将大大地扩展其应用范围。在化学上,热重法还可以用来研究热化学反应、催化反应、吸附作用以及测定动力学基本参数进而研究反应机理等。

通过 TG-DSC/DTA 技术研究某些化学反应（如分解反应）,只能反映出样品在热化学反应中的质量、焓变或温差随温度改变而产生的变化,并不能准确说明过程中具体发生了什么化学变化。若要更加准确地判断其中的反应过程,TG 与 MS（质谱）的联用是一种非常有效的技术。将热分析仪的炉腔与 MS 通过毛细管相连,毛细管外面具有独立的加热装置,可通过控制温度使产生的气态物质不会在毛细管中冷凝。在热分析过程中产生的气态物质经毛细管进入 MS 后,经离子源作用,产生分子正离子或碎片正离子,再被电场加速,最后在质量分析器中按质荷比大小进行分离、记录并获得质谱图,对质谱图进行分析就可确定产物的成分。由于是在线分析技术,因此通过 TG/DSC-MS 联用技术,可同时获得反应过程中的质量改变、热效应、产物组成及化学反应温度等信息,从而客观准确地认识反应过程并可对反应机理进行解释和研究。实验九就是通过 TG/DSC-MS 联用技术研究 $CaC_2O_4 \cdot H_2O$ 在惰性气氛下的热分解过程,来判断其分解反应的机理。另外,该方法还可用于分析某些未知化合物的成分,研究某些化合反应过程,甚至可以拓展到纳米科学领域,研究某些纳米材料的微观制备机理。

第八章　X射线衍射实验(粉末法)技术及仪器

8.1　X射线的产生及其性质

8.1.1　X射线的产生

在抽空到约 1.333×10^{-4} Pa 的 X 射线管中,用绕成螺线形的钨丝作阴极,通以几十毫安的电流,阴极因受热发射出电子,这些电子在几万伏的高压下加速运动,撞击到由一定金属(Cu、Fe、Mo 等)制成的阳极靶上,在阳极产生 X 射线,图Ⅲ-8-1 为封闭式 X 射线管的结构示意图。

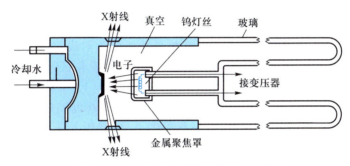

图Ⅲ-8-1　封闭式 X 射线管的结构示意图

X 射线和普通的光波一样,也是一种电磁波,只是其波长很短。根据实验条件不同,由 X 射线管产生的 X 射线有两种类型:

(1)白色 X 射线。又称连续 X 射线。它和可见区的白光相似,所以称白色 X 射线。其产生机理较为复杂,一般可认为由高速电子在靶中运行,因受阻力速度减慢,从而将一部分电子的动能转化为 X 射线的辐射能。

(2)特征 X 射线。又称标识 X 射线。它是在连续 X 射线的基础上叠加若干条具有一定波长的射线,它和可见光的单色光相似。当 X 光管的管压低于某元素的激发电压时,只产生连续 X 射线;当管压高于元素的激发电压时,在连续 X 射线的基础上产生标识 X 射线;当管压继续增加,标识 X 射线的波长不变,只是强度相应增加。标识 X 射线有两个高强度峰,即 K_α 和 K_β 两条谱线,它们的波长只与阳极所用材料有关,这种特征 X 射线产生机理与靶物质的原子结构紧密相关。当具有足够能量的电子将阳极金属原子中内层电子轰击出来,使原子处于激发态,于是处在较外层的电子便跃入内层填补空位,并以光的形式将能量发射出来。所发射的 X 射线具有特定波长,如轰击出来的是 K 层电子(也称为 K 层激发),然后由 L 层电子跃入填补,就产生了特征谱线 K_α 辐射;或是由 M 层电子跃入 K 层,则产生 K_β 辐射;若高速电子流将金属原子中 L 层电子轰击出来,而由 M 层、N 层电子补入,则产生 L 系辐射。

按照选择定则,由 L 层电子填入 K 层时,可产生两个波长相差很近的 K_{α_1} 和 K_{α_2} 线,其强度比

约为 2：1。当分辨率较差时,其波长近似为

$$\lambda_{K_\alpha} = \frac{2}{3}\lambda_{K_{\alpha_1}} + \frac{1}{3}\lambda_{K_{\alpha_2}} \qquad (\text{III}.8.1)$$

如果采用原子序数较高的金属作为阳极,除产生 K 系特征 X 射线外,还可以得到 L、M 系等特征 X 射线。在一般情况下,这些系列的 X 射线的谱线用处都不太大。

8.1.2　X 射线的吸收

在 X 射线的实验中,通常需要获得单色 X 射线光,滤去 K_β 线,采用 K_α 线。

X 射线和普通光一样,遵守 Lambert-Beer 定律：$I = I_0 \mathrm{e}^{-\varepsilon l}$,吸收系数 ε 与原子序数 Z 和波长 λ 的关系为

$$\varepsilon \propto Z^4 \cdot \lambda^n \qquad (\text{III}.8.2)$$

n 为 2.5~3。当光的强度为 I_0 的 X 射线通过厚度为 l 的物质时,透光强度减小。吸收系数 ε 随 X 射线的波长的减小而减小,当波长减小至某值时,其能量大到足以击出该物质原子内层 K 电子,并且使吸收突然增大,这个波长称为吸收限 $K(\lambda_k)$。

吸收现象经常用于在实验中获得单色 X 射线光。如果在 X 射线光路中放置一种物质(称滤光片或单色器),这种物质的吸收限 K 的波长正好处于特征 X 射线 K_α 和 K_β 辐射波长之间,从而能将大部分的 K_β 辐射滤掉,而透过的 K_α 强度损失很小,得到基本上是单色的 K_α 辐射。例如,铜靶产生的特征 K_α 射线 $\lambda = 1.5418$ Å,产生的特征 K_β 射线 $\lambda = 1.39217$ Å,而镍片的吸收限波长 $\lambda = 1.4880$ Å,因此可用镍滤光片滤去铜靶中产生的 K_β 线,而获得 K_α 辐射。除铜靶外,钼靶和铁靶也经常使用。钼靶产生的特征 K_α 射线 $\lambda = 0.7107$ Å,K_β 射线 $\lambda = 0.63225$ Å,锆的吸收限波长 $\lambda = 0.6890$ Å,因此可用锆片作为 Mo 靶的滤光材料。对轻靶(原子序数小于 40)而言,滤光片材料的原子序数为靶材料的原子序数−1；对重靶而言,原子序数−2 的元素可选作滤光片材料。靶材的波长和滤光片的选择见表Ⅲ-8-1。

表Ⅲ-8-1　靶材的波长和滤光片的选择

靶材及其原子序数	K_α 辐射波长/Å	K_β 辐射波长/Å	滤光片材料及其原子序数	K 临界吸收波长/Å
铁 Fe(26)	1.9373	1.7565	锰 Mn(25)	1.896
镍 Ni(28)	1.6591	1.5001	钴 Co(27)	1.6081
铜 Cu(29)	1.5418	1.3921	镍 Ni(28)	1.4880
钼 Mo(42)	0.7107	0.6322	锆 Zr(40)	0.689
银 Ag(47)	0.5609	0.4970	钯 Pd(46)	0.509

8.2　X 射线衍射仪

化合物及金属大都可形成粉末状的微晶体,很难得到大的单晶,可用 X 射线粉末法表征其晶体结构和组成。X 射线粉末法分为照相法和衍射法两种,自动记录衍射计使用比较方便,故本章对照相法不作介绍。

每一种晶体都具有自己独特的晶体结构,当 X 射线通过某晶体时,可利用 X 射线衍射仪直

接测定和记录所产生的晶体衍射方向(2θ角)和衍射线的强度(I值)。根据所产生的衍射效应,可鉴别晶体物质的物相,确定简单结晶的物质结构。

图Ⅲ-8-2为X射线衍射仪构造示意图,主要由X射线发生器、测角仪和记录仪三部分组成。图Ⅲ-8-3为测角仪几何光路装置示意图。

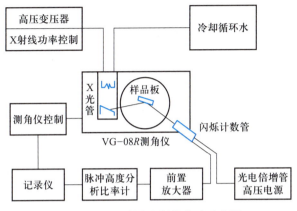

图Ⅲ-8-2　X射线衍射仪构造示意图

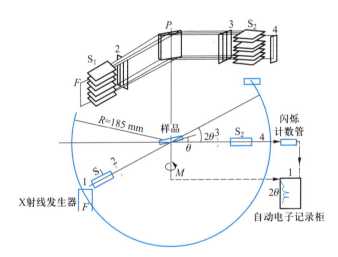

图Ⅲ-8-3　测角仪几何光路装置示意图

将平板状粉末样品放置在位于测角仪圆台中心的样品架上,固定在圆台边上的闪烁计数管装置将来自样品的衍射线通过铊活化的NaI晶体,经X射线照射后发出可见蓝光,再经光电倍增管将X射线光子能量放大,将衍射强度转为电信号。这种电信号经放大器放大后,即由记录仪记录下来。在测量过程中样品和圆台各自不断转动,圆台连同闪烁计数管转动一周后,可记录来自各个方向的衍射线。

8.3　实验条件的选择

8.3.1　狭缝的选择

衍射仪装置中共有五个狭缝,见图Ⅲ-8-3。两个梭拉狭缝 S_1、S_2 是由许多紧密相间平行和高度吸收的金属薄片组成的,限制 X 射线在水平面上发散而到达样品。2 为发散狭缝(DS),用于限制投照在样品上的 X 光束的宽度。3 为散射狭缝,用于排除 X 光机路上各种零配件所造成的散射及防止空气的散射线。4 为接收狭缝(RS),用于限制进入检测器的 X 光束宽度。

(1)对于衍射能力小的样品,衍射的 X 射线强度小,一般选用较大的发散狭缝。高角度扫描和样品面积大时,可用较大的发散狭缝。

(2)接收狭缝大小的选择,是根据其与时间常数 T 和扫描速率 S 三者之间的相互关系,按照下式确定:

$$T \cdot S/R \geqslant 10 \qquad\qquad (\text{Ⅲ}.8.3)$$

8.3.2　X 光管的选择

每一个 X 光管都有一固定的金属靶,因此产生的 X 射线波长也是确定的(见表Ⅲ-8-2)。晶体衍射所用 X 射线一般选用 0.5~2.5 Å,这是因为:

(1)该波长范围与晶体点阵的面间距大致相当。

(2)随着波长增加,样品和空气对 X 射线的吸收越来越大,因此波长大于 2.5 Å 的 X 射线对晶体衍射一般不适用。

(3)波长太短,衍射线条过分集中在低角度区,一些相隔较近的线条不易分辨。因此,波长小于 0.5 Å 的 X 射线一般也不用。

表Ⅲ-8-2 列出了常用阳极靶元素的 K 系标识 X 射线。

表Ⅲ-8-2　常用阳极靶元素的 K 系标识 X 射线

靶元素	原子序数	波长/Å			临界电压/kV	适宜的工作电压/kV	将被强烈吸收及散射的元素	
		K_α	K_β	λ_k			K_α	K_β
Cr	24	2.2909	2.08480	2.0701	5.98	20~25	Ti、Sc、Ca	V
Fe	26	1.9373	1.75653	1.7463	7.10	25~30	Cr、V、Ti	Mn
Co	27	1.7902	1.62075	1.6081	7.71	30	Mn、Cr、V	Fe
Ni	28	1.6591	1.50010	1.4880	8.29	30~35	Fe、Mn、Cr	Co
Cu	29	1.5418	1.39217	1.3804	8.86	35~40	Co、Fe、Mn	Ni、Nb
Mo	42	0.7107	0.63225	0.6198	20.0	50~55	Y、Sr、Ru	Zr
Ag	47	0.5609	0.49701	0.4355	25.5	55~60	Ru、Mo、Nb	Pd、Rh

注:K_α 的波长取 2 份 K_{α_1} 和 1 份 K_{α_2} 的波长平均值,即式(Ⅲ.8.1)。

每一种元素都有一个确定的 K 吸收限 λ_k。λ_k 为刚好能激发 K 层电子的辐射波长,当辐射的波长 $\lambda \leqslant \lambda_k$ 时,即可以将该元素原子的 K 层电子激发,外层电子跃入 K 层,填补空位,同时产生次生 X 射线,称为荧光辐射。荧光辐射是造成衍射图背景加深的重要原因之一。为了尽可能避免或减少荧光辐射,必须选择合适的 X 射线波长,即选用合适的阳极靶。

选靶的基本原则是:所用靶元素的标识 X 射线 K_α 要稍大于样品的 K 吸收限,这样就不能产生 K 系荧光辐射,但应注意也不能把阳极靶的波长选得过大,因为阳极靶 K_α 波长比样品 λ_k 大很多,虽然不会产生 K 系荧光辐射,但样品对 X 射线的吸收程度增加,也对衍射实验不利。最合理的选择是阳极靶波长稍大于样品的 K 吸收限,一般说来,$Z_{靶} < Z_{样品} + 1$,Z 为原子序数,即靶元素的原子序数应比样品中元素的原子序数小或者比样品中元素的原子序数大 5 以上(产生荧光辐射的概率减小)。

例如,铜的原子序数为 29,它的特征射线 Cu K_α 的波长为 1.5418 Å。由于铜的导热性能很好,可以制造较大功率的 X 光管,产生较强的 X 射线,同时 Cu K_α 的波长也比较合适。因此在晶体衍射分析中使用铜靶最普遍。但样品中含 Mn、Fe、Co 等元素时不能用铜靶,由于 Cu K_α 辐射能够激发这些元素的 K_α 线(即产生荧光辐射),使背景加深,掩盖了样品中的一些弱峰,甚至中等峰。对于原子序数小于 20 以下的元素,由于其荧光 K_α 的波长较长,大部分可以被空气和样品吸收掉,对背景不会产生明显影响,因此可以用铜靶。

又如,在测定含铁样品时,最好选用钴靶或铁靶,而不能用镍靶,更不能用铜靶。因为铁的 λ_k = 1.7463 Å,钴靶的 K_α 波长为 1.7902 Å,因此钴靶不能激发铁的 K 系荧光辐射,由于钴靶 K_α 波长最靠近铁的 λ_k,所以铁对钴靶 K_α 辐射的吸收也最小,所以测定铁的样品时,选用钴靶是最理想的。而镍靶 K_α 波长为 1.659 Å,小于铁的 λ_k,可以激发铁样品的 K 系荧光辐射,故不宜选用。

如果样品中含有多种元素,原则上应根据其主要组分原子序数最小的元素来选择阳极靶。

8.3.3 X 光管压和管流的选择

从 X 射线管得到的 X 射线,既包括连续波也包括特征波,而特征波与连续波的强度比与加在 X 光管上的高压有关。轻靶所加高压为阳极靶激发电压的 3~5 倍时,特征波与连续波的强度比最大,在这种电压下使用特征波是最经济的,所得谱线的噪声较小,特征 X 射线的强度由下式决定:

$$I_{特征} = aI(U - U_K)^n \qquad (\text{Ⅲ}.8.4)$$

式中 I 为管电流;U 为管电压;U_K 为激发电压;a 为系数。

$I_{特征}$ 随着 U 增加而增加,但连续波的强度($I_{连续} = CZIU^2$)也随之增加,并且还会向短波长方向移动,不易被滤波片滤掉。因此需要合适的管压,才能保证得到适当强度的标识线。

一般来说,轻阳极靶 Cr、Fe、Cu、Co、Ni 可用 U = (3~5)U_K;重阳极靶 Mo、Ag 可用 U = (2~3)U_K;使用白色连续波长 X 射线时,通常都是用 W 靶。例如,铜的激发电压为 8.8 kV,其管压一般为 30~50 kV。

X 射线管压高、管流大,X 射线强度就大,衍射线谱质量会比较好。但管压和管流的最大值受到仪器设计限制,不能超过额定值。管压与管流的乘积不能超过 X 光管的额定功率。例如,若额定功率为 1 kW,当管压使用 40 kV 时,则允许最大管流为 25 mA,否则会烧坏高压变压器和 X 光管。在额定功率内,管压与管流的值是可以改变的,一般愿意使用较高的管压(在特征波比连续波为最佳的范围内)和较低的管流。较低管流即灯丝电流小,灯丝不易挥发,将延长 X 光管的使用寿命。

8.3.4 冷却水使用

为了保护 X 光管,应合理使用冷却水。在 X 射线发生器内,提供给 X 光管的管压和管流,其功率是很大的,其中通过阳极靶转化为 X 射线的能量只占总能量的 1% 左右,其他能量均转化为热量。这些热量使阳极靶产生很高的温度,如果不及时将这部分热量散发掉,会将靶击穿,造成 X 光管的损坏,所以必须在阳极靶周围通以冷却水。X 射线衍射仪配有一台冷却水循环装置,冷却水控制在 5~30 ℃循环使用,主机开启前必须使冷却水正常循环。要求水的流量不少于 3 L·min^{-1}。用循环水箱的 BV 阀控制其水压不得小于 2.5 kg·cm^{-2},但也不要大于

$3 \text{ kg} \cdot \text{cm}^{-2}$，水压过大会造成冷却水连接管接头处漏水。实验结束时，在关闭管电压和管电流后，冷却水仍需继续循环 20 min，以便将靶上的剩余热量全部带走。

8.4 物相分析

根据物质的晶体粉末衍射图，可以量出每一衍射线的 2θ，根据布拉格方程式算出每条衍射线的 d/n 值（或直接查晶体 X 射线衍射角与面间距换算表得 d/n 值），予以指标化。由每条衍射线的衍射峰面积或者用其相对高度计算衍射的强度 I/I_1。根据 d/n、I/I_1 的数据再去查对 PDF 或 ASTM 卡片［PDF 或 ASTM 卡片系国际专门研究机构——粉末衍射标准联合委员会收集了几万种晶体衍射标准数据后编制的系列卡片］，即可知被测物质的化学式、习惯用名及提供的各种结晶学数据。

PDF 卡片集已数字化，可由 XRD 仪器自带软件自动对测得的谱图进行归属，进行物相分析。如果已知样品含有的元素，在数据库中查询时可限制元素种类，得到含有相应元素的所有物质的 XRD 谱图，再与实验测得的谱图对照，得到该样品的组成和结构信息。常用数据库为国际衍射数据中心 ICDD（International Center for Diffraction Data）发行的电子版软件 PCPDFWIN。

8.5 PDF 卡片的使用说明

8.5.1 PDF 卡片的内容

X 射线粉末衍射谱图由粉末衍射标准联合委员会（Joint Committee on Powder Diffraction Standards，缩写 JCPDS）编辑出版。粉末衍射图（Powder Diffraction File，缩写为 PDF）过去称 ASTM（American Society for Testing and Materials 的缩写）卡片。PDF 卡片是自 1941 年以来，从文献上收集了几万种 X 射线粉末衍射数据，并且每年增补一批数据，根据实验数据制成的，其样式如表Ⅲ-8-3 所示。

表Ⅲ-8-3　PDF 卡片的样式

d	1A	1B	1C	1D	7	8				
I/I_1	2A	2B	2C	2D						
Rad.λ　Cut off　Ref. 　3		Filter　I/I_1		Dia.　Coll　d Corr.abs.?	$d/\text{Å}$	I/I_1	hkl	$d/\text{Å}$	I/I_1	hkl
Sys.　a_0　α　Ref. 　4	b_0　β	S.G.　c_0　γ	A　Z	C　D_x			9			
$\varepsilon\alpha$　2 V　Ref. 　5	$n\omega\beta$　D	$\varepsilon\gamma$　mp	sign　Color							
6										

306

PDF 卡片按其内容分为 10 个区。

（1）1A、1B、1C 是样品衍射谱图上三根最强的衍射线,对应面间距 d/n,简写为 d,1D 表示衍射线中最大的 d 值。

（2）2A、2B、2C、2D 表示第 1 区内四条衍射线条的相对强度 I/I_1,以最强线 I_1 为 100,偶然也会出现比 100 大的数值。

（3）"3"区为实验条件。Rad.为所用的特征 X 射线（如 Cu K_α、Fe K_α、Mo K_α 等靶）;λ 为所用的特征 X 射线的波长;Filter 为滤波器的种类;Dia.为照相机种类及直径;Cut off 为所用仪器能测得的最大面间距 d;Coll 为光栏的狭缝宽度或准直器孔径大小;I/I_1 为相对强度的测量方法;d Corr.abs.? 为 d 值是否进行吸收校正?;Ref.为"3"和"9"区中所用的文献。

（4）物体的晶体学数据。Sys.为样品所属晶系;S.G.为样品所属空间群;a_0、b_0、c_0 为点阵常数;$A = a_0/b_0,C = c_0/b_0$ 为轴比;α、β、γ 为晶轴之间夹角;Z 为单位晶胞中化学式单位的数目;D_x 为从 X 射线测量中计算得到的密度;V 为晶胞体积;Ref.为本区中数据的参考文献。

（5）光学及其他物理性质。$\varepsilon\alpha$、$n\omega\beta$、$\varepsilon\gamma$ 为折射率;sign 为晶体的光学性质的"正"或"负";$2V$ 为光轴角;D 为测量密度;mp 为熔点;Color 为用眼睛或显微镜看到的样品颜色;Ref.为本区中数据的参考文献。

有时其他一些数据如硬度（H）、矿物光泽等也列在这一部分。

（6）样品的来源、化学分析数据、化学处理方法等。升华点（sp）、分解温度（DT）、转变点（TP）、样品处理条件、获得衍射谱图的实验温度等。

（7）样品的化学式及名称。

（8）样品的结构式或其矿物名称及通用名称。

☆ 在右上角,表示卡片数据具有高度的可靠性。"0"表示可靠性低,如无"0"表示可靠程度高。

（9）d 为衍射线条的面间距。I/I_1 为与 d 值相对应的相对强度;h、k、l 为与 d 值相对应的衍射指标。

在"9"区中,下列的一些符号可能使用:

b 为宽线、模糊或弥散线;d 为双线;n 为由于各种原因不能得出的线（不是所有资料上都有的线）;n_c 为不可能用所设晶胞证明的线（与晶胞参数不符的数）;n_i 为不能用所设晶胞指标化的线;n_p 为所给定的空间群不允许的指标;β 为由于存在 β 线重叠,使强度不能确定;t_r 为 trace,痕量（非常弱的线）;+为指另外可能的指标。

（10）"10"栏为衍射卡片编号。例如 11–672,"11"为集号,"672"为卡片在 11 集中顺序号。PDF 卡片分为无机类和有机类,卡片总数约 5 万张,到 1990 年已出版 40 集。

8.5.2 卡片索引的使用方法

1. 数字索引

分为 Hanawalt 索引和 Fink 索引两类。

（1）Hanawalt 索引。它的编排方式是从每一个物质衍射线中选出八根最强线的 d 值,并估计其相对强度。其中三根最强的线必须在满足 $2\theta<90°$ 的范围内选取。设其强度降低顺序为 d_A、d_B、d_C,其他五条线相对强度降低顺序为 d_D、d_E、d_F、d_G、d_H。d 值的下标小字表示相对强度,"X"表示最强线,强度为 10,强度大于 10 的用"g"表示（例如以次强线的强度作为 10 时就会出现这

种情况）。按强度由强到弱的次序排成一行,同时在后面还列入该物质的化学式及卡片编号。例如:

$$4.05_x \quad 2.49_2 \quad 2.84_1 \quad 3.14_1 \quad 1.87_1 \quad 2.47_1 \quad 2.12_1 \quad 1.93_1$$

$$\vdots$$

$$SiO_2 \quad 11\text{-}965$$

实际编排时,为了查找方便,每张卡片上的三根最强线的 d 值分别归入相应的三大组,前三根作为循环置换,后五根的顺序不变,即

$$d_A, d_B, d_C, d_D, \cdots, d_H$$

$$d_B, d_C, d_A, d_D, \cdots, d_H$$

$$d_C, d_A, d_B, d_D, \cdots, d_H$$

若所选线中有两根以上的线强度相等,则 d 值大的线条优先排在前面。

在整个索引中,按 d 值大小分成若干大组(或区间),例如 d 值 $5.49 \sim 5.00$ Å 是一大组。在一个大组中,每一项的第一个 d 值的大小决定了它落在索引哪个组,而该组中按第二个 d 值大小顺序排列。若某三个项的第二个 d 值相同,则按第一个 d 值的大小次序排列;若第一个 d 值也相同,则按第三个 d 值大小次序排列。

当所测试样品的组成完全未知时,可以利用数字索引,其方法如下:

① 从样品衍射谱图 $d \sim I$ 数据中按强度次序挑出八根最强的线,线的面间距为 $d_1 \sim d_8$,特别是在 $2\theta < 90°$ 中选三个 d 值。

② 根据最强线条的面间距 d_1,在数字索引中找出所属的 Hanawalt 大组,根据 d_2 值大致判断样品可能是什么物质。若实验值 $d_1, d_2, d_3, \cdots$ 及相对强度次序与索引卡上列出的某物质数据基本一致(一般允许误差 ± 0.02),可初步确定样品中含有该物质,记下该物质的卡片编号。

但必须注意:① 对照样品的 $d \sim I$ 实验值与卡片上的 $d \sim I$ 值,在三根强线中有一条对不上,即可以否定。② 对于强度 I,由于实验条件的种种原因,可能会有出入,甚至有较大的出入。最强线、次强线、再次强线的次序可能有颠倒。一般说来,强线应是强的,弱线还是弱的。某些强度弱的线也可能没有出来,由于强度的失真,择优取"向"使样品的检索工作要困难得多。特别是对比衍射强度值时,应作适当考虑,不能过分认真。

(2) Fink 索引。从每一种物质的标准衍射线中挑选八根最强线的 d 值作为该物质的指标,按 d 值大小顺序进行排列。若 $d_1 > d_2 > d_3 > d_4 > d_5 > d_6 > d_7 > d_8$,则可循环排列成八行:

$$
\begin{array}{cccccccc}
d_1 & d_2 & d_3 & d_4 & d_5 & d_6 & d_7 & d_8 \\
d_2 & d_3 & d_4 & d_5 & d_6 & d_7 & d_8 & d_1 \\
d_3 & d_4 & d_5 & d_6 & d_7 & d_8 & d_1 & d_2 \\
& & & \cdots\cdots\cdots & & & & \\
d_8 & d_1 & d_2 & d_3 & d_4 & d_5 & d_6 & d_7
\end{array}
$$

按照第一 d 值的大小不同,该物质将出现在索引中八个不同的地方。

Fink 索引按各行第一个 d 值大小分区,在一个区内按第二个 d 值的递减排列。

Fink 索引的查阅方法:

① 从实验的谱图中挑选八根最强线,根据其 d 值大小递减排列,并循环排列成八行。

② 在索引中分别找出八个 d 值各自所属的区段,并逐一核对八个 d 值。如吻合良好,就抽

出相应的编号卡片,再核对全部的 d 值、I 值,作出鉴定。

③ 鉴定过程中,应考虑到 d 值可能允许误差在 1%~3%范围内。

上述方法对单个物质的物相分析比较容易,但对混合物的物相分析要困难些,尤其是对两个以上的物相组成的混合物,其物相分析更困难些。因为各物相的衍射线条同时出现在样品谱图上,衍射线条可能互相重叠,衍射谱图上最强线不一定就是某一单相物质的最强线,衍射线的强度次序也可能发生变化。在这样的情况下,当谱图上最强线在索引中找不到卡片时,可以假设谱图上的次强线是物质的最强线,依次把其他强线作为次强线和再次强线,重新在索引中寻找对应的卡片。某物质被确定后,扣除该物相数据,对谱图上其他线条按上述方法继续确定混合物中其他物相,直至所有衍射数据都核对上为止。

对于混合物样品的分析,往往要辅以其他方法确定混合物中物相。

2. 字母索引

如果知道某化合物的英文名称或其化学式,可以直接从 Davey-KWIC 索引(keyword in context index)查得衍射数据。

Davey-KWIC 索引是按照无机化合物和矿物的英文名称字母顺序排列而成的。在索引中包括化合物名称、化学式、三根在 $2\theta < 90°$ 范围内最强线的 d 值和相对强度、卡片号码及显微胶卷的坐标号码。例如:

名称	化学式	三根最强线的 d 值	卡片编号
Benzene	C_6H_6	$4.47_x\ 3.12_2\ 4.76_1$	10—800

另外,还有有机化合物分子式索引、无机物名称及矿物名称索引。

第九章 气相色谱实验技术及仪器

色谱法是近代分析化学领域中的一类分离分析方法。色谱法的基本原理是使混合物中各组分在两相间进行分配,其中一相是不动的,称为固定相;另一相是推动混合物经过固定相的气体或液体,称为流动相。当流动相携带混合物经过固定相时,与固定相发生相互作用。由于各组分的结构性质(溶解度、极性、蒸气压、吸附能力)不同,这种相互作用便有强弱差异。因此,在同一推动力作用下不同组分在固定相的停留时间不同,从而按先后不同的次序从装有固定相的柱中流出,再经检测和记录便可作出定性或定量分析。

气相色谱法是色谱法中的一种。气相色谱法的特点是以气体作为流动相,而固定相可以是固体或液体。若固定相为固体,称为气固色谱;若固定相为液体,则称为气液色谱。由于理论和技术的迅速发展,气相色谱法已日趋完善,同时由于气相色谱法具有选择性高、效能高、灵敏度高、分析速度快和样品用量少等特点,它在科学研究和生产实际中具有广泛的应用。近年来,气相色谱法在物理化学中的应用越来越多,已发展成为一种物理化学色谱法的专门研究方法。概括起来,物理化学色谱法的内容有下述几类:

(1)各种热力学参数如潜热、沸点、蒸气压、相变点、气体第二位力系数、分配系数、活度系数、焓变和熵变、吸附热等的测定。

(2)动力学和传质参数如反应速率常数、反应活化能、频率因子、脱附活化能、扩散系数等的测定及反应机理研究等。

(3)吸附剂、催化剂的宏观性质与吸附性能的研究,如测定比表面积、孔径分布、吸附等温线等以及催化剂活性中心性质和反应性能的研究。

9.1 气相色谱仪的基本组成

气相色谱仪的气路一般分为单柱单气路和双柱双气路两种。气相色谱仪单柱单气路流程示意图如图Ⅲ-9-1所示。双柱双气路与单柱单气路的不同之处是:载气经压力表和稳压阀

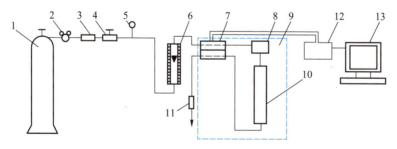

1—高压气体钢瓶(载气源);2—减压阀;3—净化器;4—稳压阀;5—压力表;6—转子流速计;7—热导检测器;

8—汽化室;9—色谱恒温室;10—色谱柱;11—皂膜流量计;12—检测器桥路;13—色谱工作站

图Ⅲ-9-1 气相色谱仪单柱单气路流程示意图

后分成两路,分别经微调阀、流量计、汽化室和色谱柱,最后进入检测器。双柱双气路的优点是可补偿变温和高温条件下固定相流失而产生的不稳定性,减少由于载气流量不稳定对检测器产生的噪声,因此特别适合程序升温和痕量分析。

气相色谱仪主要由以下几部分组成。

1. 流动相

气相色谱的流动相即为载气,其作用是携带样品通过色谱柱和检测器,最后放空。载气一般由高压气体钢瓶或由气体发生器提供,经减压、净化、稳压稳流和流速调节后进入色谱柱。载气种类主要有氢、氮、氦、氩和二氧化碳等气体,可根据检测器、色谱柱及分析要求选用载气。

2. 进样系统

进样系统的作用是将气体或液体(若样品为固体,可配制成溶液)样品定量快速地送进流动相,从而被流动相带入色谱柱进行分离。气体样品可用微量注射器或由六通阀定量进样。液体样品则采用微量注射器将其注入汽化室内,样品瞬间完成汽化并被载气带入色谱柱。

3. 固定相及色谱柱

气相色谱的固定相可按其在色谱条件下的物理状态分为固体固定相和液体固定相两类,由此构成气固吸附色谱和气液分配色谱。气固吸附色谱的固定相是固体吸附剂,如活性炭、硅胶、氧化铝、分子筛和有机高分子微球等。气液分配色谱的固定相是高沸点的化合物,它可直接涂布于柱管内壁或可先涂布于惰性载体表面后再装入柱管,称之为固定液。固定液有甘油、硅油、液体石蜡和聚酯类物质等。固定相的作用是将混合物中各组分分离,在色谱技术中起决定性的作用。

固定相和柱管组成色谱柱。柱管通常用不锈钢或玻璃制成。将固体吸附剂或涂布有固定液的颗粒载体均匀而紧密地填装于柱管内而成的色谱柱称为填充柱;将固定液直接涂布于细长的毛细管内壁上而成的色谱柱称为开管柱(柱管中心是空的)。填充柱使用方便,允许样品量大;开管柱渗透性好,传质阻力小,分离效能高,分析速度快,但允许样品量很小。对于易受金属表面影响而发生催化、分解的样品,应采用玻璃柱管。

4. 检测器及色谱工作站

气相色谱检测器用于检测柱后流出物的成分和浓度的变化,并以电压信号或电流信号输入色谱工作站。检测器种类较多,气相色谱常用的检测器有热导检测器(TCD)、氢火焰离子检测器(FID)、电子捕获检测器(ECD)和火焰光度检测器(FPD)。色谱工作站由计算机控制,其作用是将信号放大并记录下色谱图,根据需要进行各种定性或定量处理。

5. 温度控制器

现代色谱仪的温度控制器大都采用可控硅电子线路控温,此类温控器控温精度较高。温度控制器用于控制色谱柱、检测器和汽化室等处的温度。柱温直接影响柱的分离选择性和柱效,而检测器的温度则直接影响检测器灵敏度和稳定性,所以色谱仪必须有足够的控温精度。控温方式有恒温和程序升温两种。

9.2 气相色谱法的基本原理

气相色谱法是一种以气体为流动相,采用冲洗法的柱色谱分离技术。由于样品中各组分在色谱柱中的吸附能力或溶解度不同,或者说各组分在色谱柱中流动相和固定相的分配系数(即组分在两相中的吸附或溶解平衡常数)不同,它们经过色谱柱后就被分离出来。

对于气固色谱,组分的分配系数 K 为

$$K = \frac{\text{单位面积吸附表面吸附组分的量}}{\text{单位体积流动相中组分的量}}$$

对于气液色谱,组分的分配系数 K 为

$$K = \frac{\text{单位体积固定液中组分的量}}{\text{单位体积流动相中组分的量}}$$

在一定的条件下,每个组分在某一对固定相和流动相中的分配系数一定,这是由其自身性质决定的。两组分的 K 值相差越小,它们在色谱柱中就越难分离;它们的 K 值相差越大,则分离效果越好。相对而言,K 值小的组分在色谱中停留的时间短,而 K 值大的组分停留的时间长。分配系数 K 值的差异是分离的依据,而 K 值差异的大小是分离效果的决定因素。

在气固色谱(或气液色谱)的分离过程中,载气以一定流速携带样品流入色谱柱,各组分在柱中的固定相和流动相间反复多次进行着吸附–脱附分配过程。由于各组分的分配系数 K 值不同,K 值大的组分被固定相吸附较强而随载气流移动的速度较慢,K 值小的组分被固定相吸附较弱而随载气流移动的速度较快。经过足够长度的色谱柱后,样品中各组分便被分离开来,依次流出色谱柱并被检测器检测,由记录仪记录下色谱图。

在色谱柱内,各组分的吸附–脱附或溶解–解析的分配过程往往进行成千上万次,所以即使各组分的 K 值相差微小,经足够次数的分配过程后终能彼此分离。

9.3 定性分析和定量分析

9.3.1 色谱流出曲线及有关术语

色谱定性分析和定量分析是根据色谱流出曲线中反映出的各色谱峰的保留值和相对峰面积或峰高数据来实现的,典型的色谱流出曲线如图Ⅲ–9–2所示。图中每一个色谱峰对应一个组分。在一定的色谱条件下,峰的位置与对应组分的性质有关,而峰面积或峰高与对应组分的质量或浓度有关。

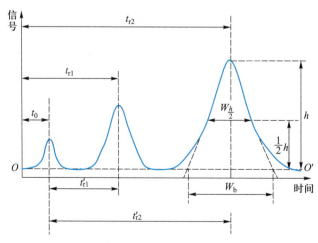

图Ⅲ–9–2 典型的色谱流出曲线

（1）基线。在实验条件下,当只有纯流动相通过检测器时所得到的信号-时间曲线(图Ⅲ-9-2中 OO' 线)。

（2）死时间 t_0。从进样开始到非停留组分色谱峰顶的时间。

（3）保留时间 t_r。从进样开始到组分色谱峰顶的时间。

（4）调整保留时间 t'_r。$t'_r = t_r - t_0$。

（5）峰高 h。色谱峰顶到基线的垂直距离。

（6）峰宽 W_b。也称基线宽度。从峰两侧拐点作切线,两切线与基线的截距。

（7）半高峰宽 $W_{\frac{h}{2}}$。色谱峰高一半处的宽度。

9.3.2 定性分析

通过色谱的方法确定被分析组分为何物质即为色谱定性分析。对一个样品作色谱定性分析前,如能预先知道其可能含有的组分,则可有针对性地选择固定相。如样品组分复杂,则宜在分析前对样品作适当的处理。

气相色谱定性分析通常采用下述方法。

1. 与已知纯物质对照进行定性分析

保留值是表示组分通过色谱柱时被固定相保留在色谱柱内的程度。表示组分在柱内停留的时间称为保留时间。表示将组分洗脱出色谱柱所需载气的体积称为保留体积。在一定的色谱条件下,每种化合物都有其确定的保留值,可将保留值作为化合物的定性指标。在相同的色谱条件下,如样品中未知组分的保留值与纯物质的保留值一致,则该组分很可能为此纯物质,这是主要的定性方法,常用于组成简单的样品的定性分析。

2. 利用保留值经验规律进行定性分析

实验结果表明,在一定的温度下,同系物的保留值的对数与组分分子中的碳原子数之间有线性关系:

$$\lg R = A_1 + B_1 n \tag{Ⅲ.9.1}$$

式中 R 为保留值;A_1、B_1 对给定色谱系统和同系物均是常数;n 为分子中的碳原子数。当知道了某一同系物中几种物质的保留值后,就可以由式(Ⅲ.9.1)作出 $\lg R - n$ 关系图,根据未知物的 R 值从图中找出 n,从而对其定性。

此外,同系物或同族化合物的保留值的对数与其沸点呈线性关系:

$$\lg R = A_2 + B_2 T \tag{Ⅲ.9.2}$$

式中 A_2 和 B_2 对给定色谱系统和同系物均为常数;T 为组分的沸点。根据这个规律,可按同族化合物沸点求出其保留值或根据保留值求沸点,从而对各组分定性。

3. 利用文献保留值数据进行定性分析

如实际工作中遇到的未知样品组分较多,而实验室又不具有齐全的纯物质时,常可用已知物的文献保留值与未知物的保留值进行比较来作定性分析。保留值数据有相对保留值和保留指数。其中保留指数应用最多,因为保留指数仅与柱温和固定相性质有关,与其他色谱条件无关,其实验重现性较好。利用文献保留值数据定性,需先知道未知物属于哪一类,然后根据类别查找文献中规定分离该类物质所需固定相与柱温条件,测得未知物的保留值,并与文献值对照。

4. 利用其他仪器和化学方法定性

现代色谱仪备有样品收集系统,可以很方便地收集色谱柱分离出的各组分,然后采用其他仪器或化学方法定性,其中色谱-质谱联用最有效。色谱分离后的组分进入质谱仪检测,可以得到有关组分的元素组成、相对分子质量和分子碎片的结构等信息。

9.3.3　定量分析

在一定的色谱操作条件下,通过检测器的组分 i 的质量(m_i)或浓度(c_i)与检测器上产生的信号(色谱图上表现为峰高 h_i 或峰面积 A_i)成正比:

$$m_i = f_i \cdot A_i \qquad (\text{或 } m_i = f_i \cdot h_i) \qquad (\text{III}.9.3)$$

在实际定量分析工作中,除了需获得各组分得到良好分离的色谱图外,还需要准确测定峰高或峰面积,准确求出定量校正因子 f_i 和正确选用定量计算方法。

1. 峰高的测定

从色谱图的基线到峰顶点的垂直距离即为峰高。若基线漂移,则由峰的起点到终点作校正线,峰顶点到校正线的垂直距离则为峰高,见图III-9-3(a)。峰高很少受相邻峰部分交叠的影响,因此它测定的准确度高于峰面积测定的准确度,在痕量定量分析多采用峰高。

2. 峰面积的测定

(1)峰高乘半高峰宽法。当色谱峰对称时,可视其为一个等腰三角形,峰面积为

$$A = h \cdot W_{\frac{h}{2}} \qquad (\text{III}.9.4)$$

半高峰宽 $W_{\frac{h}{2}}$ 的测定见图III-9-3(b)。

(2)峰高乘保留时间法。对于同系物,组分保留时间 t_r 近似地与半高峰宽 $W_{\frac{h}{2}}$ 成正比,即有

$$A = h \cdot b \cdot t_r \qquad (\text{III}.9.5)$$

式中比例常数 b 在定量分析计算时可消去。该法对于测定窄峰及交叠峰比半高峰宽法误差要小。

(3)剪纸称量法。对于不对称或分离不完全的色谱峰,如记录纸厚薄均匀,可将峰剪下称量,用峰质量进行定量计算。

(4)求积仪法。求积仪是手工测定峰面积的仪器。该法测定准确度取决于求积仪的精度和操作者的熟练程度。

(5)数字积分仪和计算机。能自动测定峰面积,自动处理数据并打印出定量分析结果。现代各种型号的气相色谱仪均设计有接口与计算机工作站联用,提供软件支持各种定性和定量分析,非常简捷和准确。

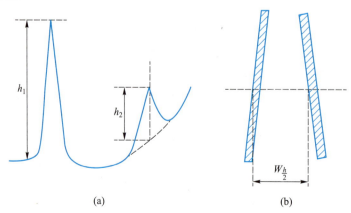

(a)　　　　　　　　　　　　　(b)

图III-9-3　峰高和半高峰宽的测定

3. 定量校正因子

实验表明,等量的同种物质在不同的检测器上有不同的响应信号,而等量的不同物质在同一检测器上产生的响应信号大小也不一样。为了对样品中各组分进行定量计算,就必须对响应值进行校正,即引入定量校正因子。

(1)定量校正因子的表示方法。

① 绝对校正因子 f_i。绝对校正因子是指某组分 i 通过检测器的量与检测器对该组分的响应信号之比。

$$f_i = m_i/A_i \tag{III.9.6}$$

绝对校正因子 f_i 随色谱操作条件而变,因此其应用受到一定限制,故在定量分析工作中常采用相对校正因子或相对响应值。

② 相对校正因子 $f'_{i,m}$。相对校正因子是组分 i 与基准物 s 的绝对校正因子之比:

$$f'_{i,m} = f_i/f_s = \frac{A_s \cdot m_i}{A_i \cdot m_s} \tag{III.9.7}$$

式中 $f'_{i,m}$ 为相对质量校正因子;f_s 为基准物 S 的绝对校正因子;A_s、m_s 分别为基准物的峰面积和通过检测器的质量。

③ 相对响应值 $S'_{i,m}$。相对响应值又称相对应答值、相对灵敏度等,是指组分 i 与其等质量的基准物 s 的响应值之比。当计量单位与相对校正因子相同时,相对响应值与相对校正因子的关系如下:

$$S'_{i,m} = \frac{1}{f'_{i,m}} \tag{III.9.8}$$

如将质量改用体积或物质的量表示,则有相对体积校正因子或相对摩尔校正因子。峰高亦可作为定量校正因子的依据,只要将式中的 A 换成 h 即可。

(2)定量校正因子的测定。

在一定的色谱条件下,单独测定待测纯组分,从测定量与响应信号就可求得该组分的绝对校正因子。将待测纯组分和标准物配成已知比例的混合样品进行测定,由二者的混合量及响应信号就可求得相对校正因子。

定量校正因子的测定条件最好与分析样品时的测定条件相近。

对于同一种检测器,相对校正因子在不同的实验室具有通用性,因此一般情况下可以从手册上查到。

4. 定量分析计算方法

常用的色谱定量分析计算方法有以下几种。

(1)归一化法。如样品中各组分能完全分离且色谱图上相应的各峰均可测定,同时又知道各组分的定量校正因子,就可用归一化法求出组分 i 的质量分数 w。如使用相对质量校正因子,计算公式为

$$w_i = \frac{m_i}{m_1 + m_2 + \cdots + m_n} \times 100\% = \frac{A_i f'_{i,m}}{A_1 f'_{1,m} + A_2 f'_{2,m} + \cdots + A_n f'_{n,m}} \times 100\% \tag{III.9.9}$$

如各组分相对校正因子相近,可近似由下式求 w_i:

$$w_i = \frac{A_i}{\sum\limits_1^n A_i} \times 100\% \qquad (\text{III}.9.10)$$

归一化法不必定量进样,分离条件在一定范围内变化时对定量结果准确度影响较小,计算也较简单,可用于多组分混合物的常规分析。

(2)内标法。当样品中所有组分不能在色谱图上全部出峰或仅需分析样品中某几个组分时,可采用内标法。该法选择一种样品中不包含的纯物质加入待分析的样品中,该纯物质即为内标物。要求内标物在同样的色谱条件下出峰,并且在色谱图上的位置最好处于几个待测组分中间。测定它们的峰面积和相对质量校正因子即可由下式求出待测组分的含量:

$$w_i = \frac{A_i \cdot f'_{i,m}}{A_s \cdot f'_{s,m}} \cdot \frac{m_s}{m} \times 100\% \qquad (\text{III}.9.11)$$

式中 m_s 为内标物质量;m 为样品质量;A_s 和 $f'_{s,m}$ 分别为内标物的峰面积和相对质量校正因子。

若内标物就是测定相对质量校正因子的基准物,即 $f'_{s,m} = 1$,则有

$$w_i = \frac{A_i \cdot f'_{i,m}}{A_s} \cdot \frac{m_s}{m} \times 100\% \qquad (\text{III}.9.12)$$

内标法要求准确称量,较费时,在常规分析中不方便。但该法准确性较好,科研工作中普遍采用。

(3)外标法。如欲测定样品中组分 i 的含量,可用纯 i 配成已知浓度的标准样,在同样的色谱条件下,准确定量进样分析标准样和样品。根据组分量与相应峰面积或峰高呈线性关系,则在标准样和未知样进样量相等时,可由下式计算组分 i 的含量:

$$w_i = \frac{A_i}{A_{i,s}} \cdot w_{i,s} \qquad (\text{III}.9.13)$$

式中 $w_{i,s}$ 为标准样中组分 i 的含量,%;$A_{i,s}$ 为标准样中组分 i 的峰面积。

在应用上也可用纯组分配制一系列不同浓度的标准样并定量进样分析,绘制出组分含量与峰面积(或峰高)的关系曲线。在相同的操作条件下测定未知样,根据组分的峰面积(或峰高)就可从曲线上求出其含量。

此法较方便,只要待测组分能分离出峰就行。但该法对色谱条件稳定性及进样精度要求严格,否则会影响定量分析的准确度。

9.4 操作技术

9.4.1 载气的选择和净化

气相色谱常用载气有氢气、氦气和氮气。使用热导检测器时,优先选用热导系数大的氢气,除非要分析氢气时才选用氦气。使用其他检测器时一般选用氮气。氦气虽有其独特优点,但成本较高。特殊用途需要时用氩气或二氧化碳气体。

不同的检测器、各种色谱柱和不同的分析对象,对载气纯度要求不同,净化方法亦有差异。载气在进入色谱仪前经过净化,净化的目的是除水、除氧、除总烃。

除水剂一般选用硅胶和 5A 分子筛,使用前均需在合适温度下活化,然后装入净化管并串联使用。除氧剂常用活性铜催化剂或 105 钯催化剂。采用 5A 分子筛除总烃是较好的方法。

各类净化剂均应在失效前及时活化或更换。

9.4.2 载体选择

市售载体在使用前应过筛,以除去过细的颗粒和粉末。否则,填充入柱后会使柱的阻力过高,造成柱内流量不均匀。一般选用的载体颗粒在 60~80 目。采用短柱时可选用 80~100 目的载体。对球形载体,可选用 80~100 目或更细的载体(100~120 目)。色谱柱中载体与固定液的选择对照表见表Ⅲ-9-1

表Ⅲ-9-1 色谱柱中载体与固定液的选择对照表

样品	选用硅藻土载体	固定液	备注
非极性	未经处理载体	非极性	
极性	酸、碱洗或经硅烷化处理载体	非极性	样品为酸性时,选用酸洗载体;碱性时,选用碱洗载体
极性及非极性	硅烷化载体	极性或非极性,含量<5%(质量/质量)	
极性及非极性	酸洗载体	弱极性	
极性及非极性	硅烷化载体	弱极性,含量<5%(质量/质量)	
极性及非极性	酸洗载体	极性	
化学稳定性低者	硅烷化载体	极性	对化学活性和极性强的样品,可选用聚四氟乙烯等特殊载体

9.4.3 固定液选择

实际工作中遇到的样品多种多样,样品中组分的性质可能相似,也可能差异很大,因此固定液的选择尚无严格规律可循。一般按"相似性原则"选择。所谓相似性原则,就是使所选择的固定液与组分间有某些相似性,如官能团、化学键、极性等,使两者之间的作用力增大,从而有较大的分配系数,实现良好的分离。

(1)对于非极性组分,一般选用非极性固定液。此时,分子间作用力为色散力,无特殊选择性,组分的分配系数大小主要由它们的蒸气压决定。分离次序为沸点升高的次序。

(2)对于中等极性组分,一般选用中等极性固定液。若分子结构决定了组分与固定液分子间的作用力小,而组分沸点有较大差别时,基本上按沸点顺序分离;若组分沸点近似,而组分与固定液分子间的作用力有足够的差别,此时按作用力顺序出峰,作用力小的组分先出峰。

(3)对于强极性组分,选用强极性固定液。对于能生成氢键的组分,选用氢键型固定液。此时分子间作用力起决定作用,组分按极性增加的次序出峰。同时含极性和非极性组分时,一般是非极性组分先出峰,除非它的沸点远高于极性组分。

9.4.4 固定液配比的选择

固定液配比(固定液质量/载体质量)与样品性质有关。高配比有利于分离,但组分保留时间延长,谱带展宽;低配比有利于快速分析,谱带狭窄,但分离度下降。若要改进分离度,就得增加柱长。

对于高沸点化合物,最好使用低配比柱。因为高沸点化合物的分配系数大,保留时间长,谱带展宽严重。采用低配比柱可以使用较低柱温,这给多种固定液的选择创造了条件;对于气体或低沸点化合物,宜采用高配比柱,因为这些样品的分配系数小,只有通过增加固定液量来增加分配比,以改进分离度。若样品沸点范围宽,宜使用高配比柱,且在较高柱温下操作,或采用程序升温。载体比表面积大,配比可高些;载体比表面积小,配比应低些,以使固定液膜厚度合适。

合适的配比应在 3%~20% 范围内,可通过试验决定。

9.4.5　固定液的涂布

涂布固定液时要求做到:① 均匀分布;② 避免载体颗粒破碎;③ 避免结块。其目的是减少传质阻力,提高柱效。

涂布固定液时,选好合适的溶剂,按配比称取固定液,将其溶于溶剂中,若有不溶残渣应滤去。溶液量以正好能浸没载体为宜。再将按配比称量的载体慢慢倒入固定液溶液中,使所有颗粒润湿,最后用薄膜蒸发器使溶剂蒸发至干。

9.4.6　柱的填装

填装一般采用泵抽法。在柱的一端塞上少许玻璃棉,裹上数层纱布,将柱端插入真空泵抽气橡胶管。在柱的另一端接上漏斗。在抽气情况下不断从漏斗上加入固定相,同时轻轻敲打柱管,以使填充均匀、紧密,防止形成空隙。当固定相加至不再下沉时,移去漏斗,在此柱端也塞上少许玻璃棉。两端玻璃棉不宜过多,以防对痕量组分的吸附。

9.4.7　柱的老化

将柱接入色谱仪,但柱出口暂不与检测器相连,以防止老化过程从柱内带出的杂质污染检测器。填充固定相时接漏斗的柱端应作为载气入口柱端,否则固定相会在载气压力下,向填装松散的一端移动而产生空隙,使柱效下降。

通入载气,在高于操作温度下将柱加热数小时,甚至过夜,这一过程称为柱的老化。老化的目的是去除残余溶剂及固定液中的杂质,并使固定液膜在呈液体状态下更趋均匀。老化时升温宜缓慢,最好在数小时内从室温升至老化温度。老化完毕,将载气出口柱端与检测器连接。选定各项色谱条件,并待基线平直后即可进样分析。

9.4.8　进样

色谱分析要求瞬间进样,操作方式常用注射器进样。对于气样,用 0.25~10 mL 医用注射器;对于液样,用 0.5~50 μL 微量注射器。进样量视样品浓度和固定液量而定。一般气样为 0.2~10 mL,液样为 0.1~10 μL。进样时应注意以下几点:

(1) 抽取气样时,应使气样袋或装气样的容器内的气体呈正压,此正压使注射器针芯推至刻度以上,然后拔出注射器,调节针芯至刻度处。进样时,应用食指给针芯一个横向的力,以防柱内压力将针芯顶出。

(2) 对于液体样品,汽化室温度要足够高。汽化温度一般比柱温高 30~70 ℃,以保证样品瞬间汽化,使组分蒸气集中在最小的载气体积中,从而使谱带初始宽度压缩至最低限度。从理论上讲,汽化温度高有利,但对某些热稳定性差的样品,应采用较低汽化温度,并同时减少样品量。

(3) 用微量注射器抽取液样时,应先在样品中抽提数次,然后慢慢上提至刻度,停留片刻再将其拿出,擦干针尖外的残留液样。注意切忌将针芯抽出针管外,否则无法再将其送入针管。

(4) 应把注射器插到底,然后迅速推动针芯进样。进样速度过慢会妨碍良好的分离,使谱带初始宽度增加。

9.4.9　柱温的选择

柱温对分离的影响比较复杂。降低柱温会增加传质阻力,分子扩散速率减小,固定相的选择性增加,使组分的分配系数增加,保留时间增加。增加柱温的影响正好与上述情况相反。

柱温一般选在样品中组分的平均沸点左右,或更低一些,然后根据分离结果再作进一步调整。对于高沸点(300~400 ℃)化合物,一般采用低配比固定液,柱温可选在200~250 ℃。对于沸点在200~300 ℃的化合物,配比在5%~10%,柱温可选在150~200 ℃。对于沸点在100~200 ℃的化合物,配比在10%~15%,柱温可选在平均沸点的2/3左右。对于气体或低沸点化合物,配比在10%~25%,柱温可选在50 ℃以下。

对于宽沸程的样品,一般采用程序升温。

9.4.10　载气流速选择

载气流速(一般用线速表示,即 cm·s^{-1})应通过试验来选择。一般先选择一个大致的流速,然后根据分离情况及保留时间的长短再作调整直至满意。对于氢气,可选在15~20 cm·s^{-1};对于氮气,可选在10~12 cm·s^{-1}。

求取线速的方法是:选用空气(对于热导检测器)或甲烷(对于氢火焰离子化检测器)作非保留组分。在实验条件下注入一定体积的空气或甲烷,记下它们的死时间,以柱长除以死时间即求得线速,此线速为载气在柱内流动的平均速率。

9.4.11　样品量

样品量的大小直接关系到谱带的初始线宽。谱带初始线宽越宽,说明分离越不理想。只要检测器灵敏度足够高,样品量越小越有利于获得良好分离。当样品量超过临界样品量时,峰形不再对称,分离情况变坏,影响了保留时间及定量计算的准确性。

9.4.12　柱长

柱长增加1倍,分离度增加至$\sqrt{2}$倍,即分离度随柱长的平方根的增加而增加。柱长一般为0.5~6 m。若柱长已较长,但分离结果仍不满意,则要从改变固定相上去考虑。

第十章　质谱实验技术及仪器

质谱分析法是在 J.J.Thomson 研究正电荷离子束的基础上发展起来的,其基本原理是将样品分子(或原子)在离子源中以某种方式电离,形成各种质荷比的离子,然后带电荷的离子进入电场中,按其质荷比大小分离,记录其相对强度并形成谱图。现代质谱有三个主要分支,即有机质谱、同位素质谱和无机质谱。有机质谱可用于研究有机化合物的分子结构;同位素质谱用于分析同位素的丰度和含量;无机质谱用于测定样品中常量、痕量和超痕量水平的元素。

质谱分析法是分析化合物分子结构的重要手段,不仅可以用来确定化合物的相对分子质量,还能提供碎片结构信息,其灵敏度高、分析速度快、分析范围广,可对气体、液体和固体样品进行分析。质谱分析法既可用于定性分析,又可用于定量分析,在有机化学、环境分析、石油化工、药物学、材料学等领域有广泛的应用。

10.1　质谱仪的基本组成

质谱仪主要由进样系统、离子源、质量分析器、检测器、计算机数据处理系统及真空系统六部分组成,见图Ⅲ-10-1。

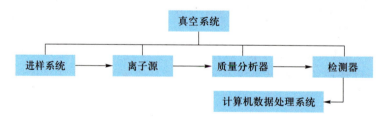

图Ⅲ-10-1　质谱仪结构示意图

10.1.1　进样系统

进样系统的作用是把待测样品导入离子源。根据样品的性质,进样方式可分为直接进样和间接进样两种。对于纯的化合物,一般采用直接进样。若待测化合物的热稳定性较好、汽化温度不是很高,可采用探头进样的方式。具体操作如下:将待测样品直接放入石英样品管中,固定在探头上,探头伸至离子源中,快速升温使样品迅速汽化并电离。对于热稳定性较差、难以汽化的样品,可将其配制成溶液,通过蠕动泵注射,在氮气流的带动下雾化后进入离子源;也可将溶液涂到发射丝上,放到离子源中,通入一定的电流加热,使样品解吸并汽化;还可将样品混合于基质材料中,再以一定的方式使其电离。

间接进样主要用于复杂混合物或在线分析技术。对于复杂混合物,可借助色谱仪将混合物中各个组分分离后,再依次进入质谱中,可以在一定程度上鉴定出混合物的成分。低沸点的混合物经毛细管气相色谱分离,毛细管色谱柱的出口直接插入质谱仪的离子源中即可。高沸点的混合物经液相色谱分离后,通过电喷雾电离或大气压化学电离的方式使样品电离。在一些在线分析技术(如TG-DSC-MS)中,产生的气相产物在气流的带动下可经毛细管进入质谱仪的离子源中。

10.1.2　离子源

离子源的作用是使样品分子电离成离子。根据样品性质不同,要采用不同的电离方式。

1. 电子轰击电离

质谱中用得最多的离子化方式是电子轰击电离,其工作原理如下:在高真空中,钨或铼灯丝通电后发射出热电子,电子被电离电压加速后经入口狭缝进入电离区。汽化后的样品分子在电离区与电子相互作用,一些分子获得足够的能量后失去一个电子,形成正离子及分子离子。一般有机化合物在 50~70 eV 时电离效率最高,灵敏度接近最大值,因此电子轰击电离质谱常用的电离电压为 70 eV。分子电离后多余的能量可使生成的分子离子进一步碎裂,产生碎片离子,由此可得到丰富的结构信息,是有机化合物分子结构分析的重要依据。电子轰击电离有一定的缺陷,对于一些结构不太稳定的分子,在 70 eV 时电离会使分子碎裂严重,得不到相对分子质量的信息;若降低电离电压,有可能获得较强的分子离子信号,但同时会造成灵敏度下降。对于一些不能汽化或遇热分解的样品,则得不到质谱信号。

2. 快原子轰击电离和液体二次离子质谱

快原子轰击电离的基本原理如下:稀有气体 Ar 等原子首先被电离成 Ar^+,被电场加速后,产生高能量的 Ar^+,进入充满 Ar 气体的原子枪中,Ar^+ 与 Ar 发生电荷交换后,产生高能量的中性 Ar 原子束,对样品靶进行轰击,使样品分子进行离子化。

液体二次离子质谱与快原子轰击电离相似,不同的是它使用的是离子束。由 Cs 灯丝加热后产生 Cs^+ 离子束,经电场加速后打在涂有样品的靶上,使之产生二次离子,并引入质量分析器。

这两种电离中,样品分子都要先分散于黏稠液体基质中并涂布在靶上。合适的基质材料必需满足蒸气压低和对样品分子溶解性好的要求,常用基质有甘油、三乙醇胺、聚乙二醇、3-硝基苄醇等。

快原子轰击电离和液体二次离子质谱中易产生准分子离子峰$[M + H]^+$,还可能与基质加合产生加合离子,快原子轰击还会产生部分碎片离子,提供分子结构信息。它们适合于分析极性大的化合物,如药物、生物大分子和金属有机化合物等。其缺点是基质也会产生相应的峰,使谱图复杂化。

3. 化学电离

化学电离源的结构与电子轰击电离源的结构类似,只是在离子源中引入了大量的反应气体。灯丝发射的电子先与反应气体相互作用产生反应离子;当样品导入离子源汽化后,反应离子与样品发生作用并使之电离。常用的反应气体有甲烷、氨气等。在化学电离源中,反应离子与样品发生的相互作用主要是质子转移,产生$[M + H]^+$,也有可能是反应离子与样品分子发生亲电加成反应。

化学电离属于软电离技术,产生了$[M + H]^+$后过剩的能量小,又是偶电子电离,比较稳定,因此碎裂反应较少发生,得到的准分子离子峰的强度较大,便于计算相对分子质量;对于结构不稳定的分子,化学电离质谱和电子轰击电离质谱可形成较好互补关系。

4. 电喷雾电离

对于难挥发、热稳定性较差的极性化合物,可采用电喷雾电离的方式。要用到一个专用的喷雾口,喷口上加上 3~5 kV 的高压,且管壁的温度可控,其示意图见图Ⅲ-10-2。当溶有样品的溶液被蠕动泵经不锈钢毛细管送到喷雾口时,在加热温度、强电场和雾化气的共同作用下,形成高度带电的雾状小液滴进入离子源。在向质量分析器移动的过程中,溶剂挥发导致液滴不断变小,其表面电荷密度随之增大。当电荷之间的斥力足以克服表面张力时,液滴分裂;经过多次分裂过程后,样品分子最后以离子形式进入气相,产生单电荷或多电荷离子,聚焦后进入质量分析器。

图Ⅲ-10-2　电喷雾电离示意图

电喷雾电离过程中,样品分子要溶于合适的溶剂。样品的溶解度和溶剂的极性是两个主要的考虑因素。一般来讲,极性溶剂有助于样品分子的电离,适合用于电喷雾电离,合适的溶剂有甲醇、二氯甲烷、二甲亚砜、乙腈、四氢呋喃、丙酮等。目前,电喷雾电离广泛用于蛋白质、肽类、核酸和多糖的相对分子质量的测定,氨基酸结构与测序、农药及化工产品的中间体测定,小分子药物及其代谢产物的测定等方面。

5. 大气压化学电离

大气压化学电离的过程与电喷雾电离的过程类似,将样品配制成合适的溶液后,先由蠕动泵输送到不锈钢毛细管,被大流量的氮气雾化,在加热管中使样品汽化,最后在加热管出口形成电晕尖端放电。溶剂分子首先被电离,形成反应气等离子体。样品分子在反应气等离子体的作用下通过质子转移形成 $[M+H]^+$ 或 $[M-H]^-$,最后进入质量分析器。

采用大气压化学电离,容易得到样品相对分子质量的信息,且只产生单电荷离子,可用于分析非极性或中等极性的小分子。

6. 场解吸电离

场解吸电离适合于难以汽化和热稳定性差的固体样品,其优点是样品无须汽化,可用于天然产物和混合物的分析。其原理是:将样品涂在有微探针的发射灯丝上,在离子源中,微弱电流通过发射灯丝使其发热,样品分子受热后解吸,扩散到高场强的发射区并被离子化。质谱信号中通常可得到分子离子峰,且其他碎片离子峰极少。

10.1.3　质量分析器

质量分析器的作用是将离子源内产生的离子按照质荷比分离并送入检测器,是质谱仪的核心部分,可分为磁场质量分析器、四极杆质量分析器、飞行时间质量分析器、离子阱质量分析器、傅里叶变换离子回旋共振质量分析器及串联质量分析器等。

1. 磁场质量分析器

磁场质量分析器分为单聚焦和双聚焦两种,其中单聚焦质量分析器由扇形磁场组成,而双聚焦质量分析器由扇形磁场和扇形电场组成。

不同质荷比的离子经一定加速电场加速后,其动能为

$$\frac{1}{2}mv^2 = zeU \tag{Ⅲ.10.1}$$

式中 m 为离子质量;v 为加速后的离子速度;ze 为离子所带电荷;U 为加速电压。被加速的离子进入扇形磁场后,在磁场作用下发生偏转,则有

$$\frac{mv^2}{r} = Bzev \tag{Ⅲ.10.2}$$

式中 B 为磁感应强度;r 为离子在磁场中的轨道半径。由式(Ⅲ.10.1)和式(Ⅲ.10.2)可知:

$$r = \frac{1}{B}\left(\frac{2mU}{ze}\right)^{\frac{1}{2}} \tag{Ⅲ.10.3}$$

由式(Ⅲ.10.3)可知,在磁场中,质量不同的离子具有不同的轨道半径,质量越大,其轨道半径也越大。这说明磁场可用来分离不同质荷比的离子,当作质量分析器使用。如果固定离子的运动半径,则式(Ⅲ.10.3)可表示为

$$\frac{m}{z} = \frac{B^2r^2e}{2U} \tag{Ⅲ.10.4}$$

式(Ⅲ.10.4)表明离子的质荷比(m/z)与磁感应强度的平方成正比,与加速电压成反比。若固定加速电压,则通过改变磁感应强度就可将各种质荷比(m/z)的离子分离开来。

在实际分析中,离子源产生的离子在进入加速电场前的初始动能不一定为零,经加速后,离子的实际动能会稍有差别。因此,同一质荷比的离子在扇形磁场中的运动半径也稍有区别,导致单聚焦质量分析器的分辨率不高。

如果在磁场之前加一个扇形电场,该扇形电场由两个同心扇形柱状电极组成,两电极之间保持一定电压差(见图Ⅲ-10-3)。加速后的离子先进入扇形电场,在电场作用下做圆周运动,则有

$$zeE = \frac{mv^2}{r_e} \tag{Ⅲ.10.5}$$

式中 E 为电场强度;r_e 为离子在电场中的运动半径。由式(Ⅲ.10.1)和式(Ⅲ.10.5)得

$$r_e = \frac{2U}{E} \tag{Ⅲ.10.6}$$

当 E 一定时,改变加速电压 U,离子运动半径也改变,可见扇形电场是一个能量分析器。如在电场后加一狭缝,则进入磁场的离子几乎具有相同的动能,使分辨率提高。双聚焦质量分析器的分辨率可达 10^4 以上。

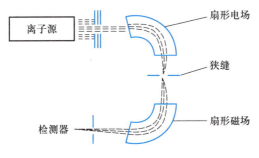

图Ⅲ-10-3　双聚焦质量分析器示意图

2. 四极杆质量分析器

四极杆质量分析器由四根平行圆形棒状电极组成,如图Ⅲ-10-4所示。在一对电极上加上电压 $U + V\cos\omega t$,另一对电极上加上电压 $-(U + V\cos\omega t)$,其中 U 是直流电压,$V\cos\omega t$ 是射频电压。从离子源中出来的离子从四极杆质量分析器的一端进入,在直流电压和射频电压的作用下沿四极杆的中轴线波动前进。若固定场半径 r_0 且保持 U/V 为常数,则在一定的直流电压和射频频率下,只有某种质荷比的离子能沿四极杆的中轴线前进并到达检测器,其他质荷比的离子在通过时会撞击四极杆质量分析器而被过滤掉。在实际质谱仪中,场半径 r_0 是固定值,若固定射频频率且保持 U/V 为常数,只要对直流电压和交流电压进行连续扫描,就可把不同质荷比的离子进行分离。

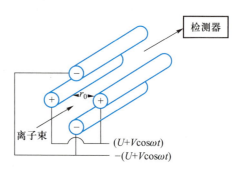

图Ⅲ-10-4　四级杆质量分析器示意图

四极杆质量分析器具有体积小、质量小、结构简单、价格低、灵敏度高、应用广泛等优点,它的扫描速率快,适于与色谱、TG-DSC 等仪器联用。其缺点是分辨率不够高,且检测离子的质荷比低于 5000。

3. 飞行时间质量分析器

飞行时间质量分析器的原理如下:离子源中产生的离子在一脉冲电压的作用下引出离子源,经加速电压 U 加速后具有相同的动能并到达漂移管,则不同质量的离子的运动速率为

$$v = \left(\frac{2zeU}{m}\right)^{\frac{1}{2}} \qquad (\text{Ⅲ}.10.7)$$

离子经过长度为 L 的漂移管所需的时间为

$$t = L\left(\frac{m}{2zeU}\right)^{\frac{1}{2}} \qquad (\text{Ⅲ}.10.8)$$

可知,质荷比不同的离子具有不同的飞行速率,经同一距离到达检测器所需的时间也不同,根据飞行时间的差异即可达到分离不同质荷比离子的目的。

飞行时间质谱仪具有结构简单、灵敏度高、分析速度快、检测离子的质量没有上限等优点,其分辨率为 10^4 左右。如采用二级加速或离子反射技术,可进一步提高分辨率。飞行时间质谱仪也适用于联用技术,可分析从色谱或 TG-DSC 等仪器中导出的物质。

4. 离子阱质量分析器

离子阱质量分析器由三个电极组成,其示意图见图Ⅲ-10-5。上下是一对双曲面状的环形电极,左右是双曲线状的端盖电极,其中环形电极上加射频交流电压,端盖电极上可加直流电压。适当的电压使一定质荷比的离子被束缚于离子阱中,可使少数几种甚至只有一种质荷比的离子被选择而进入检测器;也可在端盖电极上加固定的射

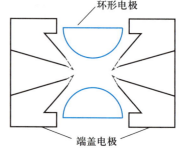

图Ⅲ-10-5　离子阱质量分析器示意图

频电压,所有达到一定阈值的质荷比的离子都被束缚于离子阱中,随着射频电压的提高,阈值也随之升高,一定质荷比的离子被依次弹出而到达检测器中;除在端盖电极上加直流电压之外,还可同时加一交变电场,对特定质荷比的离子选择性地增加动能,在辅助电场作用下,被选择离子的动能低速增加,同时也产生离子碎片,相当于两个质谱串联使用。

离子阱质量分析器具有结构简单、灵敏度高、检测质量范围大等特点,也适用于联用技术。

除上述的几种常用质量分析器外,还有傅里叶变换离子回旋共振质量分析器,通过离子在强磁场中的回旋共振,在两个电阻两端形成交变电流,由电流的频率可计算出离子的质量。这种分析器具有很高的分辨率,在高强度磁场条件下可分析相对分子质量非常大的化合物。

另外,还可以将多个质量分析器依次相连,组装成串联质谱,可用于推测未知化合物的结构,或用于分析未经预先分离的样品。

10.1.4 检测器与计算机数据处理系统

质谱仪中常用的检测器有电子倍增器、闪烁计数器、法拉第杯及照相底片等。要记录质谱图,现代质谱仪都采用计算机,利用一定的端口和程序对产生的信号进行快速接收和处理,同时通过计算机对质谱仪的测试条件进行严格监控。

10.1.5 质谱仪的主要性能指标

(1)质量测定范围。表示质谱仪所能分析的样品的相对分子(原子)质量范围,通常采用原子质量单位 u 进行量度,即

$$1\ u\ =\ 一个处于基态的\ ^{12}C\ 中性原子质量的\ 1/12$$

(2)分辨率。即质谱仪分开质量数相近的离子的能力,与质谱仪中离子源的种类、离子通道半径、加速器与收集器狭缝宽度等因素有关。分辨率的定义如下:取两个相等强度的相邻峰,当两峰间的峰谷不大于其峰高的 10% 时,认为两峰已经分开,其分辨率为

$$R\ =\ \frac{m_1}{m_2 - m_1}\ =\ \frac{m_1}{\Delta m} \qquad\qquad (\text{Ⅲ}.10.9)$$

式中 m_1、m_2 均为质量数,且 $m_1 < m_2$。如果两峰质量数相差越小,要求质谱仪的分辨率越高。

在实际分析中,难以找到两个相邻且峰高相等的峰,则分辨率可用另一种方法来定义:可任选一个单峰,把峰高 5% 处的峰宽 $W_{0.05}$ 当作上式中的 Δm,此时分辨率可表示为

$$R\ =\ \frac{m}{W_{0.05}} \qquad\qquad (\text{Ⅲ}.10.10)$$

(3)灵敏度。可分为绝对灵敏度、相对灵敏度和分析灵敏度等几种表示方法。绝对灵敏度是指仪器可以检测到的最小样品量;相对灵敏度是指仪器可以同时检测的大组分与小组分含量之比;分析灵敏度是指输入仪器的样品量与仪器输出的信号之比。

10.2 几种重要的质谱离子峰

在质谱图中,有些离子峰的信号对于判断分子的组成、结构具有重要的价值,主要有分子离子峰、碎片离子峰、同位素离子峰等。

10.2.1 分子离子峰

样品分子在一定能量电子的轰击下失去一个电子,形成带一个正电荷的离子,即分子离子。分子离子是质谱中非常重要的离子,该峰所对应的质荷比等于该化合物的相对分子质量。若不

考虑同位素的影响,分子离子峰一般应具有最高质量数。

10.2.2　碎片离子峰

分子离子在离子源中进一步碎裂生成的离子为碎片离子。碎片离子的种类和强度与分子的结构密切相关,一般强度最大的质谱峰相应于最稳定的碎片离子,该峰对于推测分子结构非常有用。

10.2.3　同位素离子峰

自然界中,一些常见元素都有一定丰度的稳定同位素存在。在质谱图中,分子离子和碎片离子对应的质量数都是以丰度最大的同位素的相对原子质量来计算的。由相同元素其他质量的同位素组成的离子就是同位素离子,在质谱图中即为同位素离子峰,其质荷比由相应的同位素质量来计算,该峰对于判断分子的离子峰的归属具有重要的意义。在有机分子鉴定时,可通过同位素离子峰统计分布来确定其元素组成。

在质谱图中,还有多电荷离子峰、负离子峰、亚稳离子峰等,这些信号对于推测分子结构有非常重要的参考价值。

10.3　定性和定量分析

质谱是鉴定化合物的有力工具,质谱图包含了丰富的信息,在很多情况下可以直接确定化合物的相对分子质量、分子式和分子结构。

10.3.1　定性分析

(1)相对分子质量的确定。分子离子峰的质荷比一般就是化合物的相对分子质量。分子离子峰的判别方法如下:

① 分子离子峰一定是质谱图中质量数最大的峰(不考虑同位素峰),处在质谱图的最右端;

② 分子离子峰应具有合理的质量丢失;

③ 分子离子应为奇电子离子,符合"氮规则"。

如果以上三项都符合,则该离子峰有可能是分子离子峰;若有一项不符,则一定不是分子离子峰。

要获得分子离子峰或增强分子离子峰强度,可采取以下途径:

① 降低电离能量;

② 制备衍生物;

③ 采用软电离方式,如化学电离、快原子轰击、电喷雾等。

(2)分子结构的确定。化合物的质谱带有很丰富的结构信息,通过对化合物质谱的解释,可以得到化合物的结构。其具体步骤如下:

① 确定分子离子峰,得到相对分子质量,并初步判断是否含有 Cl、Br、S 等元素。

② 根据分子离子峰的高分辨数据,给出化合物的分子式。

③ 由组成计算化合物的不饱和度,确定化合物中是否含有环或双键。

④ 研究各种离子峰,寻找特征离子和特征离子系列,判断含有哪些基团。

⑤ 通过上述研究,提出一种或几种最可能的化合物结构,必要时可结合红外或核磁共振的数据进行判断,得到最后结果。

⑥ 验证所得结果,方法有对照该化合物的标准质谱图;用该化合物的标样进行质谱分析,再与之对照;按照质谱的分裂规律对该化合物进行分解,看是否与谱图结果一致等。

10.3.2 定量分析

质谱中检测出的离子流强度与离子数目成正比,通过离子流强度可进行定量分析。

(1) 无机痕量分析。可用于分析金属合金、矿物等,几乎可以检测元素周期表中所有元素,谱图简单,灵敏度高,可在 10^{-9} mol·L^{-1} 浓度范围内作检测或半定量测定。

(2) 同位素分析。可用于同位素离子的鉴定和定量分析。目前,可广泛用于分子同位素标记的相关研究,对有机化学、生命科学、材料科学领域中的反应机理和动力学研究十分重要。

(3) 混合物的痕量分析。利用质谱峰可进行各种混合物组分分析,如石油工业中挥发性烷烃的分析等。但分析混合物的过程复杂,现在普遍采用色谱-质谱联用技术,先将混合物分离,再引入质谱仪进行分析。

Ⅳ 附 录

物理化学实验常用数据表

表Ⅳ-1 国际单位制(SI)基本单位

量的名称	单位名称	单位符号
长度	米	m
质量	千克	kg
时间	秒	s
电流	安[培]	A
热力学温度	开[尔文]	K
物质的量	摩[尔]	mol
发光强度	坎[德拉]	cd

表Ⅳ-2 SI辅助单位

量的名称	单位名称	单位符号
平面角	弧度	rad
立体角	球面度	sr

表Ⅳ-3 具有专门名称的SI导出单位

物理量	SI导出单位		用SI基本单位表示的关系式
	名称	符号	
频率	赫[兹]	Hz	s^{-1}
力	牛[顿]	N	$m \cdot kg \cdot s^{-2}$
压力	帕[斯卡]	Pa	$m^{-1} \cdot kg \cdot s^{-2}$
能[量]、功、热	焦[耳]	J	$m^2 \cdot kg \cdot s^{-2}$

物理量	SI 导出单位		用 SI 基本单位表示的关系式
	名称	符号	
功率、辐[射能]通量	瓦[特]	W	$m^2 \cdot kg \cdot s^{-3}$
电荷[量]	库[仑]	C	$s \cdot A$
电压、电动势、电位(电势)	伏[特]	V	$m^2 \cdot kg \cdot s^{-3} \cdot A^{-1}$
电容	法[拉]	F	$m^{-2} \cdot kg^{-1} \cdot s^4 \cdot A^2$
电阻	欧[姆]	Ω	$m^2 \cdot kg \cdot s^{-3} \cdot A^{-2}$
电导	西[门子]	S	$m^{-2} \cdot kg^{-1} \cdot s^3 \cdot A^2$
磁通[量]	韦[伯]	Wb	$m^2 \cdot kg \cdot s^{-2} \cdot A^{-1}$
磁通[量]密度、磁感应强度	特[斯拉]	T	$kg \cdot s^{-2} \cdot A^{-1}$
电感	亨[利]	H	$m^2 \cdot kg \cdot s^{-2} \cdot A^{-2}$
光通量	流[明]	lm	$cd \cdot sr$
[光]照度	勒[克斯]	lx	$m^{-2} \cdot cd \cdot sr$

表 IV-4 由于人类健康安全防护需要而确定的具有专门名称的 SI 导出单位

量的名称	SI 导出单位		
	名称	符号	用 SI 基本单位和 SI 导出单位表示
[放射性]活度	贝可[勒尔]	Bq	$1 \ Bq = 1 \ s^{-1}$
吸收剂量 比授[予]能 比释动能	戈[瑞]	Gy	$1 \ Gy = 1 \ J \cdot kg^{-1}$
剂量当量	希[沃特]	Sv	$1 \ Sv = 1 \ J \cdot kg^{-1}$

表 IV-5 国家选定的非国际单位制单位

量的名称	单位名称	单位符号	换算关系和说明
时间	分	min	$1 \ min = 60 \ s$
	[小]时	h	$1 \ h = 60 \ min = 3600 \ s$
	天(日)	d	$1 \ d = 24 \ h = 86400 \ s$
平面角	[角]秒	(″)	$1″ = (\pi/648000) \ rad$(π 为圆周率)
	[角]分	(′)	$1′ = 60″ = (\pi/10800) \ rad$
	度	(°)	$1° = 60′ = (\pi/180) \ rad$

量的名称	单位名称	单位符号	换算关系和说明
旋转速度	转每分	r·min⁻¹	1 r·min⁻¹ = (1/60) s⁻¹
长度	海里	nmile	1 nmile = 1852 m（只用于航行）
速度	节	kn	1 kn = 1 nmile·h⁻¹ = (1852/3600) m·s⁻¹ （只用于航行）
质量	吨	t	1 t = 10³ kg
	原子质量单位	u	1 u ≈ 1.6605655 × 10⁻²⁷ kg
体积	升	L,(l)	1 L = 1 dm³ = 10⁻³ m³
能	电子伏	eV	1 eV ≈ 1.6021892 × 10⁻¹⁹ J
级差	分贝	dB	
线密度	特[克斯]	tex	1 tex = 1 g·km⁻¹

表 IV-6 SI 词 头

因数	词头名称 英文	词头名称 中文	符号	因数	词头名称 英文	词头名称 中文	符号
10²⁴	yotta	尧[它]	Y	10⁻¹	deci	分	d
10²¹	zetta	泽[它]	Z	10⁻²	centi	厘	c
10¹⁸	exa	艾[可萨]	E	10⁻³	milli	毫	m
10¹⁵	peta	拍[它]	P	10⁻⁶	micro	微	μ
10¹²	tera	太[拉]	T	10⁻⁹	nano	纳[诺]	n
10⁹	giga	吉[咖]	G	10⁻¹²	pico	皮[可]	p
10⁶	mega	兆	M	10⁻¹⁵	femto	飞[母托]	f
10³	kilo	千	k	10⁻¹⁸	atto	阿[托]	a
10²	hecto	百	h	10⁻²¹	zepto	仄[普托]	z
10¹	deca	十	da	10⁻²⁴	yocto	幺[科托]	y

表 IV-7 希腊字母表

大写	小写	名称	大写	小写	名称
A	α	alpha	E	ε	epsilon
B	β	beta	Z	ζ	zeta
Γ	γ	gamma	H	η	eta
Δ	δ	delta	Θ	θ,ϑ	theta

大写	小写	名称	大写	小写	名称
I	ι	iota	P	ρ	rho
K	κ	kappa	Σ	σ	sigma
Λ	λ	lambda	T	τ	tau
M	μ	mu	Υ	υ	upsilon
N	ν	nu	Φ	φ, φ	phi
Ξ	ξ	xi	X	χ	chi
O	o	omicron	Ψ	ψ	psi
Π	π	pi	Ω	ω	omega

表 IV-8　单位换算表

单位名称	符号	折合国际单位制	单位名称	符号	折合国际单位制
力的单位			1 标准大气压	atm	= 101324.7 $N \cdot m^{-2}$ (Pa)
1 公斤力	kgf	= 9.80665 N			
1 达因	dyn	= 10^{-5} N	1 毫米水柱高	mmH_2O	= 9.80665 $N \cdot m^{-2}$ (Pa)
黏度单位					
1 泊	P	= 0.1 $N \cdot S \cdot m^{-2}$	1 毫米汞柱高	mmHg	= 133.322 $N \cdot m^{-2}$ (Pa)
1 厘泊	CP	= 10^{-3} $N \cdot S \cdot m^{-2}$			
压力单位			功、能单位		
1 毫巴	mbar	= 100 $N \cdot m^{-2}$ (Pa)	1 公斤力·米	kgf·m	= 9.80665 J
			1 尔格	erg	= 10^{-7} J
1 达因/厘米²	$dyn \cdot cm^{-2}$	= 0.1 $N \cdot m^{-2}$ (Pa)	1 升·大气压	L·atm	= 101.328 J
			1 瓦特·小时	W·h	= 3600 J
1 公斤·力/厘米²	$kgf \cdot cm^{-2}$	= 98066.5 $N \cdot m^{-2}$ (Pa)	1 卡	cal	= 4.1868 J
			功率单位		
1 工程大气压	af	= 98066.5 $N \cdot m^{-2}$ (Pa)	1 公斤力·米/秒	$kgf \cdot m \cdot s^{-1}$	= 9.80665 W
1 大卡/小时	$kcal \cdot h^{-1}$	= 1.163 W	1 尔格/秒	$erg \cdot s^{-1}$	= 10^{-7} W
			电磁单位		
1 卡/秒	$cal \cdot s^{-1}$	= 4.1868 W	1 伏·秒	V·s	= 1 Wb
比热容单位			1 安小时	A·h	= 3600 C
			1 德拜	D	= 3.334×10^{-30} $C \cdot m$
1 卡/克·度	$cal \cdot g^{-1} \cdot ℃$	= 4186.8 $J \cdot kg^{-1} \cdot ℃$	1 高斯	G	= 10^{-4} T
1 尔格/克·度	$erg \cdot g^{-1} \cdot ℃$	= 10^{-4} $J \cdot kg^{-1} \cdot ℃$	1 奥斯特	Oe	= (1000/4π) A

表 IV-9　物理化学常数

名称	符号	数值	单位(SI)
真空光速	c	2.99792458	$10^8 \; m \cdot s^{-1}$
基本电荷	e	1.60217653(14) ± 0.000000085	$10^{-19} \; C$
阿伏加德罗常数	N_A	6.0221415(10) ± 0.00000017	$10^{23} \; mol^{-1}$
原子质量单位	u	1.66053886(28) ± 0.00000017	$10^{-27} \; kg$
电子静质量	m_e	9.1093826(16) ± 0.00000017	$10^{-31} \; kg$
质子静质量	m_p	1.67262171(29) ± 0.00000017	$10^{-27} \; kg$
法拉第常数	F	9.64853383(83) ± 0.000000086	$10^4 \; C \cdot mol^{-1}$
普朗克常量	h	6.6260693(11) ± 0.00000017	$10^{-34} \; J \cdot s$
里德伯常量	R_∞	1.0973731568525(73) ± 6.6 × 10^{-12}	$10^7 \; m^{-1}$
玻尔磁子	μ_B	9.27400949(80) ± 0.000000086	$10^{-24} \; J \cdot T^{-1}$
摩尔气体常数	R	8.314472(15) ± 0.0000017	$J \cdot K^{-1} \cdot mol^{-1}$
玻尔兹曼常数	k	1.3806505(24) ± 0.0000018	$10^{-23} \; J \cdot K^{-1}$
万有引力常数	G	6.6742(10) ± 0.00015	$10^{-11} \; N \cdot m^2 \cdot kg^{-2}$
重力加速度	g	9.80665	$m \cdot s^{-2}$
真空介电常数	ε_0	8.854187817	$10^{-12} \; F \cdot m^{-1}$

注：摘自 David R Lide.CRC Handbook of Chemistry and Physics. 88th ed. 2007—2008；Section 1.

表 IV-10　水在不同温度下的折射率、黏度和相对介电常数

温度/℃	折射率 n_D	黏度 * $\eta/(10^{-3} \; kg \cdot m^{-1} \cdot s^{-1})$	相对介电常数 ** ε_r
0	1.33395	1.7702	87.74
5	1.33388	1.5108	85.76
10	1.33369	1.3039	83.83
15	1.33339	1.1374	81.95
20	1.33300	1.0019	80.10
21	1.33290	0.9764	79.73
22	1.33280	0.9532	79.38
23	1.33271	0.9310	79.02
24	1.33261	0.9100	78.65
25	1.33250	0.8903	78.30
26	1.33240	0.8703	77.94

| 温度/℃ | 折射率 | 黏度* | 相对介电常数** |
	n_D	$\eta/(10^{-3}\ kg \cdot m^{-1} \cdot s^{-1})$	ε_r
27	1.33229	0.8512	77.60
28	1.33217	0.8328	77.24
29	1.33206	0.8145	76.90
30	1.33194	0.7973	76.55
35	1.33131	0.7190	74.83
40	1.33061	0.6526	73.15
45	1.32985	0.5972	71.51
50	1.32904	0.5468	69.91
55	1.32817	0.5042	68.35
60	1.32725	0.4669	66.82
65		0.4341	65.32
70		0.4050	63.86
75		0.3792	62.43
80		0.3560	61.03
85		0.3352	59.66
90		0.3165	58.32
95		0.2995	57.01
100		0.2840	55.72

* 黏度是指单位面积的液层，以单位速度流过相隔单位距离的固定液面时所需的切线力。其单位是每平方米秒牛顿，即 $N \cdot s \cdot m^{-2}$ 或 $Pa \cdot s$（帕·秒）。

** 相对介电常数是指某物质作介质时，与相同条件真空情况下电容的比值。故相对介电常数又称相对电容率，量纲为1。
摘自 John A Dean. Lange's Handbook of Chemistry. 13th ed. 1985.

表 Ⅳ-11　纯水的蒸气压

$t/℃$	p_{H_2O}/kPa	$t/℃$	p_{H_2O}/kPa	$t/℃$	p_{H_2O}/kPa	$t/℃$	p_{H_2O}/kPa
0.0	0.61129	6.0	0.93537	12.0	1.4027	18.0	2.0644
1.0	0.65716	7.0	1.0021	13.0	1.4979	19.0	2.1978
2.0	0.70605	8.0	1.0730	14.0	1.5988	20.0	2.3388
3.0	0.75813	9.0	1.1482	15.0	1.7056	21.0	2.4877
4.0	0.81359	10.0	1.2281	16.0	1.8185	22.0	2.6447
5.0	0.87260	11.0	1.3129	17.0	1.9380	23.0	2.8104

$t/℃$	p_{H_2O}/kPa	$t/℃$	p_{H_2O}/kPa	$t/℃$	p_{H_2O}/kPa	$t/℃$	p_{H_2O}/kPa
24.0	2.9850	55.0	15.752	86.0	60.119	117.0	180.34
25.0	3.1690	56.0	16.522	87.0	62.499	118.0	186.23
26.0	3.3629	57.0	17.324	88.0	64.958	119.0	192.28
27.0	3.5670	58.0	18.159	89.0	67.496	120.0	198.48
28.0	3.7818	59.0	19.028	90.0	70.117	121.0	204.85
29.0	4.0078	60.0	19.932	91.0	72.823	122.0	211.38
30.0	4.2455	61.0	20.873	92.0	75.614	123.0	218.09
31.0	4.4953	62.0	21.851	93.0	78.494	124.0	224.96
32.0	4.7578	63.0	22.868	94.0	81.465	125.0	232.01
33.0	5.0335	64.0	23.925	95.0	84.529	126.0	239.24
34.0	5.3229	65.0	25.022	96.0	87.688	127.0	246.66
35.0	5.6267	66.0	26.163	97.0	90.945	128.0	254.25
36.0	5.9453	67.0	27.347	98.0	94.301	129.0	262.04
37.0	6.2795	68.0	28.576	99.0	97.759	130.0	270.02
38.0	6.6298	69.0	29.852	100.0	101.324	135.0	312.93
39.0	6.9969	70.0	31.176	101.0	104.99	140.0	361.19
40.0	7.3814	71.0	32.549	102.0	108.77	145.0	415.29
41.0	7.7840	72.0	33.972	103.0	112.66	150.0	475.72
42.0	8.2054	73.0	35.488	104.0	116.67	155.0	542.99
43.0	8.6463	74.0	36.978	105.0	120.79	160.0	617.66
44.0	9.1075	75.0	38.563	106.0	125.03	165.0	700.29
45.0	9.5898	76.0	40.205	107.0	129.39	170.0	791.47
46.0	10.094	77.0	41.905	108.0	133.88	175.0	891.80
47.0	10.620	78.0	43.665	109.0	138.50	180.0	1001.9
48.0	11.171	79.0	45.487	110.0	143.24	185.0	1122.5
49.0	11.745	80.0	47.373	111.0	148.12	190.0	1254.2
50.0	12.344	81.0	49.324	112.0	153.13	195.0	1397.6
51.0	12.970	82.0	51.342	113.0	158.29	200.0	1553.6
52.0	13.626	83.0	53.428	114.0	163.58	205.0	1722.9
53.0	14.303	84.0	55.585	115.0	169.02	210.0	1906.2
54.0	15.012	85.0	57.815	116.0	174.61	215.0	2104.2

注:摘自 David R Lide. CRC Handbook of Chemistry and Physics. 88th ed. 2007—2008;Section 6.

表 IV-12　液体的折射率

名称	n_D	名称	n_D
甲醇	1.3288(20)	氯仿	1.4459(20)
水	1.33252(25)	四氯化碳	1.4601(20)
乙醚	1.3526(20)	乙苯	1.4959(20)
丙酮	1.3588(20)	甲苯	1.4941(25)
乙醇	1.3611(20)	苯	1.5011(20)
乙酸	1.3720(20)	苯乙烯	1.5440(25)
乙酸乙酯	1.3723(20)	溴苯	1.5597(20)
正己烷	1.3727(25)	苯胺	1.5863(20)
正丁醇	1.3988(20)	溴仿	1.5948(25)
异丙醇	1.3776(20)	一氯甲烷	1.3389(20)
正丙醇	1.3850(20)	环己烷	1.4235(25)

注:(1) 括号中数字为对应的温度值。

(2) 摘自 David R Lide. CRC Handbook of Chemistry and Physics. 88th ed. 2007—2008;Section 2.

表 IV-13　不同温度水的密度

$t/℃$	$\rho/(g \cdot mL^{-1})$	$t/℃$	$\rho/(g \cdot mL^{-1})$
0	0.99984	45	0.99021
3.98	1.0000	50	0.98804
5	0.99997	55	0.98569
10	0.99970	60	0.98320
15	0.99910	65	0.98055
18	0.99860	70	0.97776
20	0.99821	75	0.97484
25	0.99705	80	0.97179
30	0.99565	85	0.96861
35	0.99404	90	0.96531
38	0.99297	95	0.96189
40	0.99222	100	0.95835

注:摘自 David R Lide. CRC Handbook of Chemistry and Physics. 88th ed. 2007—2008;Section 6.

表 IV-14　不同温度下水的表面张力 σ

$t/℃$	$\sigma/(10^{-3}\ N\cdot m^{-1})$	$t/℃$	$\sigma/(10^{-3}\ N\cdot m^{-1})$	$t/℃$	$\sigma/(10^{-3}\ N\cdot m^{-1})$	$t/℃$	$\sigma/(10^{-3}\ N\cdot m^{-1})$
0	75.64	17	73.19	26	71.82	60	66.18
5	74.92	18	73.05	27	71.66	70	64.42
10	74.22	19	72.90	28	71.50	80	62.61
11	74.07	20	72.75	29	71.35	90	60.75
12	73.93	21	72.59	30	71.18	100	58.85
13	73.78	22	72.44	35	70.38	110	56.89
14	73.64	23	72.28	40	69.56	120	54.89
15	73.59	24	72.13	45	68.74	130	52.84
16	73.34	25	71.97	50	67.91		

注:摘自 John A Dean. Lange's Handbook of Chemistry. 11th ed. 1973:10~265.

表 IV-15　几种有机物质的蒸气压

物质的蒸气压 $p(mmHg)^*$ 按下式计算:

$$\lg p = A - \frac{B}{C+t}$$

式中 A、B、C 为常数;t 为温度(℃)。

名称	分子式	适用温度范围/℃	A	B	C
四氯化碳	CCl_4		6.87926	1212.021	226.41
氯仿	$CHCl_3$	−35~61	6.4934	929.44	196.03
二氯甲烷	CH_2Cl_2	−40~40	7.4092	1325.9	252.6
1,2-二氯乙烷	$C_2H_4Cl_2$	−31~99	7.0253	1271.3	222.9
溴仿	$CHBr_3$	30~101	5.65204	648.629	154.683
甲醇	CH_4O	−14~65	7.89750	1474.08	229.13
		64~110	7.97328	1515.14	232.85
乙二醇	$C_2H_6O_2$	50~200	8.0908	2088.9	203.5
醋酸	$C_2H_4O_2$	liq.	7.38782	1533.313	222.309
乙醇	C_2H_6O	−2~100	8.32109	1718.10	237.52
丙酮	C_3H_6O	liq.	7.11714	1210.595	229.664
丙醇	C_3H_8O	2~120	7.84767	1499.21	204.64
异丙醇	C_3H_8O	0~101	8.11778	1580.92	219.61
丙烯酸	$C_3H_4O_2$	20~70	8.53867	2305.843	266.547

名称	分子式	适用温度范围/℃	A	B	C
乙酸乙酯	$C_4H_8O_2$	15~76	7.10179	1244.95	217.88
正丁醇	$C_4H_{10}O$	15~131	7.47680	1362.39	178.77
苯	C_6H_6	-12~3	9.1064	1885.9	244.2
		8~103	6.90561	1211.033	220.790
环己烷	C_6H_{12}	20~81	6.84130	1201.53	222.65
甲苯	C_7H_8	6~137	6.95464	1344.80	219.48
乙苯	C_8H_{10}	26~164	6.95719	1424.255	213.21

* 1 mmHg = 133 Pa

注:摘自 John A Dean. Lange's Handbook of Chemistry. 13th ed. 1985.

表 IV-16　几种化合物的摩尔磁化率 χ_M

分子式	$\chi_M/(10^{-6}\ cm^3 \cdot mol^{-1})$	分子式	$\chi_M/(10^{-6}\ cm^3 \cdot mol^{-1})$	分子式	$\chi_M/(10^{-6}\ cm^3 \cdot mol^{-1})$
$CO_2(g)$	-21.0	$Cr_2(SO_4)_3$	11800	$CoCl_2 \cdot 6H_2O$	9710
$O_2(g)$	3449	$CoSO_4$	10000	$FeSO_4 \cdot H_2O$	10500
$N_2(g)$	-12.0	$FeSO_4$	12400	$FeSO_4 \cdot 7H_2O$	11200
SiO_2	-29.6	Co_3O_4	10000	$K_3Fe(CN)_6$	2290
$H_2O(293K)$	-12.96	Co_2O_3	7380	$FeCl_3 \cdot 6H_2O$	15250
MgO	-10.2	$FeCl_3$	13450	$Fe(NO_3)_3 \cdot 9H_2O$	15200

注:摘自 David R Lide. CRC Handbook of Chemistry and Physics. 88th ed. 2007—2008;Section 4.

表 IV-17　有机化合物的密度

下列几种有机化合物的密度可用方程式 $\rho_t = \rho_0 + 10^{-3}\alpha(t/℃ - t_0/℃) + 10^{-6}\beta(t/℃ - t_0/℃)^2 + 10^{-9}\gamma(t/℃ - t_0/℃)^3$ 来计算。式中 ρ_0 为 $t_0 = 0$ ℃时的密度,单位为 $g \cdot cm^{-3}$。

化合物	ρ_0	α	β	γ	温度范围/℃
四氯化碳	1.63255	-1.9110	-0.690		0~40
氯仿	1.52643	-1.8563	-0.5309	-8.81	-53~+55
乙醚	0.73629	-1.1138	-1.237		0~70
乙醇*	0.78506	-0.8591	-0.56	-5	
醋酸	1.0724	-1.1229	0.0058	-2.0	9~100
丙酮	0.81248	-1.100	-0.858		0~50
乙酸乙酯	0.92454	-1.168	-1.95	+20	0~40
环己烷	0.79707	-0.8879	-0.972	1.55	0~60

* 乙醇在 25 ℃时的密度为 0.78506,计算乙醇密度时 t_0 应为 25 ℃。

注:摘自 International Critical Tables of Numerical Data,Physics,Chemistry and Technology Ⅲ. p. 28.

表IV-18　一些离子在水溶液中的摩尔电导率 Λ_m（无限稀释，25 ℃）[*]

离子	$\Lambda_m/(S \cdot cm^2 \cdot mol^{-1})$	离子	$\Lambda_m/(S \cdot cm^2 \cdot mol^{-1})$	离子	$\Lambda_m/(S \cdot cm^2 \cdot mol^{-1})$	离子	$\Lambda_m/(S \cdot cm^2 \cdot mol^{-1})$
Ag^+	61.9	K^+	73.5	F^-	54.4	IO_3^-	40.5
Ba^{2+}	127.8	La^{3+}	208.8	ClO_3^-	64.6	IO_4^-	54.5
Be^{2+}	90	Li^+	38.69	ClO_4^-	67.9	NO_2^-	71.8
Ca^{2+}	119	Mg^{2+}	106.12	CN^-	78	NO_3^-	71.4
Cd^{2+}	108	NH_4^+	73.5	CO_3^{2-}	144	OH^-	198.6
Ce^{3+}	210	Na^+	50.11	CrO_4^{2-}	170	PO_4^{3-}	207
Co^{2+}	106	Ni^{2+}	100	$Fe(CN)_6^{4-}$	444	SCN^-	66
Cr^{3+}	201	Pb^{2+}	142	$Fe(CN)_6^{3-}$	303	SO_3^{2-}	159.8
Fe^{2+}	108	Tl^+	76	HS^-	65	Ac^-	40.9
Fe^{3+}	204	Zn^{2+}	105.6	HSO_3^-	50	$C_2O_4^{2-}$	148.4
H^+	349.82	Mn^{2+}	107	HSO_4^-	50	Br^-	78.1
Hg^{2+}	106	Al^{3+}	183	I^-	76.8	Cl^-	76.35

* 各离子的温度系数除 H^+（0.0139）和 OH^-（0.018）外均为 0.02 ℃$^{-1}$。

注：摘自 John A Dean. Lange's Handbook of Chemistry. 13th ed. 1985.

表IV-19　某些溶剂的凝固点降低常数

溶剂		凝固点 t_f/℃	$K_f/(℃ \cdot kg \cdot mol^{-1})$
醋酸	C_2H_4O	16.66	3.9
四氯化碳	CCl_4	-22.95	29.8
苯	C_6H_6	5.533	5.12
1,4-二噁烷	$C_4H_8O_2$	11.8	4.63
环己烷	C_6H_{12}	6.54	20.0
萘	$C_{10}H_8$	80.290	6.94
樟脑	$C_{10}H_{16}O$	178.75	37.7
1,4-二溴代苯	$C_6H_4Br_2$	87.3	12.5
水	H_2O	0	1.86

注：摘自 D P Shoemaker, C W Garland, J W Nibler. Experiments in Physical Chemistry. 1989.

主要参考文献

[1] 侯文华,傅献彩.物理化学.6 版.北京:高等教育出版社,2022.

[2] 孙尔康,徐维清,邱金恒.物理化学实验.南京:南京大学出版社,1997.

[3] 顾良证,武传昌,岳瑛,等.物理化学实验.南京:江苏科学技术出版社,1986.

[4] 孙尔康,吴琴媛,周以泉,等.化学实验基础.南京:南京大学出版社,1991.

[5] 北京大学化学学院物理化学实验教学组.物理化学实验.4 版.北京:北京大学出版社,2002.

[6] 复旦大学等.物理化学实验.3 版.北京:高等教育出版社,2004.

[7] 蔡显鄂,项一非,刘衍光.物理化学实验.北京:高等教育出版社,1989.

[8] 项一非,李树家.中级物理化学实验.北京:高等教育出版社,1989.

[9] 罗澄源,向明礼.物理化学实验.4 版.北京:高等教育出版社,2004.

[10] 怀特.物理化学实验.钱三鸿,等译.北京:人民教育出版社,1982.

[11] 克罗克福特,等.物理化学实验.郝润蓉,等译.北京:人民教育出版社,1981.

[12] Daniels F.Experimental physical chemistry.7th ed.New York:McGraw-Hill, 1970.

[13] Nibler J W, Garland C W, Stine K J,et al.Experiments in physical chemistry.9th ed.New York: McGraw-Hill, 2014.

[14] 陈镜泓,李传儒.热分析及其应用.北京:科学出版社,1985.

[15] 神户博太郎.热分析.刘振海,等译.北京:化学工业出版社,1982.

[16] 周培源.自动控制与仪表.北京:清华大学出版社,1987.

[17] 杜一平.现代仪器分析方法.上海:华东理工大学出版社,2008.

[18] 谢有畅,邵美成.结构化学.北京:人民教育出版社,1980.

[19] 游效曾.结构分析导论.北京:科学出版社,1980.

[20] 王金山.核磁共振波谱仪与实验技术.北京:机械工业出版社,1982.

[21] 罗恩.真空技术.真空技术翻译组,译.北京:机械工业出版社,1980.

[22] 真空设计手册编写组.真空设计手册(上册).北京:国防工业出版社,1979.

[23] 北京师范大学化学工程教研室.化学工程基础实验.北京:人民教育出版社,1981.

[24] 许顺生.金属 X 射线学.上海:上海科学技术出版社,1962.

[25] Lucy, Pryde, Eubanks,等.化学与社会.段连运,等译.北京:化学工业出版社,2008.

[26] 夏玉宇.化学实验室手册.3 版.北京:化学工业出版社,2015.

[27] Lewis G N, Randall R, Pitzer K S,et al.Thermodynamics.Reprint ed.Ohio:Dover,2020.

[28] Barrow G M.Physical chemistry.New York:McGraw-Hill,1973.

[29] Marson S H, Lando J B.Fundamentals of physical chemistry.New York:Macmillan Publishing Co.Inc.,1974.

[30] Laidler K J.Chemical kinetics.3rd ed.New York:Harper & Row,1987.

［31］ Wright M R. Fundamental chemical kinetics: an explanatory introduction to the concepts. Chichester: Horwood Publishing, 1999.

［32］ Hoffmann M R, Martin S T, Choi W Y, et al. Chem Rev, 1995, 95(1): 69-96.

［33］ Asahi R, Morikawa T, Ohwaki T, et al. Science, 2001, 293: 269-271.

读者意见反馈

为收集对教材的意见建议，进一步完善教材编写并做好服务工作，读者可将对本教材的意见建议通过如下渠道反馈至我社。

咨询电话　400-810-0598

反馈邮箱　hepsci@pub.hep.cn

通信地址　北京市朝阳区惠新东街4号富盛大厦1座　高等教育出版社
　　　　　理科事业部

邮政编码　100029

防伪查询说明

用户购书后刮开封底防伪涂层，使用手机微信等软件扫描二维码，会跳转至防伪查询网页，获得所购图书详细信息。

防伪客服电话　（010）58582300